山东省实用水文预报方案丛书

山东省洪水预报系统模型应用技术手册

刘 薇　孙宝森　马亚楠　刘 光　孟令杰　潘立云◎著

河海大学出版社
HOHAI UNIVERSITY PRESS
·南京·

图书在版编目(CIP)数据

山东省洪水预报系统模型应用技术手册 / 刘薇等著. 南京 ：河海大学出版社，2024. 9. --(山东省实用水文预报方案丛书). -- ISBN 978-7-5630-9265-9

Ⅰ. P338-62

中国国家版本馆 CIP 数据核字第 2024CH3918 号

书　　名	山东省洪水预报系统模型应用技术手册 SHANDONG SHENG HONGSHUI YUBAO XITONG MOXING YINGYONG JISHU SHOUCE
书　　号	ISBN 978-7-5630-9265-9
责任编辑	章玉霞
特约校对	姚　婵
装帧设计	徐娟娟
出版发行	河海大学出版社
地　　址	南京市西康路 1 号(邮编:210098)
电　　话	(025)83737852(总编室) (025)83722833(营销部) (025)83787107(编辑室)
经　　销	江苏省新华发行集团有限公司
排　　版	南京布克文化发展有限公司
印　　刷	广东虎彩云印刷有限公司
开　　本	787 毫米×1092 毫米　1/16
印　　张	17.75
字　　数	432 千字
版　　次	2024 年 9 月第 1 版
印　　次	2024 年 9 月第 1 次印刷
定　　价	168.00 元

引 言

洪水是威胁我国人民安全、制约社会经济发展的主要自然灾害之一，防洪减灾是我国的基本国策，洪水预报是防洪减灾非工程措施的核心技术，可为研究区域的防洪减灾、洪水风险控制提供决策参考，从而减少洪水灾害带来的损失。洪水预报是根据观测得到的实时降雨、蒸发、气温等资料信息，对未来将发生的洪水做出洪量、洪峰、洪水发生时间及过程等情况的预测。

近年来极端天气事件呈现趋多、趋频、趋强、趋广态势，暴雨洪涝干旱等灾害的突发性、极端性、反常性越来越明显，突破历史纪录、颠覆传统认知的水旱灾害事件频繁出现。2018 年、2019 年连续两年台风，2020 年沂沭泗大洪水造成山东省多地暴雨成灾，多条河流发生超警戒水位洪水。山东水文情报预报在防汛抗旱工作中发挥了非常重要的作用，但新形势下推动新阶段水利高质量发展，对水文情报预报工作的可靠性、及时性和实用性等提出了更高要求，为此，全面整合各类资料，以山东水情信息服务和洪水预报业务为核心，以监测、预报、演进、调度、风险分析流程为重点，以各类基础信息和测报预报数据为支撑，构建准确高效、实时快捷、要素齐全、智能联动的水文服务信息化系统，补齐水文情报预报工作短板，十分必要且迫切。

本书由刘薇、孙宝森、马亚楠、刘光、孟令杰、潘立云编写完成，根据山东省气象地形特点，结合国内外各水文模型特点及应用情况，本着模型成熟、地区适宜、应用广泛的原则，开展了适用于山东洪水预报模型和方法的研究。主要内容包括：绪论、流域实用水文预报方法、河道洪水预报、概念性水文模型、分布式水文模型、水库纳雨能力分析、基于人工神经网络预报方法、基于贝叶斯理论的概率预报方法、山东洪水预报系统研发、结论及展望。

研究工作得到了水利部有关部门和有关省份、水文单位及河海大学的支持和帮助。在此向对本书研究工作给予关心、支持、指导和帮助的所有领导、专家和同行朋友表示衷心的感谢。

由于本书涉及内容广泛，研究问题复杂，加之时间仓促和作者水平有限，书中难免存在疏漏，敬请广大读者给予批评指正。

目录

第1章　绪论

第2章　流域实用水文预报方法

第3章　河道洪水预报

第4章　概念性水文模型

第5章 分布式水文模型

第6章 水库纳雨能力分析

第7章 基于人工神经网络预报方法

第8章 基于贝叶斯理论的概率预报方法

第9章 山东洪水预报系统研发

第10章　主要研究成果及展望

第1章 绪论

1.1 研究背景与意义

洪水是威胁我国人民安全、制约社会经济发展的主要自然灾害之一，防洪减灾是我国的基本国策，洪水预报是防洪减灾非工程措施的核心技术，可为研究区域的防洪减灾、洪水风险控制提供决策参考，从而减少洪水灾害带来的损失。洪水预报是根据观测得到的实时降雨、蒸发、气温等资料信息，对未来将发生的洪水做出洪量、洪峰、洪水发生时间及过程等情况的预测。

水文情报预报工作作为抗灾减灾最重要的非工程措施，是水文系统进行防汛抗旱调度指挥工作的依据，一直受到山东省委省政府的高度重视。2019年“利奇马”台风造成山东省多地暴雨成灾，多条河流发生超警戒水位洪水。山东省各级水情中心在此次抗洪抢险救灾过程中发挥了重要作用，山东省委省政府对此作出高度评价。但此次洪灾过后，山东水文部门也深刻地认识到，新形势下推动新阶段水利高质量发展对水文情报预报的可靠性、实用性、准确性和信息服务保障能力提出了更高的要求，山东省各级水情中心的基础设施和信息服务能力已无法适应当前工作的需要。

开发山东省洪水预报系统并形成模型应用技术手册，利用互联网新技术，结合实际工作需要，以基础数据库、实时采集数据库、水利专业空间数据库等信息资源为基础，依托软硬件支撑环境、网络传输系统，基于系统应用支撑平台和数据管理平台，遵循统一的技术架构，实现系统管理、预报模型管理、模型参数率定、实时交互预报及网格化预报、预报结果评估等功能。系统的核心功能是洪水预报作业，根据实时水文数据和建立的预报模型，进行自动化预报，当预报结果达到预警以后，能够自动报警，并开展预报结果评估。针对洪水预报具有复杂性和不确定性的特点，系统能够根据模型的设置，自动校正累计预报数据。本系统的开发需要整合已有的洪水系统信息资源，为防洪抗旱指挥调度提供坚实的水文动态数据支撑。

1.2 国内外研究应用现状

水文学科从建立伊始发展到今天，用来建立洪水波运动数学描述的途径主要有两条：一是水文学途径，即根据水文学原理对洪水波运动进行数学描述；二是水力学途径，即根据水力学理论来建立洪水波运动的数学描述。从洪水预报技术的角度来看，二者的应用极大地提高了洪水预报结果的精度。

1.2.1 国内水文模型应用现状

水文模型的研究最早开始于20世纪50年代，随着水文学系统理论的逐渐成熟以及计算机科学技术的蓬勃发展，世界各国水文学者对水文模型开展了大规模的研究和分析，提出了很多实用性较强的水文模型。水文模型是研究水文科学的重要手段和技术，它是一种数学模型，通过数学公式总结了流域水文过程以及发展变化，通过对流域水文模型的研究应用，人们可以以一种全新的方法和视角对水资源进行利用、管理、规划和调度等，为水文预报研究提供了科学依据。目前国内外建立的具有一定使用价值的洪水预报水文模型就有70多个，按模型构建的基础分类，可分为物理模型、概念性模型和黑箱子模型；按模型对流域中水文过程描述的离散程度分类，则可分为集总式模型、分布式模型以及介于以上两者之间的半分布式模型。

集总式水文模型在计算机兴起的初期蓬勃发展，其特点是把流域当成一个整体的研究对象，忽略各水力要素和水文特性的空间差异性。这种模型对用户输入的水文数据要求不高，计算结果有着较高的准确性，因而在过去的几十年中获得较快的发展。典型的集总式水文模型有新安江模型、水箱（TANK）模型、斯坦福模型、API模型和SMAR模型等。

新安江模型是由河海大学赵人俊教授所在团队提出的，在世界范围内尤其是湿润和半湿润地区有着广泛的应用。黄国新等在江西省万安水库流域应用新安江模型时不仅考虑了河道水文监测以及雨量监测信息的重要性，还将有调节作用的水库作为模型的重要输入参数，从而尽可能地考虑到人类活动的影响。孙文宇等采用新安江模型和栅格新安江模型对秦淮河流域进行洪水预报计算，并采用了KNN算法、反馈法进行实时校正，校正后的两种模型的模拟准确度均有明显的提高。刘佩瑶等利用LM算法克服了传统的BP神经网络模型在新安江模型应用中的缺点，准确地模拟了闽江流域的日水文过程。

水箱模型将研究区域的降雨径流过程形象地用若干个互相串联或并联的水箱来表示，若想增加研究区域，只需再次串联或并联相应的水箱即可。钱承萍等在清江流域对新安江模型与水箱模型进行比较，综合考虑洪峰流量、峰现时间和确定性系数等模拟效果，认为水箱模型的模拟精度略高。孙娜等在柘溪流域应用新安江模型与水箱模型，使用MOSCDE算法对两者的参数进行优选，结果显示两个模型的模拟精度相近，均可满足规定的精度要求；在洪峰拟合方面，新安江模型在该流域的实用性更强。

相较于集总式水文模型，分布式水文模型综合考虑了产汇流的物理机制与下垫面条件，借助计算机、遥感和地理信息系统等工具提供的更为准确的地理、水文信息，能够更加准确地进行水文模拟。尤其在水文信息获取成本逐渐降低的今天，分布式水文模型成为越来越多研究者们的选择，未来的应用前景也更加广阔。刘志雨等使用分布式水文模型TOPKAPI对新安江上游屯溪流域进行洪水模拟，结果符合预期，结论认为在我国中小河流的水文监测项目中，建立合适的洪水预报系统是必要且可行的。同样是以中小流域洪水预报为研究方向的李振亚等结合TOPMODEL与一维水动力学原理构建了一套松散型分布式水文模型，对三都站以上流域进行了洪水模拟，该模型兼具集总式水文模型与分布式水文模型的优点，模拟精度基本符合要求。

能否在预见期内获得准确的降雨信息是影响洪水预报准确度和预见期的一个重要因素，这也是传统的洪水预报模型所没有考虑到的一点。随着气象预报技术水平的不断提高，为流域洪水预报提供相当长一段时间内较为精准的降雨信息已成为可能，这也进一步促进了气象水文耦合洪水预报的发展。高冰等使用数值天气模式WRF和分布式水文模型GBHM对三峡入库洪水进行预报，预报结果具有一定的准确性，且大大提高了洪水预报的预见期。王莉莉等构建了GRAPES气象水文耦合模型，对淮河部分流域进行了洪水预报，相较于传统的预报方式，其预报精度高、预见期长，有力地证明了气象水文耦合洪水预报的发展潜力。

国内外开发的不同水文模型的物理机理、模型结构和参数不同，因此，对于不同气候条件和下垫面条件的流域的模型适用性也不一样。在我国，新安江模型和前期雨量指数模型（Antecedent Precipitation Index Model，API模型）在洪水预报中的应用最为广泛。对于不同的研究区，应当因地制宜地选择合适的水文模型进行洪水预报；同时，构建洪水预报模型库也是提高洪水预报精度的一种有效手段。

1.2.2 国外水文模型应用现状

美国斯坦福大学于1959年研制开发的斯坦福流域水文模型（简称斯坦福模型）是历史上第一个真正意义上的水文模型，属于概念性集总式模型，该模型将整个流域看作一个整体，数据输入和流域的特征参数也大多采用平均值，没有考虑流域空间内的变化；随后美国天气局水文办公室萨克拉门托预报中心在斯坦福模型的基础上改进并开发了萨克拉门托流域水文模型（简称SAC模型），SAC模型是一个连续模拟模型，功能较为完善，能适用于大、中流域，湿润地区和干旱地区，也是我国引进的水文模型中人们最为熟悉的模型之一。此外，国外其他各类流域水文模型相继出现并得到快速发展，比较流行的有意大利广泛使用的约束线性模拟模型、美国陆军工程兵团水文工程中心开发的HEC-HMS标准模型、日本防灾科学技术研究所开发的水箱模型等。

水文监测预报预警是防汛减灾工作的重要环节，过去的几十年里，世界上洪水监测预报预警工作发展迅速，欧洲在提高防范和应对洪水事件能力方面成效显著，洪水管理计划得到评估，欧盟委员会联合研究中心与其他委员会服务组织、国家气象水文服务中心以及其他研究机构共同研发了欧洲洪水感知系统（European Flood Alert System，EFAS）。

EFAS通过耦合空间上分布的水文模型和各种高分辨率、确定性和概率性的中长期气象预报来实现欧洲范围内的极端天气事件预测和洪水预警预报与警报，并通过网站等方式向政府部门和社会公众发布，以增强社会防洪减灾预警意识，提高政府防洪应急管理水平。

EFAS在水文模拟子系统中构建了基于数字高程模型(DEM)的分布式水文模型，通过DEM提取陆地表面形态信息，这些信息包含流域格网的坡度、坡向以及单元之间的关系等，根据用户自定的最小集水面积和水利工程、水文观测站点的位置，同时可以结合实际的河流水系确定地表水路径、河流网格和子流域(计算单元)的边界。在DEM所划分的子流域单元上建立具有一定物理概念的水文模型(VIC、TOPKAPI等)，模拟子流域产汇流及河网汇流运动，生成各子流域出口断面的流量(或水位)过程。水文模拟计算包括植被的降水截留、融雪、蒸散发、降水入渗、非饱和带的土壤水运动、坡面流和河网的汇流计算等。自2012年投入业务运行以来，EFAS通过提高洪水感知和实时监视洪水灾害发生情况为欧洲各国应急管理提供帮助，特别是在2013年夏季中欧“世纪洪水”应急管理中发挥了重要作用。2013年6月上旬，中欧地区易北河和多瑙河发生严重水灾，其支流遭受严重洪涝损害。5月底，欧洲洪水感知系统提前4～5 d提醒了有关国家当局和欧盟委员会的应急响应中心，向其发出了中欧地区可能会出现极端降雨过程、引发大洪水的预警。

由意大利ProGeA Srl公司开发的欧洲实时洪水作业预报系统(EFFORTS)是一个环境数据监控与实时洪水作业预报的应用软件。EFFORTS主要用的模型有TOPKAPI模型、ARNO模型、PAB模型和MISP实时校正模型等，陶新等人通过对EFFORTS界面的汉化、数据预处理软件开发和黄河小花间GIS图层的建立，将该系统应用于伊洛河上游卢氏以上区域的洪水预报。采用试错法对TOPKAPI模型参数进行率定，根据流域内的测站分布情况，选用12个雨量站和水文站2003年汛期的降雨、流量和蒸发资料进行模拟计算，时间步长为1 h，网格尺度为1 km。结果表明，TOPKAPI模型在伊洛河卢氏以上流域的应用效果较好，最大洪峰流量的误差不到5%，确定性系数为0.85。

美国在防御洪涝灾害方面的手段较为先进，突发洪水研究、雷达预警、洪水预报、量化预报、面向流域可能的河流洪水预报及洪水预警系统是美国在洪水预报领域的研究成果。美国国家气象中心使用河流预报系统(NWSRFS)预报上游洪水。这个系统由三个概化模型组成：空间被动降雨径流模型、被动土壤湿度描述模型、非常态线性水库泄流及河道洪水演进模型。美国国家气象中心扩展卡尔曼(Kalman)过滤器的使用范围，假设预报不确定性因素主要来自模型参数估计错误和用于模型输入的观测性错误，发展了用于估计概化水文模型参数的全球优化程序，大大简化了洪水预报手段。

实时洪水预报系统是一种工具，旨在减少未来事件演变的不确定性，从而使决策者能够在不确定性条件下做出最有效的决策。目前，在洪水预报业务和相关领域的研究之间仍然存在着巨大的差距。一方面，大多数从事洪水作业预报工作的人员认为，预报是一个“确定的值”，要与阈值进行比较，以便选择最合理的结果。另一方面，研究人员倾向于过度参数化模型，使得模型过度拟合数据，产生极其复杂的输入输出信息，而不是尝试将不确定性预测的复杂性集成到一些简单的决策规则中，便于决策者理解。从基于SAC模型的预报系统开始，有几种操作系统在美国广泛使用。20世纪70年代末以来，Wallingford软件公司基于CEH开发了实时洪水预报系统(RFFS)，瑞典SMHI基于HBV模型开发了实时洪水预报系统。此外，MIKE FLOOD WATCH将NAM模型与MIKE 11耦合到一个基于GIS平台的洪水预报系统中，并在其两个基于GIS的版本中进行了耦合。前者基于ARNO模型，后者基于TOPKAPI模型。

在开发用于洪水预报系统的降雨-径流模型时，主要有两种思路。第一种方法更加强调监测，通过24 h不间断地收集数据并生成简单的统计或参数模型，其参数可通过观测进行预估和不断更新。第二种思路在认识到监测数据重要性的同时，认为降雨-径流过程的高度非线性特征可能无法从用于校准的有限数据集(学习集)中完全学习并且将其作为先验知识引入模型中，以减少不确定性并改进观测范围以外现象的再现。皮埃蒙特地区开发的洪水作业预报系统，涉及范围为皮埃蒙特地区出口以上的集水区。该系统是在MIKE FLOOD的基础上开发的，将NAM水文模型与MIKE 11结合起来，构建了基于GIS平台的洪水作业预报系统。该系统根据大约300个雨量计，捕捉气象强迫的空间变异性，系统将波河上游集水区划分为187个子流域，平均面积为200 km^2，每个子流域都校准了NAM模型。系统使用水文模型结合气象提供的定量降水预报(QPF)，根据实时降雨和水位观测数据，提前6～12 h发布预报。2003年10月，皮埃蒙特地区北部连续5 d强降雨，平均降雨量超过300 mm，峰值为700 mm，造成河道发生超历史大洪水。实时洪水预报系统提前12 h发布预测结果，并在洪水涨水期拟合得较好。Emilia-Romagna水文气象局开发的里诺河洪水预报系统，涉及里诺河流域4 930 km^2，其中一半以上属于山丘区。在里诺河上游24 h运行的业务系统中，不仅所有遥测仪表持续提供数据，还有雷达监测以及基于气象卫星估算提供的降水数据。在系统框架内，开发了基于克里金、贝叶斯组合的监测系统，旨在生成降雨最小方差无偏估计器，并将其集成到系统中。在每个时间步长，系统都会检查监测数据的可用性，生成网格降水值。

20世纪60年代以来国外学者开发了许多水文模型，第一类是用于洪水预报的概念性模型，如美国的SAC模型、日本的水箱模型、瑞典的包夫顿模型和MIKE系列中的NAM模型以及80年代初期英国研究产流机制的TOPMODEL。第二类是根据山坡水文学构造的基于物理基础的分布式水文模型。21世纪以来，随着计算机与遥感科学的飞速发展，分布式水文模型成为水文学研究的热点，如何评价分布式水文模型在水文预报和洪水预报中的应用，是一个需要研究的问题。在洪水作业预报中实时校正的应用是在考虑水文预报不确定性客观存在的前提下，通过量化分析不确定性程度、修正含误差的水文参变量、综合评估各种来源误差等手段增进对水文预报不确定性的认识，最终降低不确定性及其对预报结果的影响，进而提高洪水预报精度。

1.2.3 水动力模型应用进展

长期以来，人们在科学研究和工程实践中，逐步认识了液体运动的各种规律，形成了水力学这门学科。1871年，法国科学家Barré de Saint Venant提出了圣维南方程组，这是最早的描述明渠非恒定流的基本方程，为河道洪水演算开辟了新的道路。其数学特性使得其在数学上尚无精确的解析解，只能通过有限差分法、有限单元法、有限分析法等求其数值解。有限差分法的基本思想是将求解的区域划分为网格，用有限个网格节点代替连续的求解域，它也是数值模拟最早采用的方法，至今仍被广泛运用。1976年，Roache在他的著作中对有限差分法做了一个比较系统的总结；Richtmyer则从数学上严格证明了差分方程的收敛性、相容性和稳定性及相应条件，从而使有限差分方法能够给出水动力学问题的近似解得到了保证。有限单元法始于1950年，最初是用于飞机的结构分析，但由于该方法早期的局限性和流体力学本身的复杂性，到20世纪60年代中期，基于"加权剩余法"的有限单元法才开始逐渐在流体运动问题的计算和求解中得到应用；有限分析法则是由陈景仁在80年代早期提出的。近年来，水力学的研究对象逐渐从自然尺度向细观尺度过渡，理论框架也因此发生了根本性的变革，水力学模型在生产实践和科学研究工作中得到了更充分的应用。Lin等通过构建与大气耦合的水力学模型，模拟加拿大魁北克省河流的暴发性洪水，取得了令人满意的效果；包红军等将水力学模型用于河道洪水预报，同时基于卡尔曼滤波算法实现模型中的糙率系数更新，提高了模型的精度；包红军等针对淮河流域的水系特点，在考虑支流、水利工程和行蓄洪区的基础上，建立了淮河洪水预报的水力学模型，并在检验中取得了较好的预报结果；刘海娇采用水力学方法进行洪水风险分析计算，基于一维、二维水力学模型的耦合，能够较好地模拟洪水在下游演进的情况，并在永定河流域的应用中取得了成功。

由于水文学模型比较难以通过计算得到水位过程，而水力学模型在理论上又不具备预见期，因此，对于二者优势互补的水文-水力学耦合模型的研究也得到了越来越多专家学者的关注。徐时进通过分析淮河中上游洪水特点以及运用行蓄洪区之后淮河中游的河网特性，从防汛实时调度的角度出发，建立了淮河水系水文水动力学模型，并编制了相应的模型应用软件，在2005年淮河洪水预报中取得了令人满意的结果；李大洋等将新安江模型与MIKE 11水力学模型结合，建立了淮河中游河道洪水预报方案，并使用水文不确定性处理器对预报结果进行了不确定性分析，结果表明模型预报精度较高，不确定性小，并可提供某一置信度的预报区间；朱敏喆等在分布式架构下，以节点水位为基本变量，对淮河流域水流进行水文-水力学耦合模型的隐式求解，取得了稳定、可靠的结果；杨甜甜等选择将大伙房模型与有限差分法的一维水动力学模型耦合，建立了整个大沽河流域的水文水动力学模型，为门楼水库的实时调度决策提供了技术支撑。

总的来说，国内外专家学者在水文学、水力学及二者耦合模型的研究上已经取得了可喜的成绩，但从模型实际应用的角度出发，仍然存在一些需要解决的问题。一是地形、断面等方面的现有资料无法最大限度满足水力学计算的要求，缺资料情况下的水力学模型概化和计算问题亟待解决；二是现有成果多侧重于规划层面对洪水的模拟研究，缺少在实时预报作业中利用水文-水力学耦合模型定量分析水利工程对洪水预报影响的研究，无法建立模型计算结果与原有预报方案的关系，从而无法对原有洪水预报方案进行改进，对当前条件下仍然沿用原有预报方案的河道断面或站点的洪水预报不具有现实意义。

1.3 山东省水文模型应用现状

山东省涉及省内16个地市，共有72处省级洪水预报断面，252处大中型水库、骨干河流、重要河道预报断面等。初步统计，目前已有洪水预报方案的站点总体偏少，模型方法总体较为单一，预报精度总体较低。具体情况如下：

(1) 已有洪水预报方案的站点总体偏少。现有洪水预报方案中共有75处洪水预报断面，其中省级洪水预报断面有70处，缺韩庄闸（闸上游）、大官庄闸（新）（闸上游）和252处大中型水库和重要河道预报断面。详见表1.3-1。

(2) 预报模型方法总体较为单一。预报方案的主要方法为经验模型、洪量相关法。产流计算一般采用 $P+P_a-R$ 两参数相关图、$P-P_a-R$ 三参数相关图；汇流计算采用径流分配过程线、单位线。

(3) 已有洪水预报方案的预报断面精度总体较低。目前采用的方法汇流精度等级以乙等为主，在已有82个洪水预报方案中，甲等预报方案个数为10个，占比为12.2%；乙等预报方案个数为48个，占比为58.5%；丙等预报方案的个数为14个，占比为17.1%；丙等以下的预报方案个数为4个，占比为4.9%；未评定的方案个数为6个，占比为7.3%。

1.4 研究目标与内容

1.4.1 研究目标

紧扣提升水情预警公共服务能力和山东省水文中心各级各部门的工作需求，全面整合各类资料，以水情信息服务和洪水预报业务为核心，以监测、预报、演进、调度、风险分析流程为重点，以各类基础信息和测报预报数据为支撑，构建准确高效、实时快捷、要素齐全、智能联动的水文服务信息化系统。巩固提升水文情报预报信息的可靠性、实时性和准确性；强化提升对防汛抗旱、抢险救灾等工作信息服务的保障能力；着力提升各级政府水情预警公共服务能力。以信息服务能力的提升促进水安全保障体系的建设，推动山东省经济社会的可持续发展。

洪水预报系统模型应用技术手册以实时雨水情、气象等数据的采集、存储和管理为基础，运用先进信息技术，以洪水预报业务为核心，建立服务于洪水预报、雨水情查询、实时调度决策的信息化作业平台，集中展现河道、水库等实时水情信息、预报信息、历史洪水信息，并进行各类信息的对比分析，为决策人员提供支持，确保发生洪水时能及时预警，提高洪水预报精度和延长预见期，提升水文服务能力和服务水平，为防洪减灾、大中型水库与骨干河道的安全运行提供决策依据。

表 1.3-1 山东省现有洪水预报方案情况

流域	河流	站名	方案套数	模型方法	方案精度	适用范围	率定资料	站类（河道站、水库站、堰闸站等）	属于现有省级预报断面、其他水库预报断面、其他河道预报断面
海河流域	漳卫南运河	南陶站	1	方案 1:上下游峰量相关法	甲等	洪峰流量水位	1991—2015 年	堰闸站	现有省级预报断面
		临清站	1	方案 1:上下游峰量相关法	甲等	洪峰流量水位	1991—2015 年	堰闸站	现有省级预报断面
		四女寺北下	1	方案 1:峰量相关法	汇流:丙等	洪峰流量水位	1971—2015 年	堰闸站	现有省级预报断面
		四女寺南下	1	方案 1:峰量相关法	汇流:丙等	洪峰流量水位	1971—2015 年	堰闸站	现有省级预报断面
		四女寺闸上	1	方案 1:峰量相关法	汇流:丙等	洪峰流量水位	1971—2015 年	堰闸站	现有省级预报断面
		庆云闸	1	方案 1:峰量相关法	汇流:丙等以下	洪峰流量水位	1977—2015 年	堰闸站	现有省级预报断面
	马颊河	王铺闸	1	方案 1:降雨径流相关图＋峰量相关法(3 h 径流分配过程线)	产流:乙等($P-P_a-R$) 汇流:乙等	洪峰流量、峰现时间、流量过程	1971—2015 年	堰闸站	现有省级预报断面
		李家桥闸	2	方案 1:降雨径流相关图＋峰量相关法(6 h 径流分配过程线)	产流:乙等($P-E-P_a-R$) 汇流:丙等	洪峰流量水位、峰现时间、流量过程	1971—2015 年	堰闸站	现有省级预报断面
				方案 2:上下游峰量相关法	丙等	洪峰流量水位			
		大道王闸	1	方案 1:降雨径流相关图＋峰量相关法(6 h 径流分配过程线)	产流:乙等($P-E-P_a-R$) 汇流:丙等	洪峰流量水位、峰现时间、流量过程	1971—2015 年	堰闸站	现有省级预报断面
	德惠新河	郑店闸	1	方案 1:降雨径流相关图＋峰量相关法(6 h 径流分配过程线)	产流:乙等($P-E-P_a-R$) 汇流:丙等	洪峰流量水位、峰现时间、流量过程	1971—2015 年	堰闸站	现有省级预报断面
		白鹤观闸	1	方案 1:降雨径流相关图＋峰量相关法(6 h 径流分配过程线)	产流:甲等($P-P_a-R$) 汇流:乙等	洪峰流量水位、峰现时间、流量过程	1971—2012 年	堰闸站	现有省级预报断面
	徒骇河	刘桥闸	1	方案 1:降雨径流相关图＋峰量相关法(3 h 径流分配过程线)	产流:乙等($P-E-P_a-R$) 汇流:丙等	洪峰流量水位、峰现时间、流量过程	1971—2015 年	堰闸站	现有省级预报断面
		宫家闸(夏口站)	2	方案 1:降雨径流相关图＋峰量相关法(6 h 径流分配过程线)	产流:丙等($P+P_a-E-P_a-R$)、乙等($P-E-P_a-R$)汇流:丙等以下	洪峰流量水位、峰现时间、流量过程	夏口站 1961—1964 年、宫家闸站 1971—2015 年	堰闸站	现有省级预报断面
				方案 2:上下游峰量相关法	丙等以下	洪峰流量水位			
		堡集闸	2	方案 1:降雨径流相关图＋峰量相关法(12 h 径流分配过程线)	产流:乙等($P+P_a-R$)、甲等($P-P_a-R$)汇流:甲等	洪峰流量水位、峰现时间、流量过程	1953 年、1962 年、1964 年、1971—2015 年	堰闸站	现有省级预报断面
				方案 2:上下游峰量相关法	丙等	洪峰流量水位			

续表

流域	河流	站名	方案套数	模型方法	方案精度	适用范围	率定资料	站类（河道站、水库站、堰闸站等）	属于现有省级预报断面、其他水库预报断面、其他河道预报断面
黄河流域	支脉河	王营站	1	方案 1:降雨径流相关图＋经验公式法	产流:甲等($P+P_a-R$)	洪峰流量	1977—1999 年	河道站	其他河道预报断面
	大汶河	大汶口	1	方案 1:降雨径流相关图＋峰量相关法(2 h 单位线)	产流:乙等($P+P_a-R$)、乙等($P-P_a-R$) 汇流:乙等	洪峰流量、峰现时间、流量过程	1956—2007 年	河道站	现有省级预报断面
		戴村坝站	1	方案 1:峰量相关法	汇流:乙等	洪峰流量、洪量和峰现时间	1961—2007 年	河道站	现有省级预报断面
		雪野水库	1	方案 1:降雨径流相关图＋峰量相关法(2 h 单位线)＋水库调洪演算	产流:乙等($P+P_a-R$)、乙等($P-P_a-R$) 汇流:乙等	洪峰流量、峰现时间、流量过程	1963—2007 年	水库站	现有省级预报断面
		黄前水库	1	方案 1:降雨径流相关图＋峰量相关法＋(2 h 单位线)＋水库调洪演算	产流:乙等($P+P_a-R$)、乙等($P-P_a-R$) 汇流:乙等	洪峰流量、峰现时间、流量过程	1964—2007 年	水库站	现有省级预报断面
		光明水库	1	方案 1:降雨径流相关图＋峰量相关法(2 h 单位线)＋水库调洪演算	产流:乙等($P+P_a-R$)、乙等($P-P_a-R$) 汇流:乙等	洪峰流量、流量过程	1963—2007 年	水库站	现有省级预报断面
	黄河支流	卧虎山水库	1	方案 1:降雨径流相关图＋峰量相关法(2 h 单位线)＋水库调洪演算	产流:乙等($P+P_a-R$) 汇流:乙等	洪峰流量、流量过程	1963—2007 年	水库站	现有省级预报断面
淮河流域	梁济运河	后营站	1	方案 1:降雨径流相关图＋径流分配过程线方法	产流:乙等($P+P_a-R$)	流量过程	1960—2010 年	河道站	现有省级预报断面
	洙赵新河	梁山闸站	1	方案 1:降雨径流相关图＋径流分配过程线方法	产流:乙等($P+P_a-R$)	流量过程	纸坊站 1966—1973 年、梁山闸站 1974—2010 年	堰闸站	现有省级预报断面
	新万福河	孙庄站	1	方案 1:降雨径流相关图＋径流分配过程线方法	产流:乙等($P+P_a-R$)	流量过程	1971—2010 年	河道站	现有省级预报断面

续表

流域	河流	站名	方案套数	模型方法	方案精度	适用范围	率定资料	站类（河道站、水库站、堰闸站等）	属于现有省级预报断面、其他水库预报断面、其他河道预报断面
黄河流域	东鱼河	鱼台站	1	方案 1:降雨径流相关图＋径流分配过程线方法	产流:甲等($P+P_a-R$)	流量过程	1971—2010 年	河道站	现有省级预报断面
	洸府河	黄庄站	1	方案 1:降雨径流相关图＋峰量相关法(2 h 单位线)	产流:乙等($P+P_a-R$) 汇流:乙等	洪峰流量、峰现时间、流量过程	1963—2010 年	河道站	现有省级预报断面
	泗河	书院站	1	方案 1:降雨径流相关图＋峰量相关法(2 h 单位线)	产流:乙等($P+P_a-R$) 汇流:乙等	洪峰流量水位、峰现时间、流量过程	1957—2010 年	河道站	现有省级预报断面
		尼山水库	1	方案 1:降雨径流相关图＋峰量相关法(2 h 单位线)＋水库调洪演算	产流:乙等($P+P_a-R$) 汇流:丙等	洪峰流量、流量过程	1964—2010 年	河道站	现有省级预报断面
	白马河	马楼站	1	方案 1:降雨径流相关图＋峰量相关法(2 h 单位线)	产流:甲等($P+P_a-R$) 汇流:乙等	洪峰流量、流量过程	1967—2010 年	河道站	现有省级预报断面
		西苇水库	1	方案 1:降雨径流相关图＋峰量相关法(2 h 单位线)＋水库调洪演算	产流:乙等($P+P_a-R$) 汇流:丙等	洪峰流量、流量过程	1961—2010 年	河道站	现有省级预报断面
	北沙河	马河水库	1	方案 1:降雨径流相关图＋峰量相关法(2 h 单位线)＋水库调洪演算	产流:乙等($P+P_a-R$) 汇流:乙等	洪峰流量、流量过程	1965—2010 年	河道站	现有省级预报断面
	城河	岩马水库	1	方案 1:降雨径流相关图＋峰量相关法(2 h 单位线)＋水库调洪演算	产流:甲等($P+P_a-R$) 汇流:乙等	洪峰流量、流量过程	1963—2010 年	河道站	现有省级预报断面
		滕州站	1	方案 1:降雨径流相关图＋2 h 单位线	产流:乙等($P+P_a-R$) 汇流:乙等	洪峰流量、流量过程	1960—2010 年	河道站	现有省级预报断面
	南四湖	上级湖	1	方案 1:降雨径流相关图＋12 h 单位线	产流:乙等($P+P_a-R$)	洪峰流量、流量过程	1963—2010 年	河道站	现有省级预报断面
		下级湖	1	方案 1:降雨径流相关图＋12 h 单位线	产流:乙等($P+P_a-R$)	洪峰流量、流量过程	1963—2010 年	河道站	省外预报断面
	十字河	柴胡店	1	方案 1:降雨径流相关图＋2 h 单位线	产流:乙等($P+P_a-R$)	洪峰流量、流量过程	1964—2010 年	河道站	现有省级预报断面
	韩庄运河	台儿庄闸站	2	方案 1:降雨径流相关图＋峰量相关法	产流:乙等($P+P_a-R$) 汇流:乙等	洪峰流量	1970—2010 年	河道站	现有省级预报断面
				方案 2:马斯京根演算法	未评定	流量过程		河道站	

续表

流域	河流	站名	方案套数	模型方法	方案精度	适用范围	率定资料	站类（河道站、水库站、堰闸站等）	属于现有省级预报断面、其他水库预报断面、其他河道预报断面
黄河流域	沂河	田庄水库	1	方案1:降雨径流相关图＋峰量相关法(1 h单位线)＋水库调洪演算	产流:甲等($P+P_a-R$)、乙等($P-P_a-R$) 汇流:乙等	洪峰流量、流量过程	1960—2010年	河道站	现有省级预报断面
		跋山水库	1	方案1:降雨径流相关图＋峰量相关法(1 h/2 h单位线)＋水库调洪演算	产流:乙等($P-P_a-R$) 汇流:乙等	洪峰流量、流量过程	1960—2010年	河道站	现有省级预报断面
		岸堤水库	1	方案1:降雨径流相关图＋峰量相关法(1 h/2 h单位线)＋水库调洪演算	产流:乙等($P+P_a-R$) 汇流:乙等	洪峰流量、流量过程	1960—2010年	水库站	现有省级预报断面
		唐村水库	1	方案1:降雨径流相关图＋峰量相关法(1 h/2 h单位线)＋水库调洪演算	产流:乙等($P-P_a-R$) 汇流:乙等	洪峰流量、流量过程	1960—2010年	水库站	现有省级预报断面
		许家崖水库	1	方案1:降雨径流相关图＋峰量相关法(1 h/2 h单位线)＋水库调洪演算	产流:乙等($P-P_a-R$) 汇流:乙等	洪峰流量、流量过程	1960—2010年	水库站	现有省级预报断面
		姜庄湖站	1	方案1:降雨径流相关图＋峰量相关法(1 h/2 h单位线)	产流:乙等($P-P_a-R$) 汇流:乙等	洪峰流量、流量过程	1960—2010年	河道站	现有省级预报断面
		葛沟站	1	方案1:降雨径流相关图＋峰量相关法(1 h/2 h单位线)	产流:甲等($P+P_a-R$)、乙等($P-P_a-R$) 汇流:乙等	洪峰流量、流量过程	1960—2010年	河道站	现有省级预报断面
		临沂站	2	方案1:降雨径流相关图＋峰量相关法(1 h/2 h单位线、分级单位线、河道流量演算)	产流:乙等($P-P_a-R$) 汇流:乙等	洪峰流量、流量过程	1960—2010年	河道站	现有省级预报断面
				方案2:上下游流量相关法	以葛沟来水为主:乙等 以姜庄湖来水为主:甲等	洪峰流量	1960—2010年	河道站	
		彭道口闸	1	报汛曲线	未评定	泄流量	—	河道站	现有省级预报断面

续表

流域	河流	站名	方案套数	模型方法	方案精度	适用范围	率定资料	站类（河道站、水库站、堰闸站等）	属于现有省级预报断面、其他水库预报断面、其他河道预报断面
黄河流域	沂河	刘家道口闸	1	洪峰流量直接参考临沂水文站，视区间降雨情况适当增减；临沂水文站的峰现时间＋两站间的洪水传播时间；闸泄流曲线	—	洪峰流量、峰现时间	1960—2010 年	堰闸站	现有省级预报断面
		江风口闸	1	分洪闸泄流曲线	未评定	泄流量	—	河道站	现有省级预报断面
	邳苍分洪道	会宝岭水库(北)	1	方案 1:降雨径流相关图＋峰量相关法(1 h/2 h 单位线)＋水库调洪演算	产流:乙等($P+P_a-R$) 汇流:乙等	洪峰流量、流量过程	1960—2010 年	河道站	现有省级预报断面
		会宝岭水库(南)	1	方案 1:降雨径流相关图＋峰量相关法(1 h/2 h 单位线)＋水库调洪演算	产流:乙等($P+P_a-R$) 汇流:乙等	洪峰流量、流量过程	1960—2010 年	河道站	现有省级预报断面
	沭河	陡山水库	1	方案 1:降雨径流相关图＋峰量相关法(1 h/2 h 单位线)	产流:乙等($P-P_a-R$) 汇流:乙等	洪峰流量、流量过程	1960—2010 年	水库站	现有省级预报断面
		沙沟水库	1	方案 1:降雨径流相关图＋峰量相关法(1 h/2 h 单位线)	产流:乙等($P+P_a-R$) 汇流:乙等	洪峰流量、流量过程	1960—2010 年	水库站	现有省级预报断面
		青峰岭水库	1	方案 1:降雨径流相关图＋峰量相关法(2 h 单位线)＋水库调洪演算	产流:甲等($P-P_a-R$) 汇流:甲等	洪峰流量、流量过程	1960—2010 年	水库站	现有省级预报断面
		小仕阳水库	1	方案 1:降雨径流相关图＋峰量相关法(2 h 单位线)＋水库调洪演算	产流:甲等($P-P_a-R$) 汇流:甲等	洪峰流量、流量过程	1960—2010 年	水库站	现有省级预报断面
		石拉渊站	1	方案 1:降雨径流相关图＋峰量相关法(1 h/2 h 单位线)	产流:乙等($P+P_a-R$) 汇流:乙等	洪峰流量、流量过程	1960—2010 年	河道站	现有省级预报断面

续表

流域	河流	站名	方案套数	模型方法	方案精度	适用范围	率定资料	站类（河道站、水库站、堰闸站等）	属于现有省级预报断面、其他水库预报断面、其他河道预报断面
黄河流域	沭河	大官庄站	2	方案1:降雨径流相关图＋峰量相关法（1 h/2 h单位线、分级单位线、河道流量演算）	产流:乙等$(P-P_a-R)$ 汇流:乙等	洪峰流量、流量过程	1960—2010年	河道站	现有省级预报断面
				方案2:上下游流量相关法	未评定	洪峰流量、峰现时间	—		
	傅疃河	日照水库	1	方案1:降雨径流相关图＋峰量相关法（2 h单位线）＋水库调洪演算	产流:甲等$(P+P_a-R)$ 汇流:乙等	洪峰流量、流量过程	1980—2010年	水库站	现有省级预报断面
	大沽河	产芝水库	1	方案1:降雨径流相关图＋峰流量经验公式法（2 h单位线）＋水库调洪演算	产流:甲等$(P+P_a-R)$、乙等$(P-P_a-R)$ 汇流:乙等	洪峰流量、流量过程	1961—2007年	水库站	现有省级预报断面
		尹府水库	1	方案1:降雨径流相关图＋峰流量经验公式法（2 h单位线）＋水库调洪演算	产流:甲等$(P+P_a-R)$、丙等以下$(P-P_a-R)$ 汇流:乙等	洪峰流量、流量过程	1962—2007年	水库站	现有省级预报断面
		南村站	2	方案1:降雨径流相关图＋峰流量经验公式法（2 h单位线）	产流:乙等$(P+P_a-R)$、丙等$(P-P_a-R)$ 汇流:乙等	洪峰流量、流量过程	1953—2007年	河道站	现有省级预报断面
				方案2:上下游峰量相关法	甲等	洪峰流量			
	白沙河	崂山水库	1	方案1:降雨径流相关图＋峰量相关法（2 h单位线）＋水库调洪演算	产流:甲等$(P+P_a-R)$、乙等$(P-P_a-R)$ 汇流:丙等以下	洪峰流量、流量过程	1959—2007年	水库站	现有省级预报断面
	五龙河	沐浴水库	1	方案1:降雨径流相关图＋峰量相关法（2 h单位线）＋水库调洪演算	产流:乙等$(P+P_a-R)$ 汇流:甲等	洪峰流量、流量过程	1961—2008年	水库站	现有省级预报断面
	乳山河	龙角山水库	1	方案1:降雨径流相关图＋峰量相关法（2 h单位线）＋水库调洪演算	产流:乙等$(P+P_a-R)$ 汇流:乙等	洪峰流量、流量过程	1961—2007年	水库站	现有省级预报断面

续表

流域	河流	站名	方案套数	模型方法	方案精度	适用范围	率定资料	站类（河道站、水库站、堰闸站等）	属于现有省级预报断面、其他水库预报断面、其他河道预报断面
黄河流域	母猪河	米山水库	1	方案1：降雨径流相关图＋峰量相关法（2 h单位线）＋水库调洪演算	产流：乙等（$P+P_a-R$） 汇流：乙等	洪峰流量、流量过程	1961—2007年	水库站	现有省级预报断面
	大沽夹河	门楼水库	1	方案1：降雨径流相关图＋峰量相关法（2 h单位线）＋水库调洪演算	产流：乙等（$P+P_a-R$） 汇流：乙等	洪峰流量、流量过程	1961—2008年	水库站	现有省级预报断面
	黄水河	王屋水库	1	方案1：降雨径流相关图＋峰量相关法（2 h单位线）＋水库调洪演算	产流：乙等（$P+P_a-R$） 汇流：甲等	洪峰流量、流量过程	1961—2008年	水库站	现有省级预报断面
	潍河	墙夼水库	1	方案1：降雨径流相关图＋峰量相关法（2 h单位线）＋水库调洪演算	产流：甲等（$P+P_a-R$） 汇流：乙等	洪峰流量、流量过程	1960—2007年	水库站	现有省级预报断面
		墙夼水库（西）	1	方案1：降雨径流相关图＋峰量相关法（2 h单位线）＋水库调洪演算	产流：甲等（$P+P_a-R$） 汇流：乙等	洪峰流量、流量过程	1960—2007年	水库站	现有省级预报断面
		峡山水库	1	方案1：降雨径流相关图＋峰量相关法（2 h单位线）＋水库调洪演算	产流：甲等（$P+P_a-R$） 汇流：丙等	洪峰流量、流量过程	1960—2008年	水库站	现有省级预报断面
		高崖水库	1	方案1：降雨径流相关图＋峰量相关法（2 h单位线）＋水库调洪演算	产流：乙等（$P-P_a-R$） 汇流：乙等	洪峰流量、流量过程	1963—2008年	水库站	现有省级预报断面
		牟山水库	1	方案1：降雨径流相关图＋峰量相关法（2 h单位线）＋水库调洪演算	产流：乙等（$P+P_a-R$） 汇流：丙等	洪峰流量、流量过程	1963—2007年	水库站	现有省级预报断面

续表

流域	河流	站名	方案套数	模型方法	方案精度	适用范围	率定资料	站类（河道站、水库站、堰闸站等）	属于现有省级预报断面、其他水库预报断面、其他河道预报断面
黄河流域	白浪河	白浪河水库	1	方案1：降雨径流相关图＋峰量相关法（2 h单位线）＋水库调洪演算	产流：甲等（$P+P_a-R$） 汇流：乙等	洪峰流量、流量过程	1960—2007年	水库站	现有省级预报断面
	弥河	冶源水库	1	方案1：降雨径流相关图＋峰量相关法（2 h单位线）＋水库调洪演算	产流：乙等（$P-P_a-R$） 汇流：乙等	洪峰流量、流量过程	1962—2007年	水库站	现有省级预报断面
	小清河	岔河	1	方案1：降雨径流相关图＋6 h单位线	产流：乙等（$P+P_a-R$）	洪峰流量、流量过程	1997—2007年	河道站	现有省级预报断面
		石村站	2	方案1：降雨径流相关图＋峰量相关法（2 h单位线）	产流：甲等（$P+P_a-R$）、甲等（$P-P_a-R$） 汇流：丙等	洪峰流量、流量过程	产流：1961—2008年 汇流：1997—2008年	河道站	现有省级预报断面
				方案2：上下游洪峰流量相关法	乙等	洪峰流量			

1.4.2 研究内容

(1) 水文模型研发及应用

研发包含流域产流预报模型、河道洪水预报模型、概念性水文模型、分布式水文模型、纳雨能力计算模型等在内的组合水文模型平台，针对模型参数开展率定，结合山东省流域产汇流特点，评估模型适用性，实现山东省大中型水库、骨干河道、重要河道预报断面在内的省级预报断面、新增预报断面、无资料预报断面全覆盖，为山东省水文预报模型选择提供指导意见。

(2) 数据挖掘及概率预报方法研发

针对预见期增长、径流的不确定性影响因素随之增多、径流预报精度降低等问题，引入长短时记忆神经网络(Long Short-Term Memory，LSTM)数据挖掘方法，筛选部分研究区，构建包含流域特征信息的水文数据作预报因子的山东 LSTM 洪水预报模型。

通过概率预报解决山东省实时洪水预报中数据输入、模型结构和模型参数等带来的不确定性问题，构建以水文不确定性处理器(HUP)为核心的概率预报模型，针对确定性模型的原始预报结果，对断面进行预报可靠性评估，提供某一置信水平下的区间预报成果(预报上限和下限)，丰富预报信息。

(3) 山东洪水预报系统研发

研究基于 Spring Cloud 的微服务架构，采用 Nacos 动态微服务配置、统一网关 Spring Cloud Gateway、Spring Cloud Feign Client 服务集群高效调用、分布式文件系统等技术，实现了分布式微服务治理平台搭建，在此基础上开发了山东洪水预报系统。在软件功能方面，系统实现了河系拓扑结构构建、预报方案配置、实时预报作业等多项洪水预报调度业务流程；在软件性能方面，系统适应于国产化软硬件环境，满足安全自主可控的要求，具有响应速度快、运行稳定可靠、易于扩展维护、界面友好等特点。

1.5 研究区概况

1.5.1 自然地理

1.5.1.1 地理位置

山东省地处中国东部沿海、黄河下游，分为半岛和内陆两部分。半岛突出于黄海、渤海之间；内陆部分北与河北省为邻，西与河南省交界，南与安徽省、江苏省接壤。南北宽约 420 km，东西长约 700 km，总面积 15.81 万 km^2。

全省地势中部突起，为鲁中南山地丘陵区，东部半岛大部分是起伏和缓的波状丘陵区，西部、北部是黄河冲积平原区，呈现出以山地、丘陵为骨架，平原盆地交错环列其间的态势。平原面积约占全省总面积的 65.56%，山地丘陵约占 29.98%，其他约占 4.46%。山东省行政区划图如图 1.5-1 所示。

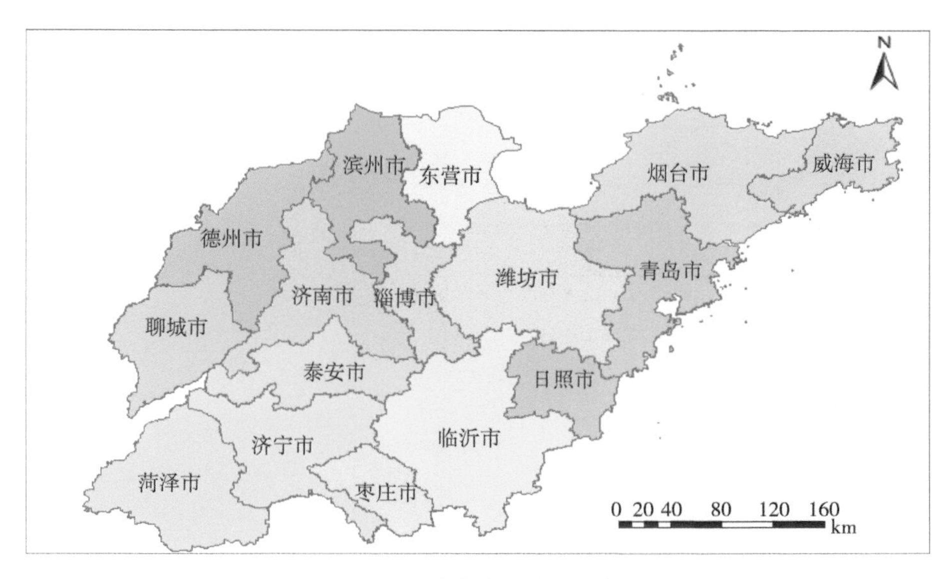

图 1.5-1 山东省行政区分布图

1.5.1.2 地形地貌

山东境内中部山地突起，西南、西北低洼平坦，东部缓丘起伏，形成以山地丘陵为骨架、平原盆地交错环列其间的地形大势。泰山雄踞中部，主峰海拔 1 532.7 m，为全省最高点。黄河三角洲一般海拔 2～10 m，为全省陆地最低处。境内地貌复杂，大体可分为平原、台地、丘陵、山地等基本地貌类型。平原面积占全省面积的 65.56%，主要分布在鲁西北地区和鲁西南局部地区。台地面积占全省面积的 4.46%，主要分布在东部地区。丘陵面积占全省面积的 15.39%，主要分布在东部、鲁西南局部地区。山地面积占全省面积的 14.59%，主要分布在鲁中地区和鲁西南局部地区。

山东境内主要山脉，集中分布在鲁中南山丘区和胶东丘陵区。属鲁中南山丘区者，主要由片麻岩、花岗片麻岩组成；属胶东丘陵区者，由花岗岩组成。绝对高度在 700 m 以上、面积在 150 km^2 以上的有泰山、蒙山、崂山、鲁山、沂山、徂徕山、昆嵛山、九顶山、艾山、牙山、大泽山等。

全省海拔 50 m 以下区域面积占全省面积的 53.71%，主要分布在鲁西北地区；50～200 m 区域占 33.50%，主要分布在东部地区；200～500 m 区域占 11.53%，主要分布在鲁西南地区和东部地区；500 m 以上区域仅占 1.26%，主要分布在鲁中地区。

全省坡度 2°以下区域面积占全省面积的 71.02%，集中分布在鲁西北地区和鲁西南、东部局部地区；2°～5°区域占 9.82%，5°～15°区域占 11.78%，主要分布在东部地区；15°～25°区域占 4.63%，25°以上区域占 2.75%，主要分布在鲁中地区和东部地区。

1.5.1.3 河流水系

山东水系比较发达，全省平均河网密度为 0.24 km/km^2。干流长 10 km 以上的河流有 1 500 多条，其中在山东入海的有 300 多条。这些河流分属于淮河流域、黄河流域、海河流域、小清河流域和胶东水系，较重要的有黄河、徒骇河、马颊河、沂河、沭河、大汶河、小清河、胶莱河、潍河、大沽河、五龙河、大沽夹河、泗河、万福河、洙赵新河等。山东省水系示意图如图 1.5-2 所示。

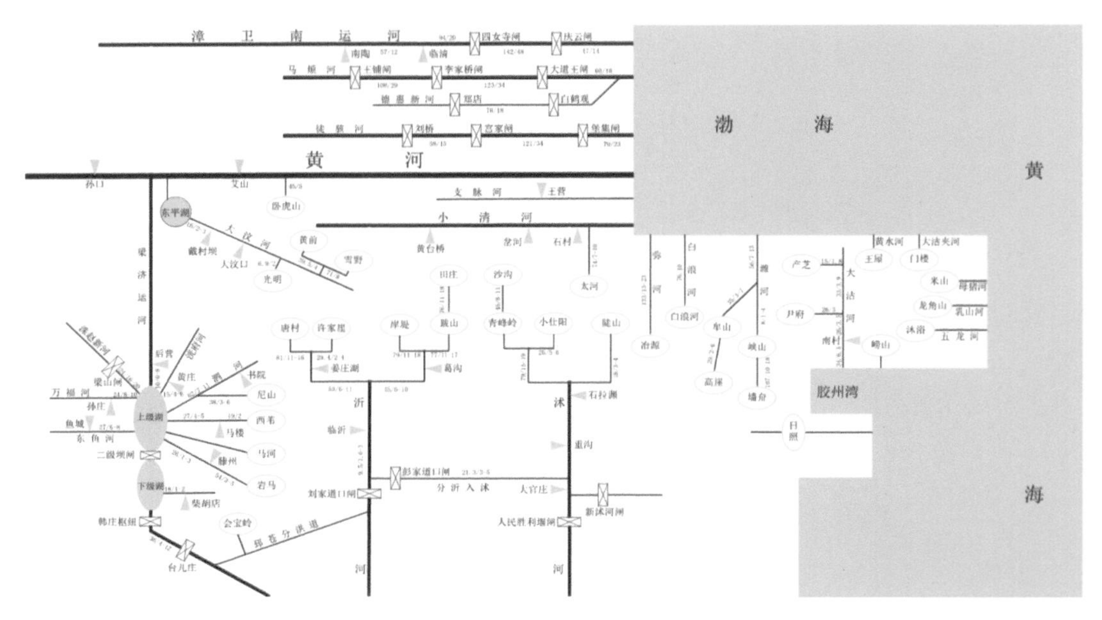

图 1.5-2 山东省水系示意图

1.5.2 水文气象

1.5.2.1 气候概况

山东省位于北温带半湿润季风气候区，四季分明，温差变化大，雨热同期，降雨季节性强。冬季寒冷干燥，少雨雪；夏季天气炎热，雨量集中；春秋两季干旱少雨。全省平均气温为 11～14℃，全省气温地区差异东西大于南北。全省无霜期 200～220 d，全年无霜期由东北沿海向西南递增。全省光照资源充足，光照时数年均 2 290～2 890 h，热量条件可满足农作物一年两作的需要。年平均降水量一般在 550～950 mm，由东南向西北递减。降水季节分布很不均衡，全年降水量有 60%～70%集中于夏季，易形成涝灾，冬、春及晚秋易干旱。

全省水文现象时空分布变化较大。降雨量从东南沿海的 850 mm 递减至鲁西北内陆的 550 mm，接近 80%的降雨集中在 6—9 月份，7—8 月份接近 50%。降雨年际变化明显，不同年份丰枯比例高达 2.62 以上。

1.5.2.2 水文特征

全省的水源补给主要靠大气降水，各河道均属雨源型河流，受季风气候及地理条件的影响，降雨在时空分布上变化较大，且流域内降雨量年内分配极不均匀，年际降水量变化大。夏季受太平洋暖湿气团的侵入和西北、西南涡的影响，以及近海的水汽输入，容易发生大范围的气旋雨、台风雨，局部地区还会出现突发的高强度地形雨。

全省多年平均陆地蒸发量为 450～600 mm、水面蒸发量为 1 000～1 400 mm，3—6 月份蒸发量占全年的50%左右。径流主要由降雨形成,其时程变化特点与降水基本相似,但年际、年内变化更大。全省多年平均径流深为126.5 mm,从东南向西北减少,鲁北平原平均仅有45 mm。

1.5.2.3 水资源

全省多年平均降水量680.5 mm,折合年降水总量1 076亿m^3。多年平均地表水资源量205.1亿m^3、地下水资源量168.9亿m^3,扣除重复计算量,水资源总量308.1亿m^3。人均水资源占有量315 m^3,亩均水资源占有量263 m^3。黄河水是山东可以利用的主要客水资源,每年进入山东水量(黄河高村站1951—2007年资料)为359.5亿m^3,按国务院办公厅批复的黄河分水方案,一般来水年份山东可引用黄河水70亿m^3。长江水是南水北调东线工程建成后山东省可以利用的另一主要客水资源。根据南水北调水资源规划,山东省一期将引江水14.67亿m^3,二期引江水34.52亿m^3。

山东省水资源的主要特点是:水资源总量不足,人均、亩均占有量少,水资源空间分布不均匀,年际年内变化剧烈,地表水和地下水联系密切等。全省水资源总量仅占全国水资源总量的1.09%,人均水资源占有量仅为全国人均占有量的14.9%(小于1/6),为世界人均占有量的4.0%(1/24),位居全国各省(市、自治区)倒数第3位,远远小于国际公认的维持一个地区经济社会发展所必需的1 000 m^3的临界值,属于人均占有量小于500 m^3的严重缺水地区。

1.5.2.4 暴雨

1. 暴雨成因

山东东临黄海,具有充沛的水汽供应条件,汛期受东南季风影响,海上暖湿气流不断向该流域输送,遇到泰沂山脉的阻挡,会产生强烈的上升气流,此时如遇有利的天气系统配合,就会产生大范围的暴雨。影响暴雨的天气系统很多,且组合较为复杂,同一次暴雨,可能有多个天气系统影响。根据对山东省典型暴雨的天气系统综合分析,形成暴雨的天气系统主要有以下三种类型:

(1) 气旋或连续气旋型

此种天气形势的特点是:大气环流形势和副热带高压系统以及西风带系统相对稳定。在500 hPa高空图上,高纬度地区主要以经向环流为主,在乌拉尔山和鄂霍茨克海附近各出现一个较强大的阻塞高压,在两个阻塞高压之间为一宽阔的低压槽,槽底南伸至黄河以南地区。此时如有冷空气不断南下,沿着北纬30°~45°的西风环流东移,对地面多产生气旋性扰动,从而形成暴雨过程。再从西太平洋副热带高压(简称副高)分析,副高强度比常年偏强,西伸脊点较常年偏西5~7个经度。脊线稳定在北纬26°~27°附近,副高西北侧的西南暖湿气流十分活跃,为降雨提供了充沛的水汽条件,这股西南暖湿气流和北方南下的冷空气汇合于黄淮之间,形成势力较强而又稳定的高空锋区。在地面天气图上,在黄淮流域不断有锋面气旋产生东移,造成该流域暴雨频繁。"570719"特大暴雨就是典型实例,1957年7月6日至20日,山东先后受5个黄淮气旋影响,导致全省大部分地区出现连续暴雨或大暴雨。

(2) 中低纬度天气系统相互结合型

所谓中低纬度天气系统相互结合，是指西风带冷空气南下时，与低纬度天气系统如台风外围、南方气旋相遇共同产生影响的天气系统，其主要特点是：在 500 hPa 高空图上，欧亚环流为两脊一槽型。在乌拉尔山和东亚地区为阻塞高压或高压脊，在两个高压脊之间为一宽阔的低压带，低压槽南伸至沂沭河、南四湖和山东半岛流域，冷空气不断从河西走廊经河套地区向东南方向移动，此时副高主体在日本附近，其脊线西伸至我国华东沿海，在东南沿海地区有台风(或气旋)登陆北上，当河套地区的冷空气南下与北上的台风外围(或气旋北部)在山东相遇时，便可产生暴雨。在地面天气图上，冷锋位于河套地区附近，而南方的台风或气旋向长江口中下游移动，冷锋和台风外围(或气旋北部)在山东交汇产生暴雨。沂沭河流域“560905”“600817”“630720”“900816”大暴雨均属于此种类型。

(3) 台风型

台风型指台风登陆后直接北上侵入本流域，或侵入该流域后地面台风虽蜕变为低压，但高空仍维持台风环流所形成的暴雨天气。台风形成的暴雨，在流域内多发生在 7—8 月份。其主要特点是：在 500 hPa 高空图上，副高位置偏北，中心稳定在日本海附近，在副高西侧为一长波槽，槽底一直延伸至江淮地区。此时如台风在浙、闽一带登陆北上并进入江淮地区，台风环流与西风槽在苏、鲁、豫三省之间合并，原长波槽后部的高压与西伸的副高脊叠加形成高压坝，台风(或蜕变的温带气旋)受阻于高压坝南部，滞留在江淮流域，在高压坝包围台风的地区，低层辐合加强，这是形成暴雨的动力条件。当上述天气形势出现后，如台风(或蜕变的温带气旋)与副高之间的气压梯度加大，风速加强，在东南沿海低层形成一股自太平洋经东海、黄海直到黄淮流域的低空东南急流(≥12 m/s)，把海洋上的水汽源源不断地输送到江淮流域，这是形成暴雨的水汽条件。由于同时具备了上述两个重要条件，在山东沂沭河、南四湖和山东半岛流域就很容易形成暴雨。“740813”特大暴雨即属于此种类型。

除上述 3 种影响山东暴雨的主要天气系统外，中小尺度天气系统(包括飑线、暴雨云团等)也会造成局部暴雨，其破坏力极大，易造成局部洪涝灾害。1984 年 7 月 12 号泰沂山区莱芜、沂源二地局部特大暴雨，即是由于强冷锋前的飑线所致。

2. 暴雨特征

(1) 暴雨集中，变差系数大

山东的暴雨绝大多数出现在 6 月下旬至 9 月上旬，主要又集中在 7 月上旬至 8 月中旬，全省多年平均暴雨日数 4 d 左右，其中泰沂山区平均 6～9 d，鲁西北平均 2～3 d，其他地区 3～5 d。丰枯年份变化悬殊，降雨量最多的 1964 年全省平均年降水量 1 154 mm，6—9 月降雨量 834 mm，全省平均暴雨日数为 7 d，而降雨量最少的 1968 年，全省平均年降水量 466 mm，6—9 月降雨量 273 mm，全省平均暴雨日数 1.5 d。

(2) 暴雨量空间分布不均匀

山东省多年平均最大 24 h 降水量由南向北、由沿海向内陆从 130 mm 向 80 mm 递减，其中崂山、昆嵛山、泰山形成三个明显的暴雨中心区，说明沿海水汽条件充沛，山前的迎风坡对流旺盛，并易受台风暴雨的影响，容易形成地形暴雨。胶莱河谷水汽不易停留，故为暴雨低值区；渤海沿岸处于背风坡，东南暖湿气流已在山南坡凝结降水，因而相对暴雨亦较少。

(3) 灾害性特大暴雨时有发生

受暴雨天气系统以及地形等因素的综合影响，每年汛期在山东局部地区都有24 h点雨量≥200 mm的特大暴雨。据实测资料统计，自1951年至1990年，共出现特大暴雨150场次，平均每年3.8场次；其中雨量大于300 mm的35场次，平均每年0.8场次，大于400 mm的10场次，平均每年0.3场次。其中既有小范围的特大暴雨，也有大范围的特大暴雨。例如1958年8月4日莱阳县石河头乡(今属莱阳市沐浴店镇)，4 h暴雨量高达740 mm(调查值)，笼罩范围仅几个村。这种范围虽小，但突发性强、强度特大的暴雨，对中小河流、小水库、塘坝及各种水工建筑物，容易造成毁灭性的灾害。又如"74·8"特大暴雨，暴雨中心潍河上游石埠子水文站，最大24 h降雨量498.6 mm，该次暴雨笼罩范围很广，24 h降雨量大于200 mm的面积达1 000 km^2，占全省总面积的6.7%，导致鲁中南沂、沭、潍诸河流发生特大洪水。

3. 暴雨时空分布对洪水的影响

短历时、高强度但笼罩范围不大的暴雨，如"58·8"莱阳暴雨，往往造成部分中小河流洪水暴涨暴落，猝不及防，形成局部洪涝灾害，甚至洪水会冲垮小型水库、塘坝，造成下游毁灭性灾害。

短历时、高强度、笼罩范围广的暴雨，如"74·8""85·8"暴雨，往往使几个流域普遍出现超过河道防洪能力的洪水，造成河堤溃决，形成大面积洪灾。连续大范围暴雨，如"57·7"暴雨，则不仅造成地面积水，蓄水工程蓄满，河道出现连续叠加型洪水，还会造成堤防决口，水库垮坝。"57·7"暴雨后，沂河、潍河等河流出现近百年来的最大洪水，南四湖周围一片汪洋，发生了特大洪涝灾害。平原地区的河道若出现连续暴雨，往往会使干流中下游洪水持续1个月之久，田间积水长期难以排出，如1961年鲁北平原发生的暴雨洪水，洪涝灾害极为严重。

1.5.2.5 洪水

山东省河流可分为两种类型：一是山溪性河流，以发源于中部地区沂山、蒙山山脉南北区河流为多，半岛中低丘陵区的中小河流较多；二是平原型河流，主要发源于鲁西、鲁西北地区，向南流入南四湖，向东注入渤海。由于各种类型河流的干流平均坡降及淤积等特性相差较大，发生洪水的特点也有很大的差异性。

(1) 洪水特点

山溪性河流洪水特点：由于山区河道坡度大，植被条件差，径流系数大，汇流速度快，其洪水具有三方面特征：一是暴涨暴落。较小流域汇流时间一般仅数小时，一次洪水过程不超过3～4 d，洪峰陡涨陡落。南四湖湖东诸支流多为山溪性河流，河短流急，洪水随涨随落；南四湖出口至骆马湖之间邳苍地区的北部为山丘区，径流系数大，洪水涨落快，也是沂沭河、南四湖水系洪水的重要来源；沂、沭河发源于沂蒙山，上中游均为山丘区，河道比降大，暴雨出现机会多，是洪水的主要来源；下游新沂河和新沭河均为人工开挖的河道，宣泄沂、沭河来水入海；山东半岛诸河独流入海，多为山溪性、季风雨源型河流，河床比降大，源短流急，水位、流量过程线随降水变化而迅速涨落，但一般不致为害。沂、沭河洪水汇集快，洪峰尖瘦，如集水面积10 315 km^2 的沂河临沂站，1974年8月12日20时开始降雨，到14日4时出现洪峰10 600 m^3/s，历时32 h，从洪水起涨到出现洪峰仅17 h，从洪水起涨到洪水落平不超过4 d。大沽夹河福山水文站2007年8月10日8时开始起涨，至12日6时出现洪峰，洪峰流量为2 980 m^3/s，为该站有实测记录以来历史最大值，涨水历时为46 h。二是峰高量大。这与暴雨强度大、量值大、范围集中、下垫面蓄水持水能力差以及流域坡度大相关。据历史洪水调查资料，沂河临沂水文站1957年7月19日实测洪峰流量为15 400 m^3/s，7 d洪水总量26.46亿m^3。大沽夹河福山水文站2007年8月12日实测洪峰流量为2 980 m^3/s，次洪总量为2.295亿m^3，占年径流量的29%。三是蕴含能量大，挟沙能力和冲蚀能力强。由于流域坡度大，蓄水持水能力差，降水很快将巨大的势能转化为动能，增强了对河道的冲刷能力和挟沙能力，造成水土流失和水库、拦河闸坝及下游河道的淤积。

平原型河流洪水特点：平原型河流流域坡度较小，蓄水持水能力较好，河网汇流速度较慢，主要河道上游涨洪历时一般2～4 d，中下游5～10 d。如流域内遇到连续降雨，前峰尚未落平，后峰接踵而至，常常形成复式洪峰或连续洪峰。南四湖湖西诸支流流经黄泛平原，泄水能力低，洪水过程平缓；新沂河为平原人工河道，比降较缓，沿途又承接沭河部分来水，因而洪水峰高量大，过程较长。20世纪50年代以来，沂沭河、南四湖水系各河同时发生大水的有1957年，先后出现大水的有1963年。沂沭泗河洪水出现时间稍迟，洪水量小、历时短，但来势迅猛。

（2）上游水库工程削峰作用明显

以沂河流域代表站临沂水文站为例，绘制各站逐年（1951—2019年）实测最大洪峰流量过程线如图1.5-3所示。从图中可以看出，自1960年（上游大型水库基本建成）开始，沂河流域发生的大洪水明显受上游水库工程影响，即上游水库工程削峰作用明显。例如，在“740814”洪水中，临沂站实测洪峰流量10 600 m^3/s，若无上游水库工程调蓄，该站将出现洪峰流量13 900 m^3/s，削减洪峰23.7%。在“930805”洪水中，临沂站实测洪峰流量8 140 m^3/s，若无上游水库工程调蓄，该站将出现洪峰流量12 820 m^3/s，削减洪峰36.5%。在1964年7月洪水中，南村站实测洪峰流量2 530 m^3/s，若无上游水库工程调蓄，该站将出现洪峰流量3 682 m^3/s，削减洪峰31.3%。

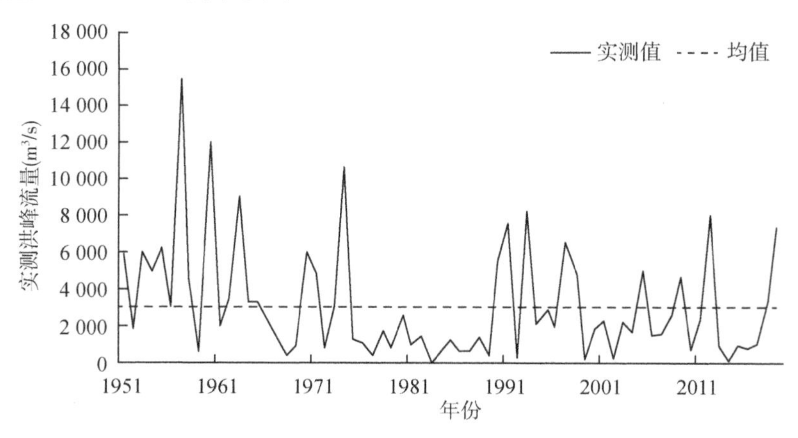

图1.5-3 沂河临沂站逐年实测最大洪峰流量过程线

1.5.3 水利工程

在新中国成立前夕，导沭整沂工程开工，进行了以河道堤防和山丘区水库为重点的大规模防洪工程建设，开辟分洪道，兴建滞蓄洪区，扩大洪水出路。在平原区进行以除涝为重点的工程建设，洪、涝、旱、碱、渍综合治理；对湖西平原地区进行水系调整，建立了骨干排水河道，实现了高低水分排，洪涝水分治；在滨湖地区建立圩田排灌工程。

根据2013年公布的全国第一次水利普查结果，目前山东省共有水库工程（包括大、中、小型水库）6 424座，总库容219.18亿 m^3，兴利库容113.48亿 m^3，其中，淮河流域及山东半岛有水库工程5 239座，总库容151.67亿 m^3，兴利库容82.28亿 m^3；黄河流域有水库工程1 093座，总库容60.30亿 m^3，兴利库容24.99亿 m^3；海河流域有水库工程92座，总库容7.21亿 m^3，兴利库容6.21亿 m^3。

按工程规模分，山东省共有大型水库37座（包括引黄济青棘洪滩水库、东平湖水库、单县浮岗水库），总库容129.15亿 m^3，兴利库容57.29亿 m^3，其中淮河流域33座，黄河流域4座。中型水库207座，总库容53.46亿 m^3，兴利库容33.59亿 m^3，其中海河流域22座，黄河流域35座，淮河流域150座。小型水库6 180座，总库容36.57亿 m^3，兴利库容22.61亿 m^3，其中海河流域70座，黄河流域1 054座，淮河流域5 056座。各流域大中小型水库数量及分布情况如表1.5-1所示。

表1.5-1 山东省各流域大中小型水库数量及分布情况　　单位：座

水库规模	淮河流域	黄河流域	海河流域	总量
大型水库	33	4	0	37
中型水库	150	35	22	207
小型水库	5 056	1 054	70	6 180

参考文献

[1] 万思旺. 石泉—安康区间支流洪水分类预报及设计洪水研究[D]. 西安：西安理工大学，2021.

[2] 吴险峰，刘昌明. 流域水文模型研究的若干进展[J]. 地理科学进展，2002(4)：341-348.

[3] 徐宗学. 水文模型：回顾与展望[J]. 北京师范大学学报（自然科学版），2010，46(3)：278-289.

[4] 夏军，王惠筠，甘瑶瑶，等. 中国暴雨洪涝预报方法的研究进展[J]. 暴雨灾害，2019，38(5)：416-421.

[5] 赵人俊，王佩兰. 新安江模型参数的分析[J]. 水文，1988(6)：2-9.

[6] 李有林. 水箱模型的基本原理及其应用[J]. 甘肃水利水电技术，2000(4)：229-232.

[7] 林三益，薛燚森，晁储经，等. 斯坦福(Ⅳ)萨克拉门托流域水文模型的对比分析[J]. 成都科技大学学报，1983(3)：83-90.
[8] 王光生，夏士谆. SMAR 模型及其改进[J]. 水文，1998(S1)：28-30.
[9] 孙文宇，王容，姚成，等. 基于栅格新安江模型的秦淮河流域洪水模拟及实时校正研究[J]. 人民珠江，2021，42(10)：10-17.
[10] 刘佩瑶，郝振纯，王国庆，等. 新安江模型和改进 BP 神经网络模型在闽江水文预报中的应用[J]. 水资源与水工程学报，2017，28(1)：40-44.
[11] 钱承萍，黄川友. 新安江三水源模型与水箱模型在清江流域上的应用与比较[J]. 西北水电，2013(2)：4-7.
[12] 孙娜，周建中，张海荣，等. 新安江模型与水箱模型在柘溪流域适用性研究[J]. 水文，2018，38(3)：37-42.
[13] 闫红飞，王船海，文鹏. 分布式水文模型研究综述[J]. 水电能源科学，2008，26(6)：1-4.
[14] 刘志雨，侯爱中，王秀庆. 基于分布式水文模型的中小河流洪水预报技术[J]. 水文，2015，35(1)：1-6.
[15] 李振亚，黄国新，肖凤林，等. 基于 TOPMODEL 的分布式水文模型在中小流域的应用研究[J]. 江西水利科技，2020，46(5)：374-381.
[16] 包红军，王莉莉，沈学顺，等. 气象水文耦合的洪水预报研究进展[J]. 气象，2016，42(9)：1045-1057.
[17] 高冰，杨大文，谷湘潜，等. 基于数值天气模式和分布式水文模型的三峡入库洪水预报研究[J]. 水力发电学报，2012，31(1)：20-26.
[18] 王莉莉，陈德辉，赵琳娜. GRAPES 气象-水文模式在一次洪水预报中的应用[J]. 应用气象学报，2012，23(3)：274-284.
[19] 陈红刚，李致家，李锐，等. 新安江模型、TOPMODEL 和萨克拉门托模型的应用比较[J]. 水力发电，2009，35(3)：14-18+25.
[20] 李燕，陈孝田，朱朝霞. HEC-HMS 在洪水预报中的应用研究[J]. 人民黄河，2008(4)：23-24.
[21] 刘志雨. 欧洲洪水感知系统及其应用启示[J]. 中国水利，2013(17)：66+68+70.
[22] 陶新，王春青，颜亦琪，等. 欧洲实时洪水作业预报系统本地化改造[J]. 水资源与水工程学报，2008，19(6)：71-73.
[23] 张火青. 美国交互式河流预报系统简介[J]. 人民长江，1993(9)：52-55.
[24] 陆海田，朱立煌，倪晋. HEC-HMS 模型和 NAM 模型在降雨径流模拟中的应用研究[J]. 中国防汛抗旱，2023，33(8)：41-46.
[25] 林波，刘琪璟，尚鹤，等. MIKE 11/NAM 模型在挠力河流域的应用[J]. 北京林业大学学报，2014，36(5)：99-108.
[26] 任立良，刘新仁. 基于 DEM 的水文物理过程模拟[J]. 地理研究，2000(4)：369-376.
[27] 徐宗学，程磊. 分布式水文模型研究与应用进展[J]. 水利学报，2010，41(9)：

1009-1017.
[28] 伍宁. 一维圣维南方程组在非恒定流计算中的应用[J]. 人民长江,2001(11):16-18+56.
[29] 成思源. 有限元法的方法论[J]. 重庆大学学报(社会科学版),2001(4):61-63.
[30] 包红军,赵琳娜,李致家. 淮河具有行蓄洪区河系洪水预报水力学模型研究[J]. 湖泊科学,2011, 23(4):635-641.
[31] 徐时进. 淮河水系水文水力学模型的构建与应用[D]. 南京:河海大学, 2005.
[32] 李大洋,梁忠民,周艳. 基于 MIKE SHE 的洪水模拟与尺度效应分析[J]. 水力发电,2019, 45(5):28-33.
[33] 朱敏喆,王船海,刘曙光. 淮河干流分布式水文水动力耦合模型研究[J]. 水利水电技术,2014, 45(8):27-32.
[34] 杨甜甜,梁国华,何斌,等. 基于水文水动力学耦合的洪水预报模型研究及应用[J]. 南水北调与水利科技,2017, 15(1):72-78.

第2章

流域实用水文预报方法

2.1 流域产流预报

2.1.1 降雨径流相关图

1. 方法原理

降雨径流相关图模型是在成因分析与统计相关相结合的基础上，用每场降雨过程流域的面平均雨量 P 和相应产流量 R，以及影响径流形成的主要因素作参变量，而建立起来的一种定量的经验关系。常用的参变数有前期雨量指数 P_a（反映前期土湿）、季节（或用月份、周次，反映洪水发生时间）和降雨历时 T（或降雨强度）等，也有采用反映雨型、暴雨中心位置等因素，即

$$R = f(P, P_a, T, \text{季节}) \tag{2.1-1}$$

$$R = f(P, P_a, T) \tag{2.1-2}$$

(1) $P+P_a-R$ 两参数相关图

$P+P_a-R$ 相关模型将 $P+P_a$ 的和作为降雨径流相关图的纵坐标，以 R 为横坐标建立其相关关系。用于流域产流计算，适用于湿润或半湿润地区。使用时，首先计算洪水起涨时的土壤含水量 P_a 值，再把时段雨量序列变成累积雨量序列，用累积雨量查出累积净雨，最后由累积净雨转化成时段净雨量序列。

流域平均雨量 P 采用流域内各站雨量的算术平均或加权平均法（泰森多边形法）计算。

参数 P_a 一般用经验公式(2.1-3)计算：

$$P_{a,t} = kP_{t-1} + k^2 P_{t-2} + \cdots + k^n P_{t-n} \tag{2.1-3}$$

式中：$P_{a,t}$ 为第 t 日上午 8 时的前期影响雨量；n 为影响本次径流的前期降雨天数，常取 15 d 左右；k 为常系数，一般可取 0.85 左右。

为便于计算，式中常表达为如下递推形式

$$P_{a,t+1}=kP_t+k^2P_{t-1}+\cdots+k^nP_{t-n+1}=kP_t+k(kP_{t-1}+k^2p_{t-2}+\cdots)$$
$$=kP_t+kP_{a,t}=k(P_t+P_{a,t}) \tag{2.1-4}$$

对于无雨日，有

$$P_{a,t+1}=kP_{a,t} \tag{2.1-5}$$

用 I_m 表示土壤最大初损量，以 mm 计。通常 $I_m=60\sim100$ mm。当计算的 $P_{a,t}>I_m$ 时，则以 I_m 作 P_a 值计算，即认为此后的降雨不再补充初损量，全部形成径流。

径流深 R 计算方法如下：

首先分割出本次降雨所形成的流量过程线（用退水曲线分割前次洪水退水量，基流量取历年最枯流量的均值，用水平线或斜线分割），然后用下式计算 R：

$$R=3.6\sum Q\times\Delta t/F \tag{2.1-6}$$

式中：R 为径流深，mm；Q 为流量，m^3/s，Δt 为计算时段长，h；F 为流域面积，km^2。

（2）$P-P_a-R$ 三参数相关图

$P-P_a-R$ 三参数相关图模型与 $P+P_a-R$ 两参数相关图模型类似，也是流域产流模型，适用于湿润或半湿润地区。$P-P_a-R$ 三参数相关图模型是以次降雨量 P 为纵坐标，以次洪径流深 R 为横坐标，以降雨开始时的前期影响雨量 P_a 为同时参数，建立起来的一簇相关关系线，如图 2.1-1 所示。

$$R=f(P,P_a) \tag{2.1-7}$$

该图的特征是：①P_a 曲线簇在 45°直线的左上侧，P_a 值越大，越靠近 45°线，即降雨损失量越小；②每一 P_a 等值线都存在一个转折点，转折点以上的关系线呈 45°直线，转折点以下为曲线；③P_a 直线段之间的水平间距相等。

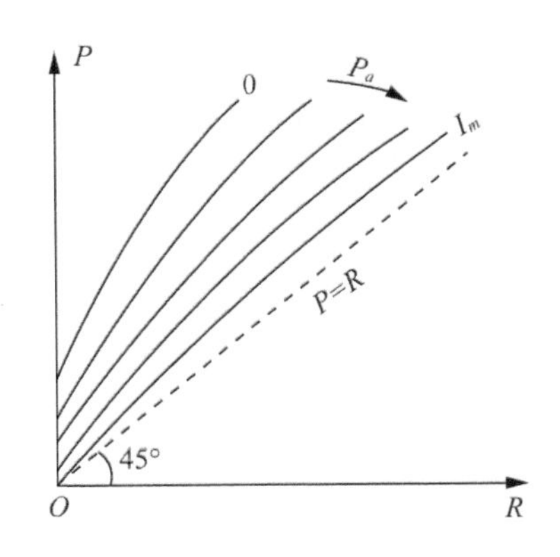

图 2.1-1 $P-P_a-R$ 关系曲线示意图

由上述可知，P_a 对降雨径流关系的影响最大。

三变数相关图的制作简单，即按变数值（P_i，R_i）的相关点绘于坐标图上，并标明各点的参变量 P_a 值，然后根据参变量的分布规律以及降雨产流的基本原理，绘制 P_a 的等值线簇即可。

2. 计算示例

以沂河葛沟站为例，葛沟水文站处于沂河中段，上游 8 km 处右岸有东汶河汇入，下游 3.5 km 处有蒙河自西北方向汇入。葛沟站以上控制流域面积 5 565 km^2，流域内山区约占 65%，丘陵平原区约占 35%。选取 1960—2020 年共 61 场次洪水点据绘制葛沟站降雨径流相关图。

流域平均雨量采用加权平均法即泰森多边形法计算，各站面积权重分别为：跋山 0.187、寨子山 0.159、斜午 0.204、岸堤 0.113、傅旺庄 0.234、葛沟 0.103。

自汛初开始连续计算，先以面积加权法计算流域平均雨量然后计算期影响雨量 P_a。

$$P_{a,t}=k(P_{a,t-1}+P_{t-1}) \tag{2.1-8}$$

葛沟站方案取 $k=0.85$，$I_m=60$ mm，当计算出的 $P_{a,t}$ 大于 I_m 时，采用 $P_{a,t}=60$ mm。

径流深 R 推求：在一次洪水过程线上，用斜线分割法切除基流，地表径流终止点采用在退水过程线找出转折点的办法求得，水库放水时要将水库放水形成地表径流的那部分水量扣除，径流深 R 等于洪水总量 W(已扣除水库放水量和基流量)除以集水面积 A 而得。

绘制葛沟站两参数和三参数降雨径流相关图如图 2.1-2、图 2.1-3 所示。

2.1.2 水文比拟法

1. 方法原理

中小河流往往没有雨量站和水文站，缺乏实测的降雨径流资料，因此不能独立建立起洪水预报方案。将已有的中小河流的实测降雨径流资料采用水文比拟法应用到无资料地区中小河流的洪水预报以及中小水库的调度中，是无资料地区中小河流洪水预报经常采用的方法。

水文比拟法就是将参证流域的某一些水文特征值移用到应用流域上来的一种方法。当流域内水文站数量不足，各分区断面虽然没有流量监测数据，但是断面以上流域雨量数据比较齐全。对于面积不是很大的流域，基于计算的各断面控制的流域互相比邻，各相邻断面控制流域下垫面相似，产汇流条件相近，根据《水利水电工程水文计算规范》(SL/T 278—2020)的相关规定，在选好参证流域后，流量计算方法可以采用水文比拟法，通过参证断面径流量资料，运用流域面积比、面雨量比和径流系数比计算出拟算流域断面流量。其计算公式为：

$$Q_{设}=(F_{设}/F_{参})\times(P_{设}/P_{参})\times(\alpha_{设}/\alpha_{参})\times Q_{参} \tag{2.1-9}$$

式中：$Q_{设}$为设计断面的流量；$Q_{参}$为参证断面的流量；$F_{设}$为设计断面控制流域的面积；$F_{参}$为参证断面控制的流域面积；$P_{设}$为设计断面控制的流域面降水量；$P_{参}$为参证断面控制的流域面降水量；$\alpha_{设}$为设计断面控制的流域降水径流系数；$\alpha_{参}$为参证断面控制的流域降水径流系数。

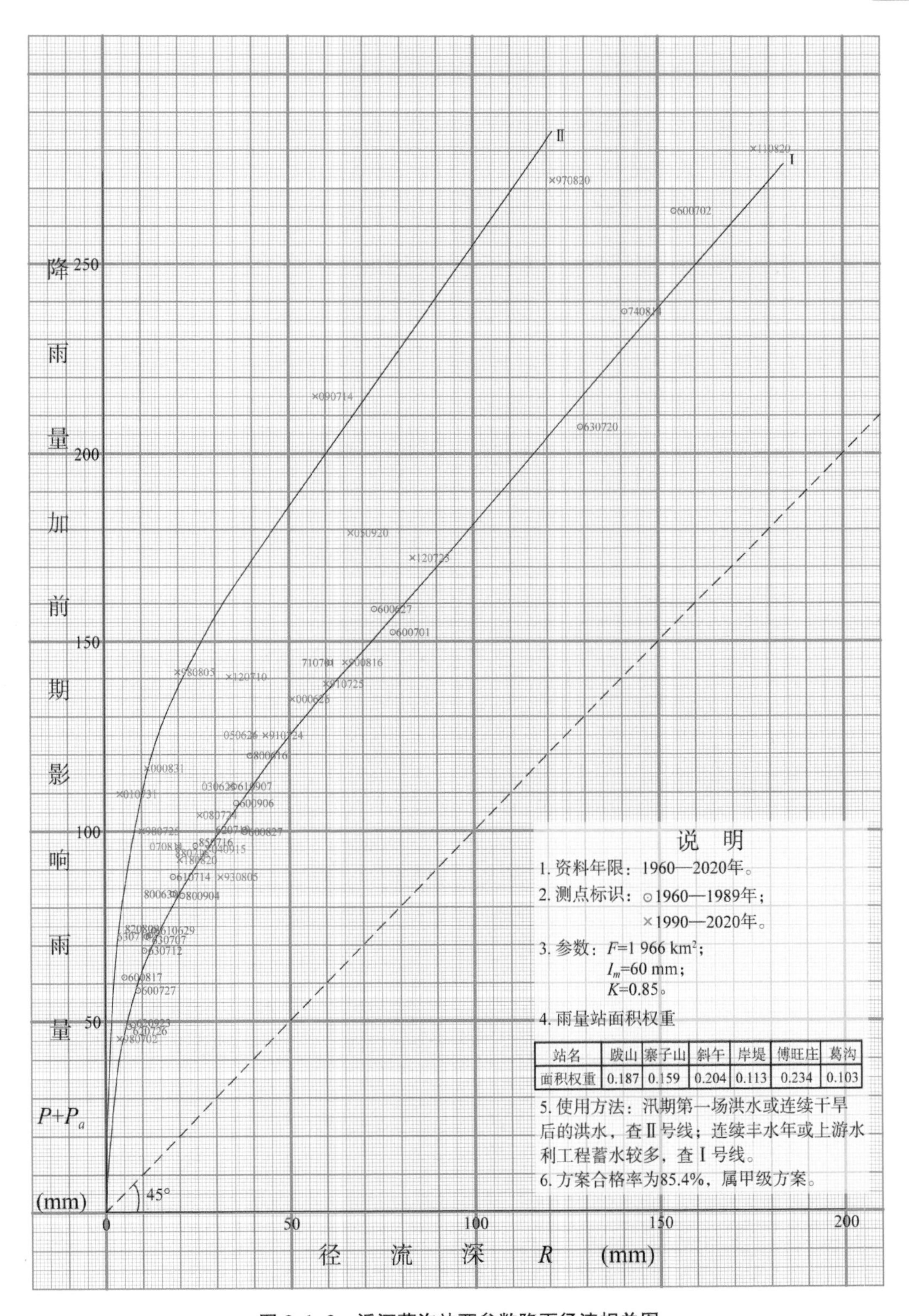

降雨量加前期影响雨量
$P+P_a$
(mm)
径 流 深 R (mm)
Ⅱ
Ⅰ
45°
0
50
100
150
200
250
说 明
1. 资料年限：1960—2020年。
2. 测点标识：○1960—1989年；
×1990—2020年。
3. 参数：F=1 966 km^2；
I_m=60 mm；
K=0.85。
4. 雨量站面积权重

站名	跋山	寨子山	斜午	岸堤	傅旺庄	葛沟
面积权重	0.187	0.159	0.204	0.113	0.234	0.103

5. 使用方法：汛期第一场洪水或连续干旱后的洪水，查Ⅱ号线；连续丰水年或上游水利工程蓄水较多，查Ⅰ号线。
6. 方案合格率为85.4%，属甲级方案。

图 2.1-2 沂河葛沟站两参数降雨径流相关图

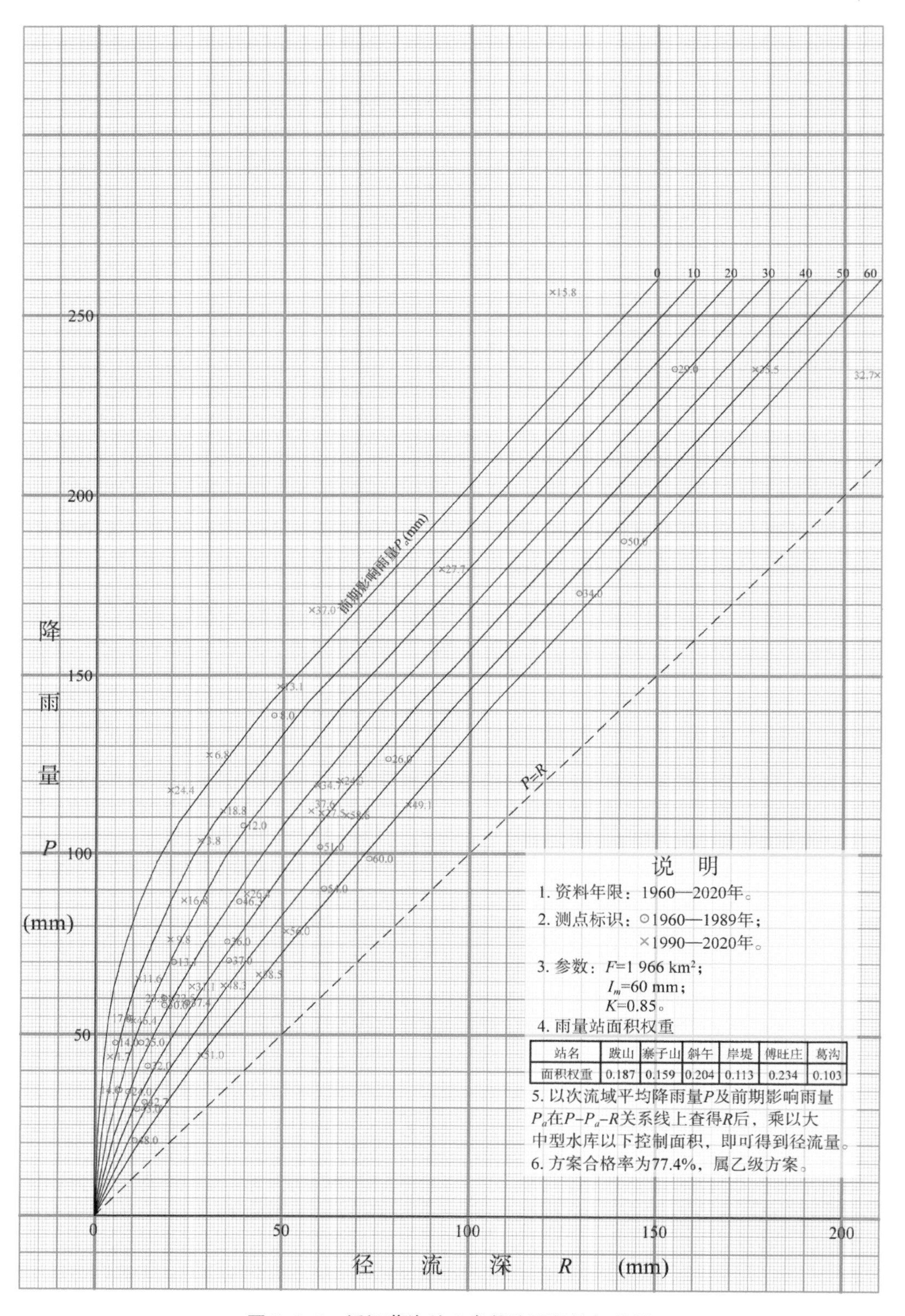

0
10
20
30
40
50
60
250
200
150
100
50
0
50
100
150
200
前期影响雨量P_a(mm)
P=R
降雨量P(mm)
径流深 R (mm)
说明
1. 资料年限：1960—2020年。
2. 测点标识：⊙1960—1989年；
×1990—2020年。
3. 参数：F=1 966 km²；
I_m=60 mm；
K=0.85。
4. 雨量站面积权重
站名 跋山 寨子山 斜午 岸堤 傅旺庄 葛沟
面积权重 0.187 0.159 0.204 0.113 0.234 0.103
5. 以次流域平均降雨量P及前期影响雨量P_a在P-P_a-R关系线上查得R后，乘以大中型水库以下控制面积，即可得到径流量。
6. 方案合格率为77.4%，属乙级方案。

图 2.1-3　沂河葛沟站三参数降雨径流相关图

在选取参证断面时，尽量与拟算断面控制流域相邻，保持下垫面特性相似，$\alpha_{参}/\alpha_{设}=1$，比拟计算时只考虑流域面积差异与降水量不同。流量计算公式变化如下：

$$Q_{设}=(F_{设}/F_{参})\times(P_{设}/P_{参})\times Q_{参} \tag{2.1-10}$$

拟算断面控制流域面雨量由各分区面雨量采用面积权重法计算，流域面雨量公式如下：

$$P=\sum_{i=1}^{n}P_iF_i/F_{现} \tag{2.1-11}$$

2. 计算示例

葛沟站由于受上游水利工程的影响，历年实测的净峰流量其相应集水面积不相同，采用水文比例法统一改正为当前集水面积上的净峰流量，计算公式为

$$Q_{m净}=Q'_{m净}\left(\frac{F_{现}}{F_{原}}\right)^{2/3} \tag{2.1-12}$$

式中：$Q_{m净}$ 为改正后的净峰流量，m^3/s；$Q'_{m净}$ 为原集水面积实测的净峰流量，m^3/s；$F_{现}$ 为当前采用的集水面积，即扣除大中型水库拦截面积后的集水面积，km^2；$F_{原}$ 为实测时相应集水面积，km^2。

2.2 流域汇流预报

2.2.1 时段单位线 UH

在给定的流域上，单位时段内时空分布均匀的一次降雨产生的单位净雨量，在流域出口断面所形成的地面（直接）径流过程线，称为单位线，记为 UH。UH 是时段离散的汇流单位线，又称为时段单位线。

当由实际降雨量和流量过程线分析推求 UH 时，因净雨过程既不是 1 个时段，也不是 1 个单位，故需作一些假定，可归纳为两点：

(1) 如果单位时段内净雨深是 N 个单位，它所形成的出流过程的总历时与 UH 相同，流量值则是 UH 的 N 倍；

(2) 如果净雨历时是 m 个时段，则各时段净雨量所形成的出流量过程之间互不干扰，出口断面的流量过程等于 m 个流量过程之和。

由以上假定，净雨 r_d、出流 Q_d 与 UH 纵标值 q 之间关系如下：

$$Q_{d,t}=\sum_{j=k_1}^{k_2}r_{d,j}q_{t-j+1} \tag{2.2-1}$$

式中：Q_d 为流域出口断面时段末直接径流流量，m^3/s；r_d 为时段净雨量（用单位净雨量的倍数表示）；q 为单位线时段末流量，m^3/s；t 为直接径流流量时序，$t=1,2,3,\cdots,m+n-1$，其中 m 为净雨时段数，n 为时段单位线时段数；k_1、k_2 为累积界限，其取值分别取决于 t 与 n 和 m 的相对大小，其分段取值为

$$k_1=\begin{cases}1, & t<n\\ t-n+1, & t\geqslant n\end{cases} \tag{2.2-2}$$

$$k_2=\begin{cases}t, & t<m\\ m, & t\geqslant m\end{cases} \tag{2.2-3}$$

控制单位线形状的指标有单位线洪峰流量 q_m，洪峰滞时 T_p 及单位线总历时 T，常称单位线三要素，如图 2.2-1 所示。

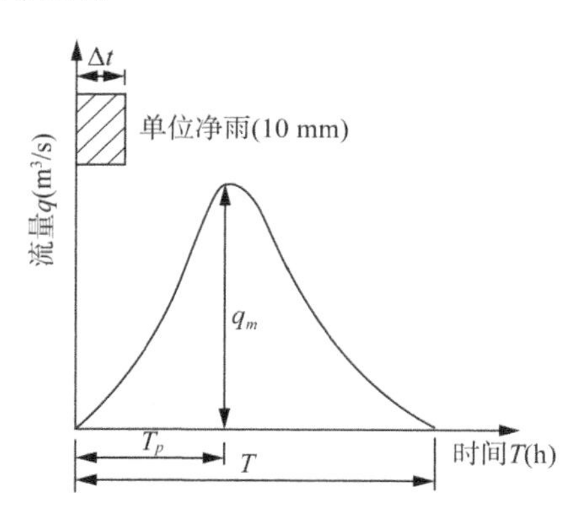

图 2.2-1 单位线三要素

随着系统数字仿真方法和计算机技术的发展，单位线被视作系统输入-输出的响应函数。由于系统理论只要求响应函数能满足系统最优准则要求，使求得的响应函数(单位线)常出现振荡甚至有负值的现象，这与单位线应呈光滑的单峰形过程线不符。为此，需加入约束条件。

1973 年，托迪尼(Todini)在约束线性系统(CLS)模型中，建议在两个约束条件下识别系统响应函数。单位线识别图如图 2.2-2 所示。

(1) 单位线纵坐标为非负值，即 $q_i\geqslant 0, i=0,1,2,\cdots,n-1$；

(2) 净雨转换为径流时，总水量不变，即水量平衡。

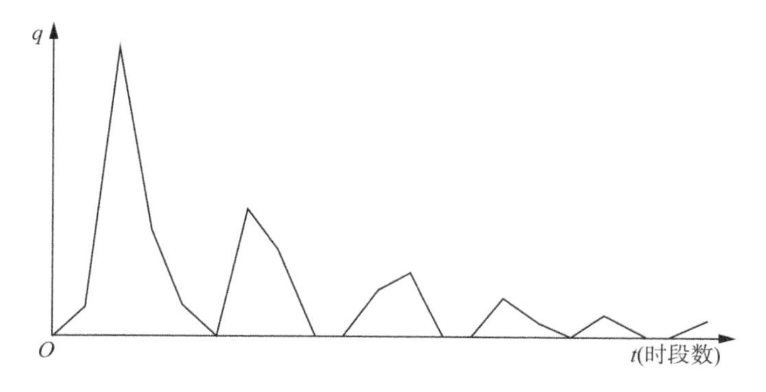

图 2.2-2 二约束条件识别的单位线示意图

参考以上方法，沂河葛沟站按照暴雨中心、降雨量、降雨历时、净峰等要素选择四场典型洪水，率定了四条可应用不同场景下洪水模拟预报的时段单位线，如图 2.2-3 所示。

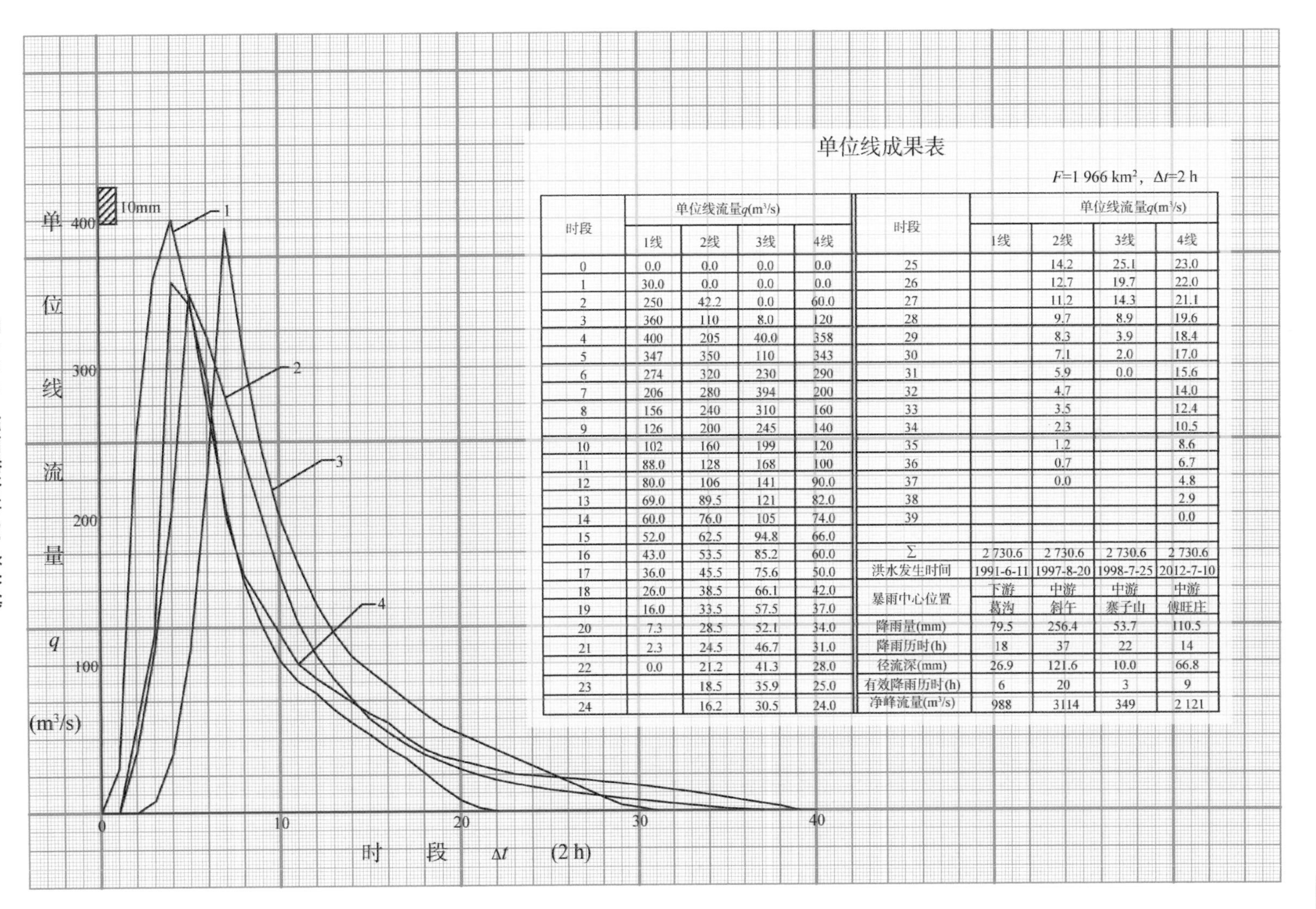

单位线成果表

F=1 966 km^2，Δt=2 h

时段	单位线流量q(m^3/s)				时段	单位线流量q(m^3/s)			
	1线	2线	3线	4线		1线	2线	3线	4线
0	0.0	0.0	0.0	0.0	25		14.2	25.1	23.0
1	30.0	0.0	0.0	0.0	26		12.7	19.7	22.0
2	250	42.2	0.0	60.0	27		11.2	14.3	21.1
3	360	110	8.0	120	28		9.7	8.9	19.6
4	400	205	40.0	358	29		8.3	3.9	18.4
5	347	350	110	343	30		7.1	2.0	17.0
6	274	320	230	290	31		5.9	0.0	15.6
7	206	280	394	200	32		4.7		14.0
8	156	240	310	160	33		3.5		12.4
9	126	200	245	140	34		2.3		10.5
10	102	160	199	120	35		1.2		8.6
11	88.0	128	168	100	36		0.7		6.7
12	80.0	106	141	90.0	37		0.0		4.8
13	69.0	89.5	121	82.0	38				2.9
14	60.0	76.0	105	74.0	39				0.0
15	52.0	62.5	94.8	66.0					
16	43.0	53.5	85.2	60.0	Σ	2 730.6	2 730.6	2 730.6	2 730.6
17	36.0	45.5	75.6	50.0	洪水发生时间	1991-6-11	1997-8-20	1998-7-25	2012-7-10
18	26.0	38.5	66.1	42.0	暴雨中心位置	下游	中游	中游	中游
19	16.0	33.5	57.5	37.0		葛沟	斜午	寨子山	傅旺庄
20	7.3	28.5	52.1	34.0	降雨量(mm)	79.5	256.4	53.7	110.5
21	2.3	24.5	46.7	31.0	降雨历时(h)	18	37	22	14
22	0.0	21.2	41.3	28.0	径流深(mm)	26.9	121.6	10.0	66.8
23		18.5	35.9	25.0	有效降雨历时(h)	6	20	3	9
24		16.2	30.5	24.0	净峰流量(m^3/s)	988	3114	349	2 121

图 2.2-3　沂河葛沟站 2 h 单位线

2.2.2 单位线缩放

1. 方法原理

无资料流域水文预报方法主要思想一般是选取特定有资料流域作为参证流域,将参证流域预报方法移用于无资料流域。在我国广泛采用以降雨径流相关图为代表的产流方法,结合经验单位线为代表的汇流方法进行洪水预报。一般对于一个特定的区域,在气候、下垫面条件基本一致的条件下,流域产流特性相对稳定,可直接移用降雨径流相关图。但对于汇流计算来说,流域汇流过程具有高度的时空敏感性,要进行汇流方法的移用必须突破时间尺度和空间尺度的变换难题。

通过对单位线方法相似准则的分析及空间尺度变换技术,为无径流资料流域洪水过程预报提供一套单位线汇流预报方法,技术框架图如图 2.2-4 所示。

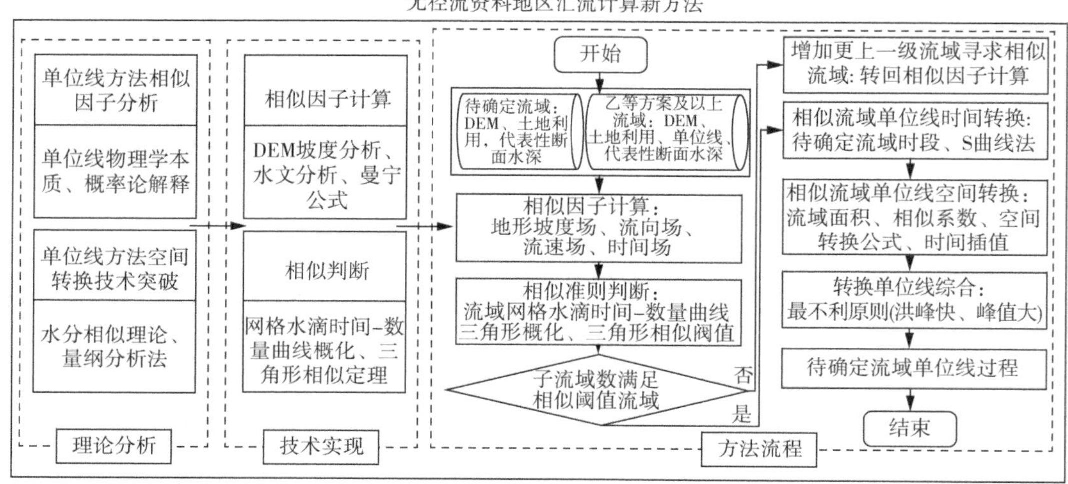

图 2.2-4 单位线缩放方法技术框架图

具体计算过程,包括如下步骤:

(1) 收集精度在乙等以上的流域汇流单位线,无径流资料流域和有径流资料流域的 DEM 资料和土地利用资料,以及流域内或流域所在水系区域的断面平均水深资料,通过所述 DEM 资料获取地表坡度数据和流向数据,通过土地利用资料获取地表糙率数据。

(2) 根据曼宁公式计算各流域的空间流速场。流速 v 为

$$v=\frac{1}{n}r^{\frac{2}{3}}i^{\frac{1}{2}}=\frac{1}{n}h^{\frac{2}{3}}i^{\frac{1}{2}} \tag{2.2-4}$$

式中:i 为地表坡度,水深 h 依据流域内或流域所在水系区域已知点位率定得到的水深同汇水面积之间的函数关系进行计算获得,所述函数关系为

$$h=\alpha A^{\beta} \tag{2.2-5}$$

式中：A 为单元格上游流域汇水面积；α、β 为反映流域形态和水系结构的参数，依据流域已有水深资料的点率定得到。

(3) 针对各流域，根据流域空间流速场和对应 DEM 资料的网格长度得到网格单元汇流时间场，再结合流向数据，得到单元格到流域出口的汇流累积时间场。网格汇流时间计算公式为

$$\Delta\tau = L/v \tag{2.2-6}$$

$$\Delta\tau = \sqrt{2}L/v \tag{2.2-7}$$

式中：L 为网格边长，式(2.2-6)用于水流方向与网格边线平行的情况，式(2.2-7)用于水流方向同网格对角线平行的情况。水流流向通过 D8 法计算，水流方向分为两类，一类与网格边线平行，另一类近同网格对角线平行。

根据径流路径，网格累积汇流时间计算公式为

$$\tau_i = \sum_{i=1}^{m} \Delta\tau_i \tag{2.2-8}$$

式中：m 为 j 网格径流路径上的网格数。

(4) 针对各流域，假定流域内各网格均有一独立运动净雨水滴，得到的汇流累积时间场到达流域出口，统计流域内不同时刻到达流域出口净雨水滴数目的数量-时间分布曲线，记录为 N－T 曲线。N－T 曲线反映了单位线的物理本质，在一定程度上代表了单位线形状。控制单位线形状的指标有单位线洪峰流量 q_p、洪峰滞时 T_p 及单位线总历时 T。其中(T_p，q_p)即为单位线峰值点 P_m，总历时 T 可以从单位线终点 $P_T(T,0)$ 得到，起始点 P_0 通常为原点，属于已知点。因此采用 P_0、P_m、P_T 三点概化的三角形抓住了单位线过程的主要矛盾，且三角形间相似性比较方法成熟，便于执行。

(5) 将 N－T 曲线的起始点 P_0、峰值点 P_m 和结束点 P_T 进行连接，得到各流域的 N－T 曲线三角形概化过程线。如图 2.2-5 所示。

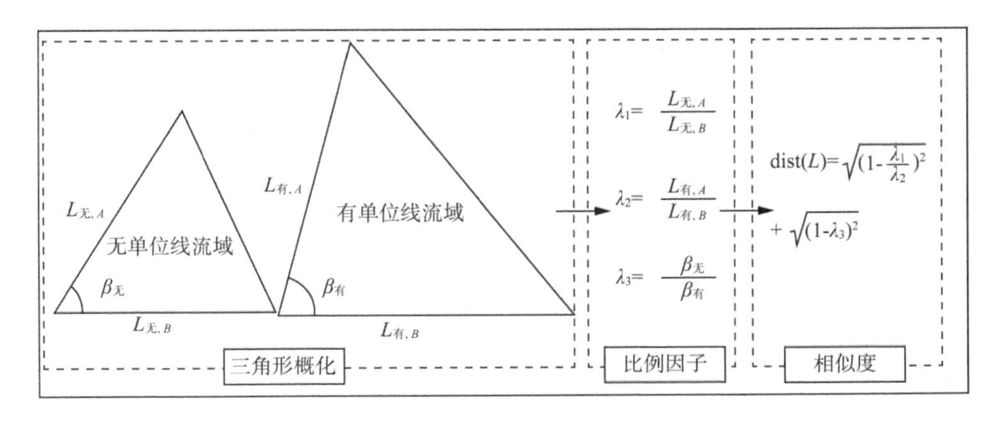

图 2.2-5 三角形概化 N－T 曲线图

(6) 将待确定汇流单位线的无径流资料流域三角形概化过程线与流域汇流单位线精度在乙等以上的流域的三角形概化过程线进行相似比较，找出相似度较高的数个相似流

域作为相似流域集。

三角形相似定理为：两边成比例且夹角相等的两个三角形相似。将待确定汇流单位线的无径流资料流域三角形概化过程线两边比例及夹角与已有乙等预报方案流域的三角形概化过程线相应两边比例及夹角进行比较，采用距离系数法计算相似距离。

与待确定汇流单位线的无径流资料流域三角形概化过程线相似距离小于相似度阈值的流域，判定为相似度较高，作为相似流域加入相似流域集中，两流域间三角形概化过程线的相似距离计算公式如下：

$$\mathrm{dist}(L)=\sqrt{\left(1-\frac{\lambda_1}{\lambda_2}\right)^2}+\sqrt{(1-\lambda_3)^2} \tag{2.2-9}$$

式中：λ_1、λ_2 分别为无资料流域和有资料流域两相应邻边的比例；λ_3 为无资料流域和有资料流域两邻边夹角的比例。所述相似度阈值优选的取值为 0.1。

(7) 依据相似流域间流域面积比的 0.5 次方作为比例因子，按照提出的转换公式，将相似流域的汇流单位线转换至无径流资料流域，得到若干汇流单位线集，按照水量平衡和峰值大、峰时短的最不利原则进行综合，确定无径流资料地区的汇流单位线，根据汇流单位线进行无径流资料地区的汇流计算。单位线空间转换方法分析如下：

采用量纲分析法，在流域尺度上，流域的汇流速度可表示为

$$v=\frac{\sqrt{S}}{T} \tag{2.2-10}$$

式中：S 为流域面积，km^2；T 为汇流时间，h，两者比值与速度量纲一致。

现将上述指标作为水文相似元，并在汇流阶段也将其作为不同流域水文相似度的计算指标，则若流域 A 与流域 B 具有相似性，有

$$\begin{cases} v_A=\dfrac{\sqrt{S_A}}{T_A}, v_B=\dfrac{\sqrt{S_B}}{T_B} \\ \dfrac{T_A}{T_B}=C\,\dfrac{\sqrt{A}}{\sqrt{B}}=C\sqrt{\dfrac{A}{B}} \end{cases} \tag{2.2-11}$$

式中：v_A、v_B 分别为流域 A、B 整体汇流速度；S_A、S_B 分别为流域 A、B 面积；T_A、T_B 分别为流域 A、B 汇流时间，令流域 A、B 相似因子比例系数为常数 C。

在实际计算中，单位线常取等时段间隔进行演算，如 $\Delta t=1\,\mathrm{h}, 2\,\mathrm{h}, \cdots, 6\,\mathrm{h}$ 等。令流域 A、B 划分的时段间隔数相等，均为 n，即

$$n=\frac{T_A}{\Delta t_A}=\frac{T_B}{\Delta t_B} \tag{2.2-12}$$

式中：Δt_A、Δt_B 分别为流域 A、B 单位线的时段间隔，其余同上述。

另外，根据单位线水量平衡关系有

$$\frac{\sum q_A}{\sum q_B}=\frac{S_A\Delta t_B}{S_B\Delta t_A}=\frac{S_A}{S_B}\cdot\sqrt{\frac{S_B}{S_A}}=\frac{1}{C}\sqrt{\frac{S_A}{S_B}}=\frac{1}{C}\sqrt{\frac{T_A}{T_B}} \tag{2.2-13}$$

式中：$q_{A,i}$、$q_{B,i}$ 分别为流域 A、B 单位线流量，其余同上述。

在实际应用中，可选取流域地形地貌和形状较为相似的两流域，即各时段的汇流速度也较为一致，此时各时段对应的单位线流量比率与总比例相等，即

$$\frac{q_{A,1}}{q_{B,1}}=\frac{q_{A,2}}{q_{B,2}}=\cdots=\frac{q_{A,n}}{q_{B,n}}=\sum\frac{q_A}{q_B} \tag{2.2-14}$$

由上可知，研究流域的时段间隔 Δt 计算后可能出现小数，为满足实际要求，可进一步对缩放结果进行插值，进而得到整时段单位线。如图 2.2-6 所示。

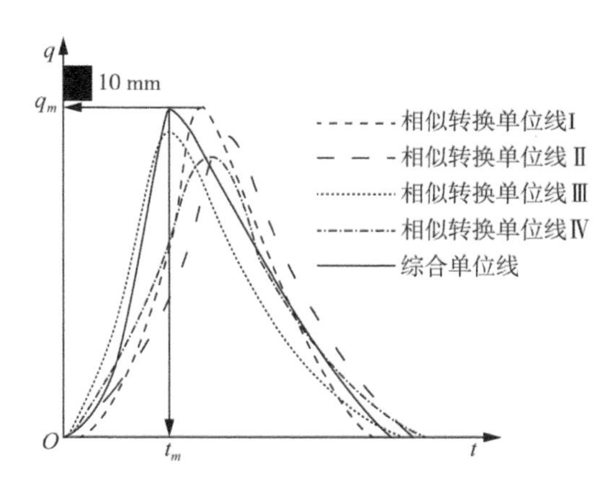

图 2.2-6 单位线缩放示意图

2. 计算示例

老屯水文站位于罗庄区黄山镇老屯村，集水面积 197 km^2，属暖温带季风区半湿润大陆性气候，光照充足、雨量充沛、气候适宜、四季分明。春季回暖迅速，少雨多风、空气干燥；夏季温高湿大、雨量集中，为全年降水最多季节。老屯站单位线图如图 2.2-7 所示。

会宝岭水库位于中运河的支流西泇河上，控制流域面积 418 km^2，流域内地势西北高于东南，山脉轴向不一，河谷纵横交错，夏季高温多雨，6—9 月降雨量占全年雨量的 73.4%。会宝岭水库站单位线图如图 2.2-8 所示。

综合分析大兴屯水文站流域自然地理状况、下垫面条件、水文特征等情况，采用相似流域会宝岭水库作为参证流域，老屯站单位线直接采用会宝岭 2 号单位线，并根据流域面积进行缩放。

2.2.3 瞬时单位线

2.2.3.1 Nash 瞬时单位线法基本原理

Nash 单位线的基本思路是：将流域看作一个连串的 n 个相同的“线性水库”。其基本参数只有两个，线性水库个数 n 和线性水库蓄量常数 K。在参数优选中也会对这两个汇流参数进行自动优选，得到最优值。

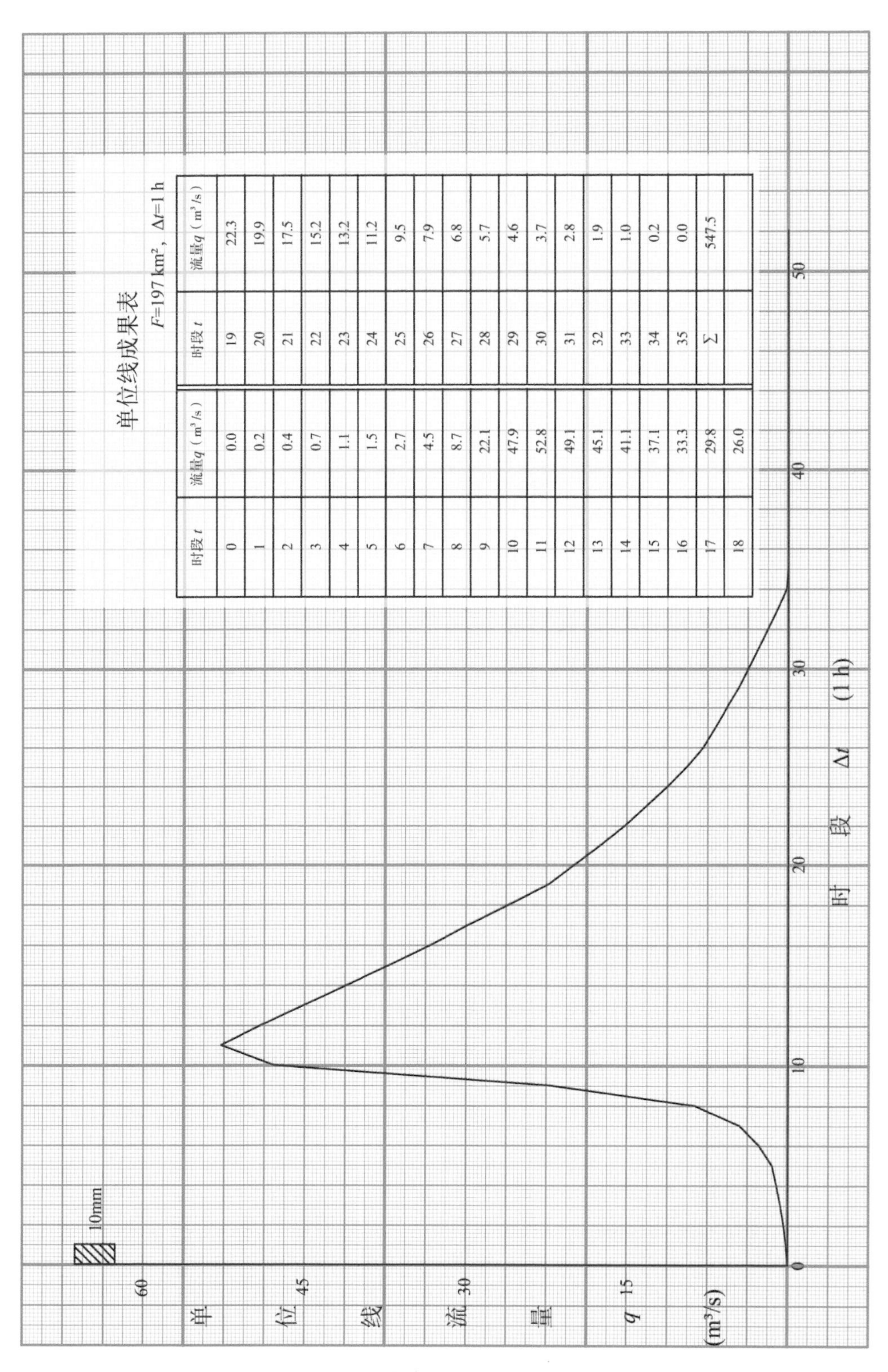

单位线成果表

F=197 km²，Δt=1 h

时段 t	流量 q（m³/s）	时段 t	流量 q（m³/s）
0	0.0	19	22.3
1	0.2	20	19.9
2	0.4	21	17.5
3	0.7	22	15.2
4	1.1	23	13.2
5	1.5	24	11.2
6	2.7	25	9.5
7	4.5	26	7.9
8	8.7	27	6.8
9	22.1	28	5.7
10	47.9	29	4.6
11	52.8	30	3.7
12	49.1	31	2.8
13	45.1	32	1.9
14	41.1	33	1.0
15	37.1	34	0.2
16	33.3	35	0.0
17	29.8	Σ	547.5
18	26.0		

图 2. 2-7　南涑河老屯站 1 h 单位线

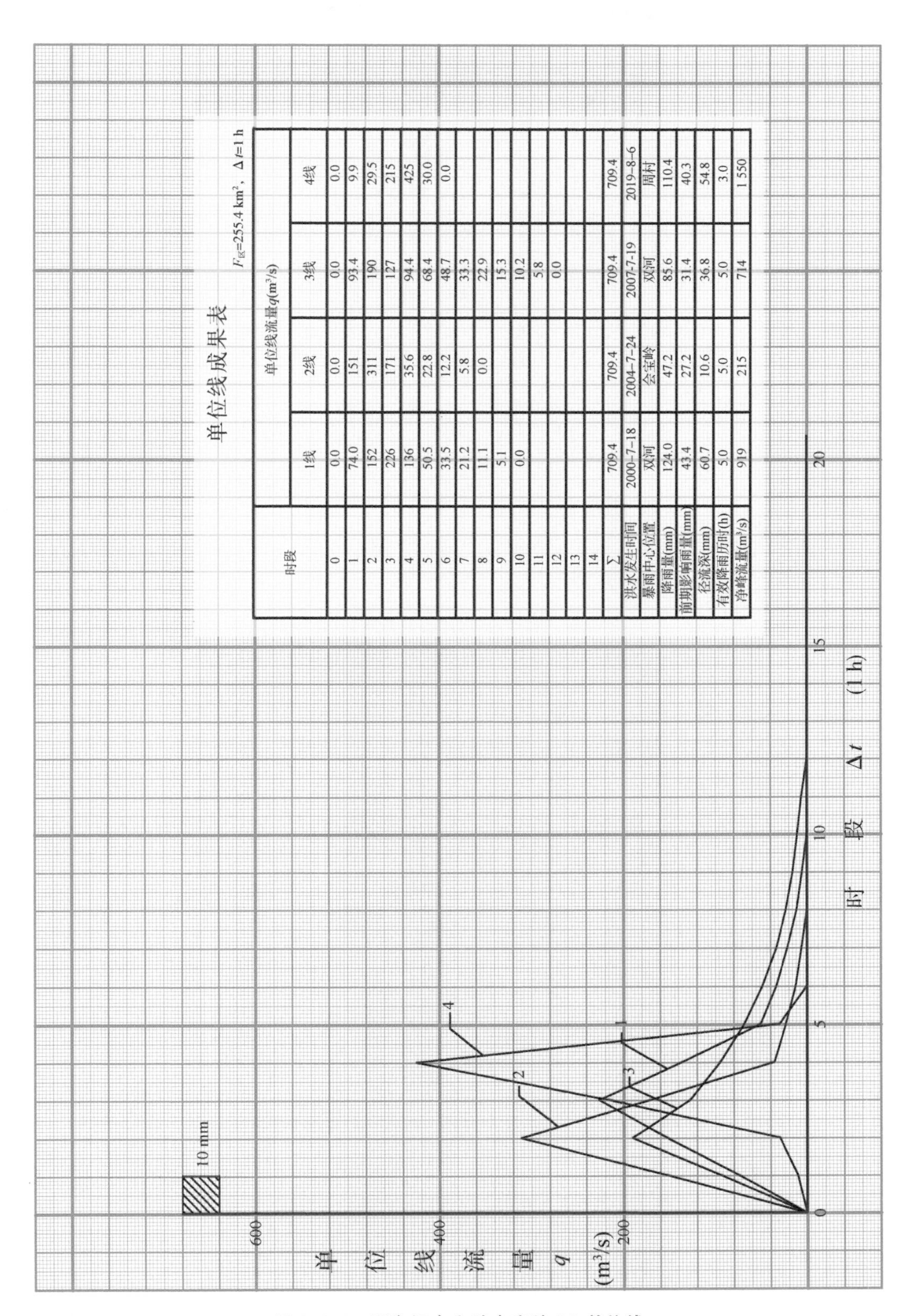

单位线成果表

$F_{区}$=255.4 km²，Δt=1 h

时段	单位线流量q(m^3/s)			
	1线	2线	3线	4线
0	0.0	0.0	0.0	0.0
1	74.0	151	93.4	9.9
2	152	311	190	29.5
3	226	171	127	215
4	136	35.6	94.4	425
5	50.5	22.8	68.4	30.0
6	33.5	12.2	48.7	0.0
7	21.2	5.8	33.3	
8	11.1	0.0	22.9	
9	5.1		15.3	
10	0.0		10.2	
11			5.8	
12			0.0	
13				
14				
∑	709.4	709.4	709.4	709.4
洪水发生时间	2000–7–18	2004–7–24	2007-7-19	2019–8–6
暴雨中心位置	双河	会宝岭	双河	周村
降雨量(mm)	124.0	47.2	85.6	110.4
前期影响雨量(mm)	43.4	27.2	31.4	40.3
径流深(mm)	60.7	10.6	36.8	54.8
有效降雨历时(h)	5.0	5.0	5.0	3.0
净峰流量(m^3/s)	919	215	714	1 550

图 2.2-8　西泇河会宝岭水库站 1 h 单位线

埃蒙·纳什(J. E. Nash)把流域看作 n 个等效线性水库的串联，一个单位的瞬时入流通过串联的 n 个等效线性水库的调蓄，其出流就是瞬时单位线 IUH，可以推导出其数学表达式为

$$u(t)=\frac{1}{K\Gamma(n)}\left(\frac{t}{K}\right)^{n-1}e^{\frac{t}{K}} \tag{2.2-15}$$

当确定式中 n 和 K 两参数值后，IUH 即可求得，采用矩法，可求得瞬时单位线 $u(0,t)$ 的一阶原点矩和二阶中心矩分别为

$$M^{(1)}(u)=nK \tag{2.2-16}$$

$$N^{(2)}(u)=nK^2 \tag{2.2-17}$$

联立求解上述两式即可求得 n 和 K：

$$K=\frac{N^{(2)}(u)}{M^{(1)}(u)} \tag{2.2-18}$$

$$n=\frac{M^{(1)}(u)}{K} \tag{2.2-19}$$

且有

$$M^{(1)}(u)=M^{(1)}(Q)-M^{(1)}(r) \tag{2.2-20}$$

$$M^{(2)}(u)=N^{(2)}(Q)-N^{(2)}(r) \tag{2.2-21}$$

式中：$M^{(1)}(Q)$、$M^{(1)}(r)$ 和 $M^{(1)}(u)$ 分别是流域出口断面流量过程、净雨量过程和 IUH 的一阶中心矩；$N^{(2)}(Q)$、$N^{(2)}(r)$ 和 $N^{(2)}(u)$ 分别是 $Q(t)$、$r(t)$ 和 IUH 的二阶中心矩。

Nash 瞬时单位线的数学表达式(2.2-15)中共有两个参数 n、K，n 为线性水库的个数，K 为水库滞时。nK 即 m_1，代表瞬时单位线的一阶原点矩，亦称滞时，习惯上常用 m_1 作为单站取值和地区综合的指标。山东省 m_1 地区综合公式如下所示：

山东省山丘区： $m_1=\alpha F^{0.33}J^{-0.27}R^{-0.20}t_c^{0.17}$

鲁北及小清河流域平原区： $m_1=1.34F^{0.463}$

鲁南及南四湖流域平原区： $m_1=0.59F^{0.52}$

其中：F 为流域面积，km^2；J 为主河道坡度，以小数计；R 为径流深，mm；t_c 为产流历时，h；系数 α 值如表 2.2-1 所示。

表 2.2-1 山东省山丘区 m_1 公式中的系数 α 值表

类别	一般山丘区	入黄区	山丘平原混合区	入黄山丘平原混合区
α	0.196	0.24	0.20～0.27	0.24～0.27

Nash 瞬时单位线参数 n 基于霍顿地貌参数确定，参数 K 的确定方法为 $K=\frac{m_1}{n}$。山东省 121 处有资料预报断面 Nash 瞬时单位线参数如表 2.2-2 所示。

表 2.2-2 山东省121处有资料预报断面 Nash 瞬时单位线参数值

站点名称	面积(km^2)	n	K	站点名称	面积(km^2)	n	K
产芝水库	879	2.94	2.66	唐村水库	219	2.91	1.46
尹府水库	178	2.91	1.09	许家崖水库	566	2.92	2.25
崂山水库	100	2.9	0.56	姜庄湖	1 644	2.97	3.49
南村	3 724	3.07	1.84	岸堤	1 600	2.97	2.86
郑家	532	2.92	1.09	葛沟	1 966	2.99	4.04
张家院	598	2.93	2.66	临沂	5 194	3.14	5.67
葛家埠	1 012	2.95	1.09	石拉渊	1 814	2.98	4
即墨	85	2.9	1.84	陡山	431	2.92	2.04
岚西头	428	2.92	1.09	大官庄闸(新)(闸上)	4 529	3.11	4.62
乌衣巷	44	2.9	0.56	大官庄闸(老)(闸上)	4 529	3.11	4.62
闸子	1 277	2.96	1.84	刘家道口	10 438	3.31	4.62
红旗	154	2.91	2.21	彭道口闸	10 438	3.31	4.62
胶南	242	2.91	2.21	会宝岭(北)	175	2.91	1.5
堡集闸上	10 250	3.31	29.12	会宝岭(南)	418	2.92	1.49
白鹤观闸上	3 182	3.05	18.39	蒙阴	442	2.92	2.86
书院	1 080	2.95	3.45	角沂	3 366	3.05	3.49
尼山水库	254	2.91	1.32	王家邵庄	195	2.91	2.25
后营	3 225	3.05	12.91	高里	552	2.92	4.04
韩庄闸	31 700	3.38	38.24	水明崖	728	2.93	2.86
马楼	477	2.92	1.85	前城子	55	2.9	2.86
西苇水库	114	2.9	1.11	棠梨树	195	2.91	2.25
梁山闸	4 236	3.09	14.69	官坊街	1 814	2.98	4
孙庄	1 199	2.95	7.98	傅旺庄	2 079	2.99	2.86
鱼台	5 998	3.18	17.1	斜午	2 500	3.01	2.07
黄庄	1 027	2.95	7.36	四女寺闸(岔)	37 200	3.4	51.5
二级湖一闸	27 263	3.36	35.56	四女寺闸(减)	37 200	3.4	51.5
贺庄水库	172	2.91	1.46	四女寺闸(南)	37 200	3.4	51.5
华村水库	128	2.9	1.46	李家桥闸上	5 393	3.15	22.73
龙湾套水库	144	2.91	1.32	庆云闸上	37 584	3.4	51.74
雪野水库	444	2.92	1.28	郑店闸上	2 327	3.01	16.12
莱芜	737	2.93	1.86	大道王闸上	8 657	3.3	27.01
田庄	417	2.92	1.56	宫家闸上	6 720	3.21	24.7

续表

站点名称	面积(km²)	n	K	站点名称	面积(km²)	n	K
东里店	1 182	2.95	1.56	刘连屯	846	2.94	10.33
台儿庄闸上	1 345	2.96	1.5	张庄闸	3 934	3.08	14.18
马河水库	242	2.91	1.34	魏楼闸	796	2.94	6.47
岩马水库	353	2.91	1.54	马庄闸	755	2.93	6.32
滕州	182	2.91	1.4	路菜园闸	646	2.93	5.83
柴胡店	1 992	2.99	1.95	李庙闸	938	2.94	7.05
谭家坊	1 027	2.95	1.86	刘庄闸	520	2.92	5.22
流河	2 510	3.01	1.09	黄寺	1 061	2.95	7.49
郭家屯	963	2.94	2.21	南陶	4 814	3.12	21.77
黄山	375	2.92	1.86	临清	37 200	3.4	51.5
诸城	1 831	2.98	2.21	王铺闸上	3 088	3.04	18.19
冶源水库	785	2.93	1.86	刘桥闸上	4 444	3.1	21.12
白浪河水库	353	2.91	2.12	聊城	2 915	3.03	17.77
墙夼水库(东库)	386	2.92	2.21	王屋水库	328	2.91	1.44
墙夼水库(西)	270	2.91	2.22	沐浴水库	452	2.92	1.66
峡山水库	4 210	3.09	5.62	门楼水库	1 079	2.95	2.45
高崖水库	355	2.91	1.39	招远	99	2.9	1.44
牟山水库	1 262	2.96	2.93	海阳	54	2.9	1.66
黄前水库	292	2.91	1.16	团旺	2 450	3.01	1.66
光明水库	132	2.9	1.09	臧格庄	458	2.92	2.45
大汶口	5 696	3.16	4.94	福山	997	2.94	2.45
戴村坝	8 264	3.28	5.39	牟平	150	2.91	2.45
北望	3 551	3.06	3.32	高陵水库	35	2.9	2.45
东周水库	189	2.91	1.07	青峰岭	605	2.93	2.07
楼德	1 668	2.98	3.68	小仕阳	282	2.91	1.44
金斗	89	2.9	0.88	日照	544	2.92	1.97
白楼水文站	426	2.92	5.39	莒县	1 676	2.98	1.78
跋山	1 779	2.98	2.98	卧虎山水库	557	2.92	2.83
沙沟	164	3.05	0.86				

2.2.3.2 基于地形地貌参数推求Nash汇流模型参数

1. 方法原理

常见的Nash汇流模型参数确定方法有矩法、最优化法、熵法等。而上述方法多数依赖实测的降雨径流资料，对于无资料或缺资料流域，Nash模型的应用将受到限制。

流域的汇流过程可以描述为地面对净雨的再分配过程。近代对这种再分配机理的解释可归结为两种扩散作用。其一是反映净雨质点在流域上分布位置对流域汇流作用的地貌扩散作用,这种扩散作用与流域的面积、形状和水系分布特点等有关。其二是水动力扩散作用,它由流速的空间分布不均匀所引起。对于地面径流汇流,流速的空间分布不均匀主要表现在流速沿水流方向分布的不均匀性。因此,一个流域的水动力扩散作用可认为主要取决于流域的地形坡度沿水流方向的不均一性。基于此,依据地形地貌参数推求 Nash 汇流参数 n 和 K。

(1) Nash 模型参数 n 的确定

Nash 模型中的参数 n 是一个取决于霍顿地貌参数的汇流参数,它主要反映流域面积、形状和水系分布特点对流域汇流的影响,其计算公式如下:

$$n=3.29\left(\frac{R_B}{R_A}\right)^{0.78}R_L^{0.07} \tag{2.2-22}$$

式中:R_B、R_L、R_A 分别为流域水系的分叉比、河长比和面积比,一般统称为霍顿地貌参数,可以通过下述公式进行计算。

$$\begin{cases} R_B=\dfrac{N_w}{N_{w+1}}, w=1,2,\cdots,\Omega-1 \\ R_L=\dfrac{\overline{L}_w}{\overline{L}_{w-1}}, w=2,3,\cdots,\Omega \\ R_A=\dfrac{\overline{A}_w}{\overline{A}_{w-1}}, w=2,3,\cdots,\Omega \end{cases} \tag{2.2-23}$$

式中:N_w 表示水系中 w 级河流数目;$\overline{L}_w$ 表示水系中 w 级河流的平均长度;$\overline{A}_w$ 表示水系中 w 级河流的平均流域面积。

根据国外关于河系随机结构理论的研究和大量实际资料的计算,R_B、R_L 和 R_A 的取值范围分别为 3~5、1.5~3.5 和 3~6,由此推得 n 的取值范围为 3~3.5。早在 1977 年,辛格(Singh)根据大量的实测资料分析,也曾得出不论流域面积多大,n 都可近似取作 3 的结论。

(2) Nash 模型参数 K 的确定

Nash 模型中的参数 K 反映了水动力扩散作用对流域汇流的影响,其计算公式如下:

$$K=0.70\left(\frac{R_A}{R_BR_L}\right)^{0.48}\frac{L_\Omega}{v} \tag{2.2-24}$$

式中:L_Ω 为河系中最高级河流长度,m;v 为平均流速,m/s。

如果知道流域平均流速 v,就可以按照公式(2.2-24)计算得到 K。因此,确定参数 K 的关键是平均流速的推求。

(3) Nash 模型流速因子 v 的确定

传统的单位线是线性时不变的,与降雨过程等随时间变化的因素无关,这与流域系统的强非线性特征不符。因此采用时变单位线，由于不同降雨时段由于雨强不同而具有不同的流速，需综合考虑净雨强度对汇流的影响。

在完全缺乏水文资料的地区，可以考虑利用经验流速公式。1982 年 Bras 等根据 Eagleson 的思路，从运动波理论出发，推出 Eagleson-Bras 流速公式。该公式具有一定的水力学基础，考虑了影响流速的几个主要地理因子，并可通过净雨强度的变化，反映流速的非线性影响，因而较其他的经验公式更具有吸引力。

$$v=0.665\alpha_{\Omega}^{0.6}(i_r A_{\Omega})^{0.4} \tag{2.2-25}$$

$$\alpha_{\Omega}=S_0^{0.5}/cB^{2/3} \tag{2.2-26}$$

式中：i_r 为净雨强度，cm/h；A_{Ω} 为流域面积，km^2；B 为河宽，m；S_0 为河道坡降，以小数计；c 为曼宁糙率系数，一般取做 0.025。

2. 计算示例

以沭河上游沙沟水库站 180625、180818 场次洪水为例，对地貌单位线模型的模拟结果进行分析。沙沟站以上流域的河流分级图如图 2.2-9 所示。

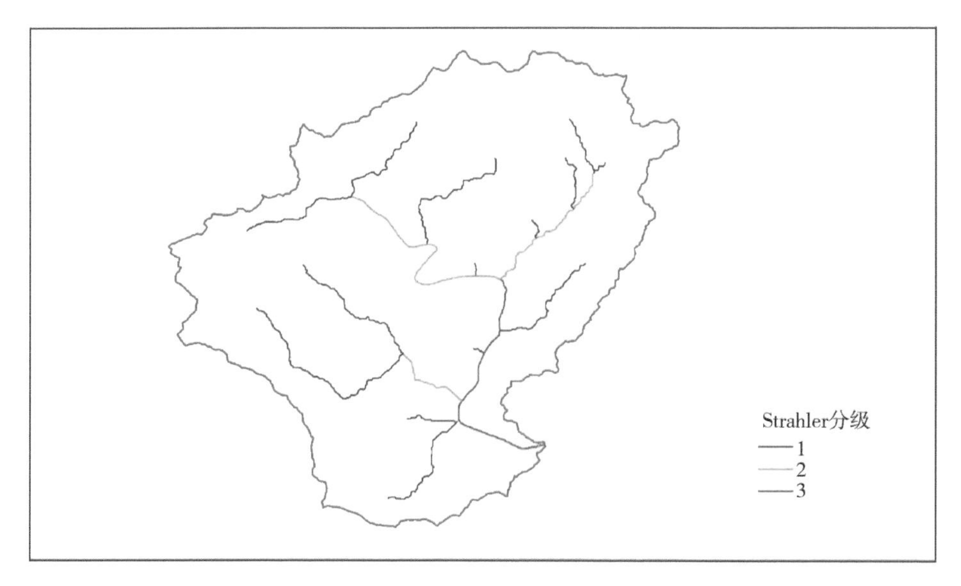

图 2.2-9 沙沟站以上流域河流分级图

沙沟站以上流域霍顿地貌参数的计算结果见表 2.2-3。

表 2.2-3 沙沟站以上流域霍顿地貌参数计算表

级别	各级河流数目	平均河长(km)	平均面积(km^2)	R_B	R_L	R_A
1	14	3.18	8.95	3.75	1.72	4.33
2	4	4.21	32.76			
3	1	8.95	163.8			

根据公式(2.2-22)和表 2.2-3 的霍顿地貌参数(R_B、R_L、R_A)计算可得：$n=3.05$。利

用经验流速公式(2.2-25)、公式(2.2-26)计算流速因子；再根据公式(2.2-24)计算汇流参数 K。汇流参数 n 和 K 已知后，可得瞬时单位线；再经 S 曲线转换，可得时段单位线，沙沟站以上流域时段取 1 h，故该流域降水、流量数据的时间分辨率均统一处理为 1 h。

利用处理为 1 h 的降水数据与沙沟站降雨径流关系曲线计算时段净雨量，根据倍比、叠加假定可得流域出口断面的流量过程。

沙沟站 180625、180818 场次洪水实测流量和预报流量过程线如图 2.2-10、图 2.2-11 所示，精度评价如表 2.2-4 所示。

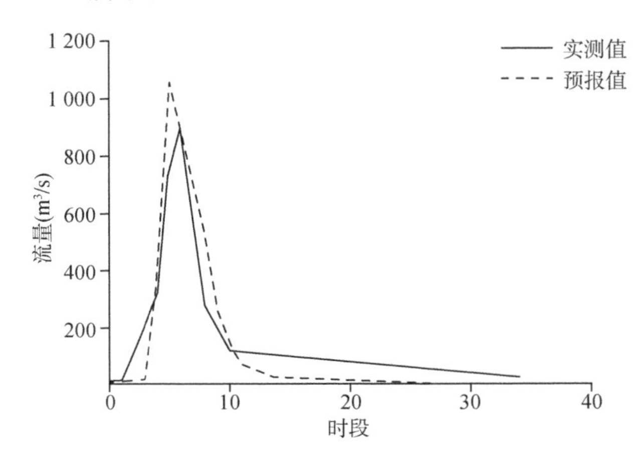

图 2.2-10　沙沟站 180625 场次洪水实测流量和预报流量过程线

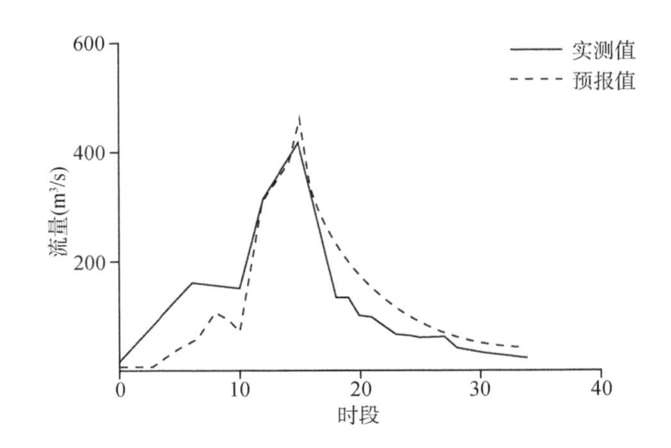

图 2.2-11　沙沟站 180818 场次洪水实测流量和预报流量过程线

表 2.2-4　沙沟站 180625、180818 场次洪水精度结果表

洪号	洪峰相对误差(%)	洪量相对误差(%)	洪峰滞时(h)
180625	17.1	10.4	1(1Δt)
180818	10.1	6.4	0(0Δt)

模拟结果可以看出，沙沟站 180625、180818 场次洪水洪峰相对误差分别为 17.1%、10.1%，均在许可误差±20%以内；洪量相对误差分别为 10.4%、6.4%，均在许可误差

±20%以内;洪峰滞时分别为 $1\Delta t$、$0\Delta t$,也均在许可误差范围内。整体来说洪水过程模拟较好,洪峰相对误差、洪量相对误差、洪峰滞时均在许可误差范围内,构建的基于地形地貌参数推求 Nash 汇流模型参数的地貌单位线模型可以较为准确地进行汇流模拟与预报。

2.3 小结

降雨径流相关图以降雨径流关系为基础,方法具有经验性。一般而言,建立相关图需要有足够数量和代表性的观测资料,选取洪水时,多选大中型洪水,同时选取的洪水要考虑其降雨特性,如不同雨强、不同降雨历时、不同中心位置等。点绘相关图时常常会发生经验点据偏离相关线的情况,这些点据不可轻易舍弃,要分析其偏离原因,比如是否雨量站选择不具有代表性、径流分割方法不当或其他原因。如此,更有利于相关图在实际预报中发挥作用。

地貌瞬时单位线将流域上水质点的运动与地形地貌等影响因素紧密地联系在一起,建立了具有比较坚实的物理基础的径流模型。只要计算出流域的地形地貌参数和反映水质点动力特征的参数-流速,即可得到该流域的地貌瞬时单位线,解决无资料地区的汇流计算问题了,同时地貌瞬时单位线可以根据流域降雨特点的不同而改变,为解决汇流计算的非线性问题提供了一条途径。

参考文献

[1] 芮孝芳. 水文学原理[M]. 北京:中国水利水电出版社,2004.
[2] 包为民. 水文预报[M]. 5 版. 北京:中国水利水电出版社,2017.
[3] 华东水利学院. 中国湿润地区洪水预报方法[M]. 北京:水利电力出版社,1978.
[4] 芮孝芳,等. 产汇流理论[M]. 北京:水利电力出版社,1995.
[5] RODRIGUEZ-ITURBE I, VALDES J B. The geomorphologic structure of hydrologic response [J]. Water Resources Research,1979,15(6):1409-1420.
[6] 石朋. 网格型松散结构分布式水文模型及地貌瞬时单位线研究[D]. 南京:河海大学,2006.
[7] 赵人俊. 流域水文模拟——新安江模型与陕北模型[M]. 北京:水利电力出版社,1984.
[8] 芮孝芳. 径流形成原理[M]. 南京:河海大学出版社,2004.
[9] R. 赫尔曼. 水文学导论[M]. 吴采生,译. 北京:高等教育出版社,1985.

第3章

河道洪水预报

3.1 水动力学方法

3.1.1 模型原理

3.1.1.1 控制方程组及离散

河网一维水动力模型的控制方程为 Saint Venant 方程组：

连续方程：

$$\frac{\partial Q}{\partial x}+B\frac{\partial Z}{\partial t}=q \tag{3.1-1}$$

动量方程：

$$\frac{\partial Q}{\partial t}+\frac{\partial}{\partial x}\left(\frac{Q^2}{A}\right)+gA\left(\frac{\partial Z}{\partial x}+\frac{Q\mid Q\mid}{K^2}\right)=0 \tag{3.1-2}$$

式中：t 为时间坐标；x 为河道沿程坐标；Q 为流量；Z 为水位；A 为过水断面的面积；B 为水面宽度；K 为流量模数；g 为重力加速度；q 为旁侧入流流量。

$$K=AC\sqrt{R}=A\frac{1}{N}R^{2/3} \tag{3.1-3}$$

其中：n 为河道糙率系数；R 为水力半径。

利用 Abbott 六点隐式格式离散上述控制方程组，该离散格式在每个网格点并不同时计算水位和流量，而是按顺序交替计算水位和流量，分别称为 h 点和 Q 点，如图 3.1-1 所示。

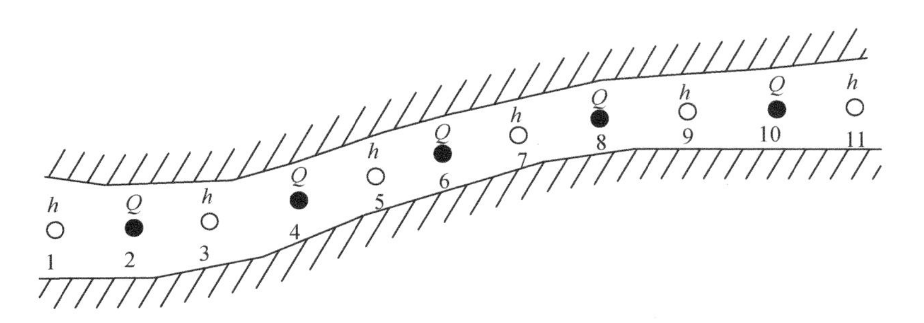

图 3.1-1 Abbott 格式水位点、流量点交替布置图

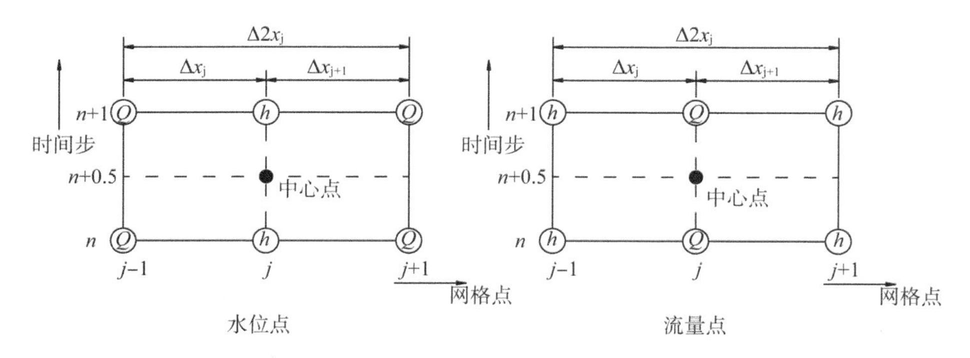

图 3.1-2 Abbott 六点隐式差分格式

采用如图 3.1-2 所示的离散格式，连续性方程中的各项可以写为

$$\frac{\partial h}{\partial t}=\frac{h_j^{n+1}-h_j^n}{\Delta t} \tag{3.1-4}$$

于是连续性方程可以写为

$$q_j=B\frac{h_j^{n+1}-h_j^n}{\Delta t}+\left[\frac{1}{2}(Q_{j+1}^n+Q_{j+1}^{n+1})-\frac{1}{2}(Q_{j-1}^n+Q_{j-1}^{n+1})\right]/(x_{j+1}-x_{j-1}) \tag{3.1-5}$$

同样动量方程中各项可以写为

$$\frac{\partial Q}{\partial t}=\frac{Q_j^{n+1}-Q_j^n}{\Delta t} \tag{3.1-6}$$

$$\frac{\partial h}{\partial x}=\frac{1}{x_{j+1}-x_{j-1}}\left[\frac{1}{2}(h_{j+1}^{n+1}+h_{j+1}^n)-\frac{1}{2}(h_{j-1}^{n+1}+h_{j-1}^n)\right] \tag{3.1-7}$$

$$Q\mid Q\mid=Q_j^{n+1}\mid Q_j^n\mid \tag{3.1-8}$$

于是动量方程在流量点上的差分格式为

$$\frac{\partial Q}{\partial t}=\frac{Q_j^{n+1}-Q_{j-1}^n}{\Delta t}+\frac{[Q^2/A]_{j+1}^{n+1/2}-[Q^2/A]_{j-1}^{n+1/2}}{x_{j+1}-x_{j-1}}+\left[\frac{g}{C^2AR}\right]_j^{n+1}Q_j^{n+1}\mid Q_j^n\mid$$

$$+[gA]_j^{n+1}\frac{\left[\frac{1}{2}(h_{j+1}^{n+1}+h_{j+1}^{n})-\frac{1}{2}(h_{j-1}^{n+1}+h_{j-1}^{n})\right]}{x_{j+1}-x_{j-1}} \tag{3.1-9}$$

式(3.1-5)整理后可记为

$$\alpha_j Q_{j-1}^{n+1}+\beta_j h_j^{n+1}+\gamma_j Q_{j+1}^{n+1}=\delta_j \tag{3.1-10}$$

式(3.1-9)整理后可记为

$$\alpha_j h_{j-1}^{n+1}+\beta_j Q_j^{n+1}+\gamma_j h_{j+1}^{n+1}=\delta_j \tag{3.1-11}$$

式中：α_j、β_j、γ_j、δ_j 为离散方程的系数。

3.1.1.2 定解条件

初始条件：给定初始时刻 $t=0$ 时，计算所有节点 Q 和 h 值。非恒定流数值计算表明，初始条件对于计算的初期阶段会显示影响，但这种影响将随着计算时间的延伸逐步消失。

边界条件分三类：

(1) 水位边界条件：边界处水位 $h=h(t)$；

(2) 流量边界条件：边界处流量 $Q=Q(t)$；

(3) 水位-流量关系边界条件：边界处 $Q=f(h)$ 给定。

3.1.1.3 求解方法

如前所述，河道内任一点的水力参数 Z(水位 h 或流量 Q)与相邻的网格点的水力参数的关系可以表示为统一的线性方程：

$$\alpha_j Z_{j-1}^{n+1}+\beta_j Z_j^{n+1}+\gamma_j Z_{j+1}^{n+1}=\delta_j \tag{3.1-12}$$

上式中的系数可分别由式(3.1-10)或式(3.1-11)计算。

假设一河道有 n 个网格点，因为河道的首末网格点总是水位点，所以 n 是奇数。对于河网的所有网格点写出式(3.1-10)，可以得到 n 个线性方程：

$$\begin{cases}\alpha_1 H_{us}^{n+1}+\beta_1 h_1^{n+1}+\gamma_1 Q_2^{n+1}=\delta_1\\ \alpha_2 h_1^{n+1}+\beta_2 Q_2^{n+1}+\gamma_2 h_3^{n+1}=\delta_2\\ \cdots\\ \alpha_{n-1} h_{n-2}^{n+1}+\beta_{n-1} Q_{n-1}^{n+1}+\gamma_{n-1} h_n^{n+1}=\delta_{n-1}\\ \alpha_n h_{n-1}^{n+1}+\beta_n h_n^{n+1}+\gamma_n H_{ds}^{n+1}=\delta_n\end{cases} \tag{3.1-13}$$

其中第一个方程的 H_{us} 和最后一个方程中 H_{ds} 分别是上、下游汊点的水位。某一河道第一个网格点的水位等于与之相连河段上游汊点的水位：$\alpha_1=-1,\beta_1=0,\gamma_1=0,\delta_1=0$。同样，$\alpha_1=0,\beta_1=1,\gamma_1=-1,\delta_1=0$。

对于单一河道，只要给出上下游水位边界，即 H_{us} 和 H_{ds} 为已知，就可用消元求解方程组(3.1-13)。对于河网问题，由方程组(3.1-13)，通过消元法可以将河道内任意点的水力参数(水位或流量)表示为上下游汊点水位的函数：

$$Z_j^{n+1}=c_j-a_jH_{us}^{n+1}-b_jH_{ds}^{n+1} \tag{3.1-14}$$

只要先求河网各汊点的水位，就可用式(3.1-14)求解河段任意网格点的水力参数。

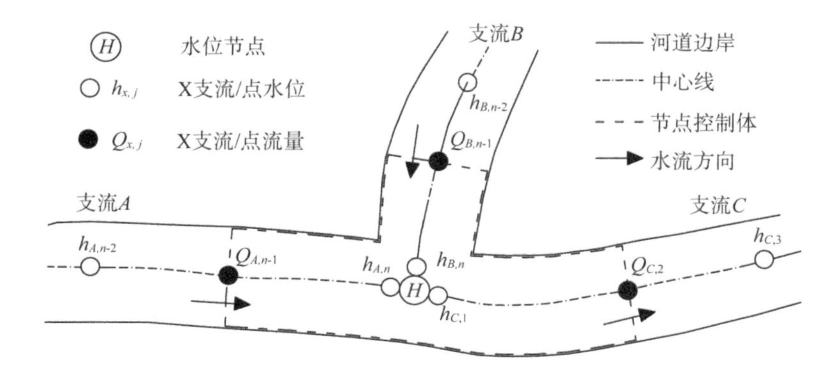

图 3.1-3 河网汊点方程示意图(以三汊点为例)

图 3.1-3 为河网汊点方程示意图，围绕汊点的控制体连续方程为

$$\frac{H^{n+1}-H^n}{\Delta t}A_{ft}=\frac{1}{2}(Q_{A,n-1}^n+Q_{B,n-1}^n-Q_{C,2}^n)+\frac{1}{2}(Q_{A,n-1}^{n+1}+Q_{B,n-1}^{n+1}-Q_{C,2}^{n+1}) \tag{3.1-15}$$

将上述方程中右边第二式的三项分别以式(3.1-14)替代，可以得到

$$\begin{aligned}\frac{H^{n+1}-H^n}{\Delta t}A_{ft}=&\frac{1}{2}(Q_{A,n-1}^n+Q_{B,n-1}^n-Q_{C,2}^n)+\frac{1}{2}(c_{A,n-1}-a_{A,n-1}H_{A,us}^{n+1}\\&-b_{A,n-1}H^{n+1}+c_{B,n-1}-a_{B,n-1}H_{B,us}^{n+1}-b_{B,n-1}H^{n+1}\\&-c_{C,2}+a_{C,2}H^{n+1}+b_{C,2}H_{C,ds}^{n+1})\end{aligned} \tag{3.1-16}$$

其中：H 为该汊点的水位；$H_{A,us}$、$H_{B,us}$ 分别为支流 A，B 上游端汊点水位；$H_{C,ds}$ 为支流 C 下游端汊点水位。

在式(3.1-16)中，将某个汊点水位表示为与之直接相连的河道汊点水位的线性函数。同样，对于河网所有汊点(假设为 N 个)，可以得到 N 个类似的方程(汊点方程组)。在边界水位或流量为已知的情况下，可以利用高斯消元法直接求解汊点方程组，得到各个汊点的水位，进而回代式(3.1-14)中求解河道任意网格点的水位和流量。

大型稀疏矩阵求解计算时间主要取决于矩阵主对角线非零元素的宽度，可通过对河网节点进行优化编码的方法来降低汊点方程组系数矩阵的带宽，使之成为主对角元素占优的矩阵，从而方便了方程组的求解，并大大减少了计算时间。

若在河道边界节点上给出水位的时间变化过程，即 $h=h(t)$。此时，假设边界所在河道编号为 j，则边界上的汊点方程为

$$h_{j,1}^{n+1}=H_{us}^{n+1}，或\ h_{j,n}^{n+1}=H_{us}^{n+1} \tag{3.1-17}$$

若在河道边界节点上给出流量的时间变化过程，即 $Q=Q(t)$。

对如图 3.1-4 所示的控制体，应用连续方程可以得到

$$\frac{H^{n+1}-H^{n}}{\Delta t}A_{ft}=\frac{1}{2}(Q_{b}^{n}-Q_{2}^{n})+\frac{1}{2}(Q_{b}^{n+1}-Q_{2}^{n+1}) \tag{3.1-18}$$

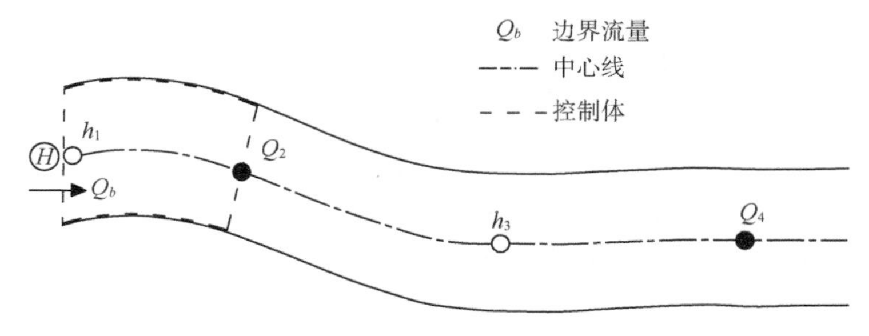

图 3.1-4 流量边界示意图

将 Q_2^{n+1} 以式(3.1-14)代入式(3.1-18),可以得到

$$\frac{H^{n+1}-H^{n}}{\Delta t}A_{ft}=\frac{1}{2}(Q_{b}^{n}-Q_{2}^{n})+\frac{1}{2}(Q_{b}^{n+1}-c_{2}+a_{2}H^{n+1}+b_{2}H_{ds}^{n+1}) \tag{3.1-19}$$

若在河道边界节点上给出的是水位流量关系 $Q=Q(h)$,其处理方法同流量边界,得到与式(3.1-19)类似的方程,只是方程中的 Q_b^n 和 Q_b^{n+1} 由水位流量关系计算得到。

平原河网大多有堰、闸等水工建筑物,此时 Saint Venant 方程已经不再适用,必须根据堰、闸的水力学特性做特殊处理。在模型中堰、闸通常作为流量点处理,根据相邻水位点水位关系采用宽顶堰或孔口出流计算过闸流量,得到式(3.1-11)类似的方程。

3.1.2 模型开发

研究建立了耦合水文模型预报成果的河道水动力学模型,并实现了水动力学模型的通用化,可以处理实现多模式多方法的河系水动力学预报。水动力学模型核心计算通过 Fortran 语言编写的动态链接库实现,并在 Spring Cloud 框架中,通过 JNA 方法调用。图 3.1-5 至图 3.1-8 为截取的部分模型代码实例及 API 服务接口实例。

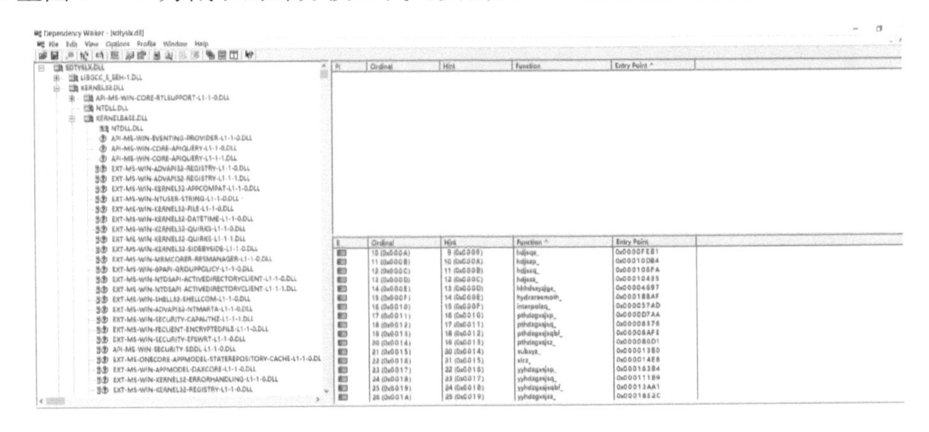

图 3.1-5 动态链接库函数功能

```java
public interface FLibraryslx03 extends Library {
    FLibraryslx03 INSTANCE = (FLibraryslx03) Native.load( name: "D:\\JavaProject\\static\\libhhzyslxybdll.dll",FLibraryslx03.class);
    void xlcz_(float[] y,float[] x,ByReference N,ByReference M);
}

public interface FLibraryslx04 extends Library {
    FLibraryslx04 INSTANCE = (FLibraryslx04) Native.load( name: "D:\\JavaProject\\static\\libhhzyslxybdll.dll",FLibraryslx04.class);
    void rdcaztsz_(float[] dis,ByReference ttdis,ByReference sz,ByReference sq,ByReference xz,ByReference xq,
                float[] q,float[] z,ByReference ds);
}

public interface FLibraryslx05 extends Library {
    FLibraryslx05 INSTANCE = (FLibraryslx05) Native.load( name: "D:\\JavaProject\\static\\libhhzyslxybdll.dll",FLibraryslx05.class);
    void qjcladishf (float[] dis,float[] qj,ByReference ds,ByReference xh,ByReference sds,float[] qjrlfp,
                 ByReference ttdis);
}

public interface FLibraryslx06 extends Library {
    FLibraryslx06 INSTANCE = (FLibraryslx06) Native.load( name: "D:\\JavaProject\\static\\libhhzyslxybdll.dll",FLibraryslx06.class);
    void zqhdwjrhqzp_(float[] sq,float[] q0,float[] z0,float[] q,float[] z,float[] p,
                  float[] v,float[] s,float[] t,ByReference xh,ByReference sds,ByReference ds);
}

public interface FLibraryslx07 extends Library {
    FLibraryslx07 INSTANCE = (FLibraryslx07) Native.load( name: "D:\\JavaProject\\static\\libhhzyslxybdll.dll",FLibraryslx07.class);
    void interpolzq_(ByReference sz,ByReference sq,ByReference xz,ByReference xq,ByReference ds,
                 float[] z,float[] q,float[] jL);
```

图 3.1-6 动态链接库接口调用实例

图 3.1-7 水动力学 API 服务接口实例

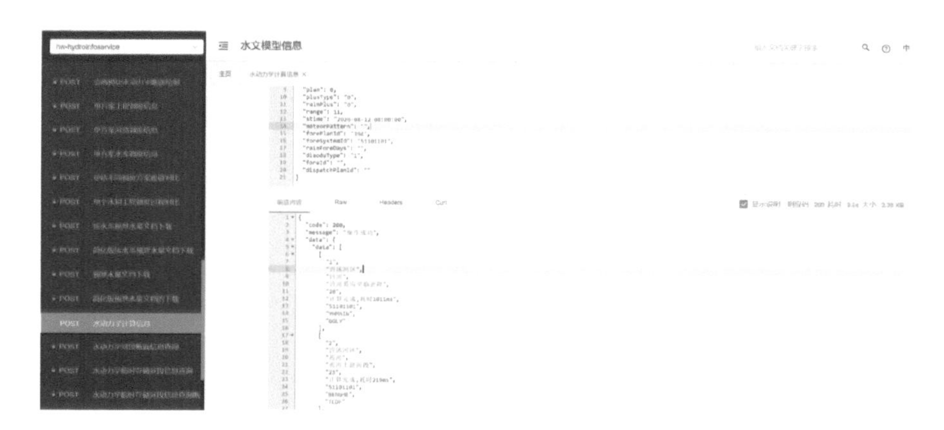

图 3.1-8 水动力学模型调用接口返回实例

3.1.3 模型构建实例

以下以沂沭泗流域沂河干流葛沟至临沂河段为例，介绍研究中水动力学模型的构建。

3.1.3.1 区域概况

沂河又名沂水，位于山东省南部、江苏省北部，东与沭河分流。发源于鲁中南山地的沂源县西部，源头有南、北二支：北支源于鲁山南麓；南支源于南岱崮西麓。二支汇于南麻镇南，沿深山峡谷曲折东南流，至沂水县城西折向南，蜿蜒流经沂南、临沂二县，于郯城县西南部入江苏省，继续南流注入骆马湖。沂河长约 386 km，山东境内长约 287 km。流域总面积 11 600 km^2，其中山东境内面积 10 772 km^2。年径流量为 35.1 亿 m^3。主要支流多在右岸，有东汶河、蒙河、白马河等。属淮河水系，山洪河道。区域水系概化见图 3.1-9。

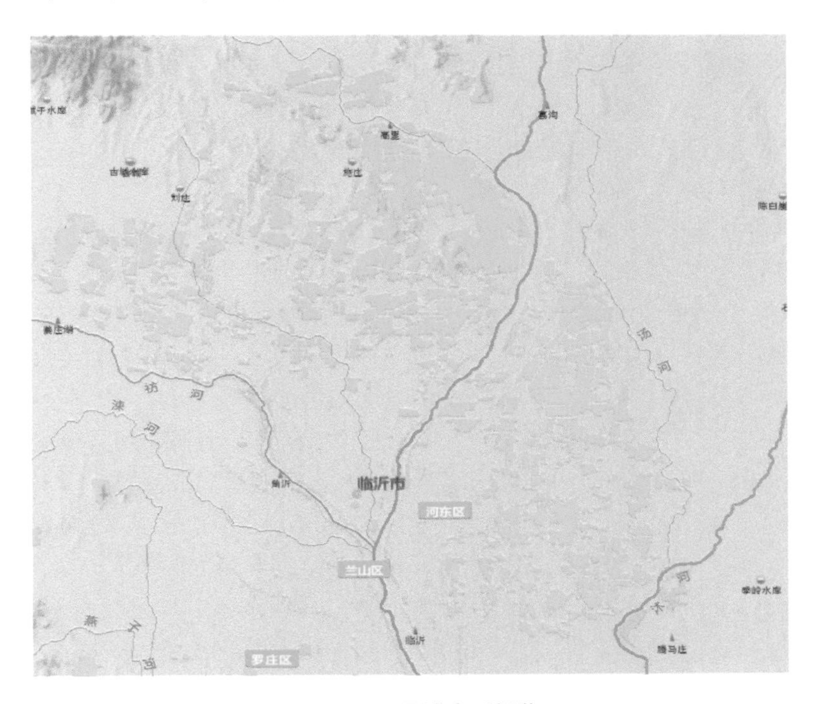

图 3.1-9 区域水系概化

流域地势北高南低，落差较大。上游流经 500 m 以上的山区，下游流经山东的沂沭平原和苏北平原。流域是山东省降雨最丰富的地区，降雨集中，洪水迅猛，一泻而下，易造成下游洪涝灾害。河水涨落迅速，含沙量大，下游多浅滩沙洲。新中国成立之后，为根治沂(河)沭(河)，在下游疏通河道，分沂入沭；在上游及其支流建有跋山、岸堤、田庄、许家崖、唐村等大中型水库 20 余座和众多的小型水库，使鲁南、苏北平原地区基本免除了洪涝之害。

沂河流域是山东省降水较多的地区之一，据 1956—1979 年同步观测系列统计，流域多年平均年降水量为 849.1 mm，流域多年平均年径流深为 326.3 mm，折合年径流量为 35.1 亿 m^3。根据临沂水文站(控制流域面积 10 315 km^2)实测资料，最大年径流量出现在

1964 年，为 65.8 亿 m^3，最小值在 1968 年，为 8.49 亿 m^3，最大量约为最小量的 7.8 倍。径流量的年内分配有 84%集中在汛期 6—9 月份，其中 7、8 月份占全年径流量的 67.6%。沂河位于泰鲁沂山地的南侧，流域坡度大，集流迅速，洪水迅猛，往往超过下游河道的排洪能力，易漫溢成灾。根据临沂水文站实测资料，新中国成立以来以 1957 年洪水最大，洪峰流量为 15 400 m^3/s。

3.1.3.2 模型构建

沂河葛沟至临沂河段，主要有蒙河、祊河两条支流汇入，本区域当前已收集的资料包括葛沟站水位及流量序列、蒙河高里站水位及流量序列、祊河角沂站水位及流量序列、沂河临沂站水位及流量序列、葛沟至临沂干流河段约 1 km 间隔实测大断面资料等。根据资料情况，本次水动力学模型以葛沟流量过程为上边界条件，临沂站水位流量关系为下边界条件，高里及角沂来水通过河道洪水水文学方法演算所得过程汇入干流，区间洪水将经验模型计算所得过程按平均分配原则沿程汇入干流。

3.1.3.3 模型验证

选取近年洪水对河道糙率等参数进行了率定，并选取 2019 年“利奇马”台风暴雨洪水及 2020 年沂沭河大洪水过程对模型进行了验证，验证结果如下。

(1) 2019 年“利奇马”台风暴雨洪水

2019 年第 9 号台风“利奇马”于 8 月 4 日 14 时在菲律宾以东约 1 000 km 的洋面上生成，生成后向西北方向移动，7 日 23 时加强为超强台风（中心最大风力达到 16 级，约 52 m/s），10 日 2 时在浙江省温岭市沿海登陆，登陆时中心最大风力为 16 级，登陆后向偏北方向移动，移经杭州—无锡—盐城—连云港等地，11 日 12 时移出流域入海，11 日 21 时再次登陆山东省青岛市，12 日 4 时移至渤海湾山东潍坊附近沿海。

受“利奇马”和西风槽共同影响，10—11 日，淮河中下游及沂沭泗水系降雨 50 mm 以上，其中淮河下游入海水道以北、南四湖中南部至沂沭河水系降雨 100 mm 以上，沂沭河中上游、邳苍区部分地区降雨 200 mm 以上，沂沭河上游局地降雨超 300 mm，最大雨量点为沭河上游辉泉站的 362 mm；100 mm、200 mm 降雨笼罩面积分别为 7.10 万 km^2、1.33 万 km^2。流域过程降雨量为 67 mm，淮河水系 37 mm，沂沭泗水系 141.2 mm，其中临沂以上 223.8 mm、大官庄以上 203.3 mm、邳苍区 171.3 mm、新沂河 138.7 mm、南四湖 97.9 mm。

沂河临沂站于 8 月 10 日 22 时开始起涨，11 日 16 时出现洪峰流量 7 300 m^3/s，相应水位 62.28 m，水位涨幅 3.66 m，为沂河 2019 年第 1 号洪水。本次洪水过程模型计算临沂站成果及验证如图 3.1-10 至图 3.1-13 所示。

(2) 2020 年沂沭河大洪水

8 月 13—14 日，沂沭泗水系北部地区遭遇强对流天气，沂河、沭河中上游大部分地区出现大暴雨至特大暴雨，沂沭泗水系 48 h 累计面雨量 52.9 mm，沂沭河中上游降水量均大于 100 mm，其中中游地区超 200 mm，临沂以上和大官庄以上分别为 168.9 mm 和 207.9 mm。沂沭河地区多站出现历史性极端降水，最大点降水量为沂河上游日照市莒县张家抱虎站 497.0 mm，次雨量为沂南县和庄站 490.0 mm，均为该站有实测资料以来最大降水量。

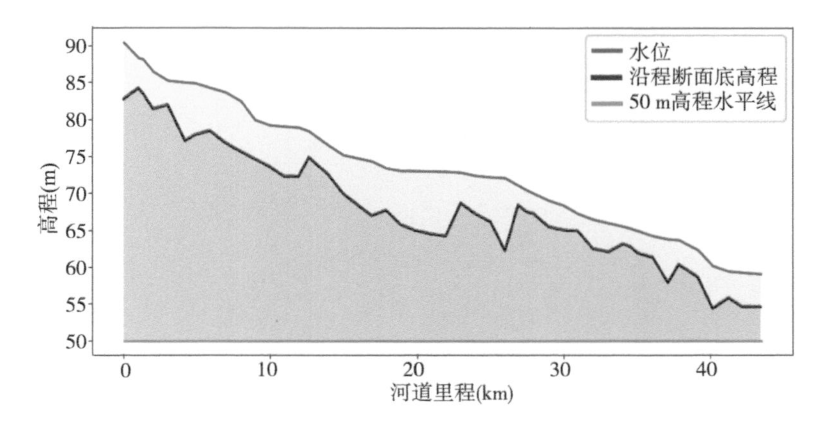

图 3.1-10 2019 年临沂站起涨时刻葛沟至临沂河段水面线

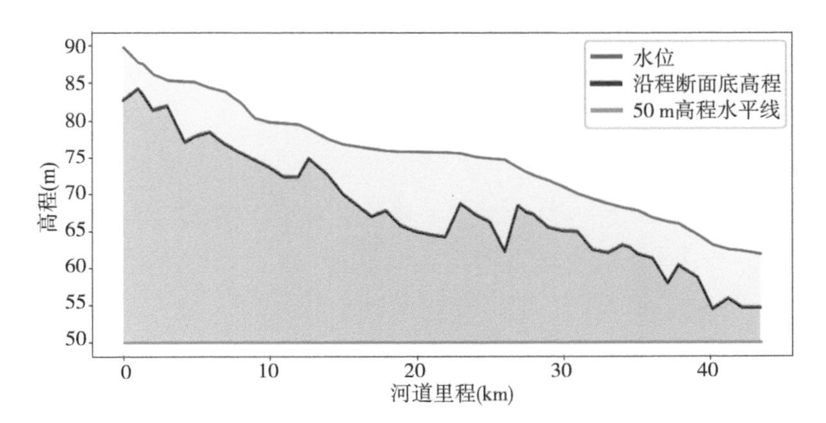

图 3.1-11 2019 年临沂站洪峰时刻葛沟至临沂河段水面线

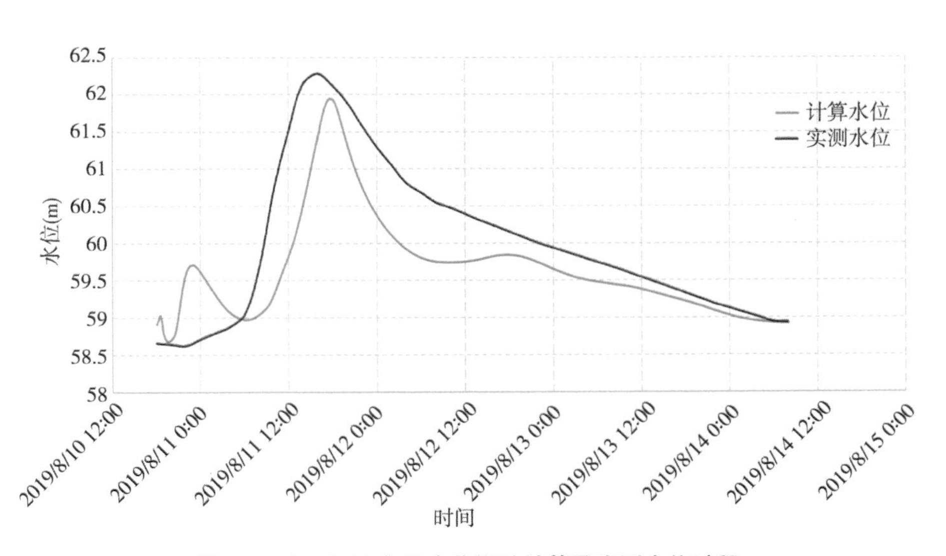

图 3.1-12 2019 年洪水临沂站计算及实测水位过程

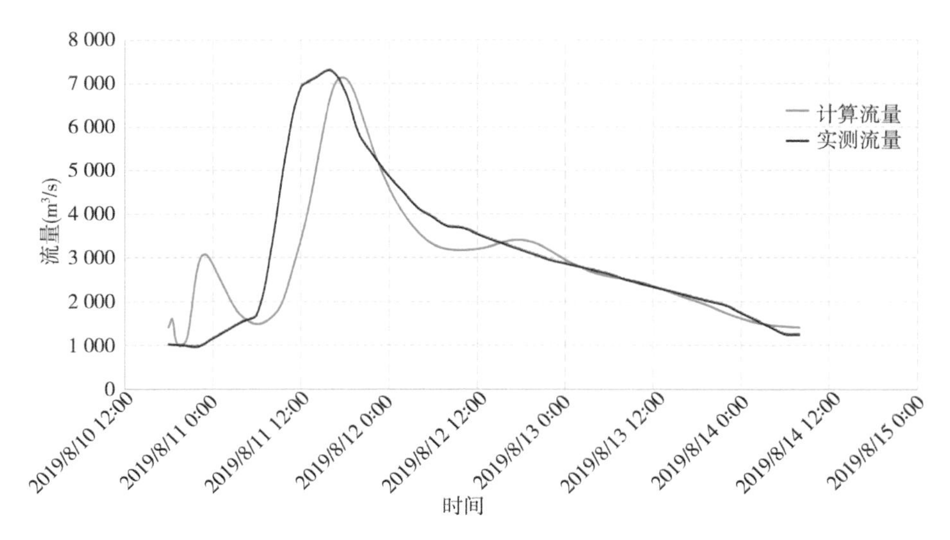

图 3.1-13 2019 年洪水临沂站计算及实测流量过程

受 13 日夜间至 14 日短时强降水影响，沂沭泗水系发生大洪水，沂河、沭河相继出现编号洪水。沂河临沂站最大流量列 1960 年以来最大，洪水重现期约 15 年；沭河发生 1974 年以来最大洪水，洪水重现期约 22 年，其中重沟站出现有实测资料以来最大洪水；泗河发生超警洪水。沂河临沂站 8 月 13 日 19 时 36 分水位从 58.11 m（相应流量 246 m^3/s）开始起涨，14 日 11 时 24 分流量 6 010 m^3/s，为 2020 年流量首次超过 4 000 m^3/s，此次洪水被编号为“2020 年沂河第 1 号洪水”。13 时 25 分流量 8 800 m^3/s，超过警戒流量（7 000 m^3/s），17 时水位 64.05 m，达到警戒水位（64.05 m），之后水位继续上涨。19 时出现最高水位 64.12 m，19 时 7 分出现最大流量 10 900 m^3/s。其后洪水逐渐回落，21 时水位 64.00 m，降至警戒水位以下 0.05 m，超警戒水位历时约 4 h。本次洪水过程模型计算临沂站成果及验证如图 3.1-14 至图 3.1-17 所示。

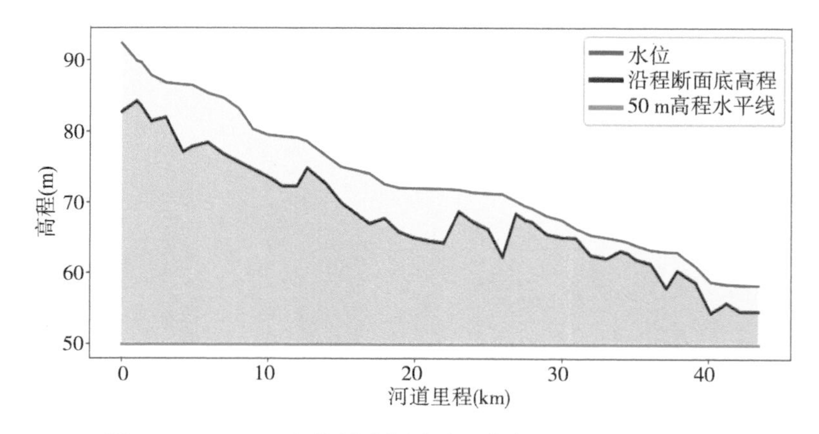

图 3.1-14 2020 年临沂站起涨时刻葛沟至临沂河段水面线

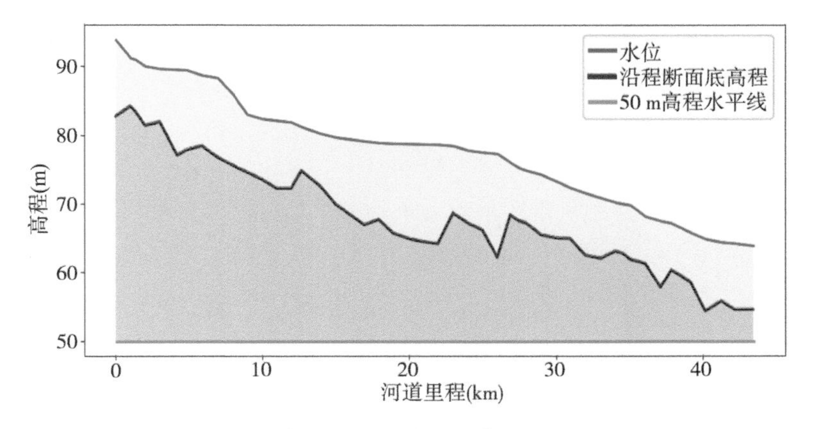

图 3.1-15　2020 年临沂站洪峰时刻葛沟至临沂河段水面线

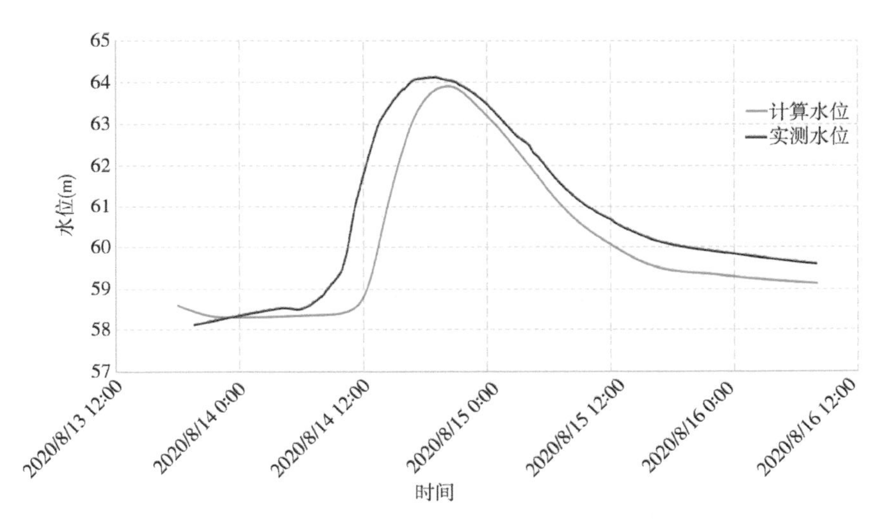

图 3.1-16　2020 年洪水临沂站计算及实测水位过程

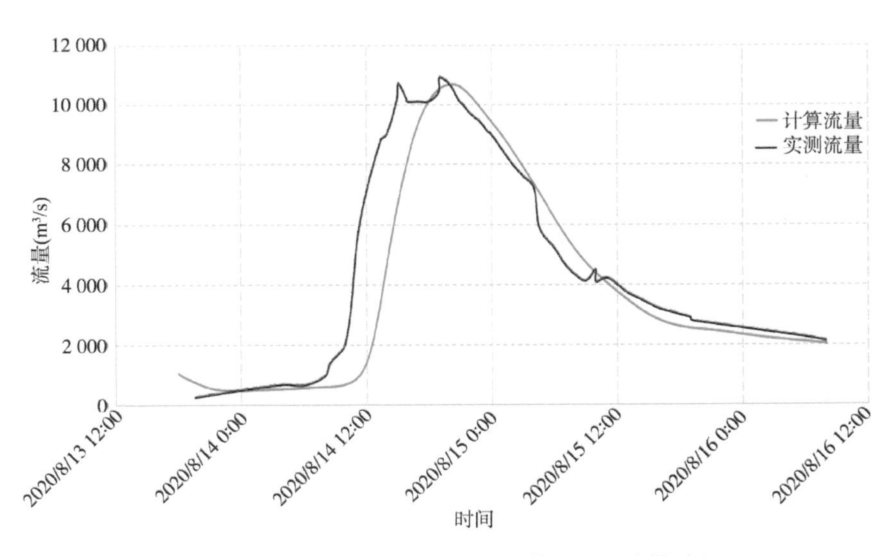

图 3.1-17　2020 年洪水临沂站计算及实测流量过程

3.2 水文学方法

3.2.1 分段马斯京根

1871 年,法国科学家 Saint Venant 提出描述河道一维非恒定水流的基本微分方程组,即人们熟知的 Saint Venant 方程组:

$$\frac{\partial Q}{\partial x}+\frac{\partial A}{\partial t}=0 \tag{3.2-1}$$

$$\frac{V}{g}\frac{\partial V}{\partial x}+\frac{1}{g}\frac{\partial V}{\partial t}+\frac{\partial y}{\partial x}=s_0-s_f \tag{3.2-2}$$

式中:Q 为流量;y 为水深;A 为过水断面面积;x 为沿河道水流方向的距离;t 为时间;V 为断面平均流速;s_0 为底坡;s_f 为摩阻比降;g 为重力加速度。

该方程组属于一阶双曲线型拟线性偏微分方程组,在数学上目前无法求其解析解。

连续性方程式对河段长积分,可以导出河段水量平衡方程式:

$$\partial Q=-\frac{\partial A}{\partial t}\partial x \tag{3.2-3}$$

对河段长 L 积分,有

$$\int_0^L \partial Q=-\int_0^L \frac{\partial A}{\partial t}\partial x \tag{3.2-4}$$

由于

$$\int_0^L \partial Q=Q(L,t)-Q(0,t)=O(t)-I(t) \tag{3.2-5}$$

式中:$I(t)$、$O(t)$分别为河段上、河段下断面流量过程。

根据积分中值定理

$$\int_0^L \frac{\partial A}{\partial t}\partial x=\frac{\mathrm{d}}{\mathrm{d}t}A(\xi,t)L=\frac{\mathrm{d}W(t)}{\mathrm{d}t} \qquad (0\leqslant\xi\leqslant L) \tag{3.2-6}$$

故

$$I(t)-O(t)=\frac{\mathrm{d}W(t)}{\mathrm{d}t} \tag{3.2-7}$$

式中:$W(t)$为河段槽蓄量。

$$W=f\left(I,O;\frac{\mathrm{d}I}{\mathrm{d}t},\frac{\mathrm{d}^2 I}{\mathrm{d}t^2},\cdots,\frac{\mathrm{d}O}{\mathrm{d}t},\frac{\mathrm{d}^2 O}{\mathrm{d}t^2},\cdots\right) \tag{3.2-8}$$

根据确定槽蓄方程式的具体函数形式的途经和方法不同,学界已研制出许多不同的水文学洪水演算方法。常用的有水库洪水演算法、Muskingum(马斯京根)法、特征河长法、滞后演算法等。

1934—1935年期间，G. T. McCarthy在研究美国Muskingum河洪水演算时，提出以下表达式：

$$W=K[XI+(1-X)O]=KQ' \tag{3.2-9}$$

式中：K 为槽量常数，它是洪水波在河段中的传播时间；X 为流量比重因子；Q'为示储流量，它是河段入流量与出流量的加权平均值；其余符号的意义同前。

将上述算式划为有限差分形式，然后联立求解，得到马斯京根洪水演算法的基本计算公式：

$$O_2=C_0I_2+C_1I_1+C_2O_1 \tag{3.2-10}$$

$$\begin{cases} C_0=\dfrac{0.5\Delta t-KX}{K(1-X)+0.5\Delta t} \\ C_1=\dfrac{KX+0.5\Delta t}{K(1-X)+0.5\Delta t} \\ C_2=\dfrac{K(1-X)-0.5\Delta t}{K(1-X)+0.5\Delta t} \\ C_0+C_1+C_2=1 \end{cases} \tag{3.2-11}$$

式中：Δt 为计算时步长。

马斯京根法自创立以来，已在世界上众多河流的洪水演算中得到了广泛的应用，其特点是计算简单、所需资料少、当满足其使用条件时精度令人满意。由于马斯京根法具有强大的普适性，引起了水文学家的极大兴趣。

马斯京根法槽蓄方程最初的表达式纯属一种经验假设，解释为在一定条件下河槽蓄量 W 与该河段上、下断面流量的加权平均值呈单值关系，其中，K 就是这种关系线的坡度，而 X 则是其中的权重，传统上称为“流量比重因子”。然而这种解释没有涉及问题的本质。

1958年，苏联水文学家Kalinlin和Miljukov在提出特征河长的概念与计算方法后，导出了马斯京根法参数 X 与特征河长 L 之间的理论关系：

$$X=\frac{1}{2}-\frac{l}{2L} \tag{3.2-12}$$

式中：l 为特征河长；L 为河段长。

上式证明马斯京根法的基本假设在客观上符合一些河流的洪水波运动规律。

3.2.2 考虑沿程损失的马斯京根

在河道沿程渗漏损失严重的情况下，传统的河道流量演算方法演算出来的洪水过程与河道洪水演进的实测过程大不相同。在此情况下，必须考虑河道沿程渗漏的洪水流量演算模型，以满足目前平原河道洪水预报的需要。

在明渠非恒定流中取一微正六面体，设各面面积为 A；边长为 $\mathrm{d}L$；水平流速为 V_x；入渗流速为 V_y；液体密度为 ρ；水平方向上的流量为 O_x；入渗流量为 O_y。

在 $\mathrm{d}t$ 时段内从水平方向流入的液体质量为 $\rho V_x A\mathrm{d}t$，流出的液体质量为 $\rho V_x A\mathrm{d}t+\frac{\partial(\rho V_x A\mathrm{d}t)}{\partial L}\mathrm{d}L$。在 $\mathrm{d}t$ 时段内从垂直方向流入的液体质量为 $\rho V_y A\mathrm{d}t$，流出的液体质量为 $\rho V_y A\mathrm{d}t+\frac{\partial(\rho V_y A\mathrm{d}t)}{\partial L}\mathrm{d}L$，所以在 $\mathrm{d}t$ 时段流入和流出的液体质量差为

$$
\begin{aligned}
&\rho V_x A\mathrm{d}t-\left[\rho V_x A\mathrm{d}t+\frac{\partial(\rho V_x A\mathrm{d}t)}{\partial L}\mathrm{d}L\right]+\rho V_y A\mathrm{d}t-\left[\rho V_y A\mathrm{d}t+\frac{\partial(\rho V_y A\mathrm{d}t)}{\partial L}\mathrm{d}L\right]\\
&=-\frac{\partial(\rho V_x A\mathrm{d}t)}{\partial L}\mathrm{d}L-\frac{\partial(\rho V_y A\mathrm{d}t)}{\partial L}\mathrm{d}L
\end{aligned}
\tag{3.2-13}
$$

另一方面，在 t 时刻，微正六面体内液体质量为 $\rho A\mathrm{d}L$，经 $\mathrm{d}t$ 时段后，该流段的液体质量变为 $\rho A\mathrm{d}L+\frac{\partial(\rho A\mathrm{d}L)}{\partial t}\mathrm{d}t$，于是在 $\mathrm{d}t$ 时段内，液体的质量变化量为

$$
\rho A\mathrm{d}L+\frac{\partial(\rho A\mathrm{d}L)}{\partial t}\mathrm{d}t-\rho A\mathrm{d}L=\frac{\partial(\rho A\mathrm{d}L)}{\partial t}\mathrm{d}t \tag{3.2-14}
$$

由质量守恒原理可知，$\mathrm{d}t$ 时段内流入和流出的液体质量差等于该时段内流段内液体质量的变化量，即

$$
-\frac{\partial(\rho V_x A\mathrm{d}t)}{\partial L}\mathrm{d}L-\frac{\partial(\rho V_y A\mathrm{d}t)}{\partial L}\mathrm{d}L=\frac{\partial(\rho A\mathrm{d}L)}{\partial t}\mathrm{d}t \tag{3.2-15}
$$

亦即

$$
\frac{\partial(\rho A)}{\partial t}+\frac{\partial(\rho O_y)}{\partial t}+\frac{\partial(\rho O_y)}{\partial L}=0 \tag{3.2-16}
$$

对于明渠非恒定流，ρ 为常量，于是上式可写为

$$
\frac{\partial A}{\partial t}+\frac{\partial O_y}{\partial t}+\frac{\partial O_x}{\partial L}=0 \tag{3.2-17}
$$

河道下渗计算采用霍顿下渗曲线，即

$$
f_t=(f_m-f_c)\mathrm{e}^{kt}+f_c \tag{3.2-18}
$$

式中：f_m 为河道最大下渗率，mm/h；f_c 为河道稳定下渗率，mm/h；k 为反映下渗消退速度的参数；t 为满足下渗的下渗历时，h。

该式在充分供水的条件下，下渗率随时间 t 逐渐减小，它是 1940 年霍顿(R. E. Horton)对人工实验资料进行分析得出的经验公式，当使用条件满足时，应用效果较好。

3.2.3 模型构建实例

3.2.3.1 区域概况

在沂河临沂站构建马斯京根演算模型实例。沂河流域概况同 3.1.3.1 节。

3.2.3.2 模型构建

在沂河流域临沂以上区间构建马斯京根法分段河道演进预报计算模型。其中临沂站上游入流站的有田庄、跋山、岸堤、唐村、许家崖等5个大型水库以及15个入流站点，采用分段马斯京根法进行区间河道汇流计算。其中不同流量量级匹配不同的马斯京根法参数。临沂以上的主要站点拓扑结构如图3.2-1所示。

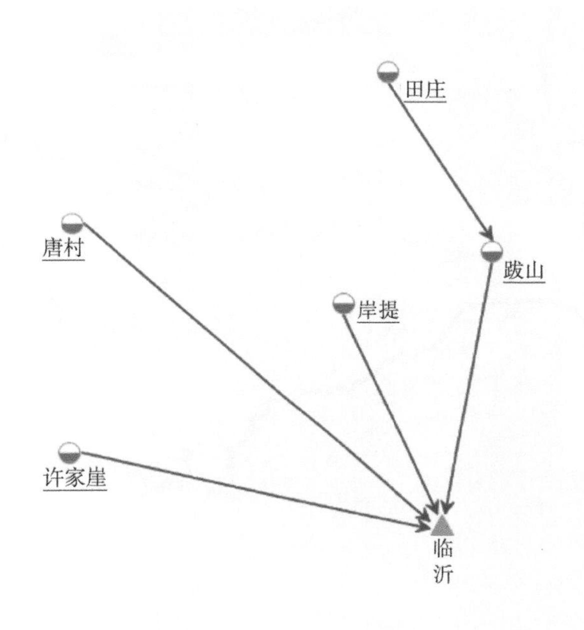

图 3.2-1 临沂站以上主要站点拓朴概化图

在预报系统数据库中设置河道马斯京根法参数储存表(图3.2-2)，根据马斯京根演算原理编写相应计算模块(图3.2-3)。

RIVERID	PNO	RVNAME	N	K	X	C0	C1	C2	Q1	Q2	LB
51100100-51100300	1	田庄-跋山	1	660	(Null)	(Null)	(Null)	(Null)	(Null)	(Null)	(Null)
51100300-51101101	1	跋山-临沂	1	1020	(Null)	(Null)	(Null)	(Null)	(Null)	(Null)	(Null)
51101101-51101109	1	临沂-沂河应急措施处理区	1	0	(Null)	(Null)	(Null)	(Null)	(Null)	(Null)	(Null)
51101101-51101201	1	临沂-刘家道口	1	0	(Null)	(Null)	(Null)	(Null)	(Null)	(Null)	(Null)
51101101-51101800	1	临沂-港上	1	1080	(Null)	0.130	0.740	0.130	0	2000	洪峰流量
51101101-51101800	2	临沂-港上	1	720	(Null)	0.091	0.818	0.091	2000	3000	洪峰流量
51101101-51101800	3	临沂-港上	1	720	(Null)	0.048	0.904	0.048	3000	10000	洪峰流量
51101101-51105811	1	临沂-彭家道口	1	0	(Null)	(Null)	(Null)	(Null)	(Null)	(Null)	(Null)
51101201-51101800	1	刘家道口-港上	1	1080	(Null)	0.130	0.740	0.130	0	2000	洪峰流量
51101201-51101800	2	刘家道口-港上	1	720	(Null)	0.091	0.818	0.091	2000	3000	洪峰流量
51101201-51101800	3	刘家道口-港上	1	720	(Null)	0.048	0.904	0.048	3000	10000	洪峰流量
51101201-51106001	1	刘家道口-江风口	1	0	(Null)	(Null)	(Null)	(Null)	(Null)	(Null)	(Null)
51101800-51107801	1	港上-骆马湖	1	360	(Null)	0.259	0.630	0.111	(Null)	(Null)	(Null)
51102600-51102701	1	嶂山闸-沭阳	1	720	(Null)	0.107	0.786	0.107	1000	2999	洪峰流量
51102600-51102701	2	嶂山闸-沭阳	1	720	(Null)	0.167	0.667	0.167	3000	4999	洪峰流量
51102600-51102701	3	嶂山闸-沭阳	1	360	(Null)	0.130	0.739	0.130	5000	10000	洪峰流量
51103400-51101101	1	岸堤-临沂	1	1020	(Null)	(Null)	(Null)	(Null)	(Null)	(Null)	(Null)
51104700-51101101	1	唐村-临沂	1	1020	(Null)	(Null)	(Null)	(Null)	(Null)	(Null)	(Null)
51105200-51101101	1	许家崖-临沂	1	360	(Null)	(Null)	(Null)	(Null)	(Null)	(Null)	(Null)
51105811-51112710	1	彭家道口-大官庄	1	240	(Null)	(Null)	(Null)	(Null)	(Null)	(Null)	(Null)
51105811-51112710	2	彭家道口-大官庄	1	180	(Null)	(Null)	(Null)	(Null)	(Null)	(Null)	(Null)
51106001-51205100	1	江风口-运河镇	1	600	(Null)	(Null)	(Null)	(Null)	(Null)	(Null)	(Null)

图 3.2-2 马斯京根法参数入库成果

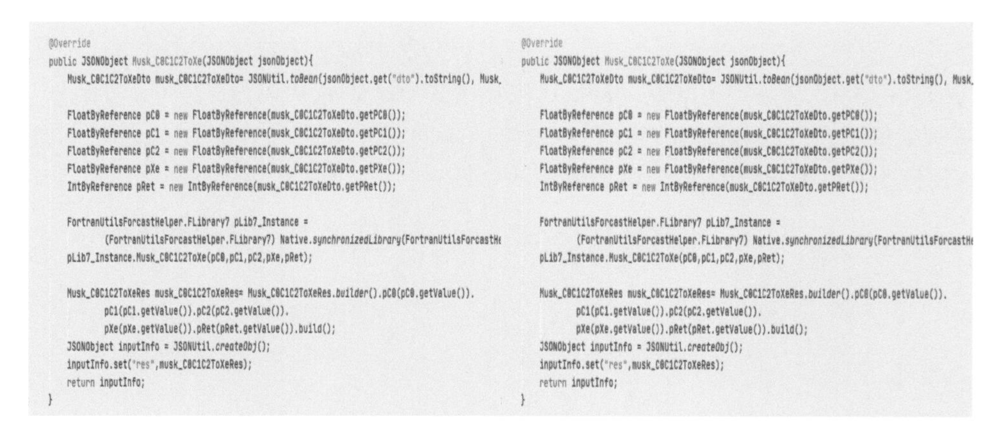

```
@Override
public JSONObject Musk_C0C1C2ToXe(JSONObject jsonObject){
    Musk_C0C1C2ToXeDto musk_C0C1C2ToXeDto= JSONUtil.toBean(jsonObject.get("dto").toString(), Musk_

    FloatByReference pC0 = new FloatByReference(musk_C0C1C2ToXeDto.getPC0());
    FloatByReference pC1 = new FloatByReference(musk_C0C1C2ToXeDto.getPC1());
    FloatByReference pC2 = new FloatByReference(musk_C0C1C2ToXeDto.getPC2());
    FloatByReference pXe = new FloatByReference(musk_C0C1C2ToXeDto.getPXe());
    IntByReference pRet = new IntByReference(musk_C0C1C2ToXeDto.getPRet());

    FortranUtilsForcastHelper.FLibrary7 pLib7_Instance =
            (FortranUtilsForcastHelper.FLibrary7) Native.synchronizedLibrary(FortranUtilsForcastHe
    pLib7_Instance.Musk_C0C1C2ToXe(pC0,pC1,pC2,pXe,pRet);

    Musk_C0C1C2ToXeRes musk_C0C1C2ToXeRes= Musk_C0C1C2ToXeRes.builder().pC0(pC0.getValue()).
            pC1(pC1.getValue()).pC2(pC2.getValue()).
            pXe(pXe.getValue()).pRet(pRet.getValue()).build();
    JSONObject inputInfo = JSONUtil.createObj();
    inputInfo.set("res",musk_C0C1C2ToXeRes);
    return inputInfo;
}
```

图 3.2-3 马斯京根法计算模块

3.2.3.3 模型验证

（1）2020年沂沭河暴雨洪水

通过2020年沂河大洪水过程实测数据和预报数据进行模型验证。2020年8月13—14日，沂沭泗水系北部地区遭遇强对流天气，沂河、沭河中上游大部地区出现大暴雨至特大暴雨，沂沭泗水系48 h累计面雨量52.9 mm，沂沭河中上游降水量均大于100 mm，其中中游地区超200 mm，临沂以上和大官庄以上分别为168.9 mm和207.9 mm。沂沭河地区多站出现历史性极端降水，最大点降水量为沂河上游日照市莒县张家抱虎站497.0 mm，次雨量为沂南县和庄站490.0 mm，均为该站有实测资料以来最大降水量。临沂站流量于8月14日0时起涨，起涨流量470 m³/s，8月14日20时出现洪峰流量10 700 m³/s，经区间产汇流及河道汇流计算预报临沂站8月14日18时出现洪峰流量11 000 m³/s，峰量预报误差为2.8%，预报精度较高。图3.2-4为2020年洪水临沂站计算及实测流量过程。

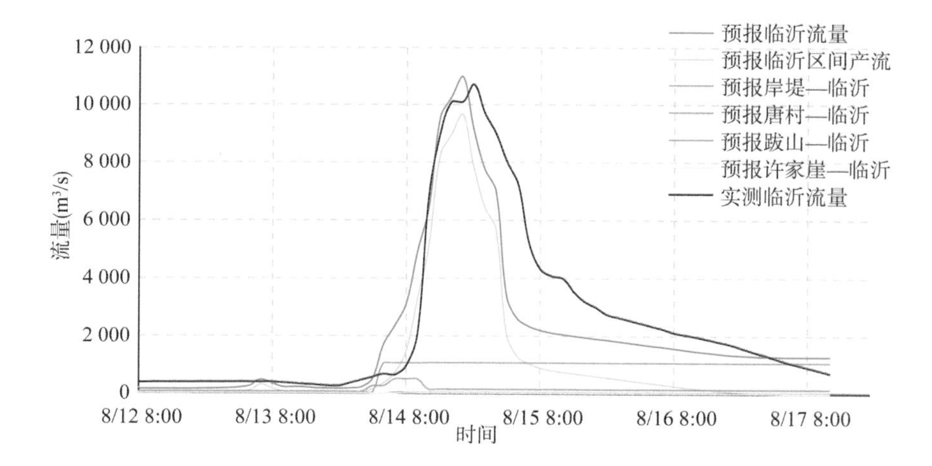

图 3.2-4 2020年洪水临沂站计算及实测流量过程

(2) 2023年沂沭河暴雨洪水

2023年7月8—12日，受低涡东移及低空急流影响，沂沭河流域大部地区降水量在100 mm以上，其中临沂以上平均雨量175.9 mm。临沂站流量于7月11日10时起涨，起涨流量68 m^3/s，7月13日12时出现实测洪峰流量2 940 m^3/s，经区间产汇流及河道汇流计算预报临沂站7月13日10时出现洪峰流量3 170 m^3/s，峰量预报误差为7.8%，预报精度较高。图3.2-5为2023年洪水临沂站计算及实测流量过程。

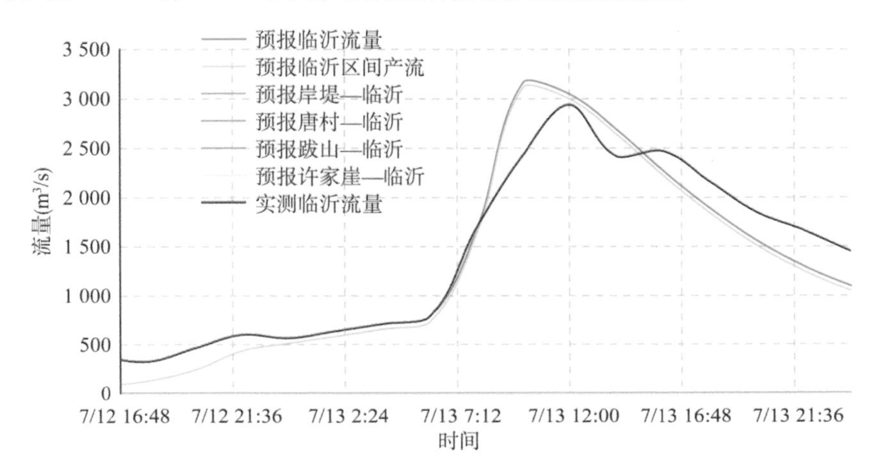

图3.2-5 2023年洪水临沂站计算及实测流量过程

3.3 相应水位(流量)法

3.3.1 方法原理

相应水位(流量)是指河段上、下站同位相的水位(流量)。相应水位(流量)预报，就是用某时刻的上站的水位(流量)，预报一定时间后下站的水位(流量)。

在实际工作中，用相应水位(流量)法预报要解决两个问题：一是上、下站之间传播时间τ的预报，二是下站水位(流量)的预报。如前所述，洪水波的展开使水深减小，体现为传播流量在运动过程中不断减小，这主要反映在传播时间关系曲线上。由此可见，相应水位法要解决的两个问题，是与整个洪水波的特性紧密联系的。

洪水波的运动速度(即波速)，与断面平均流速有一定的关系，其关系式为

$$w=\lambda v \tag{3.3-1}$$

$$\tau=\frac{L}{\lambda V} \tag{3.3-2}$$

水位与传播时间的关系，用公式可表示为

$$\tau=f(H_{上t}) \tag{3.3-3}$$

洪峰水位(流量)预报：在无支流的河段，当水流大体上已集中于河槽，下站的水源主

要仰给于上游，区间来水量甚小，如果河段冲淤变化不大，又没有回水顶托，那么影响洪水波传播的因素较为单纯，上、下站的水位起伏变化较一致，则在上、下站的水位（流量）过程线上，容易找到峰、谷和涨落洪段的反曲点作为相应的特征点。

相应洪峰水位（流量）相关法：在建立相应水位关系时，要注意应用历史洪水资料，使高水外延有一定的依据。

总涨差法：如果上、下站间距过长，其洪峰传播时间大于上站涨洪历时，则上站出现洪峰时，下站还未起涨，这在一些陡涨陡落的山溪性河流中是常见的，如仍用下站同时水位作参数，则不能反映水面比降的影响，这时采用总涨差法。

总涨差就是本站洪峰水位与起涨水位之差。

相关图预报方案：根据河段上、下游断面相应水位（流量）间的定量关系，或流域降雨同下游断面相应水位（流量）之间的关系而建立的相关图称为相关图预报方案。该类方面不需要调用水文模型模块，而直接在相关图上由一要素查算出另一要素。

相应水位（流量）法是大流域的中、下游河段广泛采用的一种实用方法。它根据天然河道洪水波运动原理，在分析大量实测的河段上、下游断面水位（流量）过程线的同位相水位（流量）之间的定量关系及其传播速度的变化规律基础上，建立经验相应关系，据此进行预报。

（1）水流传播时间

用相应水位（流量）法分析水流传播时间，即分析下游站出现与上游站同位相的水位（流量）所需的传播时间。相应水位（流量）法的根据是天然河道里水流波的运动原理，当水流波沿河道自上游向下游推进时，由于存在附加比降，而引起不断变形，表现为水流波的推移和坦化，且在传播过程中连续地同时发生。在天然河道中，当外界条件不变时，水位的变化总是由于流量的变化引起的。所以研究河道水位的变化规律，就应当研究河道中形成这个水位的流量的变化规律。设在某河段中，上下间距为 L，t 时刻上站流量为 $Q_{p,u,t}$，经过传播时间 τ 后，下游站流量为 $Q_{p,L,t+\tau}$，若无旁侧入流，上下站相应关系为

$$Q_{p,L,t+\tau}=Q_{p,u,t}-\Delta Q \tag{3.3-4}$$

式中：ΔQ 为上、下站相应流量的差值，它随上、下站流量的大小和附加比降不同而异，其实质是反映水流波变形的坦化作用。另一方面水流波变形引起的传播速度变化，在相应水位（流量）法中主要体现在传播时间关系上，其实质是反映水流波的推移作用。但在相应水位（流量）法中，不直接计算 ΔQ 值和 τ 值，而是推求上站水位（流量）与下站水位（流量）及传播时间近似函数关系，即

$$Q_{p,l,t+\tau}=f(Q_{p,u,t},Q_{p,l,t}) \tag{3.3-5}$$

$$\tau=f(Q_{p,u,t},Q_{p,l,t}) \tag{3.3-6}$$

（2）洪峰水位（流量）

从河段上、下站实测水位资料，摘录相应的洪峰水位值及其出现时间，就可点绘相应洪峰水位（流量）关系曲线及其传播时间曲线，如图 3.3-1 所示，其关系式为

$$Z_{p,l,t+\tau}=f(Z_{p,u,t}) \tag{3.3-7}$$

$$\tau=f(Z_{p,u,t}) \tag{3.3-8}$$

式中：$Z_{p,u,t}$ 为上站 t 时刻洪峰水位；$Z_{p,l,t+\tau}$ 为下站 $t+\tau$ 时刻洪峰水位。

图3.3-1是一种最简单的相应关系，但有时遇到上站相同的洪峰水位，只是由于来水峰型不同(胖或瘦)或河槽"底水"不同，导致河段水面比降发生变化，影响到传播时间和下站相应水位预报值。这时如加入下站同时水位(流量)作参数，可以提高预报方案精度。

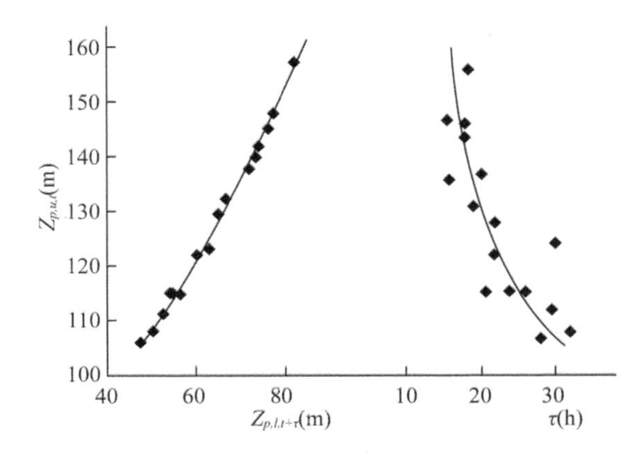

图3.3-1 河段上、下站洪峰水位及传播时间关系曲线示意图

3.3.2 应用案例

3.3.2.1 区域概况

漳卫南运河为海河水系五大河系之一，地处太岳山以东，黄河与徒骇、马颊河以北，滏阳河以南。上游分漳河、卫河两大支流，在徐万仓处汇集入卫运河，经四女寺枢纽，大部分洪水经漳卫新河在海丰以下入渤海，少部分从南运河下泄，再经捷地减河、马厂减河及海河入渤海。河系面积为37 860 km^2，其中山区面积25 774 km^2。

本河系多年平均降水量500～800 mm。降水量分布受地形影响，山区一般在700～800 mm，平原为500～600 mm。降水年内分布极不均匀，70%～80%集中在汛期6—9月，而汛期又主要集中在7、8两月。

南运河上游山区是南运河河系径流的主要源地，地形对暴雨的影响比较明显，太行山脊以东的迎风坡是大暴雨经常发生的地区，太行山脊以西很少出现大暴雨。河系上游坡度陡峻，植被较差，历史上径流系数很大，洪水峰形尖瘦，涨落急剧。

漳河发源于山西高原和太行山区，东与滏阳河为邻，北接滹沱河及潇河，西界沁河，南靠丹河及卫河，地跨晋、冀、豫三省。其上游分清漳与浊漳两大支流。清漳河刘家庄以上面积3 800 km^2，其上游无水库，浊漳河石梁以上面积9 652 km^2，其南源、西源和北源分别建有漳泽、后湾、关河三座水库，它们的控制面积分别为3 146 km^2、1 296 km^2、1 747 km^2。清漳河与浊漳河在合漳处汇合后为漳河，其下游出山口观台站以下建有一大型水库——岳城水库。观台站以上面积为17 800 km^2，岳城水库以下漳河进入平原区，在徐万仓处与卫河汇合。由于太行山主脉横贯漳河中部，把漳河分成东西两个产、汇流特点不同的区域. 其中清漳河地处太行山迎风坡，多集中暴雨，且坡陡流急，洪水往往峰高量大，是漳河洪水主要来源之地；浊漳河地处太行山背风坡，暴雨频次、量级均少于清漳河。根据洪水资料分析，漳河观台站以上洪水组成主要可以分成如下三种情况：①以清漳河刘家庄以上及石梁、刘家庄、观台区间来水为主；②以石梁、刘家庄、观台区间的暴雨为主；③以浊漳河漳泽、后湾、关河三水库—石梁区间来水为主。

卫河发源于太行山区，南邻黄河，东面与马颊河接壤，主要干支流自太行山前陡坡下跌进入平原，山区约占60%，左岸支流均发源于太行山前，呈梳齿状平行汇于卫河干流，较大者有淇河、汤河、安阳河等，淇河是卫河的主要支流之一，中部是南运河河系的径流高值区，淇河新村站以上水量占卫河淇门站以上水量的30%左右。右岸全为平原，有几条小的排涝河道。因卫河山区支流均处于太行山迎风坡，多集中暴雨洪水，且源短流急，是卫河洪水的主要来源地。卫河干流中下游蜿蜒于平原区，河道坡度平缓，沿河有滞洪坡洼八处，遇较大洪水，河道渲泄不及时，常常向两岸坡洼分洪滞洪。1978—1985年，卫河老观嘴至徐万仓之间河段进行了扩大治理，淇门至老观嘴间进行了河道清淤，1978年冬，卫河治理工程开工，原卫河深槽较弯曲，不少河段形成对头弯，水流不顺，多险工。治理工程措施本着因势利导，稳定河床，使河道顺直，有利于消除险工，减轻险情，并节省工程量。为改善河道流势，平顺水流，设计中有17处在弯河段裁弯取直，小弯河段采取切滩“抹嘴”，其他河段整治基本沿原河扩挖浚深，保留一定河滩宽度。经过了两个冬春的努力，实现了国务院“1980年汛前完成，发挥效益”的要求，1980年6月26日干流拆坝正式通水投入运用。1981年后继续完成的工程，主要有河道少量尾工，建筑物配套和险工护岸，穿老河和单堤陡岸堤段加筑戗台，堤防包胶和灌浆等。截至1985年底，工程全面竣工。竣工后该河段行洪能力有较大提高，原淇门(刘庄闸)以下卫河河道行洪能力仅750 m^3/s，治理后老观嘴至徐万仓段提高到2 000～2 500 m^3/s，淇门至老观嘴段提高到1 200～1 500 m^3/s。

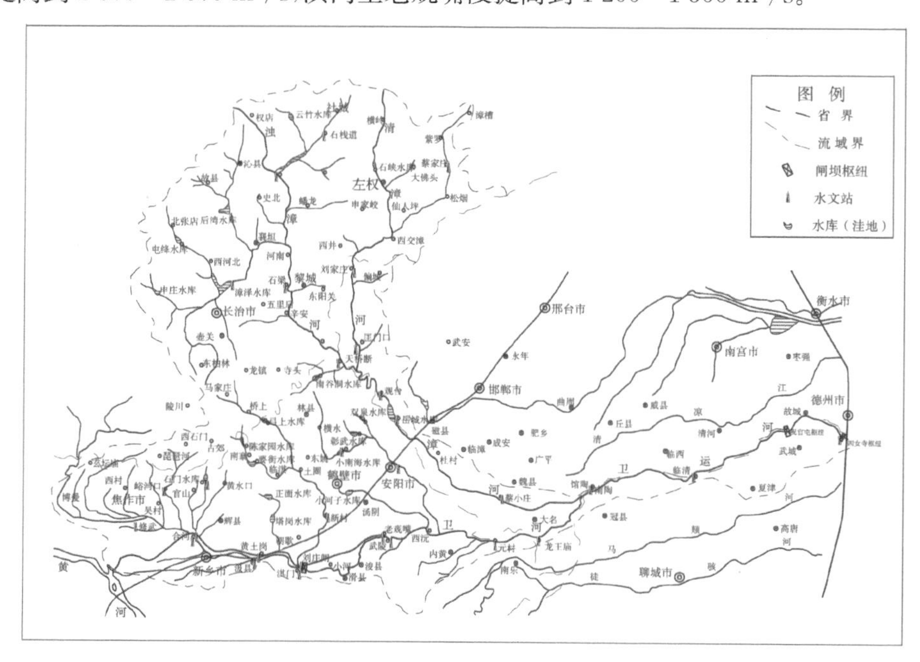

图 3.3-2　漳卫南运河流域图

徐万仓至山东省武城县四女寺枢纽段称卫运河，河道全长 157 km，卫运河 2014—2017 年进行了治理，基本达到了设计标准；四女寺至无棣县二道沟以下入渤海段，称漳卫新河，河道全长 243 km；四女寺至天津市静海区十一堡段，称南运河，河道全长 309 km。

3.3.2.2 模型构建

构建漳卫河南陶至临清站相应水位法预报方案模型。其中南陶站上游有岳城水库和元村两个来水站，采用相应流量法、洪峰传播时间法进行预报计算。各站点拓扑结构如图 3.3-3 所示。

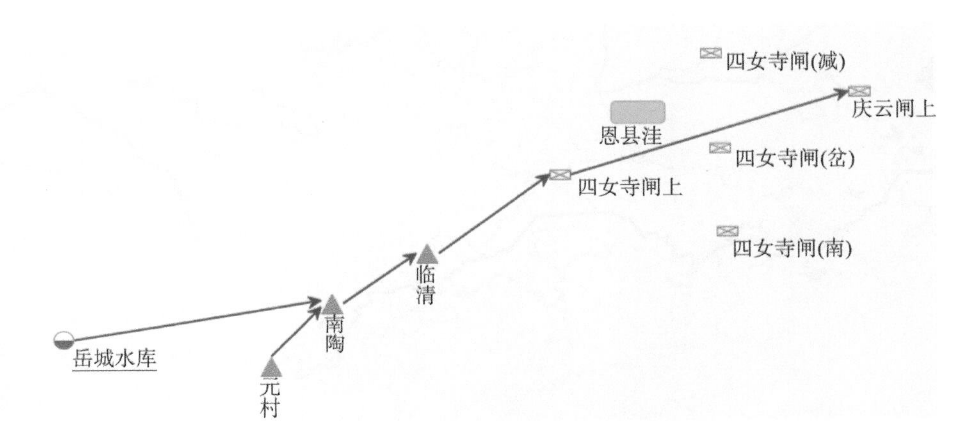

图 3.3-3 漳卫河模型构建站点概化图

南陶站相应流量法分岳城水库放水和不放水两种情形，采用不同的经验曲线进行预报(图 3.3-4)。临清站依据南陶的洪峰流量进行预报，不同洪峰量级洪水传播时长不同，在自动化预报时需查取传播时间后进行洪水过程计算。

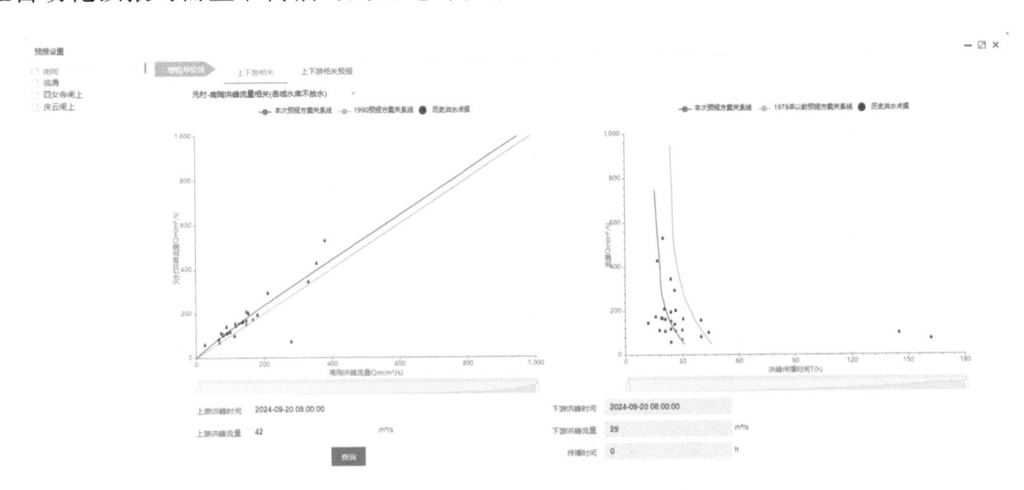

图 3.3-4 南陶站洪峰流量相关、洪水传播时长曲线

3.3.2.3 模型验证

通过历史场次洪水对相应水位(流量)曲线进行率定调整，并选取 2023 年汛期大水过

程进行验证。验证结果如下。

(1) 2022 年 7 月上旬暴雨洪水

2022 年 7 月 6—9 日,冷涡后部冷空气南下与副高外围暖湿气流在沂沭泗水系南部交汇,漳卫河流域普降大到暴雨,其中南陶以上面平均雨量 76.5 mm,临清以上面平均雨量 86.6 mm。7 月 9 日 14 时,南陶站出现最大流量 305 m^3/s。根据相应流量曲线推求得到临清站 7 月 10 日 3 时出现洪峰流量 294 m^3/s。实测数据中 7 月 10 日 8 时临清站出现最高流量 277 m^3/s,误差为 6.1%,预报精度较高。南陶站、临清站实测及临清站预报流量过程如图 3.3-5 所示。

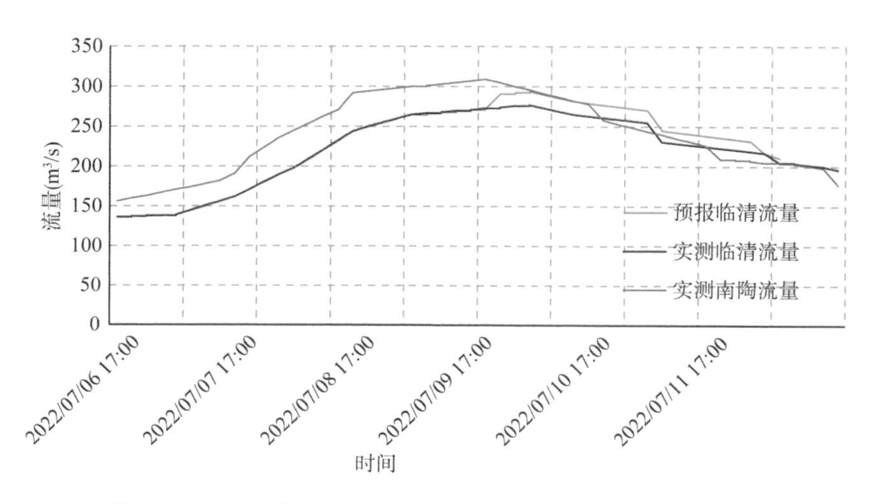

图 3.3-5 2022 年 7 月南陶站洪峰流量相关、洪水传播时长曲线

(2) 2023 年 8 月下旬暴雨洪水

2023 年 7 月 27 日至 8 月 1 日,受低涡东移及低空急流影响,漳卫河流域大部地区降水量在 50 mm 以上,其中南陶以上面平均雨量 134 mm,临清以上面平均雨量 140 mm。8 月 3 日 11 时,南陶站出现最高水位 40.3 m,14 时出现最大流量 805 m^3/s。根据相应流量曲线推求得到临清站 8 月 4 日 12 时出现洪峰流量 765 m^3/s。实测数据中 8 月 4 日 14 时临清站出现最高流量 745 m^3/s,误差为 2.7%,预报精度较高。南陶站、临清站实测及临清站预报流量过程如图 3.3-6 所示。

3.4 小结

山东省河道洪水演进预报计算采用了一维水动力学、分段马斯京根以及相应水位(流量)法三种方法。其中一维水动力学需要河道断面以及历史资料进行建模和率定参数,适用于河道下垫面数据以及实测基流数据较为完善的区域;分段马斯京根演算参数有明确的物理意义,率定相对简单,在大水时期计算精度较高;相应水位法根据历史洪水过程总结经验曲线,实用性较好。

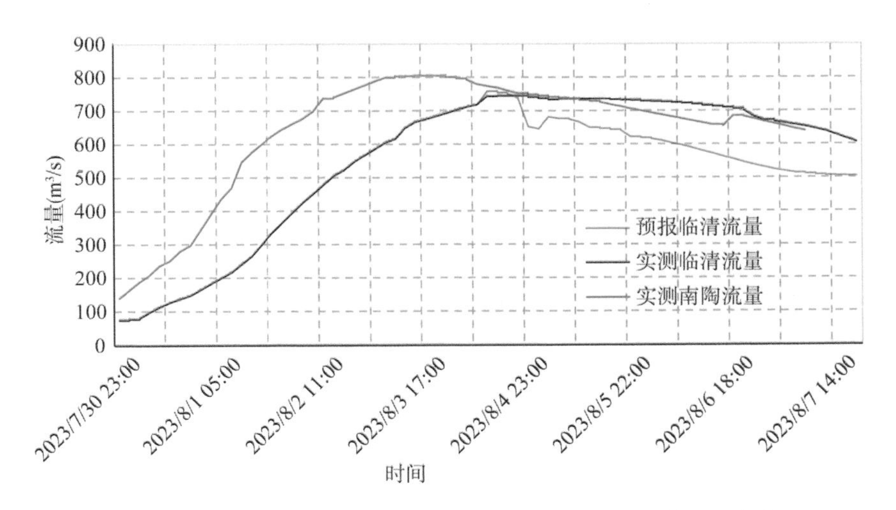

图 3.3-6　2023 年 8 月南陶站洪峰流量相关、洪水传播时长曲线

参考文献

[1] 赵人俊. 流域水文模拟——新安江模型与陕北模型[M]. 北京:水利电力出版社,1984.

[2] 芮孝芳,张超. Muskingum 法的发展及启示[J]. 水利水电科技进展,2014,34(3):1-6.

[3] 齐春英,刘克岩. 沿程渗漏河道的洪水流量演算模型[J]. 水文,1997(6):28-30.

[4] 冯秀英,赵造申. 滹沱河洪水演进模型探讨[J]. 南水北调与水利科技,2009,7(3):88-90.

第4章

概念性水文模型

4.1 三水源新安江模型

20个世纪70年代初，有学者提出了新安江二水源模型，由于稳定下渗不是常数，单位线有许多条等困难，80年代初又提出了三水源新安江模型，可用于流域的降雨-径流的洪水模拟和预报以及降雨-径流的水资源模拟。由于模型产流采用蓄满产流的概念，该模型适用于湿润和半湿润地区。

4.1.1 模型原理及结构

新安江模型是一个分散性模型，把流域分成多块，对每块分别计算产汇流，总和后求得出口断面流量过程。模型由蒸散发、产流、分水源和汇流四个模块组成，如图4.1-1所示。

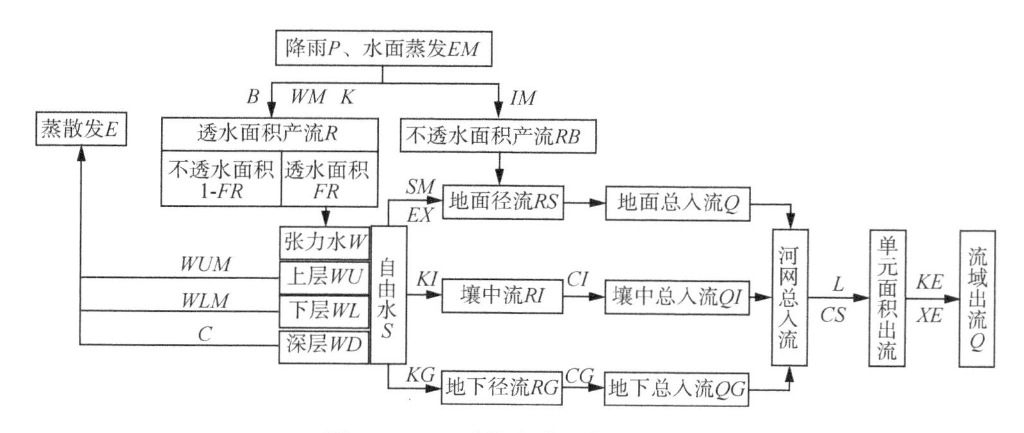

图4.1-1 三水源新安江模型结构图

1. 蒸散发计算

用三个土层的模型，其参数为上层张力水容量 WUM，下土层张力水容量 WLM，深层蒸散发系数 C，蒸散发折算系数 K，所用公式如下：

当上层张力水蓄量足够时，上层蒸散发 EU 为

$$EU = K \cdot EM \tag{4.1-1}$$

当上层已干，而下层蓄量足够时，下层蒸散发 EL 为

$$EL = (K \cdot EM - EU) \cdot \frac{WL}{WLM} \tag{4.1-2}$$

当下层蓄量亦不足，要涉及深层时，深层蒸散发 ED 为

$$ED = C \cdot K \cdot EM \tag{4.1-3}$$

式中：C 为深层蒸发折算系数；WU 分别为上层土壤水含量，mm；WL 为下层土壤水含量，mm；WLM 为下层张力水容量，mm；P 为降水量，mm；E 为计算的蒸发量，mm。

2. 产流量计算

模型的产流部分采用了蓄满产流的概念：在降雨过程中，直到包气带蓄水量达到田间持水量时才能产流。产流后，超渗部分成为地面径流，下渗部分成为壤中流和地下径流。与此不同的是超渗产流概念：在田间持水量没有达到以前因雨强大雨下渗而产流。从20世纪60年代开始，相关领域专家研究了很多流域，发现在中国湿润与半湿润地区，产流方式以蓄满产流而不是超渗型产流为主。这种湿润与半湿润地区的界定范围很大，包括了淮河流域及其以南，东北东部，太行山、燕山及其东南，黄河上游等。由于土壤湿度在面上分布不均匀，产流面积是变化的。为此在新安江模型中引进了张力水蓄水容量曲线，并以 B 次方抛物线来表示，见图 4.1-2(a)。

据此可求得降雨径流关系，见图 4.1-2(b)，图中 f/F 是产流面积。

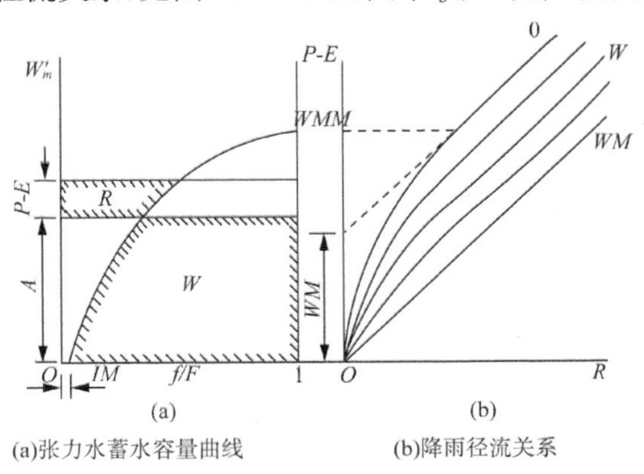

图 4.1-2　张力水蓄水容量曲线与降雨径流关系图

产流计算公式：

$$\frac{f}{F} = \left[1 - \left(1 - \frac{W'm}{WMM}\right)^{B}\right] \cdot (1 - IM) + IM \tag{4.1-4}$$

据此可求得流域平均蓄水容量 WMM 为

$$WMM=\frac{WM\cdot(1-B)}{1+B} \tag{4.1-5}$$

与某个土壤含水量 W 相应的纵坐标值 A 为

$$A=WMM\left[1-\left(1-\frac{W}{WM}\right)^{\frac{1}{1+B}}\right] \tag{4.1-6}$$

当 $PE=P-K\cdot EM\leqslant 0$ 时，$R=0$。

当 $PE=P-E>0$，$PE+A<WMM$ 时，局部产流量为

$$R=PE-WM+W+WM\cdot\left[1-\frac{PE+A}{WMM}\right]^{1+B} \tag{4.1-7}$$

当 $PE=P-E>0$，$PE+A\geqslant WMM$ 时，全流域产流量为

$$R=PE-(WM-W) \tag{4.1-8}$$

3. 分水源计算

对湿润地区以及半湿润地区汛期的流量过程线进行分析，发现径流成分一般包括地表、壤中和地下这三种成分。由于各种成分的径流的汇流速度有明显的差别，因此水源划分是很重要的一环。在本模型中，水源划分是通过自由水蓄水库进行的。

由于在产流面积 FR 上的自由水的蓄水容量不是均匀分布的，将 SM 取为常数是不合适的，应用类似流域蓄水容量曲线的方式来考虑它的面积分布。为此也应采用抛物线，并引入 EX 为其幂次，则有

$$\frac{f}{F}=1-\left(1-\frac{S'}{MS}\right)^{EX} \tag{4.1-9}$$

$$MS=(1+EX)\cdot SM \tag{4.1-10}$$

$$AU=MS\cdot\left[1-\left(1-\frac{S}{SM}\right)^{\frac{1}{1+EX}}\right] \tag{4.1-11}$$

当 $PE+AU<MS$ 时，

$$RS=\left[PE-SM+S+SM\cdot\left(1-\frac{PE+AU}{MS}\right)^{1+EX}\right]\cdot FR \tag{4.1-12}$$

当 $PE+AU\geqslant MS$ 时，

$$RS=(PE-SM+S)\cdot FR \tag{4.1-13}$$

由产流得到的产流量 R 进入自由水蓄水库，连同水库原有的尚未出流完的水，组成实时蓄水量 S。自由水蓄水库的底宽就是当时的产流面积比 FR，它是时变的。KI、KG 分别为壤中流和地下水的出流系数。各种水源的径流量的计算公式如下：

当 $S+R\leqslant SM$ 时，

$$\begin{cases} RS = 0 \\ RI = (S+R) \cdot KI \cdot FR \\ RG = (S+R) \cdot KG \cdot FR \end{cases} \tag{4.1-14}$$

当 $S+R>SM$ 时，

$$\begin{cases} RS = (S+R-SM) \cdot FR \\ RI = SM \cdot KI \cdot FR \\ RG = SM \cdot KG \cdot FR \end{cases} \tag{4.1-15}$$

4. 三水源汇流计算

汇流分为三个阶段进行：坡地汇流阶段、河网汇流阶段和河道汇流阶段。坡地汇流是指水体在坡面上的汇集过程，坡地汇流采用线性水库方法。

（1）地表径流的汇流可以采用单位线，也可以采用线性水库。

$$QS_t = RS_t \cdot UH \tag{4.1-16}$$

$$QS_t = CS \cdot QS_{t-1} + (1-CS) \cdot RS_t \cdot U \tag{4.1-17}$$

式中：QS 为地面径流，m^3/s；RS 为地面径流量，mm；UH 为时段单位线，m^3/s；CS 为地面径流消退系数，U 为单位换算系数。

（2）壤中流的汇流，表层自由水以 KI 侧向出流后成为壤中流，进入河网，但如土层较厚，表层自由水尚可渗入层土，经过深层土的调蓄作用，才进入河网。深层自由水也用线性水库模拟，其消退系数为 CI，计算公式为

$$QI_t = CI \cdot QI_{t-1} + (1-CI) \cdot RI_t \cdot U \tag{4.1-18}$$

式中：QI 为壤中流，m^3/s；RI 为壤中流径流量，mm。

（3）地下径流的汇流，采用线性水库模拟，其消退系数为 CG，出流进入河网。表层自由水以 KG 向下出流后，再向地下水库汇流的时间不另计，包括在 CG 之内，计算公式为

$$QG_t = CG \cdot QG_{t-1} + (1-CG) \cdot RG_t \cdot U \tag{4.1-19}$$

式中：QG 为地下径流，m^3/s；RG 为地下径流量，mm。

（4）单元面积河网总入流

$$QT_t = QS_t + QI_t + QG_t \tag{4.1-20}$$

（5）单元面积河网汇流，采用滞后演算法。

$$Q_t = CR \cdot Q_{t-1} + (1-CR) \cdot QT_{T-l} \tag{4.1-21}$$

式中：Q 为单元面积出口流量，m^3/s；CR 为河网消退系数；l 为河网滞时。

（6）单元面积以下河道汇流，采用马斯京根分段连续演算法。

$$Q_t = C_0 I_t + C_1 I_{t-1} + C_2 Q_{t-1} \tag{4.1-22}$$

式中：Q、I 分别为出流和入流，m^3/s。

4.1.2 模型参数

若河网汇流采用滞后演算法，单元流域的新安江模型有 15 个参数。

(1) K(蒸散发折算系数)。此参数控制着总水量平衡，因此，对水量计算来说是重要的参数之一。$K=K_1K_2K_3$，其中 K_1 是大水面蒸发与蒸发器蒸发之比，有实验数据可查考。K_2 是蒸散发能力与大水面蒸发之比，其值在夏天为 1.3～1.5，在冬天约为 1。K_3 用来把蒸发站的实测值改正至流域平均值，因此主要决定于蒸发站高程与流域平均高程之差。当采用 E601 蒸发器时，$K_1K_2\approx 1$。

(2) WM(张力水容量)。WM 是流域平均的蓄水容量，以毫米计。它是反映流域干旱程度的指标，分为 WUM、WLM 和 WDM 三层。根据经验，南方湿润地区 WM 为 120～150 mm，半湿润地区 WM 为 150～200 mm。WUM 为上层张力水蓄水容量，它包括植物截留量。在植被土壤发育一般的流域，其值可取为 20 mm；在植被和土壤发育较差的流域，其值可取小一些；如果研究流域的植被和土壤发育较好则取值较大一些。WLM 为下层张力水蓄水容量，其值可取为 60～90 mm。WDM 为深层张力水蓄水容量，$WDM=WM-WUM-WLM$。

(3) B(流域蓄水容量分布曲线指数)。它反映流域面上蓄水容量分布的不均匀性。在很大程度上，它取决于流域地形地貌地质情况的均一程度，如差异较大则 B 值也大。据山丘区降雨径流相关图的分析，对于小于 5 km^2 的流域，$B=0.1$；几百至一千平方千米时，$B=0.2$～0.3；几千平方千米时，B 在 0.4 左右。

(4) IM(不透水面积占全流域面积的比例)。如有详细的地图，可以看出，在天然流域内此值很小，为 0.01～0.02，主要由径流过程线上的小突起来判断，这些小洪水过程大多由不透水面积上产生的直接径流产生，故可由这些小洪水的拟合好坏来确定与调整 IM 的值；而在城镇地区或者有水利建筑物地区，该值则可能很大。

(5) C(深层蒸散发系数)。C 决定于深根植物的覆盖面积。据现有经验，在南方多林地区可达 0.18，而北方半湿润地区则约为 0.08。

(6) SM(流域平均的自由水蓄水容量)。表层是指腐殖土。本参数受降雨资料时段均化的影响，当以日为时段长时，在土层很薄的山区，其值为 10 mm 或者更小一些。在土深林茂透水性很强的流域，其值可达 50 mm 或者更大一些，一般流域在 10～20 mm。当所取时段长度减小时，SM 要加大。这个参数对地面径流的多少起决定性作用，因此很重要。

(7) EX(自由水蓄水容量分布曲线指数)。它决定于表层自由水蓄水条件的不均匀分布，在山坡水文学里，它决定了饱和坡面流产流面积的发展过程。但由于缺乏研究，定量有困难，鉴于饱和坡面流由坡脚向坡上发展时，产流面积的增加逐渐变慢，所以 EX 应大于 1，一般为 1.0～1.5。

(8) KG、KI(自由水蓄水库的地下水出流系数及壤中流出流系数)。KG、KI 对应着自由水蓄水孔的两个出流孔，是并联结构。二者之和代表自由水出流的快慢。对于一个流域，他们都是常数。1 000 km^2 左右的流域，从雨止到壤中流止的时间，一般为 3 d 左右，相当于 $KG+KI=0.7$。因为$(1-0.7)^3=0.03$，即3 d后自由水的余量只有3%，可以认为已经退完。如果退水历时为2 d，则 $KG+KI=0.8$。但有的流域退水历时远大于3 d，表示深层壤中流起作用，应由参数 CI 来处理。

(9) CI（深层壤中流消退系数）。如无深层壤中流，$CI\to 0$。当深层壤中流很丰富时，$CI\to 0.9$，相当于汇流时间为10 d。它决定洪水尾部退水的快慢。但它对整个过程的影响，远不如产流模型中 SM 与 KG/KI 明显。

(10) CG（地下水消退系数）。如以天为时段长，此值一般为0.95～0.998，相当于汇流时间为50～500 d。

(11) CS 和 LAG（滞后演算法中的河网水流消退系数与滞后时间）。CS 和 LAG 决定于河网地貌。CS 为河网蓄水消退系数，反映洪水过程坦化的程度。LAG 为滞后时间，反映洪水过程平移程度。

(12) XE 和 KE（马斯京根法的两个参数）。根据河道的水力学特性可以推求估算这两个参数值。

(13) MP 为马斯京根法分段连续演算的河段数。

4.1.3 模型应用实例

4.1.3.1 临沂

根据率定的新安江模型参数，表4.1-1。选择了2012年、2018年、2019年、2020年的场次大洪水应用验证了临沂站的新安江模型，计算结果见表4.1-2。结果表明，该模型预报精度总体较好，8场次的大洪水平均洪水预报误差为14.5%。图4.1-3为临沂站2012年、2018年、2019年、2020年场次大洪水实测与模拟结果对比。

表4.1-1 沂河临沂站新安江模型参数表

序号	参数意义	参数	参数值
1	蒸散发折算系数	K	1.079
2	流域蓄水容量分布曲线指数	B	0.349
3	深层蒸散发系数	C	0.185
4	张力水容量(mm)	WM	149.983
5	上层张力水蓄水容量(mm)	WUM	12.749
6	下层张力水蓄水容量(mm)	WLM	134.684
7	不透水面积比例	IM	0.046
8	自由水蓄水容量(mm)	SM	28.886
9	流域自由水蓄水容量分布曲线指数	EX	1.500
10	地下水出流系数	KG	0.502
11	壤中流出流系数	KI	0.206

续表

序号	参数意义	参数	参数值
12	地下水消退系数	*CG*	0.988
13	壤中流消退系数	*CI*	0.491
14	河道汇流的马斯京根法系数	*XE*	−0.159
15	河网水流消退系数	*CS*	0.890
16	河网汇流滞后时间(h)	*LAG*	4
17	时段	*TT*	2
18	流域面积(km^2)	*A*	5 194
19	流域分块数	*NA*	4
20	入流个数	*IA*	0

表 4.1-2 沂河临沂站新安江模型计算成果表

时间	洪峰流量(m^3/s)	预报流量(m^3/s)	预报误差(%)
2012/7/10 13:00	8 100	6 449	20
2012/7/10 13:00	8 100	7 572	7
2012/7/23 15:00	2 510	739	71
2018/8/20 9:00	3 220	3 436	−7
2019/8/11 16:00	7 300	9 148	−25
2020/7/23 5:00	3 580	3 138	12
2020/8/7 15:00	3 700	3 287	11
2020/8/14 20:00	10 700	7 787	27

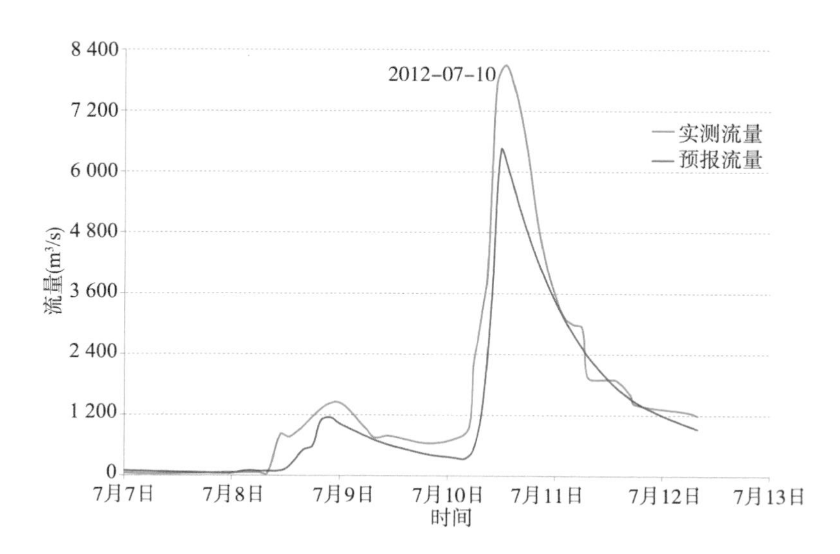

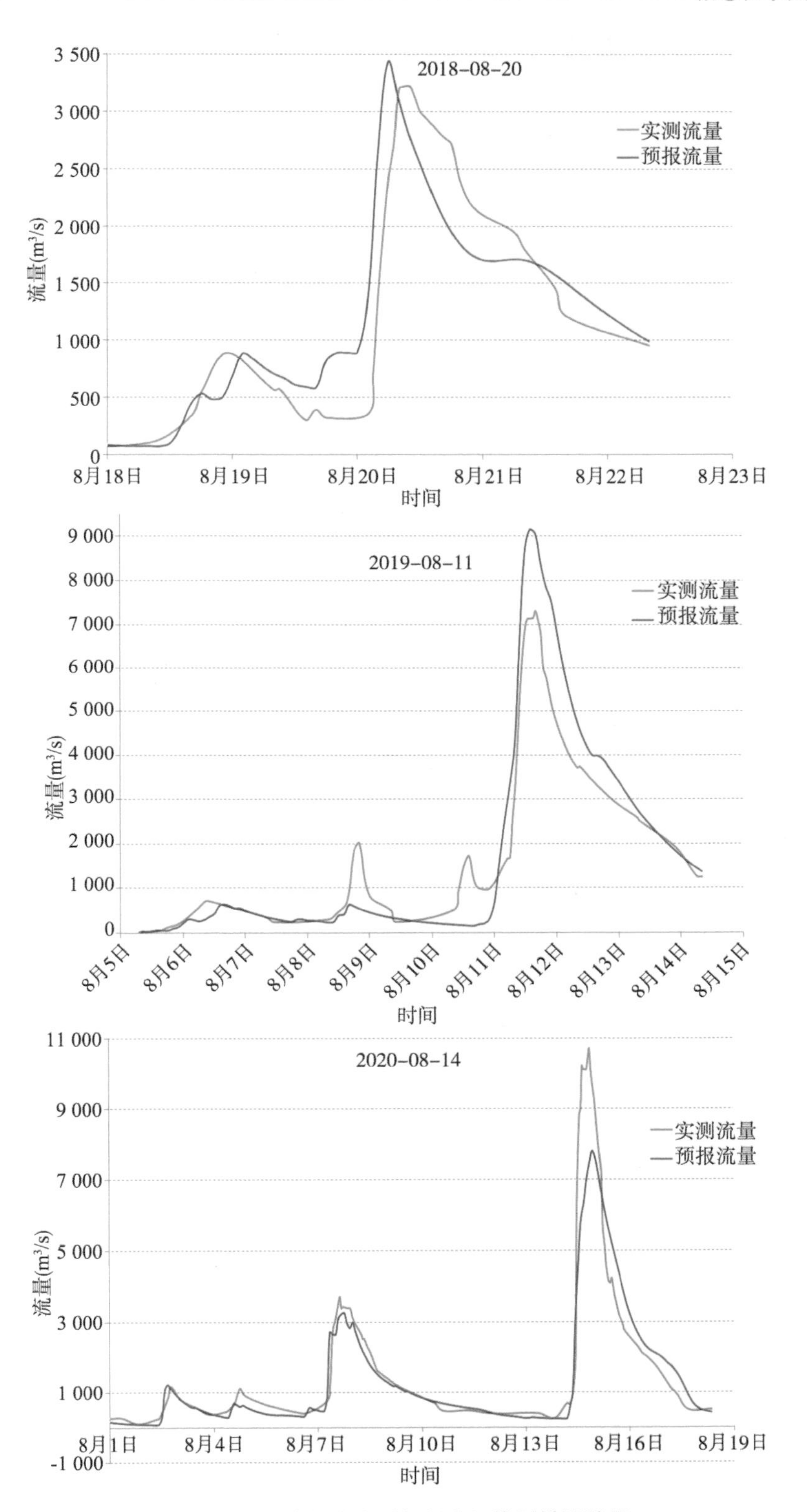

图 4.1-3 临沂站实测与新安江模型模拟结果

4.1.3.2 黄庄

(1) 流域概况

洸府河流域位于济北地区，干流发源于泰安市宁阳县北部山区，长度 73.5 km，平均坡度 0.51‰，于济宁市任城区辛店入南阳湖。黄庄水文站为洸府河干流控制站，距入湖口 15 km。黄庄站以上流域面积 1 027 km^2。

本流域上游为山丘区，占总流域面积的 40%，地面坡度较陡，中下游为平原区，占总面积的 60%，地势平缓。本流域上游有砂岩和石灰岩裸露，并有少量裂隙，未发现断层和溶洞等。

(2) 资料情况：选用了近 30 年水文资料系列。

(3) 预报模型：新安江模型(模型参数借用滕州站)。

(4) 分单元：根据洸府河黄庄站以上流域内雨量站点数量划分为 4 个单元，单元权重如表 4.1-3 所示。

表 4.1-3 洸府河黄庄站以上流域各单元面积权重表

站名	黄庄	兖州	新驿	宁阳
权重	0.13	0.15	0.17	0.55

(5) 模型参数：因本站无洪水资料，模型参数借用滕州参数，如表 4.1-4 所示。

表 4.1-4 洸府河黄庄站新安江模型参数表

序号	参数意义	参数	参数值
1	蒸散发折算系数	*K*	1.25
2	流域蓄水容量分布曲线指数	*B*	0.38
3	深层蒸散发系数	*C*	0.09
4	张力水容量(mm)	*WM*	140
5	上层张力水蓄水容量(mm)	*WUM*	20
6	下层张力水蓄水容量(mm)	*WLM*	55
7	不透水面积比例	*IM*	0.09
8	自由水蓄水容量(mm)	*SM*	20
9	流域自由水蓄水容量分布曲线指数	*EX*	1.35
10	地下水出流系数	*KG*	0.6
11	壤中流出流系数	*KI*	0.17
12	地下水消退系数	*CG*	0.8
13	壤中流消退系数	*CI*	0.2
14	河道汇流的马斯京根法系数	*XE*	0.1
15	河网水流消退系数	*CS*	0.199
16	河网汇流滞后时间(h)	*LAG*	1

续表

序号	参数意义	参数	参数值
17	时段	*TT*	2
18	流域面积(km^2)	*A*	1 027
19	流域分块数	*NA*	4
20	入流个数	*IA*	0

4.1.3.3 马楼

(1) 流域概况

白马河是南四湖东地区主要防洪除涝河道之一。其流域位于独山湖以北,泗河下游以东,小沂河以南地区,河长 60 km,流域面积 1 052 km^2。流域东部为山丘区,西部和中下游沿岸为平原区和洼地。在土壤方面,中上游一般为壤土,下游为黏土。多年平均气温在 13.6℃左右,气候温和,土地肥沃,是济宁市粮食和经济作物重点产区之一。

马楼水文站于 1960 年设立,其基本断面原位于济宁市马楼村西南,由于河道开挖,自 1977 年 1 月 1 日起上迁 430 m,位于济邹公路太平桥下游 90 m 处,控制站以上流域面积 477 km^2。

(2) 资料情况:采用近 30 年水文资料系列。

(3) 预报模型:新安江模型(模型参数借用滕州站)。

(4) 分单元:根据白马河马楼区间内雨量站点数量划分为 3 个单元,单元权重如表 4.1-5 所示。

表 4.1-5 白马河马楼区间各单元面积权重表

站名	马楼	西苇	波罗树
权重	0.13	0.57	0.3

(5) 模型参数:因本站无洪水资料,模型参数借用滕州参数,如表 4.1-6 所示。

表 4.1-6 白马河马楼站新安江模型参数表

序号	参数意义	参数	参数值
1	蒸散发折算系数	*K*	1.25
2	流域蓄水容量分布曲线指数	*B*	0.38
3	深层蒸散发系数	*C*	0.09
4	张力水容量(mm)	*WM*	140
5	上层张力水蓄水容量(mm)	*WUM*	20
6	下层张力水蓄水容量(mm)	*WLM*	55
7	不透水面积比例	*IM*	0.09
8	自由水蓄水容量(mm)	*SM*	20

续表

序号	参数意义	参数	参数值
9	流域自由水蓄水容量分布曲线指数	*EX*	1.35
10	地下水出流系数	*KG*	0.6
11	壤中流出流系数	*KI*	0.17
12	地下水消退系数	*CG*	0.8
13	壤中流消退系数	*CI*	0.2
14	河道汇流的马斯京根法系数	*XE*	0.1
15	河网水流消退系数	*CS*	0.199
16	河网汇流滞后时间(h)	*LAG*	1
17	时段	*TT*	2
18	流域面积(km^2)	*A*	477
19	流域分块数	*NA*	3
20	入流个数	*IA*	1

4.1.3.4 滕州

(1) 流域概况

城河上游分东、西两支，分别源于山东省平邑、邹县境内白彦山东麓浅山区，两支在邹县大岔河村南汇合，向南穿过岩马水库库区，折向西南，经滕州市区向西南，穿过滕西平原，在西岗镇甘桥村以下入微山县境，注入昭阳湖。

滕州水文站位于该河中游，现站址在滕州城东荆河桥下，老站址在滕州城西南园，控制流域面积182.1 km^2。整个流域的地势是自东北向西南倾斜，东北部山区高程大都在200 m以上，最高为凤凰山648.8 m，中部丘陵地高程为100～200 m，测站附近地面高程在70 m左右。测站以上整个流域形状呈芭蕉叶形，流域长度45 km，平均宽度13.6 km，流域形状系数为0.14，河网密度0.27，河流长度约65 km，干流平均坡度为1.81‰，流域内丘陵地占70%，浅山和平原各占约15%。

(2) 资料情况：采用近30年水文资料系列。

(3) 预报模型：新安江模型。

(4) 分单元：根据城河滕州区间内雨量站点数量划分为3个单元，单元权重如表4.1-7所示。

表4.1-7 城河滕州区间各单元面积权重表

站名	岩马	户主	滕州
权重	0.533	0.309	0.158

(5) 模型参数：本次采用近30年的水文资料，对新安江模型进行参数率定，新安江模型参数如表4.1-8所示。

表 4.1-8 城河滕州站新安江模型参数表

序号	参数意义	参数	参数值
1	蒸散发折算系数	K	1.25
2	流域蓄水容量分布曲线指数	B	0.38
3	深层蒸散发系数	C	0.09
4	张力水容量(mm)	WM	140
5	上层张力水蓄水容量(mm)	WUM	20
6	下层张力水蓄水容量(mm)	WLM	55
7	不透水面积比例	IM	0.09
8	自由水蓄水容量(mm)	SM	20
9	流域自由水蓄水容量分布曲线指数	EX	1.35
10	地下水出流系数	KG	0.6
11	壤中流出流系数	KI	0.17
12	地下水消退系数	CG	0.8
13	壤中流消退系数	CI	0.2
14	河道汇流的马斯京根法系数	XE	0.1
15	河网水流消退系数	CS	0.199
16	河网汇流滞后时间(h)	LAG	1
17	时段	TT	2
18	流域面积(km^2)	A	182.1
19	流域分块数	NA	3
20	入流个数	IA	1

4.1.3.5 柴胡店

(1) 流域概况

十字河上游分为北支和南支,分别源于辛召、徐庄山区,两支流自东北流向西南,在山亭镇西南海子村附近汇合,继续向西南,在羊庄镇东部纳西集支流来水,由东向西经官桥镇又折向西南,经柴胡店等乡镇入微山县境,注入微山湖。

柴胡店水文站于 1991 年由原官庄站下迁 5 km 而设立,控制流域面积 681 km^2,是湖东水文区的区域代表站。整个流域地势自东北向西南倾斜,流域形状大体呈扇形,流域长度 46.7 km,平均宽度 15 km,河网密度 0.27,河道干流长度 67 km,平均坡度 2.38‰,流域内山区大部分为沙石山,部分青石山,水土保持较好。

(2) 资料情况:选用近 30 年水文资料系列。

(3) 预报模型:新安江模型。

(4) 分单元:根据十字河柴胡站以上流域内雨量站点数量划分为 4 个单元,单元权重如表 4.1-9 所示。

表 4.1-9　十字河柴胡站以上流域各单元面积权重表

站名	徐庄	山亭	西集	柴胡店
权重	0.245	0.321	0.352	0.082

（5）模型参数：本次采用近 30 年的水文资料，对新安江模型进行参数率定，模型参数如表 4.1-10 所示。

表 4.1-10　十字河柴胡站新安江模型参数表

序号	参数意义	参数	参数值
1	蒸散发折算系数	*K*	1.13
2	流域蓄水容量分布曲线指数	*B*	0.2
3	深层蒸散发系数	*C*	0.089
4	张力水容量(mm)	*WM*	130
5	上层张力水蓄水容量(mm)	*WUM*	30
6	下层张力水蓄水容量(mm)	*WLM*	50
7	不透水面积比例	*IM*	0.07
8	自由水蓄水容量(mm)	*SM*	20
9	流域自由水蓄水容量分布曲线指数	*EX*	1.3
10	地下水出流系数	*KG*	0.218
11	壤中流出流系数	*KI*	0.565
12	地下水消退系数	*CG*	0.551
13	壤中流消退系数	*CI*	0.550
14	河道汇流的马斯京根法系数	*XE*	0.35
15	河网水流消退系数	*CS*	0.08
16	河网汇流滞后时间(h)	*LAG*	0
17	时段	*TT*	2
18	流域面积(km^2)	*A*	681
19	流域分块数	*NA*	4
20	入流个数	*IA*	0

4.1.3.6　后营

（1）流域概况

梁济运河位于湖西济北地区。流域北靠黄河，大汶河，东邻洸府河流域，西与洙赵新河流域接壤，河长约 90 km。干流发源于梁山县黄河南侧国那里村，流经汶上、嘉祥，于济宁郊区李集西南入南阳湖。

干流以西系黄河冲积平原，地势西高东低，地面坡度约为 1/8 000，干流以东属山丘区和山麓平原，地势东北高西南低，地面坡度约 1/5 000～1/1 000。干流两侧原为“北五湖”

洼地，上陡下缓，坡降一般由 1/20 000～1/10 000。本流域大于 100 km^2 面积的一级支流有郓城新河、赵王河、流畅河、湖东排渗河、总泉河、天宝寺河等六条。

后营站于 1960 年 6 月设立，测站附近河段顺直，属复式河槽，测流断面未迁移和变动。1960 年梁济运河开挖工程竣工，后营站以上流域面积为 4 750 km^2。1973 年开挖洙赵新河，截去了上游部分面积，后营站以上流域面积变为 2 862 km^2；1980 年对该流域重新量算，确定流域面积为 3 225 km^2。

(2) 资料情况：采用近 30 年水文资料系列。

(3) 预报模型：新安江模型。

(4) 分单元：根据梁济运河后营站以上流域内雨量站点数量划分为 4 个单元，单元权重如表 4.1-11 所示。

表 4.1-11 梁济运河后营站以上流域各单元面积权重表

站名	后营	汶上	梁山	郓城
权重	0.14	0.5	0.28	0.08

(5) 模型参数：本次采用近 30 年的水文资料，对新安江模型进行参数率定，梁济运河后营站新安江模型参数，如表 4.1-12 所示。

表 4.1-12 梁济运河后营站新安江模型参数表

序号	参数意义	参数	参数值
1	蒸散发折算系数	K	1.2
2	流域蓄水容量分布曲线指数	B	0.27
3	深层蒸散发系数	C	0.01
4	张力水容量(mm)	WM	300
5	上层张力水蓄水容量(mm)	WUM	20
6	下层张力水蓄水容量(mm)	WLM	30
7	不透水面积比例	IM	0.04
8	自由水蓄水容量(mm)	SM	49
9	流域自由水容量分布曲线指数	EX	0.014
10	地下水出流系数	KG	0.18
11	壤中流出流系数	KI	0.52
12	地下水消退系数	CG	0.799
13	壤中流消退系数	CI	0.798
14	河道汇流的马斯京根法系数	XE	−0.49
15	河网水流消退系数	CS	0.463
16	河网汇流滞后时间(h)	LAG	1
17	时段	TT	2

续表

序号	参数意义	参数	参数值
18	流域面积(km^2)	A	3 225
19	流域分块数	NA	4
20	入流个数	IA	0

4.1.3.7 梁山闸站

(1) 流域概况

洙赵新河是1965—1966年间开挖的湖西平原坡水河，上游截洙水、赵王两河。干流发源于东明县木庄，向东入巨野，嘉祥，流经梁山闸站，注入南四湖，全长140.7 km。它北靠黄河，东与大运河、南与万福河接壤。梁山闸站于1974年1月份从上游3 km处纸坊站迁至梁山闸，由纸坊河道站改为闸坝站，流域面积为4 347 km^2；1979年经流域边界实地调查(济宁水文分站)，重新量定为4 236 km^2。

(2) 资料情况：选用梁山闸站近30年的水文资料。

(3) 预报模型：新安江模型。

(4) 分单元：根据洙赵新河梁山闸站以上流域内雨量站点数量划分为5个单元，单元权重如表4.1-13所示。

表4.1-13 洙赵新河梁山闸站以上流域各单元面积权重表

站名	鄄城	魏楼	巨野	梁山闸	郓城
权重	0.3	0.34	0.15	0.01	0.2

(5) 模型参数：本次采用近30年的水文资料，对新安江模型进行参数率定，洙赵新河梁山闸站新安江模型参数如表4.1-14所示。

表4.1-14 洙赵新河梁山闸站新安江模型参数表

序号	参数意义	参数	参数值
1	蒸散发折算系数	K	1.38
2	流域蓄水容量分布曲线指数	B	0.4
3	深层蒸散发系数	C	0.13
4	张力水容量(mm)	WM	230
5	上层张力水蓄水容量(mm)	WUM	11
6	下层张力水蓄水容量(mm)	WLM	50
7	不透水面积比例	IM	0.02
8	自由水蓄水容量(mm)	SM	10
9	流域自由水蓄水容量分布曲线指数	EX	1.4
10	地下水出流系数	KG	0.6

续表

序号	参数意义	参数	参数值
11	壤中流出流系数	*KI*	0.17
12	地下水消退系数	*CG*	0.999
13	壤中流消退系数	*CI*	0.8
14	河道汇流的马斯京根法系数	*XE*	0.29
15	河网水流消退系数	*CS*	0.7
16	河网汇流滞后时间(h)	*LAG*	1
17	时段	*TT*	2
18	流域面积(km^2)	*A*	4 236
19	流域分块数	*NA*	5
20	入流个数	*IA*	0

4.1.3.8 孙庄

(1) 流域概况

新万福河发源于菏泽成武县楚楼,向东至金乡县马庙乡刘庄入济宁市。流经金乡、鱼台、济宁三县(市)于小吴、大周注入南阳湖。全长71 km,流域面积1 287 km^2。该流域属南四湖湖西平原,地面高程大部分在33.5~39.0 m。水位在37 m高程以下,大都受湖水位顶托,属于滨湖排灌范围。高程在37 m以上为旱田区,大部分在金乡境内,地下水位一般距地面2.5~3.0 m。

孙庄站于1957年6月设立,原名金乡站,1959年1月1日改为孙庄站,控制流域面积1 199 km^2。

(2) 资料情况:采用近30年水文资料系列。

(3) 预报模型:新安江模型。

(4) 分单元:根据新万福河孙庄站以上流域内雨量站点数量划分为3个单元,单元权重如表4.1-15所示。

表4.1-15 新万福河孙庄站以上流域各单元面积权重表

站名	孙庄	章逢	牛小楼
权重	0.24	0.53	0.23

(5) 模型参数:本次采用近30年的水文资料,对新安江模型进行参数率定,新万福河孙庄站新安江模型参数如表4.1-16所示。

表4.1-16 新万福河孙庄站新安江模型参数表

序号	参数意义	参数	参数值
1	蒸散发折算系数	*K*	1.43
2	流域蓄水容量分布曲线指数	*B*	0.35

续表

序号	参数意义	参数	参数值
3	深层蒸散发系数	*C*	0.12
4	张力水容量(mm)	*WM*	170
5	上层张力水蓄水容量(mm)	*WUM*	20
6	下层张力水蓄水容量(mm)	*WLM*	50
7	不透水面积比例	*IM*	0.02
8	自由水蓄水容量(mm)	*SM*	15
9	流域自由水蓄水容量分布曲线指数	*EX*	1.4
10	地下水出流系数	*KG*	0.6
11	壤中流出流系数	*KI*	0.17
12	地下水消退系数	*CG*	0.999
13	壤中流消退系数	*CI*	0.8
14	河道汇流的马斯京根法系数	*XE*	0.05
15	河网水流消退系数	*CS*	0.77
16	河网汇流滞后时间(h)	*LAG*	2
17	时段	*TT*	2
18	流域面积(km^2)	*A*	1 199
19	流域分块数	*NA*	3
20	入流个数	*IA*	0

4.1.3.9 鱼台

(1) 流域概况

东鱼河原名为万南新河(曾更名红卫河,1985 年改名东鱼河),是 1967—1968 年新开挖的大型河道,有三条较大的支流:东鱼河北支、东鱼河南支、胜利河以及六条较小的支流汇入,并接受河南省 800 km^2 的来水,是湖西最大的排水河道。

东鱼河发源于菏泽市东明县西南部,由西向东流经定陶、成武、单县、金乡,入鱼台流经本站,它西靠黄河,北与万福河、洙赵新河流域相邻,南与黄河故道接壤,1968—1970 年流域面积为 4 933 km^2;1971 年东鱼河北支开挖,流域面积为 6 287 km^2,后来重新量定为 5 988 km^2;2005 年断面下迁至鱼沛路胡集桥,流域面积改为 5 998 km^2。流域地形西高东低,上游地面比降较陡,一般在 1/3 000～1/5 000,下游平缓,一般在 1/10 000 左右,是华北平原区的一部分。

鱼台站设立于 1968 年 6 月,测验断面为复式河槽,断面规则,上游河段顺直,洪水在水位 37.00 m 时漫滩,冲淤较严重,水位在 34.80 m 以下时,形成两股水流,测站基本水尺距南阳湖湖口 27 km,受湖水顶托影响严重。

(2) 资料情况:选用近 30 年水位资料系列。

(3) 预报模型:新安江模型。

(4) 分单元:根据东鱼河鱼台站以上流域内雨量站点数量划分为 4 个单元,单元权重如表 4.1-17 所示。

表 4.1-17 东鱼河鱼台站以上流域各单元面积权重表

站名	黄寺	张庄闸	三春集	定陶
权重	0.27	0.08	0.24	0.41

(5) 模型参数:本次采用近 30 年的水文资料,对新安江模型进行参数率定,东鱼河鱼台站新安江模型参数如表 4.1-18 所示。

表 4.1-18 东鱼河鱼台站新安江模型参数表

序号	参数意义	参数	参数值
1	蒸散发折算系数	*K*	1.38
2	流域蓄水容量分布曲线指数	*B*	0.48
3	深层蒸散发系数	*C*	0.12
4	张力水容量(mm)	*WM*	250
5	上层张力水蓄水容量(mm)	*WUM*	18
6	下层张力水蓄水容量(mm)	*WLM*	55
7	不透水面积比例	*IM*	0.06
8	自由水蓄水容量(mm)	*SM*	19
9	流域自由水蓄水容量分布曲线指数	*EX*	1.4
10	地下水出流系数	*KG*	0.6
11	壤中流出流系数	*KI*	0.16
12	地下水消退系数	*CG*	0.999
13	壤中流消退系数	*CI*	0.999
14	河道汇流的马斯京根法系数	*XE*	−0.48
15	河网水流消退系数	*CS*	0.78
16	河网汇流滞后时间(h)	*LAG*	2
17	时段	*TT*	2
18	流域面积(km^2)	*A*	5 998
19	流域分块数	*NA*	4
20	入流个数	*IA*	0

4.1.3.10 台儿庄闸站

(1) 流域概况

韩庄运河是南四湖韩庄闸以下的泄洪通道,也是枣庄市南部的主要排水河道,横穿枣庄市南部，西自微山湖口韩庄闸开始，东行经万年闸、台儿庄，至陶沟河入运口苏鲁省界止，全长 42.5 km，台儿庄闸水文站以上约 35 km。

韩庄运河左岸主要有峄城大沙河、周营沙河、阴平沙河及一、二、三、四支沟等汇入，集水面积共计 1 043 km^2；韩庄运河右岸伊家河与其平行，伊家河右岸有引龙河、龙河、于沟河、支流河汇入，合计面积为 236 km^2，伊家河在台儿庄闸上约 1.5 km 处汇入中运河；韩庄运河、伊家河两河槽滩地及两河之间河套面积计 66 km^2。以上三部分集水面积合计 1 345 km^2。

运北的其他支流，大都源短、面积小，上游均为丘陵坡地，中、下段则进入平原区。运南伊家河诸支流上段多为浅山丘陵坡地，中、下段亦为平原。归纳起来，整个区间面积内运北北部及运南部分地区为浅山、丘陵区，分别占区间集水面积的 20%、30%；其余 50% 为平原，分布在运北、运南部分地区及沙河沿岸、河套地区。

(2) 资料情况：取用近 30 年水文资料系列。

(3) 预报模型：新安江模型。

(4) 分单元：根据韩庄运河台儿庄闸区间内雨量站点数量划分为 8 个单元，单元权重如表 4.1-19 所示。

表 4.1-19 韩庄运河台儿庄闸区间各单元面积权重表

站名	峄城	枣庄	税郭	阴平	棠阴	涧头集	台儿庄	泥沟
权重	0.08	0.161	0.07	0.214	0.092	0.253	0.046	0.084

(5) 入流站：台儿庄闸站以上入流断面有韩庄节制闸水文站，区间流域面积为 1 345 km^2。

(6) 模型参数：本次采用近 30 年的水文资料，对新安江模型进行参数率定，模型参数如表 4.1-20 所示。

表 4.1-20 韩庄运河台儿庄闸站新安江模型参数表

序号	参数意义	参数	参数值
1	蒸散发折算系数	K	0.98
2	流域蓄水容量分布曲线指数	B	1.35
3	深层蒸散发系数	C	0.34
4	张力水容量(mm)	WM	106
5	上层张力水蓄水容量(mm)	WUM	27
6	下层张力水蓄水容量(mm)	WLM	62
7	不透水面积比例	IM	0.06
8	自由水蓄水容量(mm)	SM	31
9	流域自由水蓄水容量分布曲线指数	EX	1.34
10	地下水出流系数	KG	0.44

续表

序号	参数意义	参数	参数值
11	壤中流出流系数	KI	0.33
12	地下水消退系数	CG	0.961
13	壤中流消退系数	CI	0.731
14	河道汇流的马斯京根法系数	XE	0.179
15	河网水流消退系数	CS	0.237
16	河网汇流滞后时间(h)	LAG	3
17	时段	TT	2
18	流域面积(km^2)	A	1 345
19	流域分块数	NA	1
20	入流个数	IA	1

4.2 蓄满超渗兼容模型

通过在新安江模型中增加超渗产流模型，使得新安江模型的产流理论更加完善，不仅可以用于湿润地区，还可以用于半干旱半湿润地区。

从产流机制上来讲，湿润地区的是蓄满产流，干旱地区的是超渗产流，而半干旱和半湿润地区则是蓄满和超渗产流两者皆有。新安江模型的核心是蓄满产流模型，对于有超渗产流的半干旱半湿润地区或者湿润地区内植被较差、土层较薄的区域，蓄满产流模型的使用有些限制。针对这一问题，研究者在新安江模型的产流模型结构中增加了超渗产流，并提出了具体的计算方法，将改进后的模型在半干旱半湿润地区进行了验证和应用。

4.2.1 模型原理及结构

山坡水文学的理论丰富和完善了产流机制，其最大的贡献在于提出了变动产流面积和壤中流的概念。根据山坡水文学的理论，地表径流有超渗坡面流和饱和坡面流；由于土层沿垂向的水力传导度不同，一般从上到下逐减，当上层的供水率大于下层的下渗率时，在界面上会形成积水从而产生壤中流。在新安江模型的蓄满产流计算中，考虑了变动产流面积上的饱和坡面流、壤中流及地下径流，但是对于不产流面积上的产流情况就没有考虑。实际上在半干旱和半湿润地区以及湿润地区久旱之后的第一次洪水中，常有超渗产流发生。

下渗能力的计算有水文分析法和下渗模型法，其中后者较为通用。常用的下渗模型有 Horton、Philip 和 Holtan 公式。由于 Holtan 公式简洁易用，故选用 Holtan 模型。Holtan 模型的下渗公式是：

$$f=\alpha(F_p-\theta)^n+f_c \tag{4.2-1}$$

式中：F_p 为土壤根系层的蓄水能力，相当于田间持水量或者蓄满产流模型中的 $WUM+WLM$ 或 WM；α 及 n 为待求的系数。

对于一个流域，在一次洪水过程中，起始产流面积较小，随着降雨量的增加，产流面积也在逐步增大。在产流面积上若全部降雨都产流，发生的则是超蓄产流，其中包括地表径流、壤中流和地下径流。超渗产流必然发生在不蓄满面积上，如果忽略因土层导水的不均匀性而产生的积水和壤中流，则仅有超渗坡面流。根据山坡水文学的理论，超渗坡面流在流向河道的过程中可能会流经饱和地带而与超渗坡面流、饱和坡面流、壤中流及地下径流交替出现。根据这一理论，在改进的新安江模型中，不产流面积上超渗产流的一部分（比例因子是 β）与饱和地带的蓄满产流一起经过自由水蓄水库的调节出流；另一部分（$1-\beta$）作为超渗坡面流直接汇入河网。实际上不蓄满面积上不一定都会发生超渗产流，为了考虑这种情况，增加一个超渗产流发生的面积比例（imf）作为参数。这样改进部分的新安江模型的产流计算可以归纳如下：

当 $PE=P-E>0$，则产流，否则不产流。产流时，对于蓄满面积上的产流用蓄满产流模型，假设用蓄满产流模型计算的产流量为 R，则产流面积是 $FR=R/PE$，不产流面积（蓄满）为 $1-FR$。对不蓄满面积上的产流用超渗产流模型。假定在不蓄满面积上下渗能力的空间分布为 EF 次方的抛物线，则

$$\delta=1-\left(1-\frac{f}{f_{mm}}\right)^{EF} \tag{4.2-2}$$

式中：δ 为下渗能力小于 f 的面积；f_{mm} 为流域单点的最大下渗能力。超渗产流 irs 计算公式为

当 $PE\geqslant f_{mm}$ 时，

$$irs=(PE-f_{mm})\cdot(1-FR)\cdot imf \tag{4.2-3}$$

当 $PE<f_{mm}$ 时，

$$irs=\left\{PE-\frac{f_{mm}}{EF+1}\left[1-\left(1-\frac{PE}{f_{mm}}\right)^{EF+1}\right]\right\}\cdot(1-FR)\cdot imf \tag{4.2-4}$$

超渗产流的一部分 $irs\cdot\beta$ 与饱和地带的蓄满产流一起经由自由水蓄水库划分水源和调节出流。

当 $PE+AU+irs\cdot\dfrac{irs}{FR}\cdot\beta<SM$ 时，

$$RS=\{PE-SM+S+SM[1-(PE+AU)/SMM]^{1+EX}\}\cdot FR \tag{4.2-5}$$

当 $PE+AU+isr\cdot\dfrac{irs}{FR}\cdot\beta\geqslant SM$ 时，

$$RS=(PE-SM+S)\cdot FR \tag{4.2-6}$$

自由水蓄水库的蓄水量为

$$S = S + PE + \frac{irs}{FR} \cdot \beta - \frac{RS}{FR} \tag{4.2-7}$$

超渗产流的另一部分 $isr \cdot (1-\beta)$ 作为超渗坡面流直接进入河网。壤中流和地下径流的计算与以前相同。

4.2.2 模型应用实例

(1) 流域概况

临沂水文站系沂河干流控制站，于 1950 年 3 月 10 日设立，位于临沂市河东区芝麻墩街道。沂河流域属北温带大陆性季风气候，临沂站集水面积 10 315 km^2。流域多年平均降水量为 802.8 mm；降水年际变化大，年内分布不均，流域内河流主要系降水补给。流域多年平均气温 11.8～13.3℃，极端最高气温 40.5℃，极端最低气温－25.6℃，七月份多年平均气温 26.0℃。

沂河上游建成 5 座大型水库（田庄、跋山、岸堤、许家崖、唐村）及 22 座中型水库，总控制面积 5 121 km^2，占总流域面积的 49.6%。大中型水库以下区间面积为 5 194 km^2。

(2) 资料预处理

选用 2010—2020 年跋山、寨子山、斜午、岸堤、傅旺庄、垛庄、双后、高里、葛沟、唐村、公家庄、岳庄、杨庄、许家崖、石岚、姜庄湖(二)、刘庄、马庄、角沂共 19 个雨量站，跋山、岸堤、许家崖、唐村共 4 座水库的报汛资料。模型模拟时段长选择 2 h，报汛降水、流量数据时间间隔不一致，采用线性插值法处理降水、流量数据。

结合流域内雨量站点和流域分水岭采取泰森多边形法，将流域划分为跋山、寨子山、斜午、岸堤、傅旺庄、垛庄、双后、高里、葛沟、唐村、公家庄、岳庄、杨庄、许家崖、石岚、姜庄湖(二)、刘庄、马庄、角沂共 19 个单元，单元流域的面积权重见表 4.2-1。

表 4.2-1 单元面积权重

站名	跋山	寨子山	斜午	岸堤	傅旺庄	垛庄	双后
面积权重	0.065	0.061	0.083	0.039	0.083	0.038	0.054
至出口断面河段数 *MP*	9	7	6	7	5	5	4
站名	高里	葛沟	唐村	公家庄	岳庄	杨庄	许家崖
面积权重	0.046	0.046	0.046	0.065	0.059	0.046	0.027
至出口断面河段数 *MP*	3	3	7	8	5	5	4
站名	石岚	姜庄湖(二)	刘庄	马庄	角沂		
面积权重	0.04	0.047	0.054	0.026	0.075		
至出口断面河段数 *MP*	4	2	2	2	1		

根据“高中水不漏，小洪水适当精选”的原则，选用 2010—2020 年 6 场次洪水进行分析，具体分析情况见表 4.2-2，各类型参数见表 4.2-3 至表 4.2-5，图 4.2-1 为临沂站 6 场

次洪水实测与模拟过程线对比情况。

表 4.2-2　实测洪水过程洪水起讫时间

序号	起始日期	终止日期	洪峰流量(m^3/s)	峰现时间
1	2012-7-7 20:00	2012-7-22 20:00	8 030	2012-7-10 12:00
2	2018-8-16 8:00	2018-8-27 8:00	3 220	2018-8-20 10:00
3	2019-8-9 20:00	2019-8-18 20:00	7 300	2019-8-11 16:00
4	2020-7-21 8:00	2020-7-26 8:00	3 460	2020-7-23 6:00
5	2020-8-1 8:00	2020-8-131 8:00	3 530	2020-8-7 14:00
6	2020-8-13 16:00	2020-8-25 8:00	10 700	2020-8-14 20:00

表 4.2-3　新安江模型参数表

序号	参数意义	参数	参数值
1	蒸散发折算系数	K	0.85
2	流域蓄水容量分布曲线指数	B	0.349
3	深层蒸散发系数	C	0.115
4	张力水容量(mm)	WM	120
5	上层张力水蓄水容量(mm)	WUM	20
6	下层张力水蓄水容量(mm)	WLM	60
7	不透水面积比例	IM	0.01
8	自由水蓄水容量(mm)	SM	25
9	流域自由水蓄水容量分布曲线指数	EX	1.2
10	地下水出流系数	KG	0.502
11	壤中流出流系数	KI	0.206
12	地下水消退系数	CG	0.988
13	壤中流消退系数	CI	0.491
14	河道汇流的马斯京根法系数	XE	0.1
15	河网水流消退系数	CS	0.75
16	河网汇流滞后时间(h)	LAG	1

表 4.2-4　超渗产流参数表

序号	参数意义	参数	参数值
1	Holtan 下渗公式系数	α	0.4

续表

序号	参数意义	参数	参数值
2	Holtan 下渗公式指数	n	0.5
3	下渗能力	f_c	10
4	超渗产流发生的面积比例	imf	0.5
5	下渗能力的空间分布指数	ef	0.05
6	超渗产流的比例因子	ib	1

表 4.2-5 马斯京根法演算参数表

序号	水库名称	KE(h)	XE	至出口断面河段数
1	跋山	2	0.218	9
2	岸堤	2	0.323	7
3	唐村	2	0.371	7
4	许家崖	2	0.305	4

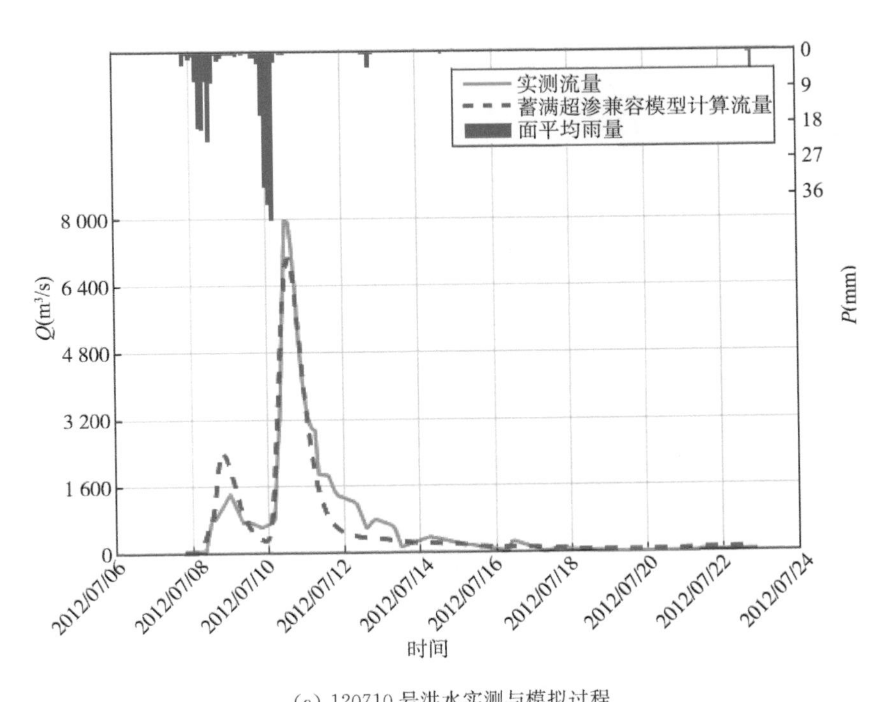

(a) 120710 号洪水实测与模拟过程

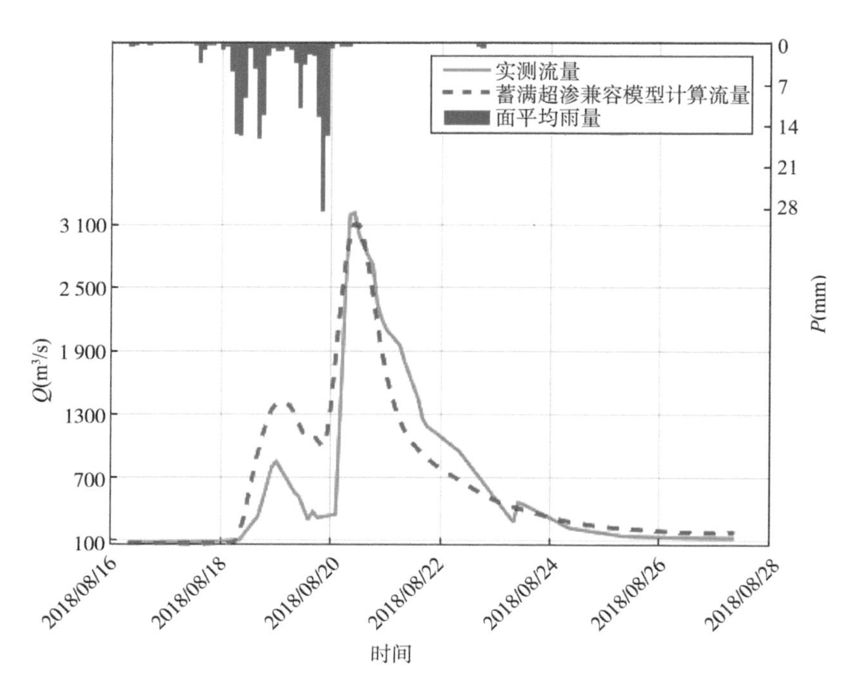

（b）180820 号洪水实测与模拟过程

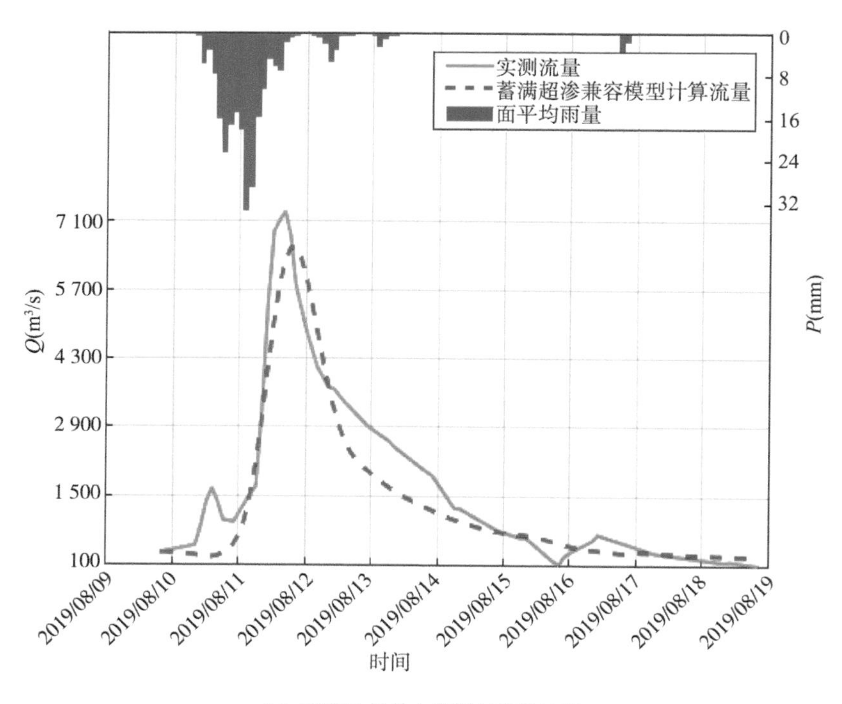

（c）190811 号洪水实测与模拟过程

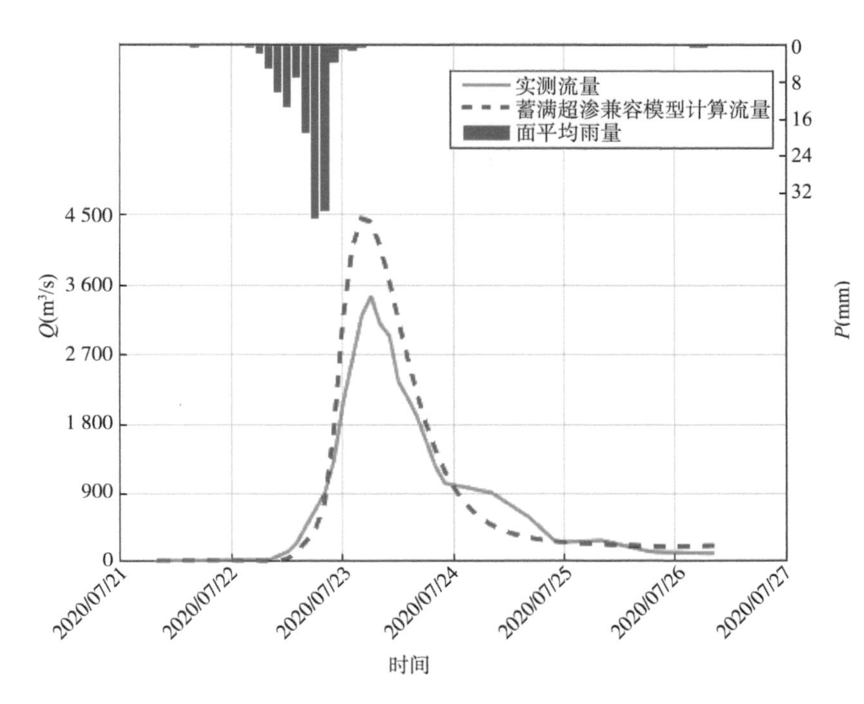

(d) 200723 号洪水实测与模拟过程

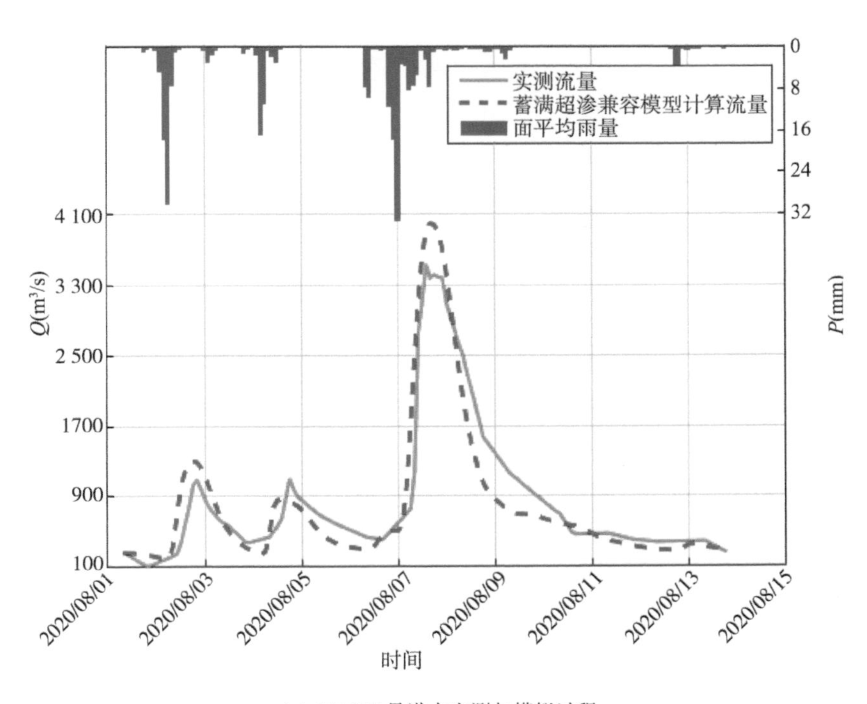

(e) 200807 号洪水实测与模拟过程

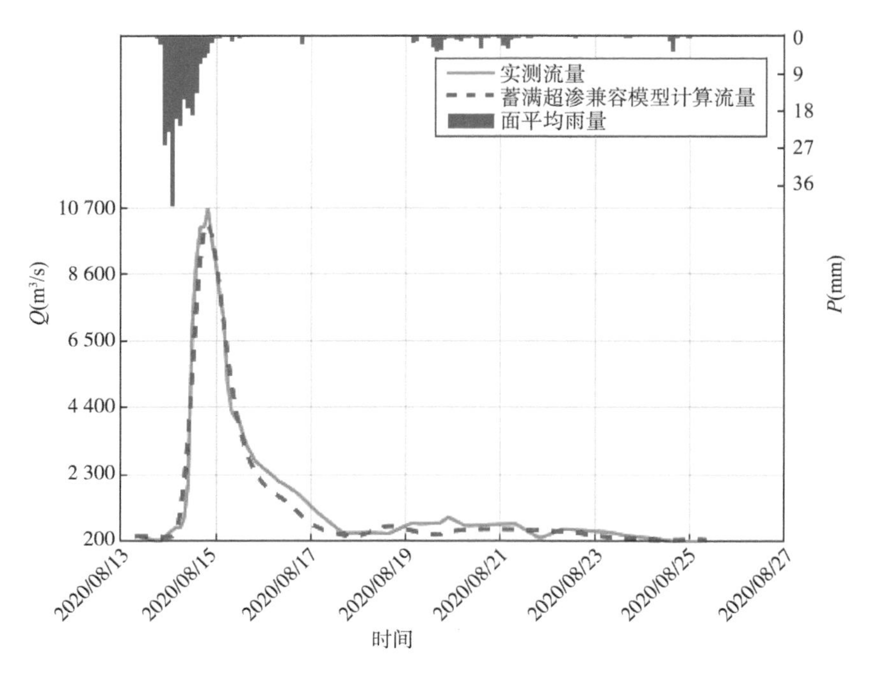

(f) 200814 号洪水实测与模拟过程

图 4.2-1 临沂站实测与模拟过程线对比

根据模型模拟与实测结果对比(表 4.2-6),从径流深相对误差角度看,半干旱地区改进新安江模型模拟的径流深相对误差在±20%以内,合格率为 100%,从洪峰相对误差角度看,仅有一场超过 20%,合格率为 83%,确定性系数均值为 0.86。

表 4.2-6 模型模拟与实测结果对比表

洪号	实测径流深(mm)	预报径流深(mm)	径流深相对误差(%)	实测洪峰(m^3/s)	预报洪峰(m^3/s)	洪峰相对误差(%)	峰现时间误差(h)	确定性系数
120710	174	161	−7.4	8 000	7 078.7	−11.6	1	0.92
180820	110	122	10.7	3 220	3 112.3	−3.4	0	0.78
190811	236	202	−14.4	7 300	6 585.2	−9.8	2	0.88
200723	62	70	13.3	3 460.6	4 459.1	28.8	−1	0.80
200807	172	165	−4.1	3 530	3 997.4	13.2	1	0.87
200814	285	260	−8.6	10 700	10 197.3	−4.7	0	0.97

综上可知,蓄满超渗兼容模型总体上能够较好地模拟临沂站的降雨径流过程。

4.3 河北雨洪模型

河北雨洪模型是根据河北省的流域特点和暴雨洪水特性研制出来的适用于半干旱、半湿润地区的雨洪模型。该模型在产流方面,采用超渗与蓄满兼容的综合产流模型;在汇流方面，分别考虑洪水波在传播过程中的推移和坦化作用，建立了非线性汇流模型。该模型在半干旱、半湿润地区有较好的应用。模型结构如图 4.3-1 所示。

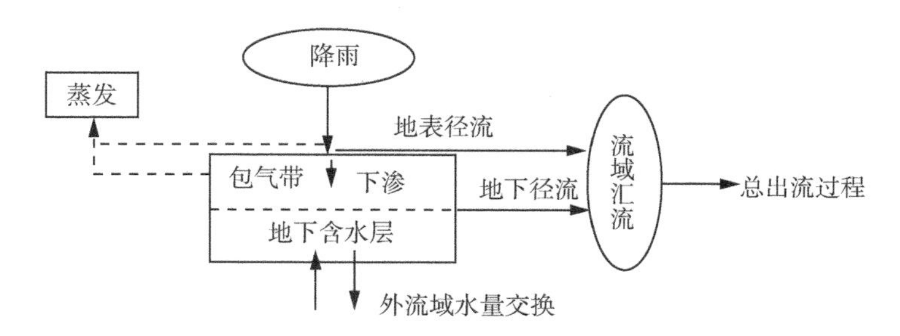

图 4.3-1　河北雨洪模型基本结构

4.3.1　模型原理及结构

模型由产流、汇流两大部分组成。

1. 产流部分

河北雨洪模型的产流部分认为降雨首先满足植物截留、填洼等初损，而后当降雨强度大于下渗强度时产生地表径流，入渗水量参与包气带水量的再分配，部分产流产生地下径流。产流顺序为先地表后地下，故称为“先超后蓄产流模型”。

(1) 下渗曲线。根据团山沟试验成果拟合出了包顿型下渗曲线：

$$f = f_c + f_0 e^{-um} \tag{4.3-1}$$

$$m = F + kP_a \tag{4.3-2}$$

式中：f 为下渗率，mm/h；f_c 为稳定下渗率，mm/h；f_0 为初始下渗率，mm/h；u 为指数；m 为表层土湿，mm；k 为系数，表示土壤表层厚度与包气带厚度的比值，取值范围为 0～1；P_a 为前期影响雨量，mm；F 为累积下渗量，mm。

此式说明流域前期影响雨量与累积下渗量对下渗率的影响程度不同。作为整个包气带含水量的前期影响雨量只是部分起作用，而作为下渗峰面可到达土层的含水量，即累积下渗量，则全部起作用。

(2) 下渗能力分配曲线。由于流域内各点的下渗能力不均，客观上存在一个不同下渗能力所占流域面积的分配曲线，即下渗能力分配曲线。通过分析和验证，河北雨洪模型采用抛物线型分配曲线，即

$$\alpha = 1 - \left(\frac{f}{f_m}\right)^n \tag{4.3-3}$$

式中：α 为小于或等于某一下渗率的面积占总流域面积的比值；f_m 为流域内最大下渗率，mm/h；f 为流域内某一点的下渗率，mm/h；n 为指数。

当 $i < f_m$ 时，流域平均下渗率为

$$\overline{f}=i-\frac{i^{(1+n)}}{(1+n)f_m^n} \tag{4.3-4}$$

当 $i \geqslant f_m$ 时，流域平均下渗率为

$$\overline{f}=f_m-\frac{f_m}{1+n} \tag{4.3-5}$$

式中：$\overline{f}$ 为流域平均下渗率，mm/h，其他符号物理意义同上。

(3) 蓄水容量分配曲线。计算地下径流的流域蓄水容量曲线采用抛物线，即与新安江模型相同，故此处略。

(4) 下渗曲线与下渗能力分配曲线组合。认为下渗能力分配曲线随土壤湿度的增加，f_m 不变，分配曲线按比例减小进行变化，则可推导出考虑下渗分配不均的因素，受控于流域表层土壤湿度的下渗曲线，即河北雨洪模型下渗曲线。

$$f=\left[i-\frac{i^{(1+n)}}{(1+n)f_m^n}\right]e^{-um}+f_c \tag{4.3-6}$$

(5) 地表径流计算。首先计算时段下渗量。

当计算时段为 1 h 时，第 i 时段的下渗量为

$$\overline{f}=\frac{f_0 e^{-um}\left(1-e^{u,\overline{f}_i}\right)}{u\overline{f}_i}+f_c \tag{4.3-7}$$

式中：$\overline{f}$ 为第 i 小时的下渗量，mm；其他符号物理意义同上。

当计算时段为 t 时，时段下渗量为

$$F_t=\sum_{i=1}^{t}\overline{f}_i \tag{4.3-8}$$

时段地表径流计算公式为

$$R_s=P_t-F_t \tag{4.3-9}$$

式中：R_s 为时段地表径流深，mm；P_t 为时段有效降水量，mm；F_t 为时段下渗量，mm。

(6) 地下径流计算。根据时段下渗量和流域蓄水容量分配曲线，则时段地下径流计算公式为

当 $P'_a+F_t<W'_m$ 时，

$$R_g=F_t+P_a+W_m+W_m\left(1-\frac{F_t+P'_a}{W'_m}\right)^{(1+b)} \tag{4.3-10}$$

当 $P'_a+F_t \geqslant W'_m$ 时，

$$R_g=F_t+P_a-W_m \tag{4.3-11}$$

式中：R_g 为时段地下径流，mm；P_a 为流域平均前期影响雨量，mm；W_m 为流域平均蓄水容量，mm；P'_a 为流域平均蓄水容量相应的蓄水容量曲线纵坐标，mm；W'_m 为流域最大

点蓄水容量，mm；b 为蓄水容量曲线指数；其他符号意义同上。

2. 汇流部分

将圣维南方程组简化为水量平衡方程，运动方程简化为蓄泄方程，然后联立求解，是目前多数汇流计算方法的基本思路。本模型将洪水波的平移作用和调蓄作用分开考虑，即先将入流平移一个传播时间，再做非线性调蓄计算，实际上是将蓄泄关系的绳套型转化为单一线型。

（1）蓄泄方程的建立。流域或河段的蓄泄关系如图4.3-2所示。S 为蓄水量，Q 为流域出口或下游断面流量。

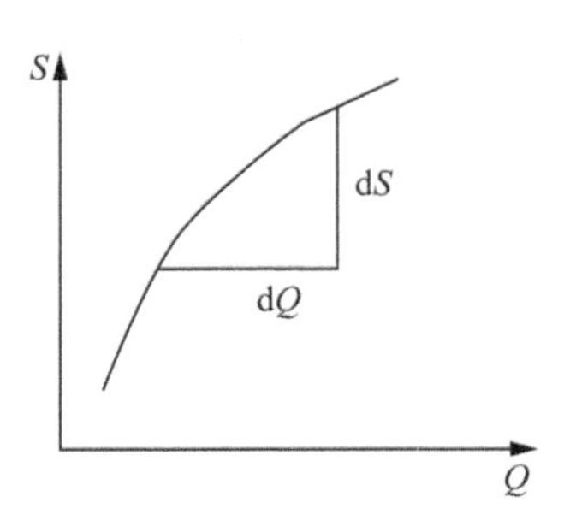

图4.3-2 蓄泄关系

设曲线的坡度为 K，则

$$K=\frac{\mathrm{d}S}{\mathrm{d}Q} \tag{4.3-12}$$

即 $\mathrm{d}S=K\mathrm{d}Q$，经推导得

$$K=AQ^{-\omega} \tag{4.3-13}$$

式中：K 为河道或流域汇流时间，s；Q 为河道或流域出口断面流量，m^3/s；A 为反映河道或流域调蓄程度的汇流参数，$(m^3/s)^{-1}$；ω 为反映河道或流域状的参数，无量纲。联立求解上面两式得蓄泄方程：

$$S=\frac{A}{1-\omega}Q^{-\omega} \tag{4.3-14}$$

（2）汇流公式推导。河道或流域的水量平衡方程为

$$\frac{\mathrm{d}S}{\mathrm{d}t}=I-Q \tag{4.3-15}$$

式中：I 为河道或流域入流量，m^3/s，其他符号物理意义同上。

联解上面两式得

$$Q_t=\begin{cases}Q_{t-1}\left(1+\frac{\omega}{A}Q_{t-1}^{\omega}\right)^{-\frac{1}{\omega}}, & I_{t-\tau}=0\\ \left[0.5(16A^2+8I_{t-\tau}+16AQ_{t-1}^{0.5}-4Q_{t-1})^{0.5}-2A\right]^2, & \omega=0.5\\ \mathrm{e}^{\frac{I_{t-\tau}-0.5Q_{t-1}+S_{t-1}+A\ln Q_{t-1}-0.5Q_t}{A}}, & \omega=1\\ \frac{I_{t-\tau}-0.5Q_{t-1}+DQ_{t-1}^{1-\omega}-0.5Q_t}{D}, & \omega\neq 1\end{cases} \tag{4.3-16}$$

其中，$D=\frac{A}{(1-\omega)}\Delta t$

式中：Q_t 为河道或流域出口断面第 t 时刻的出流量，m^3/s；$I_{t-\tau}$ 为传播时 τ 前时刻的平均入流量，m^3/s；Q_{t-1} 为河道或流域出口断面第 $t-1$ 时段的出流量，m^3/s；Δt 为计算时段长，s；其他符号物理意义同上。

以上是河北雨洪模型的通用汇流计算公式，它既可作地表水汇流、地下水汇流计算，也可作河道洪水演进计算，只不过参数取值不同而已。

（3）有沿程损失的河道汇流计算。由于北方河道常年干涸，洪水在河道演进中渗漏损失较大，为解决此问题，该模型在水量平衡方程中，采用先将入流扣除渗漏损失（用霍顿公式求时段下渗量），然后再用上述公式进行汇流的方法，取得了较好的效果。

4.3.2 模型参数

河北雨洪模型包括产流模型和汇流模型，共有模型参数 9 个，其中产流模型 6 个，汇流模型 3 个。

1. 产流模型参数分析

（1）u 反映下渗率消退的速度。其值愈小，下渗率消退愈慢，产生的径流越小，取值范围为 0～1。

（2）f_c 为稳定下渗率。其值越大，产生的地下径流越多，取值范围为 0.2～5 mm/h。

（3）f_m 为流域内最大点下渗能力，其取值范围为 20～200 mm/h。

（4）n 是下渗分配曲线的指数，其值越大，流域平均下渗率越大，取值范围为 0～1。

（5）W_m 是流域最大蓄水容量，其取值范围为 80～300 mm。

（6）b 是流域蓄水容量曲线的指数，其取值范围为 0.3～0.6。

2. 汇流模型参数分析

（1）A 为反映河道或流域调蓄程度的汇流参数，其值越小，洪峰流量越大。

（2）ω 为反映河道或流域形状的参数，其取值范围为 0～1。

（3）τ 为洪水传播时间。

4.3.3 模型应用实例

本研究选用临沂站以上流域 2000—2020 年共 21 年资料进行模型参数的率定和检验。根据流域内雨量站的分布情况和水文站的控制情况，进行泰森多边形划分。各单元流域采用时段平均降雨量和蒸发资料，单独进行降雨产汇流计算，再经河道汇流自上而下演进至临沂站。表 4.3-1 为河北雨洪模型参数值。

表 4.3-1 临沂站河北雨洪模型参数值

序号	参数意义	参数值
1	下渗率消退系数 u	0.6
2	流域最大蓄水容量 W_m(mm)	235
3	流域蓄水容量曲线指数 b	0.31
4	下渗分配曲线指数 n	0.007
5	稳定下渗率 f_c(mm/h)	4

续表

序号	参数意义	参数值
6	流域最大点下渗率 f_m(mm/h)	254
7	流域形状参数 ω	0.28

临沂站2020年实测与模拟过程如图4.3-3所示，表4.3-2为结果对比情况。

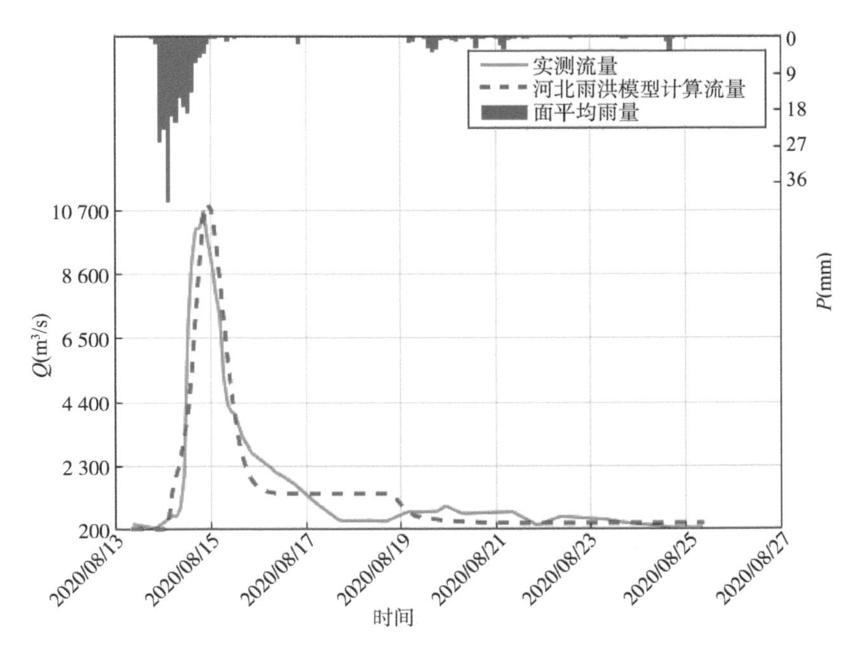

图4.3-3　200814号洪水临沂站实测与模拟过程

表4.3-2　河北雨洪模型模拟与实测结果对比表

洪号	实测洪峰(m^3/s)	预报洪峰(m^3/s)	相对误差(%)	峰现时间误差(h)
200814	10 700	10 900	1.9	2

4.4　水箱模型

TANK模型又称为水箱模型，由日本菅原正巳博士最早提出，20世纪70年代初得到广泛应用，是一种典型的概念性降雨径流模型。该模型将复杂的降雨径流关系简化为流域蓄水、出流之间的关系进行模拟。目前已在全国获得广泛使用，如海南省的松涛水库、湖北省的三峡水库、黑龙江省的清河水库、山东省临沂以上地区等均采用水箱模型进行预报，并获得了较好的模拟精度。水箱模型适用范围很广，既可适用于湿润和半湿润地区，也可适用于干旱半干旱地区。

4.4.1 模型原理及结构

水箱模型是通过降雨过程计算径流过程的一种降雨径流模型，其采用水箱的串、并联构成多层并列水箱模型，将复杂的降水径流过程简单概化为流域的蓄水与出流的关系进行模拟，以水箱的蓄水深度、边孔和底孔出流为控制，计算流域的产汇流及下渗过程。

水箱模型的基本单元是一个蓄水水箱，通过将整个流域视为若干个彼此相联系的水箱进行组合，控制水箱中的蓄水深度，并调节水箱出孔大小和高度参数，经过调蓄把降雨过程转化为出口断面的径流过程，以计算流域的产流、坡面汇流、河道汇流等过程。若流域较小，可用若干个相垂直的串联水箱模拟出流和下渗过程。考虑到降雨和产、汇流的不均匀性，对于需要分区计算的较大流域，可用若干个垂直串联相组合的水箱来模拟整个流域的雨洪转换过程。

水箱模型按流域特点可以设计为 5 种：第一种为单水箱结构[图 4.4-1(a)]；第二种为串联型结构[图 4.4-1(b)]，是水箱模型中最常用的一种，该结构可适用于湿润地区；第三种是并联型结构[图 4.4-1(c)]，适用于流域内降水分布不均匀，以及干旱半干旱地区河流，并联结构与串联结构组合，形成串并混合型，更适用于干旱半干旱地区河流；第四种为调蓄型结构，该结构呈阶梯状，是水箱模型的一种特殊形式，是各种不同半衰期的综合，在降雨量不同时，该模型会自动选择不同的单位过程线；第五种为溢流型结构，此结构中，在降水进入第一个水箱后，水箱如蓄满产生溢流，则将溢流加入第二个水箱，依次下去。

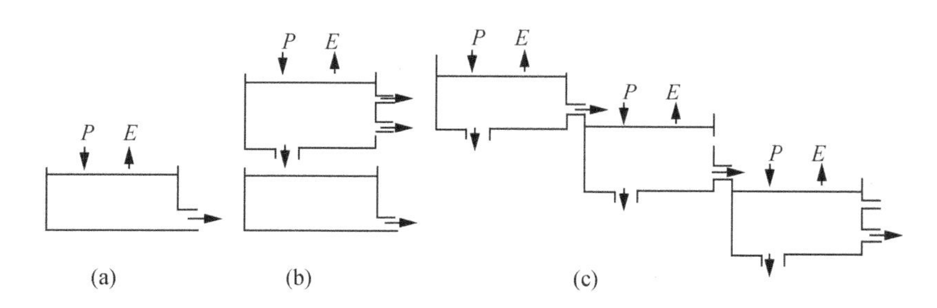

图 4.4-1 水箱结构设计

(1) 单层水箱模型结构

图 4.4-1(a)为设有一个边孔和底孔的单水箱模型，设时段初水箱的蓄水深度为 H，则 t 时段的出流量 R_t 和下渗量 F_t 分别为

$$R_t=\begin{cases}0, & H_t\leqslant h\\ a_1(H_t-h), & H_t>h\end{cases} \tag{4.4-1}$$

$$F_t=a_0H_t \tag{4.4-2}$$

式中：a_1 为边孔的出流系数；a_0 为底孔的出流系数。

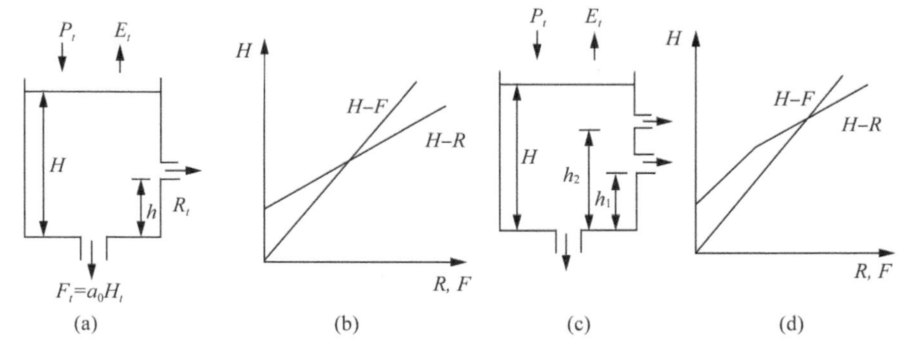

图 4.4-2 单层水箱模型结构

注:图中(a)为一边孔单层水箱模型结构;(b)为一边孔单层水箱模型 $H-R$ 及 $H-F$ 关系图;(c)为二边孔单层水箱模型结构;(d)为二边孔单层水箱模型 $H-R$ 及 $H-F$ 关系图。

由上可知,$H-R$ 及 $H-F$ 呈线性关系,见图 4.4-2(b)。

若水箱设有两个边孔,如图 4.4-2(c)所示,则 t 时段的出流量 R_t 和下渗量 F_t 分别为

$$R_t=\begin{cases}0, & H_t\leqslant h_1\\ a_1(H_t-h_1), & h_2\geqslant H_t>h_1\\ a_1(H_t-h_1)+a_2(H_t-h_2), & H_t>h_2\end{cases} \tag{4.4-3}$$

$$F_t=a_0H_t \tag{4.4-4}$$

式中:a_1 为下边孔的出流系数;a_2 为上边孔的出流系数;a_0 为底孔的出流系数。

由上式可知 $H-R$ 及 $H-F$ 呈线性关系,见图 4.4-2(d)。如果边孔开得更多,则 $H-F$ 更近于曲线。在土壤湿度达到田间持水量时,下渗量 F 用一个常数 F_s 控制。

在次洪水模拟时,对于时段末的蓄水量 H_{t+1} 可采用水量平衡方程计算,即

$$H_{t+1}=H_t+P_t-R_t-E_t-F_t \tag{4.4-5}$$

式中:P_t 为时段雨量,mm;E_t 为时段蒸发量,mm;F_t 为时段下渗量,mm/h。

(2) 四层水箱模型结构

图 4.4-3 为一组垂直串联的水箱,每个水箱旁边设有出流孔,底部有下渗孔设有蓄水深度,最下层水箱只设一边孔,无下渗孔和蓄水深度。在 t 时刻有雨水进入顶部水箱,加上该水箱原有的蓄水深度,如果大于出流孔高度 h,则有出流,同时另一部分水量则通过下渗孔进入第二层水箱,再视该层水箱的蓄水深度与出流孔高度,决定是否出流,依此类推。在四层水箱串联情况时,顶层水箱的出流代表地面径流,第二层水箱出流代表壤中流,第三、四层水箱出流分别代表浅层地下径流和深层地下径流。把每层水箱的出流量相加,即为 t 时刻的径流量。则 t 时段的各层水箱出流量和下渗量分别为

第一层水箱:

$$R1_t=\begin{cases}0, & H1_t\leqslant h_{11}\\ a_{11}(H1_t-h_{11}), & h_{22}\geqslant H1_t>h_{11}\\ a_{11}(H1_t-h_{11})+a_{12}(H1_t-h_{22}), & H1_t>h_{22}\end{cases} \tag{4.4-6}$$

$$F1_t = b_1 H1_t \tag{4.4-7}$$

第二层水箱：

$$R2_t = \begin{cases} 0, & H2_t \leqslant h_2 \\ a_2(H2_t - h_2), & H2_t > h_2 \end{cases} \tag{4.4-8}$$

$$F2_t = b_2 H2_t \tag{4.4-9}$$

第三层水箱：

$$R3_t = \begin{cases} 0, & H3_t \leqslant h_3 \\ a_3(H3_t - h_3), & H3_t > h_3 \end{cases} \tag{4.4-10}$$

$$F3_t = b_3 H3_t \tag{4.4-11}$$

第四层水箱：

$$R4_t = \begin{cases} 0, & H4_t \leqslant h_4 \\ a_4(H4_t - h_4), & H4_t > h_4 \end{cases} \tag{4.4-12}$$

式中：a_{11} 为第一层水箱下边孔的出流系数；a_{12} 为第一层水箱上边孔的出流系数，a_2 为第二层水箱边孔的出流系数，a_3 为第三层水箱边孔的出流系数，a_4 为第四层水箱边孔的出流系数，b_1、b_2、b_3 分别为第一至三层水箱底孔的出流系数。

设计时应根据流域的自然地理条件和降水径流的时空分布特性，来设计水箱层数和串并联组合方式。对于湿润地区，雨量充沛、地下水丰富，可采用串联的水量来模拟，若只模拟洪水，则可采用两层垂直串联水箱，若需要模拟月或全年的径流过程，则需要采用四层垂直串联的水箱模型，若需要考虑河槽调蓄作用，则可以再加一个并联水箱，将各水箱出流之和再经过一次线性水库的调蓄。

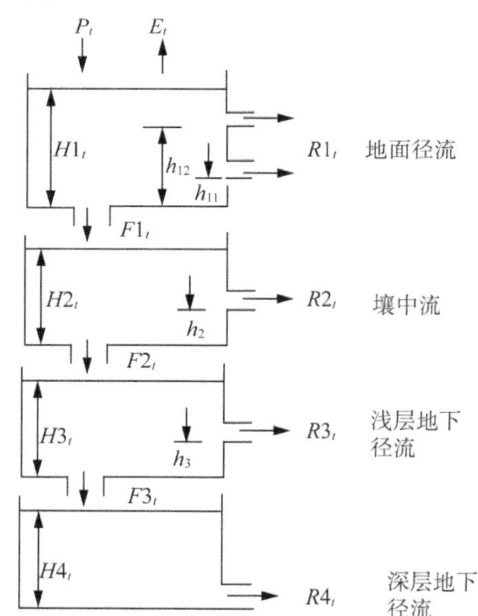

图 4.4-3 四层水箱模型

在干旱地区，由于流域边缘山区植被较差，在河流沿岸及平原地区植被较好，比较湿润，在旱季，水在重力作用下向低处运动，高处干燥。在进行模拟时，可把流域按高度分成几个地带，各地带分别使用垂直串联水箱模型，组成 n（垂直水箱数）$\times m$（地带数）个水箱的干旱地区的串并联水箱模型，并在每一组串联水箱的顶层水箱设土壤蓄水量结构。

对于流域内下垫面条件复杂和流域间或流域内各子流域间有调水等情况时，为考虑不同土地利用条件和水利工程对径流形成过程的影响，可将水箱模型设计为具有分布形式的单元流域水箱模型，每个单元流域视具体情况可分别设置串联水箱模型或串并联水箱模型，如对山丘区，设置一个四层垂直串联水箱模型，对于城市区，可设置两层水箱模型；对于平原区，既要考虑作物组成（水田和旱地），又要考虑库塘、水沟及低洼地的蓄水作用，故采用串并联方式设计模型。

4.4.2 模型参数

水箱模型的参数无明确的物理概念，且参数间的独立性较差，参数率定是建立水箱模型的主要困难，实用时常采用人工与自动优选相结合的方法，这就要求使用者从实践中积累经验，分析比较不同参数变化对径流过程的影响，从而有针对性地调整参数值。

（1）第一层水箱 h 值的确定。认为 h_1 值相当于流域的初损值。

（2）h_2 值的确定。当 h_1 和 a_1 初定后，按此计算的出流过程如只与涨水过程线的前段配合好，但到某一流量时明显比实测过程偏低 ΔQ，如图 4.4-4 所示，这时以偏小的 ΔQ 增加一个出流孔，再进行试算，必要时可再增加出流孔。

（3）第二层水箱的设置。如采用一个水箱模拟时退水部分偏小，可增加第二层水箱，如果地下水丰富，可增设第三、四层水箱。

（4）出流孔系数和下渗孔系数确定。因为水箱模型的出流和蓄量呈线性关系，即

$$Q = aH \tag{4.4-13}$$

当流量过程线的退水阶段无入流时，有

$$Q = \frac{\mathrm{d}H}{\mathrm{d}t} \tag{4.4-14}$$

联解上两式，可得 $Q = Q_0 \mathrm{e}^{-at}$。

由此可以在流量过程线的退水段上，将径流过程线划分成地表径流（A 段）、壤中流（B 段）、地下径流（C 段）的不同部位求其相应的 a 值（如图 4.4-5 所示）。这种方法求得的 a 值，为某一层水箱所有出流孔和下渗孔的系数之和，将这些求出的值，通过试算，才能确定 a_0，a_1，a_2……的值。一般上层出流系数大于下层出流孔系数，同一层也是上出流孔系数大于下出流孔系数，各层出流孔系数之和应小于 1。

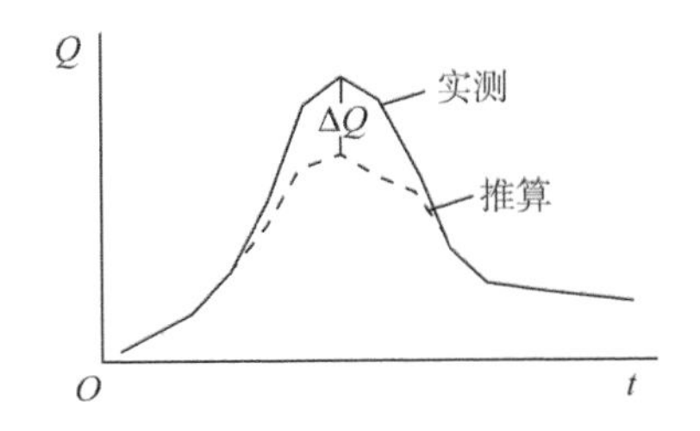

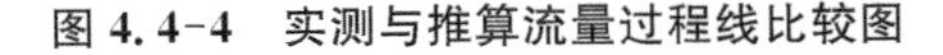
图 4.4-4 实测与推算流量过程线比较图

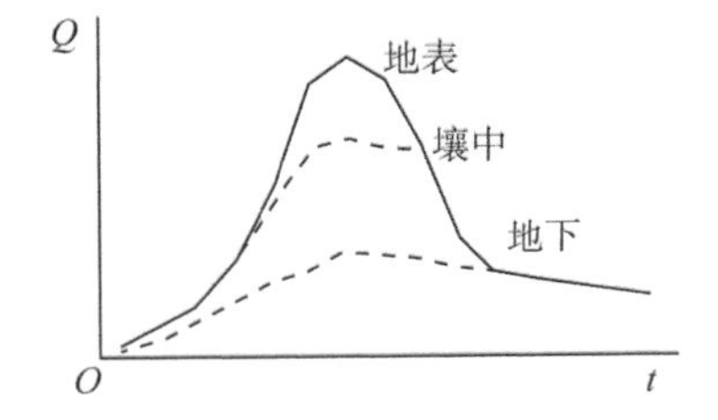

图 4.4-5 地表、壤中和地下径流划分示意图

4.4.3 模型应用实例

本例采用水箱模型对淮河流域沂河临沂以上区域进行洪水模拟研究。临沂站以上集水面积为 10 315 km^2，河道长 287.5 km。流域地势西北高，向东南部平原倾斜。上游地势复

杂，河流众多。临沂站以上较大的一级支流是东汶河、蒙河、祊河、涑河、柳青河，集水面积均在 200 km^2 以上，流域内各种面积分布：山丘区约占 32%，平原区约占 68%。流域属温带季风区大陆性气候，流域多年平均降雨量 830 mm，汛期降雨量 616 mm，约占 75%。

由于上游陆续修建了众多的大型水库，为去除水库调蓄的影响，故本例模拟的是大型水库以下至临沂的区间，区间面积为 5 194 km^2。

（1）站点选取

雨量站点采用跋山、寨子山、斜午、岸堤、傅旺庄、垛庄、双后、高里、葛沟、唐村、公家庄、岳庄、杨庄、许家崖、石岚、姜庄湖、刘庄、马庄和角沂共 19 个报汛雨量站点。预报站点为临沂站。大型水库站点主要有田庄、跋山、岸堤、唐村和许家崖水库，将这些水库的出流作为流域外部的输入。

（2）模型建立

根据临沂以上地区的地理特性、降水径流时空分布特性以及应用目的，进行临沂站的洪水模拟，对大型水库以下至临沂站区域建立三层垂直串联水箱模型，每层水箱均设置两个边孔和一个底孔。

产流计算：依据三层垂直串联水箱模型进行产流计算。

汇流计算：把水箱边孔出流流量视作河网总入流，再采用河网汇流单位线汇流演算至流域出口断面。

河道汇流演进：依据马斯京根法分段连续流量演算法，将上游水库出库流量演算至临沂站。

（3）模型模拟结果

选取 2000—2019 年共 21 年大、中、小洪水进行模型参数率定，用 200814 场次洪水进行检验。

本例参数率定时采用自动优化与人工调试相结合的方法。率定分别采用了径流深相对误差和绝对误差、实测与模拟流量过程线的吻合度（确定性系数）、洪峰流量的相对误差和绝对误差以及峰现时间误差进行模型参数率定。临沂站水箱模型率定参数，见表 4.1-1。

表 4.4-1　水箱模型参数模型建议表

序号	参数名称	参数值	一般取值
1	第一层水箱第一边孔高（mm）	$H1$	40
2	第一层水箱第二边孔高（mm）	$H2$	120
3	第一层水箱底孔出流系数	$X0$	0.24
4	第一层水箱第一边孔出流系数	$X1$	0.05
5	第一层水箱第二边孔出流系数	$X2$	0.06
6	第二层水箱第一边孔高（mm）	$H3$	60
7	第二层水箱第二边孔高（mm）	$H4$	40
8	第二层水箱底孔出流系数	$X3$	0.07
9	第二层水箱第一边孔出流系数	$X4$	0.04

续表

序号	参数名称	参数值	一般取值
10	第二层水箱第二边孔出流系数	$X5$	0.05
11	第三层水箱第一边孔高(mm)	$H5$	2
12	第三层水箱第二边孔高(mm)	$H6$	6
13	第三层水箱底孔出流系数	$X6$	0.03
14	第三层水箱第一边孔出流系数	$X7$	0.001
15	第三层水箱第二边孔出流系数	$X8$	0.002

临沂站2020年模拟结果如图4.4-6及表4.4-2所示。

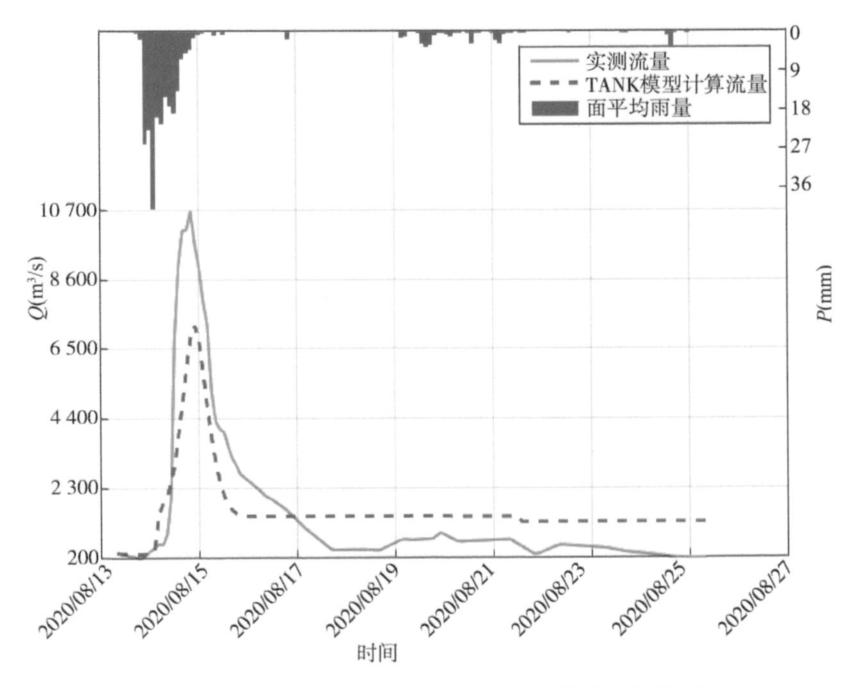

图4.4-6 临沂站200814号洪水实测与模拟过程线对比

表4.4-2 水箱模型模拟与实测结果对比表

洪号	实测洪峰(m^3/s)	预报洪峰(m^3/s)	相对误差(%)	峰现时间误差(h)
200814	10 700	7 220	32	1

4.5 萨克拉门托模型

萨克拉门托模型(SAC模型)是在20世纪70年代初由美国加利福尼亚州萨克拉门托河流预报中心研制的一个概念性的集总参数模型。此模型在美国水文预报中应用广泛，也是国内引进的水文模型中人们较为熟悉的模型之一。SAC模型可用于流域的降雨-径流的洪水模拟和预报以及枯水预报。由于该模型在产流中上、下土层采用下渗的概念，因此从理论上来说该模型适用于湿润、半湿润以及半干旱地区。

4.5.1 模型原理及结构

SAC模型是一个概念性的分布式水文模型。模型基本结构和流程见图4.5-1。该模型把流域分为不透水面积、透水面积及变动不透水面积三部分。径流来源于不透水面积上的直接径流，透水面积上的地面径流、壤中流、浅层与深层地下水，变动不透水面积上的直接径流与地面径流，且主体为透水面积。

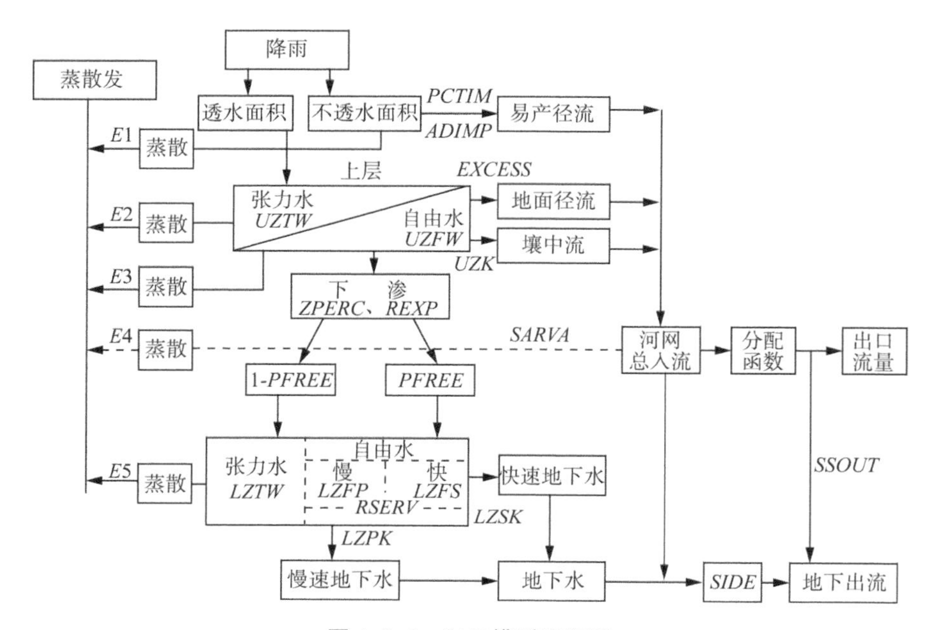

图4.5-1 SAC模型流程图

在透水面积上，根据土壤垂向分布的不均匀性将土层分为上、下两层。根据土壤水分受力特性的不同，每层蓄水量又分为张力水蓄量和自由水蓄量，每层的自由水可补充张力水，但张力水不能补充自由水。不透水面积不考虑土壤蓄水量，可变不透水面积只考虑张力水蓄量。两土层之间由下渗曲线连接。模型有五种基本形式计算径流，它们分别是：①固定和可变不透水面积上的直接径流；②当上土层土壤的张力水与自由水都饱和后，降雨强度又大于上土层向下土层的渗透率与壤中流出流率之和，多余的降雨产生饱和坡面流，也就是地面径流；③透水面积上产生的壤中流；④快速地下水；⑤慢速地下水。流域的蒸散发由五部分组成，即透水面积上的上层张力水蒸散发量$E1$、上层自由水蒸散发量$E2$、下层张力水蒸散发量$E3$、河网总入流水面蒸散发量$E4$及可变不透水面积上的蒸散发量$E5$，它们共同构成流域总的蒸散发量。SAC模型的汇流部分可根据需要进行选配。

1. 产流计算

降落在透水面积上的时段雨量P，首先补充上土层张力水蓄量($UZTWC$)。当满足上土层张力水蓄量后其余的部分成为有效降雨量(PAV)。

$$PAV=\begin{cases}0, & P\leqslant UZTWM-UZTWC \\ P+UZTWC-UZTWM, & P>UZTWC-UZTWM\end{cases} \tag{4.5-1}$$

式中:$UZTWC$ 为上土层张力水蓄量,mm;$UZTWM$ 为上土层张力水容量,mm。

1) 直接径流

直接径流系降落在不透水面积(包括可变不透水面积和固定不透水面积)上的雨量形成的径流,它直接进入河道。

(1) 降落在永久性不透水面积($PCTIM$)上的时段雨量 P 形成的直接径流($ROIMP$):

$$ROIMP=P\cdot PCTIM \tag{4.5-2}$$

(2) 降落在可变不透水面积($ADIMP$)上的时段雨量形成的直接径流($ADDRO$):

$$ADDRO=\sum_{1}^{NINC}PINC\cdot\left(\frac{ADIMC-UZTWC}{LZTWM}\right)^2\cdot ADIMP \tag{4.5-3}$$

式中:$PINC$ 为步长有效降雨量,$PINC=PAV/NINC$,其中,$NINC$ 为时段的步长数;$ADIMC$ 为可变不透水面积蓄量,mm;$LZTWM$ 为下土层张力水容量,mm;$[(ADIMC-UZTWC)/LZTWM]^2\cdot ADIMP$ 为可变不透水面积中的不透水面积。

2) 地面径流

地面径流由两部分组成,一部分是透水面积上产生的,另一部分是可变不透水面积上产生的。

(1) 透水面积上的地面径流

上层自由水达到其饱和值 $UZFWM$ 后,超过的部分 $EXCESS$ 成为地面径流 $ADSUR$,此时,超渗雨($PAVE$):

$$PAVE=PAV+UZFWC-UZFWM \tag{4.5-4}$$

$$ADSUR=PAVE\cdot PAREA \tag{4.5-5}$$

其中,$PAREA=1-(PCTIM+ADIMP)$,为透水面积占全流域面积的比例。

(2) 可变不透水面积上的地面径流

当透水面积上产生地面径流时,可变不透水面积上的透水部分也产生地面径流($SSUR$),它与超渗雨及透水部分的面积成正比。

$$SSUR=PAVE\cdot\left[1-\left(\frac{ADIMC-UZTWC}{LZTWM}\right)^2\right]\cdot ADIMP \tag{4.5-6}$$

3) 壤中流

上层自由水的侧向流动形成壤中流(SIF),其出流与蓄量($UZFWC$)呈线性关系:

$$SIF=UZFWC\cdot\left[1-(1-UZK)^{\frac{\Delta t}{24}}\right]\cdot PAREA \tag{4.5-7}$$

式中：UZK 为壤中流日出流系数；Δt 为计算时段，h。

4）快速地下水

快速地下水又称为附加地下水。其产生的机理是：下渗到下土层的水量按某一比例系数分配给下土层张力水和下土层自由水，而下土层自由水又分为浅层自由水和深层自由水，快速地下水由下土层中的浅层自由水蓄量消退产生，其蓄泄关系用线性水库模拟。

$$SBF = LZFSC \cdot \left[1-(1-LZSK)^{\frac{\Delta t}{24}}\right] \cdot PAREA \tag{4.5-8}$$

式中：$LZFSC$ 为下土层快速地下水蓄量，mm；$LZSK$ 为下土层快速地下水日出流系数。

5）慢速地下水

慢速地下水又称为基本地下水。其产生的机理是：由下土层中的深层自由水蓄量消退产生，其蓄泄关系用线性水库模拟。

$$BF = LZFPC \cdot \left[1-(1-LZPK)^{\frac{\Delta t}{24}}\right] \cdot PAREA \tag{4.5-9}$$

式中：$LZFPC$ 为下土层慢速地下水蓄量，mm；$LZPK$ 为下土层慢速地下水日出流系数。

2. 蒸散发计算

流域的蒸散发能力（EM）由蒸发观测值经地形、高程、季节等校正后得到。蒸散发与蒸散发能力和土壤含水量成正比。

（1）上土层张力水蒸散发量

$$E1 = \begin{cases} EM \cdot \dfrac{UZTWC}{UZTWM}, & UZTWC \geqslant EM \\ UZTWC, & UZTWC < EM \end{cases} \tag{4.5-10}$$

（2）上土层自由水蒸散发量

$$E2 = \begin{cases} EM - E1, & UZFWC \geqslant EM \\ UZFWC, & UZFWC < EM - E1 \end{cases} \tag{4.5-11}$$

（3）下土层张力水蒸散发量

$$E3 = (EM - E1 - E2) \cdot \frac{LZTWC}{LZTWM + UZTWM} \tag{4.5-12}$$

（4）河网总入流水面蒸散发量

$$E4 = \begin{cases} EM \cdot SARVA, & SARVA \leqslant PCTIM \\ EM \cdot SARVA - (E1 + E2 + E3) \cdot SP, & SARVA > PCTIM \end{cases} \tag{4.5-13}$$

式中：$SARVA$ 为河网、湖泊及水生植物面积占全流域面积的比例；$SP = SARVA - PCTIM$。

(5) 可变不透水面积上的蒸散发量

$$E5 = E1 + (EM - E1) \cdot \frac{ADIMC - UZTWC}{UZTWM + LZTWM} \tag{4.5-14}$$

3. 下渗计算

(1) 下渗率的计算

模型通过下渗计算来考虑土壤上下层之间的水分运动，下渗计算是整个模型的核心部分。模型认为上土层向下土层的下渗率($PERC$)与稳定下渗能力($PBASE$)、下层土壤的缺水程度及上层自由水的供水能力有关，按霍尔顿下渗曲线(见图4.5-2)进行计算。

当下层水分饱和时，假定下渗率等于饱和下渗率，则

$$PBASE = LZFSM \cdot LZSK + LZFPM \cdot LZPK \tag{4.5-15}$$

式中：$LZFPM$ 为下土层慢速地下水容量，mm；$LZFSM$ 为下土层快速地下水容量，mm。实际稳定下渗能力与上土层自由水蓄量成正比，即

当下土层缺水时，缺水率为

$$DEFR = 1 - \frac{LZFPC + LZFSC + LZTWC}{LZFPM + LZFSM + LZTWM} \tag{4.5-16}$$

下渗率与下土层的缺水程度有关。模型假定下渗率($PERC$)的变化与下土层相对缺水程量及下渗指数($REXP$)有关，当上层饱和，而下土层最干旱时，下渗率最大。下渗率为

$$PERC = PBASE \cdot (1 + ZPERC \cdot DEFR^{REXP}) \tag{4.5-17}$$

式中：$ZPERC$ 为与最大下渗率有关的参数；$DEFR$ 为下土层相对缺水率。下渗曲线见图4.5-2。

若上层自由水并非充分供水，下渗率与上层自由水的供水量有关，则实际下渗率为

$$PERC = PBASE \cdot (1 + ZPERC \cdot DEFR^{REXP}) \cdot \frac{UZFWC}{UZFWM} \tag{4.5-18}$$

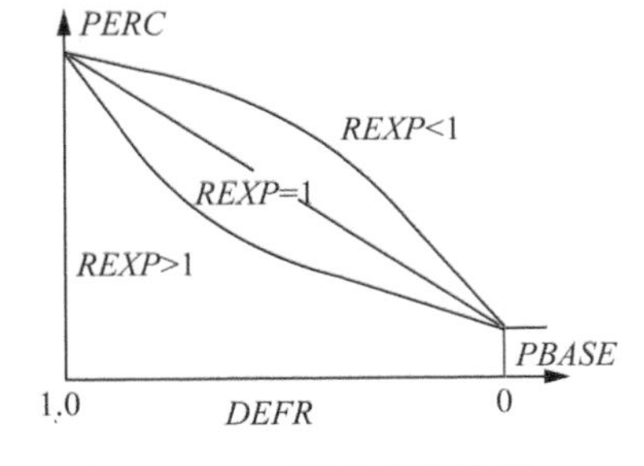

图 4.5-2　下渗曲线示意图

(2) 下渗水量分配

下渗到下土层的水量要经过两次分配。第一次分配在张力水和自由水之间进行，第二次分配在慢速自由水和快速自由水之间进行。下渗水量的分配计算过程如下：

下渗水量按分配常数 $PFREE$ 的百分数补充给下层自由水蓄量，即 $PERC \cdot PFREE$；其余补充给下层张力水蓄量，即 $PERC \cdot (1 - PEREE)$。补充给张力水的水量和原存张力水蓄量之和大于它的容量，即 $PERC \cdot (1 - PFREE) + LZTWC > LZTWM$，则超过部分的水量 $PERC \cdot (1 - PFREE) + LZTWC - LZTWM$ 补充给自由水。

补充给自由水的水量再分配给快速自由水和慢速自由水，其中分配给慢速自由水的水量为

$$PERCP = 2(PERC \cdot PFREE) \cdot HPL \cdot \frac{1 - RATLP}{(1 - RATLP) + (1 - RATLS)} \tag{4.5-19}$$

式中：$HPL = \frac{LZFPM}{LZFPM + LZFSM}$；$RATLP = \frac{LZFPC}{LZFPM}$；$RATLS = \frac{LZFSC}{LZFSM}$。

分配给快速自由水的水量为

$$PERCS = (PERC \cdot PFREE) - PERCP \tag{4.5-20}$$

若供给快速自由水之后，水量还有剩余，即 $(PERCS + LZFSC) > LZFSM$，则将剩余水量 $PERCS + LZFSC - LZFSM$ 再补充给慢速自由水。当下渗的水量超过下土层的总缺水量时，即 $(LZFPC + LZFSC + LZTWC + PERC) > (LZFPM + LZFSM + LZTWM)$，则把超出的水量反馈到上土层的自由水含量中，反馈量为

$$CHECK = (LZFPC + LZFSC + LZTWC + PERC) - (LZFPM + LZFSM + LZTWM) \tag{4.5-21}$$

(3) 限制与平衡校核

当上层自由水含水率大于张力水含水率，即 $UZFWC/UZFWM > UZTWC/UZTWM$ 时，自由水将补充张力水，使两者含水率相等，即 $UZFWC/UZFWM = UZTWC/UZTWM$，此时，

$$UZTWC = UZTWM \cdot \frac{UZTWC + UZFWC}{UZTWM + UZFWM} \tag{4.5-22}$$

$$UZFWC = UZFWM \cdot \frac{UZTWC + UZFWC}{UZTWM + UZFWM} \tag{4.5-23}$$

当下层的张力水含水率小于下土层总水量含水率，即 $A < B$ 时，有

$$SAVED = RSERV \cdot (LZFPC + LZFSC) \tag{4.5-24}$$

$$A = \frac{LZTWC}{LZTWM} \tag{4.5-25}$$

$$B = \frac{LZFPC + LZFSC + LZTWC - SAVED}{LZFPM + LZFSM + LZTWM - SAVED} \tag{4.5-26}$$

因为下层自由水不参与蒸散发的量，自由水将补充张力水，使两者含水率相等。下层自由水补充张力水，先由快速自由水补充张力水，如果快速自由水蓄量不够，再由慢速自由水来补充。调整量为

$$EDL = (B - A) \cdot LZTM \tag{4.5-27}$$

则调整后的张力水 $LZTWC = LZTWC + DEL$。

若 $LZFSC > DEL$，则调整后的快速自由水 $LZFSC = LZFSC - DEL$，慢速自由水 $LZFPC = LZFPC - (DEL - LZFSC)$，此时，$LZFSC = 0$。

(4) 汇流计算

模型将流域汇流计算分为坡面汇流和河网汇流两部分。计算出的直接径流和地面径流直接进入河网,而壤中流、快速地下水和慢速地下水用线性水库模拟。各种水源的总和扣除时段内的水面蒸发 $E4$,即得河网总入流。河网汇流一般采用无因次单位线。当河道断面或水力特性变化较大时,模型研制者建议采用分层的马斯京根法做进一步的调蓄计算。

4.5.2 模型参数

SAC 模型产流部分主要有 17 个模型参数,其物理意义如下:

(1) $PCTIM$:永久性不透水面积,即河槽及相联的不透水面积占全流域面积的比重;

(2) $ADIMP$:可变的不透水面积,即流域中全部张力水饱和时变成的不透水面积占全流域的比重;

(3) $SARVA$:河槽、湖泊、水库及水生生物的面积占全流域的比重;

(4) $UZTWM$:上层张力水容量;

(5) $UZFWM$:上层自由水容量;

(6) $LZTWM$:下层张力水容量;

(7) $LZFPM$:下层慢速自由水容量;

(8) $LZFSM$:下层快速自由水容量;

(9) UZK:上层自由水日出流系数;

(10) $LZPK$:下层慢速自由水日出流系数;

(11) $LZSK$:下层快速自由水日出流系数;

(12) $ZPERC$:下渗系数,与最大下渗率有关的参数;

(13) $REXP$:下渗指数,表示缺水率的变化对下渗率的影响,还表示流域土壤特性;

(14) $PFREE$:从上层向下层下渗水量中直接补给下层自由水的比重;

(15) $RSERV$:下层自由水容量不参与蒸发的比例;

(16) $SIDE$:不闭合的地下水所占的比重;

(17) $SSOUT$:河槽总径流中径流损失系数。

该模型的特点是参数多,难于优选,尤其模型参数的独立性差,最优解很不唯一,参数的自动优选问题很难解决。

日模和次模参数调试步骤:

(1) 首先进行日模型调试。对于日模型调试,主要调整初始容量参数如 $UZTWM$、$UZFWM$、$LZTWM$、$LZFPM$、$LZFSM$ 等。对比实测与计算流量过程线,比较其差别,调整参数,使得大体上不存在系统误差。

(2) 然后调试 $LZSK$、$LZPK$ 及 $ZPERC$、$REXP$ 使洪量和洪峰满足要求。

(3) 在日模调试满足要求后,进行次模调试。在次模调试中初始容量参数要与日模保持一致,UZK 可以做适当调整或不变,微调 $LZSK$、$LZPK$、$ZPERC$、$REXP$ 4 个参数,一般在次模调试中参数 $LZSK$、$LZPK$ 会适当变大。微调可以以确定性系数 DC 为目标函数，重点在退水部分。

（4）必要时再对其余参数作微调。

4.5.3 模型应用实例

（1）流域和资料情况

沂河流域属北温带大陆性季风气候，临沂站集水面积 10 315 km^2。沂河上游建成5座大型水库（田庄、跋山、岸堤、许家崖、唐村）及22座中型水库，总控制面积 5 121 km^2，占总流域面积的49.6%。大中型水库以下区间面积为 5 194 km^2。选择 2000—2019 年共21年大、中、小洪水进行模型参数率定，用200814场次洪水进行检验。

（2）模型参数率定和检验

模型的容量参数 *UZTWM*、*UZFWM*、*LZTWM*、*LZFPM*、*LZFSM* 是很重要的参数，它们对于水量平衡起到很大作用，一般在日模中确定；上层自由水日流系数 *UZK* 对于洪水过程有很大影响，一般 *UZK* 不能太大，不超过0.75，*UZK* 越小，流量过程线会越平缓。下层慢速自由水日出流系数 *LZPK*、下层快速自由水日出流系数 *LZSK*、下渗系数 *ZPERC*、下渗指数 *REXP* 都是敏感参数，这些参数都会对洪量和洪峰产生影响。具体说，*LZPK* 和 *LZSK* 都是其取值越大洪量和洪峰越小，而且 *LZSK* 相对更加敏感；*ZPERC* 也是取值越大洪量和洪峰越小，而且 *ZPERC* 的变化范围大，在1～250，因此调整时可以幅度大些；*REXP* 是取值越大洪量和洪峰越大，而且 *REXP* 很敏感，调整时幅度应小些。

（3）模型应用效果

本例参数率定时采用自动优化与人工调试相结合的方法。率定分别采用了径流深相对误差和绝对误差、实测与模拟流量过程线的吻合度（确定性系数）、洪峰流量的相对误差和绝对误差以及峰现时间误差进行模型参数率定。临沂站水箱模型率定参数见表4.5-1。

表 4.5-1 临沂站 SAC 模型参数范围

参数	物理意义	单位	范围及取值
容量			
UZTWM	上土层张力水容量	mm	1.0～150.0
UZFWM	上土层自由水容量	mm	1.0～150.0
LZTWM	下土层张力水容量	mm	1.0～500.0
LZFPM	下土层慢速自由水容量	mm	1.0～1 000.0
LZFSM	下土层快速自由水容量	mm	1.0～1 000.0
ADIMP	可变不透水面积占全流域的比例	—	0.0～0.40

续表

参数	物理意义	单位	范围及取值
出流参数			
UZK	上土层自由水日出流系数	day^{-1}	0.1～0.75
LZPK	下土层慢速自由水日出流系数	day^{-1}	0.000 1～0.025
LZSK	下土层快速自由水日出流系数	day^{-1}	0.01～0.25
下渗与其他			
ZPERC	与最大下渗率有关的参数	—	1.0～250.0
REXP	下渗曲线指数	—	0.0～5.0
PCTIM	永久不透水面积占全流域的比例	—	0.0～0.1
PFREE	从上土层向下土层下渗的水量中补充自由水的比例	—	0.0～0.1
不变参数			
SSOUT	河槽总径流损失系数	—	0.0
SIDE	不闭合地下水出流比例	—	0.0
RSERV	下土层自由水中不蒸发比例	—	0.3

临沂站2020年模拟结果如图4.5-3所示，实测与模拟结果对比见表4.5-2。

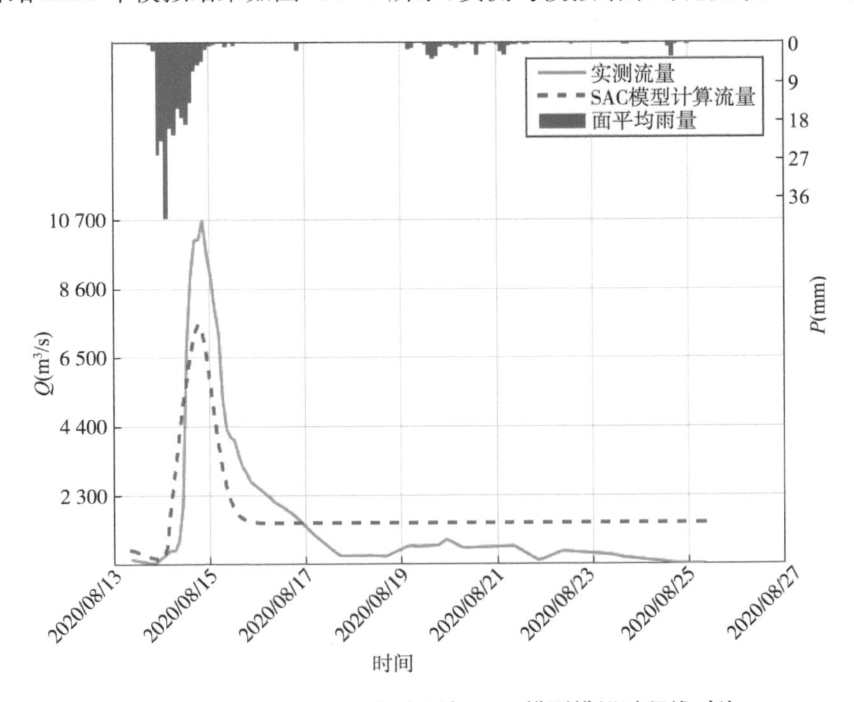

图4.5-3 临沂站2020年实测与SAC模型模拟过程线对比

表 4.5-2 临沂站 2020 年洪水 SAC 模型模拟与实测结果对比表

洪号	实测洪峰(m^3/s)	预报洪峰(m^3/s)	相对误差(%)	峰现时间误差(h)
200814	10 700	7 530	30	−2

4.6 小结

针对山东省区域重点河道断面构建了新安江模型、SAC 模型、河北雨洪模型、水箱模型及蓄满超渗兼容模型 5 种不同的水文模型，并在典型流域进行了示范应用。在湿润流域，新安江模型、SAC 模型等经典概念性模型模拟精度很高，灵活结构模型难以提高模拟精度，但通过模块层面对比研究，可以帮助了解模型各模块间关系，确定各模块对产汇流模拟的实际影响。湿润流域模型汇流模块影响显著，模拟精度高，但不一定契合流域实际，而是汇流模块发挥调蓄作用，掩盖了产流模块的缺陷。通过判断分水源模块参数合理性，可排除精度高但不合实际的模型。在半干旱流域，经典概念性模型模拟精度不高，可选用超渗产流模型、SAC 模型。半湿润流域的降雨径流可采用河北雨洪模型、蓄满超渗兼容模型、SAC 模型、TANK 模型。

参考文献

[1] 赵人俊. 流域水文模拟——新安江模型与陕北模型[M]. 北京：水利电力出版社，1984.
[2] 赵人俊. 水文预报文集[M]. 北京：水利电力出版社，1994.
[3] 黄鹏年，李致家，姚成，等. 半干旱半湿润流域水文模型应用与比较[J]. 水力发电学报，2013，32(4)：4-9.
[4] 刘玉环，李致家，刘志雨，等. 半湿润半干旱流域空间组合模型研究[J]. 湖泊科学，2020，32(3)：826-839.
[5] 董小涛，李致家，李利琴. 不同水文模型在半干旱地区的应用比较研究[J]. 河海大学学报(自然科学版)，2006(2)：132-135.
[6] 李致家. 水文模型的应用与研究[M]. 南京：河海大学出版社，2008.
[7] 李致家，张珂，王栋，等. 现代水文模拟与预报技术[M]. 2 版. 南京：河海大学出版社，2021.
[8] 李致家，孔祥光，张初旺. 对新安江模型的改进[J]. 水文，1998(4)：20-24.
[9] 水利部水文局，长江水利委员会水文局. 水文情报预报技术手册[M]. 北京：中国水利水电出版社，2010.
[10] 芮孝芳. 水文学原理[M]. 北京：中国水利水电出版社，2004.

第5章

分布式水文模型

5.1 网格新安江模型

网格新安江(Grid-Xin'anjiang,Grid-XAJ)模型,以流域内每个DEM网格作为计算单元,并假设在网格单元内的降雨和地貌特征、土壤类型以及植被覆盖等下垫面条件空间分布均匀,模型只考虑各个要素在不同网格之间的变异性。模型先计算出每个网格单元的植被冠层截留量、河道降雨量和蒸散发量,然后计算出网格单元的产流量并采用自由水蓄水库结构对其进行水源划分,即划分为地表径流、壤中流以及地下径流3种水源,最后根据网格间的汇流演算次序,依次将各种水源演算至流域出口(图5.1-1)。

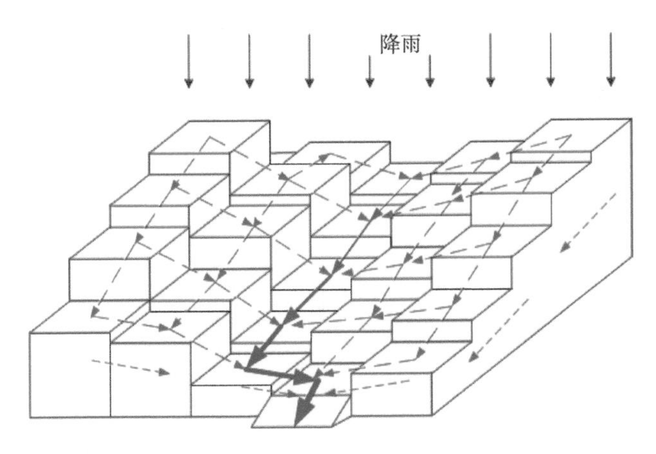

图5.1-1 网格间汇流演算示意图

5.1.1 模型结构

模型的产流部分采用新安江模型的蓄满产流计算方法。模型的蒸散发计算部分采用三层蒸散发模型，以考虑土湿垂向分布的作用。

次洪模型的汇流部分，①采用一维扩散波模型。扩散波虽然是动力波（Saint Venant 方程组）的一种简化形式，但在许多实际情况下，它都是适用的。而且，利用扩散波模型进行坡面汇流与河道汇流演算，都能取得足够好的精度，在很多时候其精度都与动力波汇流演算模型的精度相当。在进行扩散波模型汇流演算时，假设在原来的坡地网格内也存在一个“虚拟河道”，每个网格单元的壤中流和地下径流直接流入河道，并采用河道汇流的计算方法，因此，网格间的扩散波汇流演算只包括坡面汇流和河道汇流两种方式。②采用基于网格马斯京根汇流方法。在暂无河道断面资料的流域，可以根据此法进行网格间的地表径流、壤中流、地下径流以及河道水流的汇流演算。

考虑到日径流模拟时对汇流演算精度要求不高且时间步长较大，为了增加模型的运行效率，Grid-XAJ 模型采用了比较简便的方法来处理日径流模拟的汇流演算问题。对于每个网格单元，其壤中流和地下径流均采用新安江模型中线性水库的方法计算网格出流，根据网格间的汇流演算次序，依次叠加，直至流域出口。网格单元上的地表径流不再进行网格间的汇流演算，直接叠加至流域出口。在流域出口处，再采用滞后演算法即可获得日径流模拟的出流过程。

Grid-XAJ 模型在进行逐网格汇流演算时，对沿程水流的再分配过程进行了模拟。即对于任意网格单元而言，当其土壤含水量未达到田间持水量之前，上游来水优先补充该网格的土壤缺水量，直至其蓄满为止。此外，若网格单元有河道存在，属于河道网格时，则该网格地表径流先按一定的比例汇入河道，然后再汇至下游网格。

5.1.2 模型原理

5.1.2.1 植被冠层截留

植被冠层截留是指降雨在植被冠层表面的吸着力、承托力及水分重力、表面张力等作用下储存于其表面的现象。在一次降雨过程中，植被冠层对降雨的累积截留量可表示为

$$I_{cum}=f_{lc}S_{c\max}\left(1-e^{-C_{vd}P_{cum}/S_{c\max}}\right) \tag{5.1-1}$$

式中：I_{cum} 为植被冠层的累积截留量，mm；f_{lc} 为植被覆盖率；P_{cum} 为累积降雨量，mm；C_{vd} 为植被密度的校正因子；$S_{c\max}$ 为植被冠层的截留能力，mm，即植被冠层的最大截留量。

植被覆盖率可以通过下式计算得到：

$$f_{lc}=\left(\frac{K_{cb}-K_{c\min}}{K_{c\max}-K_{c\min}}\right)^{(1+0.5h_{lc})} \tag{5.1-2}$$

式中：K_{cb} 为基础作物系数；$K_{c\max}$ 为降雨或灌溉后作物系数的最大值；$K_{c\min}$ 为降雨或灌溉后作物系数的最小值，一般在 0.15 至 0.20 之间，可取均值 0.175；h_{lc} 为作物高度，m。

5.1.2.2 河道降雨

河道降雨指的是降雨直接落在河道里的那一部分雨量。河道降雨不参加坡地单元的

产汇流计算，而是直接通过河道汇流演算至流域出口。河道降雨的增加会导致洪水的峰值加大，峰现时间提前，会成为流域出口断面洪水过程线的重要组成部分之一，尤其在河网密度较发达地区或当降雨强度较大时，河道降雨的影响更不能被忽视。

假设在每一个河道网格内，降雨（扣除植被冠层截留）分布均匀，河道形状不发生改变，则可以根据网格单元内河道部分所占的面积比例进行河道降雨的计算。河道降雨 I_{ch} 可表示为

$$I_{ch}=\frac{L_{ch}W_{ch}}{A_{gr}}P \tag{5.1-3}$$

式中：L_{ch} 为河道长度，km；W_{ch} 为河道断面最大过水面积所对应的水面宽，km；A_{gr} 为网格单元的面积，km^2；P 为时段降雨量，mm。

其中，$L_{ch}W_{ch}$ 表示的是河道所占面积。对于流域内的坡地网格，即使有“虚拟河道”存在，也不考虑河道降雨的影响，即在坡地网格上，$I_{ch}=0$。

5.1.2.3 蒸散发

将每个网格单元内的土壤分为3层：上层、下层和深层，每一层对应的张力水蓄水容量分别为 W_{UM} 、W_{LM} 和 W_{DM} 。在网格单元实际蒸散发计算时，冠层截留量按蒸散发能力蒸发；当截留水量小于蒸散发能力时，采用三层蒸散发模型。三层蒸散发模型的计算原则：上层按蒸散发能力蒸发，若上层含水量不够蒸发时，剩余的蒸散发能力则从下层蒸发，下层蒸发与剩余蒸散发能力以及下层含水量成正比，和下层蓄水容量成反比，计算的下层蒸散发量与剩余的蒸散发能力之比不能小于深层蒸散发系数 C 。否则，不足的部分由下层含水量补给，而当下层不够补给时，则由深层含水量补给。三层蒸散发模型所用的计算公式如下所示。

（1）当上层张力水蓄量足够时，上层蒸散发 E_u 为

$$E_u=K\cdot E_M \tag{5.1-4}$$

式中：$K_{为}$ 蒸散发折算系数；E_M 为计算时段内实测水面蒸发量，mm。

（2）当上层已干且下层蓄量足够时，下层蒸散发 E_l 为

$$E_l=(K\cdot E_M-E_u)W_l/W_{LM} \tag{5.1-5}$$

式中：W_l 为实际的土壤含水量，mm。

（3）当下层蓄量亦不足时，蒸散发 E_d 为

$$E_d=C(K\cdot E_M-E_u)-E_l \tag{5.1-6}$$

式中：C 为深层蒸散发系数。则时段蒸散发量 $ET=E_u+E_l+E_d$ 。

5.1.2.4 单元产流及分水源

土壤蓄满表示的是土壤含水量达到田间持水量，而不是饱和含水量。模型采用蓄满产流机制是指在降雨过程中，直到土壤包气带蓄水量达到田间持水量才能产流，而在达到田间持水量之前，所有来水均被土壤吸收而不产流。新安江模型引进张力水蓄水容量分布曲线来考虑土壤含水量面上分布不均的问题，而在Grid-XAJ模型中，由流域地貌特征

以及土壤、植被等下垫面条件来确定任意一个网格单元的张力水蓄水容量 W_M，而在网格单元内暂不考虑张力水含水量分布不均的问题。将计算时段内网格单元的实测降雨先扣除相应时段的蒸散发、植被冠层截留、河道降雨后，再考虑上游入流是否补足当前单元的土壤含水量，即可得到实际用于产流计算的时段雨量 P_e，则

当 $P_e \leqslant 0$ 或 $P_e + W_0 \leqslant W_M$ 时，

$$R = 0 \tag{5.1-7}$$

当 $P_e + W_0 > W_M$ 时，

$$R = P_e + W_0 - W_M \tag{5.1-8}$$

式中：R 为时段产流量，mm；W_0 为网格单元实际的张力水含量，mm。

以网格单元是否蓄满为判断标准，Grid-XAJ 模型可用于分析产流面积在时间上的变化规律，而且，利用模型基于 DEM 网格的特点，Grid-XAJ 模型还可以用于分析产流面积在空间上的分布情况。

在 Grid-XAJ 模型中，任意网格单元内的产流量 R 均被划分为 3 种水源：地表径流 R_s、壤中流 R_i 以及地下径流 R_g。与产流计算一样，在进行分水源计算时，每个网格单元内不再考虑自由水蓄水容量面上分布不均问题。分水源计算所用公式为

$$R_i = K_i \cdot S \tag{5.1-9}$$

$$R_g = K_g \cdot S \tag{5.1-10}$$

当 $R + S \leqslant S_M$ 时，

$$R_s = 0 \tag{5.1-11}$$

当 $R + S > S_M$ 时，

$$R_s = R + S - S_M \tag{5.1-12}$$

式中：S_M 为表层土自由水蓄水容量，mm；K_i 为表层自由水含量对壤中流的出流系数；K_g 为表层自由水含量对地下水的出流系数；S 为网格单元实际的自由水含量，mm。

5.1.2.5 汇流演算

1. 一维扩散波模型

Grid-XAJ 模型在进行网格间扩散波汇流演算时，假设任意网格单元都由坡地和河道组成，即原来的坡地网格上也存在一个“虚拟河道”，地下径流与壤中流都直接汇入河道或“虚拟河道”，因此网格间的汇流就由坡面汇流及河道汇流组成，均采用扩散波模型。

（1）坡面汇流

Grid-XAJ 模型的坡面水流运动利用一维扩散波方程组来描述：

$$\begin{cases} \dfrac{\partial h_s}{\partial t} + \dfrac{\partial (u_s h_s)}{\partial x} = q_s \\ \dfrac{\partial h_s}{\partial x} = S_{oh} - S_{fh} \end{cases} \tag{5.1-13}$$

式中：h_s 为坡面水流的水深，m；u_s 为坡面水流的平均流速，m/s；q_s 为单位时间内所计算的坡面径流深，m/s；t 为时间，s；x 为流径长度，m；S_{oh} 为沿出流方向的地表坡度；S_{fh} 为沿出流方向的地表摩阻比降。

在进行网格间汇流演算时，式(5.1-13)需要在每个网格单元上进行离散，其中的连续性方程为

$$\frac{\partial h_s}{\partial t}=\frac{1}{A_{gc}}[Q_{sup}+Q_s-Q_{sout}] \tag{5.1-14}$$

式中：A_{gc} 为网格单元的面积，m^2，且 $A_{gc}=A_{gr}\times 10^6$；Q_s 为网格单元的地表径流流量，m^3/s；Q_{sout} 为网格单元的地表径流出流量，m^3/s；Q_{sup} 为上游网格入流量，m^3/s。

坡面汇流的初始条件与上、下边界条件分别为

$$h_{s,i}^0=Q_{sout,i}^0=0,\qquad i=1,2,\ldots,k \tag{5.1-15}$$

$$Q_{sup}=0$$

$$h_{s,O}=h_{s,O+1} \tag{5.1-16}$$

式中：k 为流域内网格单元总数；O 为流域出口对应的网格数。

(2) 河道汇流

河道水流运动的一维扩散波方程组为

$$\begin{cases}\dfrac{\partial A_{ch}}{\partial t}+\dfrac{\partial Q_{ch}}{\partial x}=q_l\\[2ex]\dfrac{\partial h_{ch}}{\partial x}=S_{oc}-S_{fc}\end{cases} \tag{5.1-17}$$

式中：A_{ch} 为河道断面的过水面积，m^2；Q_{ch} 为河道流量，m^3/s；q_l 为单宽旁侧入流，m^2/s；S_{oc} 为河道坡度；S_{fc} 为河道摩阻比降；h_{ch} 为河道水深，m。

2. 基于网格的马斯京根汇流方法

在没有河道断面资料的流域，Grid-XAJ 模型采用基于网格的马斯京根汇流方法将地表径流、壤中流、地下径流以及河道水流分别演算至流域出口。以地表径流 Q_s 为例(图5.1-2)，a，b，c 三个网格的流量分别为 Q_a，Q_b，Q_c，Q_a'，Q_b'，Q_c' 可以通过马斯京根法计算得到：

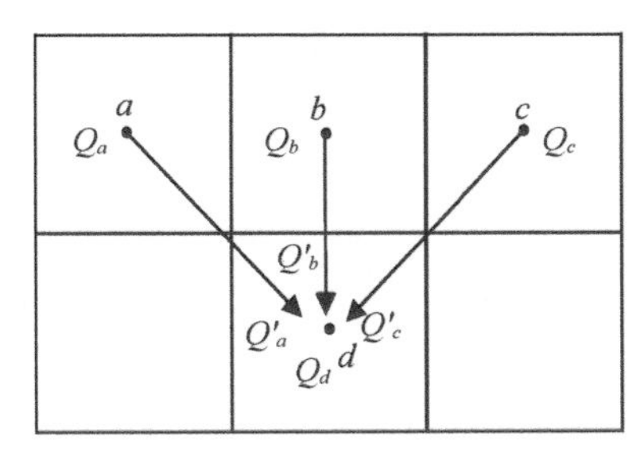

图 5.1-2　基于网络的马斯京根法示意图

$$Q_{i+1}^{t+1}=C_1Q_i^t+C_2Q_i^{t+1}+C_3Q_{i+1}^t \tag{5.1-18}$$

式中：$C_1=\dfrac{0.5\Delta t-x_ek_e}{(1-x_e)k_e+0.5\Delta t}$；$C_2=\dfrac{0.5\Delta t+x_ek_e}{(1-x_e)k_e+0.5\Delta t}$；$C_3=\dfrac{(1-x_e)k_e-0.5\Delta t}{(1-x_e)k_e+0.5\Delta t}$；$x_e$ 和 k_e 为马斯京根法的两个参数。

在 t 时刻，网格 d 的出流可表示为

$$Q_d^t=Q_a^{t}{}'+Q_b^{t}{}'+Q_c^{t}{}'+Q_{s,d}^t(1-f_{ch}) \tag{5.1-19}$$

3. 日径流模拟的汇流演算方法

对于日径流模拟而言，Grid-XAJ 模型采用线性水库法和滞后演算法计算流域的出流过程，即

$$Q_{s,i}^t=R_{s,i}^t\cdot U \tag{5.1-20}$$

$$Q_{i,i}^t=Q_{i,i}^{t-1}\cdot C_i+R_{i,i}^t\cdot(1-C_i)\cdot U \tag{5.1-21}$$

$$Q_{g,i}^t=Q_{g,i}^{t-1}\cdot C_g+R_{g,i}^t\cdot(1-C_g)\cdot U \tag{5.1-22}$$

$$Q_T^{t+L_{ag}}=Q_T^{t+L_{ag}-1}\cdot C_s+\left(\sum_{j=1}^{k}Q_{s,j}^t+\sum_{j=1}^{k}Q_{i,j}^t+\sum_{j=1}^{k}Q_{g,j}^t\right)\cdot(1-C_s) \tag{5.1-23}$$

式中：$R_{s,i}^t$，$R_{i,i}^t$，$R_{g,i}^t$ 分别为 t 时刻第 i 个网格单元的地表径流、壤中流、地下径流，mm；$Q_{s,i}^t$，$Q_{i,i}^t$，$Q_{g,i}^t$ 分别为 t 时刻第 i 个网格单元的地表径流、壤中流、地下径流对应的出流量，m^3/s；$Q_{i,i}^{t-1}$，$Q_{g,i}^{t-1}$ 分别为 $t-1$ 时刻第 i 个网格单元的壤中流、地下径流对应的出流量，m^3/s；U 为单位折算系数，对于日径流模拟而言，时间步长为 24 h，则 $U=A_{gr}/86.4$；A_{gr} 为网格单元的面积，km^2；$\sum_{j=1}^{k}Q_{s,j}^t$，$\sum_{j=1}^{k}Q_{i,j}^t$，$\sum_{j=1}^{k}Q_{g,j}^t$ 分别为 t 时刻网格单元的地表径流、壤中流、地下径流在流域出口处的累积流量，m^3/s；k 为流域内网格单元的个数；Q_T 为流域的出流过程，m^3/s；C_i 为壤中流消退系数；C_g 为地下径流消退系数；C_s 为河网水流消退系数；L_{ag} 为河网汇流滞时。

5.1.3 模型参数

对于传统的集总式水文模型而言，同一个流域只需要赋同一组模型参数值，模型参数的确定主要是根据流域出口点实测的出流过程进行人工率定或采取自动优化的方法，如 SCE-UA 优化与单纯形法优化等。而对于分布式水文模型而言，往往需要获得流域内任意一个计算单元的模型参数值，参数优化相对复杂，工作量也较大。如果先根据土壤、植被等下垫面空间信息估计出分布式水文模型的参数值，再根据实测的出口流量过程对模型参数进行率定和检验，则可以使模型率定工作更加合理，也可以使模型参数的物理意义更加明确。Anderson 等明确指出了进行模型参数估计的必要性。第一，目前的参数估计方法大多具有主观性和经验性，这本身就限制了基于流域物理特性的客观估计方法的发展；第二，传统的参数估计方法太依赖于根据流域出口实测数据的率定过程，这不利于高

精度、高维数的分布式水文模型的发展；第三，客观的参数估计有助于学者更好地了解水文气象驱动数据的误差分布。

研究发现，Grid-XAJ 模型中有些参数可以直接通过每个网格单元的土壤类型和植被覆盖类型估计，如 LAI，LAI_{max}，h_{lc} 与 n_h；有些参数可以通过其物理意义，与土壤类型及植被覆盖之间建立关系，如 W_M，W_{UM}，W_{LM}，S_M，K_i，K_g 与 C；有些参数可以通过地貌特征获取，如 L_{ch}，W_{ch}，S_{oh}，S_{oc}，n_c，f_{ch} 与河道形状；由于滞后演算法参数 C_s 与 L_{ag} 反映的是整个流域河网的调蓄能力，因此本节对这两个参数采取的是集总式考虑。剩余的参数，包括 K，k_e，x_e，C_i 与 C_g，本节假定它们的取值在空间上分布均匀，采用的是流域内统一赋值的方法。

5.1.3.1 土壤与植被参数

表 5.1-1 为不同的土壤类型对应的三种土壤水分常数取值，其中 θ_s 为饱和含水量，θ_{fc} 为田间持水量，θ_{wp} 为凋萎含水量，在研究模型参数估计方法时将对这三种水分常数进行应用。表 5.1-2 为逐月的叶面指数统计情况，表 5.1-3 为不同植被类型所对应的 LAI_{max}、h_{lc} 与 n_h 取值。

表 5.1-1 土壤参数统计表

土壤类型	θ_s	θ_{fc}	θ_{wp}
砂土	0.38	0.15	0.04
壤砂土	0.41	0.19	0.05
沙壤土	0.42	0.27	0.09
粉壤土	0.47	0.35	0.15
粉土	0.48	0.34	0.11
壤土	0.44	0.30	0.14
砂质黏壤土	0.43	0.29	0.16
粉质黏壤土	0.47	0.41	0.24
黏壤土	0.45	0.36	0.21
砂质黏土	0.42	0.33	0.21
粉黏土	0.45	0.43	0.28
黏土	0.45	0.40	0.28

表 5.1-2 逐月叶面指数统计表

植被类型	LAI											
	1月	2月	3月	4月	5月	6月	7月	8月	9月	10月	11月	12月
常绿针叶林	8.76	9.16	9.83	10.09	10.36	10.76	10.49	10.23	10.09	9.83	9.16	8.76
常绿阔叶林	5.12											
落叶针叶林	8.76	9.16	9.83	10.09	10.36	10.76	10.49	10.23	10.09	9.83	9.16	8.76

续表

植被类型	LAI											
	1月	2月	3月	4月	5月	6月	7月	8月	9月	10月	11月	12月
落叶阔叶林	0.52	0.52	0.87	2.11	4.51	6.77	7.17	6.51	5.04	2.17	0.87	0.52
混合林	4.64	4.84	5.35	6.10	7.43	8.77	8.83	8.37	7.57	6.00	5.01	4.64
森林地	5.28	5.53	6.01	6.44	7.24	8.36	8.54	8.13	7.25	6.33	5.63	5.30
林地草原	2.33	2.48	2.73	3.03	3.88	5.52	6.24	5.77	4.16	3.13	2.62	2.40
密集灌木林	0.58	0.63	0.63	0.63	0.92	1.77	2.55	2.55	1.73	0.97	0.73	0.63
稀疏灌木林	0.40	0.40	0.31	0.22	0.25	0.33	0.43	0.80	1.17	0.80	0.50	0.40
牧草地/草原	0.78	0.89	1.00	1.12	1.78	3.67	4.78	4.23	2.00	1.23	1.00	0.89
作物地	0.78	0.89	1.00	1.12	1.78	3.67	4.78	4.23	2.00	1.23	1.00	0.89
裸露地	0.001											
城市用地	1.29	1.39	1.55	1.77	2.52	4.14	5.02	4.58	2.85	1.89	1.52	1.37

表 5.1-3 植被参数统计表

植被类型	LAI_{max}	h_{lc}	n_h
常绿针叶林	10.76	17.00	0.1
常绿阔叶林	6.00	35.00	0.1
落叶针叶林	10.76	15.50	0.1
落叶阔叶林	7.17	20.00	0.1
混合林	8.83	19.25	0.1
森林地	8.54	14.34	0.1
林地草原	6.24	7.04	0.3
密集灌木林	5.07	0.60	0.3
稀疏灌木林	6.00	0.51	0.2
牧草地/草原	4.78	0.57	0.17
作物地	5.98	0.55	0.035
裸露地	0.74	0.20	0.01
城市用地	5.02	6.02	0.015

5.1.3.2 产流与分水源参数估算

Grid-XAJ 模型蓄满产流及分水源参数包括 W_M ，S_M ，K_i 与 K_g 。

W_M 表示的是网格单元全土层的张力水蓄水容量；S_M 表示的是网格单元表土层的自由水蓄水容量，赵人俊教授在比较新安江模型参数与 SAC 模型参数时，给这里的“全土层”与“表土层”做了明确定义：由于新安江模型采用蓄满产流机制，地表径流的产流方式即为饱和坡面流，所以全土层必然是整个包气带，而表土层必然是土壤的腐殖质土层。另一方面，可以认为土层的张力水介于田间持水量与凋萎含水量之间，自由水介于饱和含水量与田间持水量之间，由此可以得到 W_M 与 S_M 的计算公式：

$$W_M=(\theta_{fc}-\theta_{wp})\cdot L_a \tag{5.1-24}$$

$$S_M=(\theta_s-\theta_{fc})\cdot L_h \tag{5.1-25}$$

式中：L_a 为包气带厚度，mm；L_h 为腐殖质土层厚度，mm；θ_{fc} 为田间持水量；θ_{wp} 为凋萎含水量；θ_s 为饱和含水量。

式(5.1-24)与式(5.1-25)中的 θ_s，θ_{fc}，θ_{wp} 均可以根据网格单元的土壤类型通过查土壤参数统计表获取，因此只要知道每个网格单元的 L_a 与 L_h 即可获得 W_M 与 S_M 在流域上的空间分布情况。

在自然界中，影响包气带厚度的因素较多，很难进行直接推求。L_a 与 L_h 可通过与地形指数及土壤类型对应的土壤水分常数进行估算，可假定地形指数大的地方包气带较薄，而地形指数小的地方包气带较厚，这与实际情况也基本相符。一般而言，在湿润地区，地形指数大的地方大多位于河道附近，而这些区域的地下水埋深较浅，包气带相对较薄；相反，地形指数小的地方基本位于流域的上游山坡，远离河道，包气带相对较厚。因此，可以假设流域上地形指数最大的网格单元对应的张力水蓄水容量最小，而地形指数最小的网格单元对应的张力水蓄水容量最大，则有

$$\begin{cases}\xi_a\cdot TI_{\min}+\xi_b=L_{a\max}=\dfrac{W_{M\max}}{\theta_{fc,TI_{\min}}-\theta_{wp,TI_{\min}}}\\[2ex]\xi_a\cdot TI_{\max}+\xi_b=L_{a\min}=\dfrac{W_{M\min}}{\theta_{fc,TI_{\max}}-\theta_{wp,TI_{\max}}}\end{cases} \tag{5.1-26}$$

式中：$TI_{\min}$ 为地形指数最小值；$TI_{\max}$ 为地形指数最大值；ξ_a 与 ξ_b 为两个系数；$W_{M\max}$ 为流域上 W_M 的最大值(可由新安江模型参数的分析以及应用经验推求)；$W_{M\min}$ 为流域上 W_M 的最小值。

可以根据 DWTES 系统提取流域上每个网格单元的地形指数，再搜索出其最大值与最小值，并根据土壤参数统计表确定 $\theta_{fc,TI_{\max}}$，$\theta_{wp,TI_{\max}}$，$\theta_{fc,TI_{\min}}$，$\theta_{wp,TI_{\min}}$，即可利用式(5.1-26)计算出 ξ_a 与 ξ_b，进而可以计算出任意网格 i 的包气带土层厚度：

$$L_{a,i}=\xi_a\cdot TI_i+\xi_b \tag{5.1-27}$$

式中：TI_i 为第 i 个网格的地形指数。

腐殖质土层厚度 L_h 不仅与网格单元的地貌特征有关，还与植被类型有关。在对其进行估计时，令

$$L_h=\vartheta_{lc}L_a \tag{5.1-28}$$

式中：ϑ_{lc} 为土层厚度折算系数，主要根据网格单元上的植被类型来确定。

对 ϑ_{lc} 的先验估计主要基于新安江模型 S_M 分布曲线的应用经验。在估计 ϑ_{lc} 前，先估计出新安江模型的 S_M 分布曲线，然后利用流域上植被覆盖的分布情况估计出每种植被类型对应的 ϑ_{lc} 值以获得 L_h，并利用式(5.1-28)计算出每个网格单元的 S_M，由此即可统

计出 Grid-XAJ 模型的 S_M 分布曲线，最后对两条曲线进行对比分析，使其尽量接近。在调试新安江日模型参数与次洪模型参数时，往往需要对 S_M 进行修正，但考虑到本书中 S_M 是由流域的地貌、植被特征确定，应当更接近于实际情况，因此在 Grid-XAJ 日模型与次洪模型中各个网格单元的 S_M 不再改变。

K_i 与 K_g 这两个参数属于并联参数，其和 K_i+K_g 代表的是自由水出流的快慢，应与单元的土壤类型有关，而自由水指的是饱和含水量与田间持水量之间那部分可以在重力作用下自由流动的水，因此可以将 θ_s 与 θ_{fc} 作为衡量自由水出流快慢的指标；K_i/K_g 表示的是壤中流与地下径流的比值，此比值可以通过 θ_{wp} 来反映，具体的计算公式如下：

$$K_i+K_g=\left(\frac{\theta_{fc}}{\theta_s}\right)^{m_{oc}} \tag{5.1-29}$$

$$\frac{K_i}{K_g}=\frac{1+2(1-\theta_{wp})}{m_r} \tag{5.1-30}$$

式中：m_{oc} 为自由水出流综合影响因子；m_r 为自由水出流校正系数，根据已有的研究成果，在估计模型参数时，可以取 $m_r=1$。

m_{oc} 可直接通过新安江模型分水源中的结构性约束（取 $K_i+K_g=0.7$）获取。具体的步骤如下：先给 m_{oc} 赋予一初值，然后根据每个网格单元的土壤类型由土壤参数估值和式(5.1-29)确定出网格单元对应的 K_i+K_g，再统计出流域内所有网格 K_i+K_g 的均值并与 0.7 作比较，由此对 m_{oc} 进行调整，使其尽量满足该结构性约束。

另外，上述的 K_i 与 K_g 都是按天为时段长定义的，如果时段长发生改变，则需要对 K_i 与 K_g 进行换算：

$$\begin{cases} K'_i=\dfrac{1-(1-K_g-K_i)^{\frac{\Delta t}{24}}}{1+\dfrac{K_g}{K_i}} \\ K'_g=K'_i\cdot\dfrac{K_g}{K_i} \end{cases} \tag{5.1-31}$$

5.1.3.3 蒸散发参数估算

Grid-XAJ 模型三层蒸散发参数包括 W_{UM}，W_{LM}，C 与 K。

在湿润流域，平均的上、下层张力水容量一般可以取 20 mm 与 60 mm，而整个包气带张力水容量常以 120 mm 作为估值。以此为基础，可取 $W_{UM}\approx0.167W_M$；$W_{LM}\approx0.5W_M$。参数 C 与网格单元的植被覆盖率有关，在植被密集地区 C 值可取 0.18，因此可令 $C=0.18f_{lc}$，f_{lc} 可通过相关公式求得。本节暂不考虑蒸散发折算系数 K 在不同网格单元的高程修正问题，而是认为它在流域内空间分布均匀，因此，该参数主要与测量水面蒸发时所用的蒸发器有关。对于国内普遍采用的 E601 蒸发器而言，可取 $K\approx1$。

5.1.3.4 汇流参数估算

(1) 扩散波汇流：n_h、n_c、S_{oh}、S_{oc}、f_{ch} 与河道形状

当 Grid-XAJ 模型进行扩散波汇流演算时，模型参数的估计主要是基于流域地貌特征

以及河道断面信息。其中，坡面汇流的曼宁糙率系数 n_h 是根据网格单元的植被类型由植被参数统计表确定的。而每个网格单元河道（包括虚拟河道）汇流的曼宁糙率系数 n_c 由下式进行计算：

$$n_c = n_0 {S_{oc}}^{k1} {A_d}^{k2} \tag{5.1-32}$$

式中：$k1$ 与 $k2$ 为确定 n_c 的两个系数，可分别取 $k1=0.272$，$k2=-0.000\,11$；A_d 为网格单元的上游汇水面积，km^2，即利用 DWTES 系统提供的网格控制面积矩阵；n_0 可由流域出口点的 $n_{c,0}$ 与 $S_{oc,0}$ 代入公式(5.1-32)反算出来，当流域出口点有实测的水位流量关系时，$n_{c,0}$ 可以根据相关公式求得，当出口点无实测资料时，可以根据相关文献估值；S_{oh} 与 S_{oc} 直接由 DWTES 系统提供，f_{ch} 也是在 DWTES 系统生成的研究流域水系基础上，采用面积比例法进行计算。

在判断河道形状时，可以根据流域内实测站点的断面数据，反演出每一个网格单元的河道形状。在反演时，可定义一个断面宽度指数 α，考虑到随着上游汇水面积的增加，越到流域下游，其河道过水断面面积应该越大，且变化比较明显，因此，可认为 α 在流域内是变化的，即河道断面的尺寸是空间变化的。根据流域内已有的实测断面资料分析，即可获得 α 的空间分布，进而推算河道网格的断面宽度与形状。

此外，也可基于地形特征与遥感影像，对河道宽度进行估算。对于河道网格 i，有

$$B = \delta f_{te} + B_0 \tag{5.1-33}$$

式中：B 为河道网格 i 的河宽，m；f_{te} 为河道网格单元地形因子；δ 为河宽比例系数；B_0 为基础河宽，m。其中，δ 与 B_0 均可通过遥感影像图量测或断面实测资料进行确定，f_{te} 可通过河道网格单元对应的上游累积汇水面积与坡度原点矩进行计算。

(2) 网格马斯京根法汇流：k_e 与 x_e

本节暂没有考虑 k_e 与 x_e 在空间上分布不均的问题，而是采用流域内网格统一赋值的方法。给不同的径流成分，包括地表径流（$k_{e,s}$，$x_{e,s}$）、壤中流（$k_{e,i}$，$x_{e,i}$）、地下径流（$k_{e,g}$，$x_{e,g}$）与河道水流（$k_{e,ch}$，$x_{e,ch}$），赋予不同的参数估计值。在进行网格间汇流演算时，参数 x_e 不敏感，可以根据相关文献予以估计，如对于地下径流 $x_{e,g}$ 可以取 0。k_e 反映的是不同径流成分在网格单元的汇流时间，一般情况下有 $k_{e,ch} \geqslant k_{e,s} \geqslant k_{e,i} \geqslant k_{e,g}$。对于次洪模型，$k_{e,i}$ 与 $k_{e,g}$ 相对不敏感，$k_{e,ch}$ 与 $k_{e,s}$ 可以通过汇流时间与地貌特征间的关系进行估计。

(3) 线性水库及滞后演算法汇流：C_i、C_g、C_s 与 L_{ag}

线性水库与滞后演算法汇流参数主要是针对 Grid-XAJ 日模型而言的，在次洪模型中无须对这几个参数进行估计。本节也是假定 C_i 与 C_g 空间分布均匀，C_i 相对不敏感，可以取一般常用值作为模型的参数估计值，C_g 可以通过分析枯季退水资料直接求得，在没有实测资料的情况下，可以通过已有的应用经验进行估计。C_s 与 L_{ag} 反映的是整个流域河网的调蓄能力，前者决定洪水的坦化，后者决定洪水的平移，可以采取集总式考虑，估计参数的方法与新安江模型所用方法一样。

5.2 TOPKAPI 模型

5.2.1 模型结构

该模型为基于物理基础的分布式水文模型，以 DEM 栅格为计算单元，在空间上采用非线性运动波方程法模拟水流运动。模型将每一个计算单元中的水文过程概化为三个结构上相似的非线性水库方程，分别代表浅层土壤与深层土壤中的排水以及河道径流。在计算时采用有限差分方法，每个网格内水流方向采用四向汇流模式(图 5.2-1)。

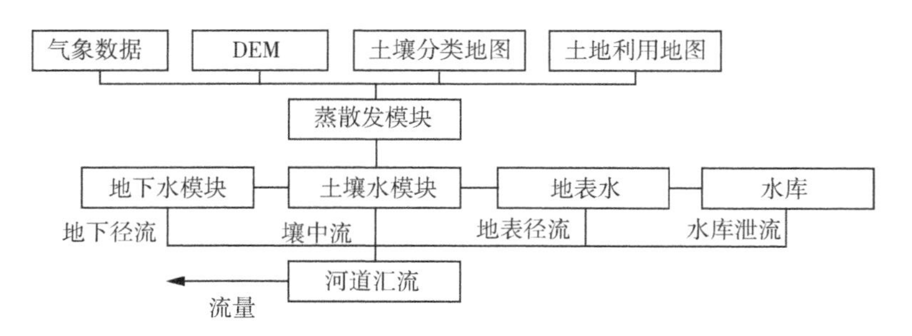

图 5.2-1 TOPKAPI 模型主要结构

基于对研究流域较为细致的网格划分，TOPKAPI 模型可以充分考虑到物理参数在空间分布上的差异性，并且能够给出流域上每一个计算单元点的土壤饱和度、产汇流水深等具体模拟结果。

TOPKAPI 模型所需的用于刻画流域水文条件及下垫面条件的数据，大多可根据其实际物理意义通过实际测量获取，如用以刻画下垫面条件的土壤厚度、土壤横纵向饱和水力传导度、非线性水库方程系数、地表曼宁系数以及植被蒸发系数等参数，均可通过土壤类型分类图和土地利用图直接获取，反映流域高程与坡度分布变化的信息可以通过 DEM 提取获得。因此，TOPKAPI 模型参数较为容易获取。

5.2.2 模型原理

5.2.2.1 模型基本假设

TOPKAPI 模型的构建基于如下几个假设。

(1) 在每一个计算单元网格范围内，假定所有的下垫面条件、气象水文数据均是不变的；降雨量通过泰森多边形法、块克里金法、反距离平均法或其他空间插值方法反应分配到每一个计算单元之上实现降雨量从点数据到空间面数据的转换。

(2) 在计算地表和河道的水量时，认为自由水面的水面线坡度同水面下的地表坡度或河底坡度一致，这一点同圣维南方程组中的假设一致，使得即使在非饱和区域运动波同样可以适用于地表坡面水流运动以及河道的洪水模拟上。因此在本模型中对于水流运动的基本描述方法便是圣维南方程组的动量方程同连续性方程的联立。

(3) 对于土壤水的运动进行了简化假设，认为土壤水导水率同计算单元内土壤水的含量为线性关系，并假设原本应用于饱和土壤环境中的达西定律可用于非饱和状态下；水力传导度的分布变化在浅层土壤中不随土壤的深度变化而变化，在全深度上为定值。

5.2.2.2 模型地面模式

TOPKAPI 模型采用蓄满产流模式，产流机制如图 5.2-2 所示，TOPKAPI 模型将土壤划分为三层，分别为上层非饱和区，下层非饱和区与下层饱和区，其中上层非饱和区影响到蓄满产流，并直接参与壤中流的生成。模型建立所需的参数见表 5.2-1。

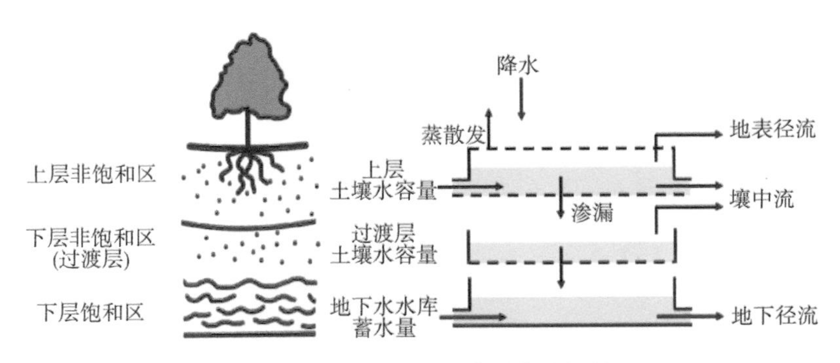

图 5.2-2 TOPKAPI 模型产流机制

表 5.2-1 TOPKAPI 主要参数

参数类	格式	说明
降雨数据	雨量站或栅格地图	产流的主要输入，若为雨量站形式则需要雨量站的经纬度坐标
气温数据	气象站序列	包括计算时段气温及月平均气温，用于潜在蒸散发，需要气象站经纬度坐标
流域高程模型	栅格地图	用于提取流域范围与水系等基本信息，以及根据坡度计算汇流方向等
土壤分类情况	栅格或矢量地图	用于描述下垫面土壤的分布情况
土壤参数	文本表格	用于存储不同种类土壤的具体参数，包括土壤厚度，水平及垂直饱和水力传导度，饱和含水量，残余含水量等
土地利用分类	栅格或矢量地图	用于描述流域地表不同植被类型的分布情况
土地利用参数	文本表格	用于存储不同种类地表的具体参数，如曼宁系数用于计算地表洪水波演算及植被蒸发系数用于计算潜在蒸散发

5.2.2.3 蒸散发计算

TOPKAPI 模型的蒸散发量可以通过外部输入作为直接来源，或者以温度、湿度、高程等作为输入进行蒸散发的计算。目前水文模型考虑蒸散发时最复杂、也是对物理机制描述的最为详尽的方法为 Penman-Monteith 公式。该公式详尽考虑了作物因素中需水差异、叶面面积、生长速度、根系，气象因素中的辐射、空气湿度、气温、风度以及土壤因素等等，被应用在了诸如 MIKE SHE、DHSVM 等模型当中。然而该方法的不足之处在于对于资料种类的需求量较大，很多的流域无法获取足够的气象信息，在模型的建立过程中会存在种种困难。TOPKAPI 模型蒸散发计算采用 Thornthwaite 公式，同常用的 Penman-

Monteith 相比该方法计算较为简单，且需求的资料相对较少，利于模型的广范围普及，并且考虑到一年不同季节中不同植物类型生长的不同时期蒸散发能力的影响，综合考虑土壤覆盖率、湿润以及土壤饱和的情况计算实际蒸散发。考虑到蒸散发在历时较短的洪水过程中所占的比例，其主要影响在于枯水期或者降雨前期对于土壤初始含水量的确定。因此在整体蒸散发量基本符合实际的前提下，对于蒸散发计算的描述方法并不需要极其精准。

Thornthwaite 和 Mather 提出了一种计算潜在蒸散发 ET_0 的经验计算方法，该方法以月为基准，能够有效地简化表达蒸散发模式。通过一个月中的最大日照小时数建立同月平均温度 T 和补偿因子 W_{ta} 的线性温度关系。对于给定时段和农作物生长周期情况，可以通过如下的计算公式计算潜在蒸散发量：

$$ET_0 = K_c(\beta N W_{ta} T_{\Delta t}) \frac{\Delta t}{30 \times 24 \times 3\ 600} \tag{5.2-1}$$

式中：ET_0 为计算单元内潜在蒸散发量；K_c 为植被生长阶段的蒸散发因子；Δt 为计算时间步长；β 为回归系数；$T_{\Delta t}$ 为计算步长内计算单元的平均气温；N 为与经纬度相关的月均最大日照数；W_{ta} 为权重因子，通过如下的高程及多年平均气温的关系曲线求得

$$W_{ta} = -6 \times 10^{-7} Z\overline{T}_m + 0.017\ 7\overline{T}_m + 3 \times 10^{-5} Z + 0.442\ 4 \tag{5.2-2}$$

根据 Thornthwaite 公式可通过如下公式计算单元内的潜在蒸散发值：

$$\begin{cases} ET_{0m}(i) = 16a(i)\left[10\dfrac{T(i)}{b}\right]^c \\ a(i) = \dfrac{n(i)}{30} \times \dfrac{N(i)}{12} \\ b = \sum\limits_{i=1}^{12}\left[\dfrac{T(i)}{5}\right]^{1.514} \\ c = 0.492\ 39 + 1\ 792 \times 10^{-5} b - 771 \times 10^{-7} b^2 + 675 \times 10^{-9} b^3 \end{cases} \tag{5.2-3}$$

式中：ET_{0m} 为标准草地单元的蒸散发能力；n 为日均日照时间；T 为时刻气温。

5.2.2.4 壤中流与土壤水计算

在非饱和的土壤层中，可以用如下公式表示土壤层传导率：

$$T = \int_0^L K[\tilde{\vartheta}(z)]\mathrm{d}z \tag{5.2-4}$$

式中：T 为土壤层传导率；L 为计算单元网格的土层厚度；z 为垂直方向轴；$K[\tilde{\vartheta}(z)]$ 为采用饱和度表达的一个非饱和土壤条件下水力传导度；$\tilde{\vartheta} = \dfrac{\vartheta - \vartheta_r}{\vartheta_s - \vartheta_r}$，表示浅土壤层中减少的水量；$\vartheta_r$ 为残留含水量，即去除受毛管力和重力影响的自由水后自然条件下土壤最低含水量；ϑ_s 为浅土壤层饱和含水量；ϑ 为土壤层中的实际含水量。

在前文假设(3)中我们认定实际的水力传导度是受土壤层的含水量影响且呈线性关系的，并且在不同土壤深度中我们假设该水力传导度的数值为定值，可采用如下的近似公

式来替代公式(5.2-4)中的传导度 T。

$$T(\widetilde{\Theta}) = K_s L \widetilde{\Theta}^{\alpha} \tag{5.2-5}$$

式中：K_s 为饱和水力传导度；$\widetilde{\Theta}=\frac{1}{L}\int_0^L \widetilde{\vartheta}(z)\mathrm{d}z$ 为在垂直方向上水量的减少量；α 为由土壤特性决定的参数，取值2.5。

通过 Brooks-Corey 公式可以计算所有土壤网格内水平方向上的流量。

$$K(\widetilde{\vartheta}) = K_s \widetilde{\vartheta}^{\alpha} \tag{5.2-6}$$

$$q = \int_0^L \tan\beta K_s \widetilde{\vartheta}^{\alpha} \mathrm{d}z \tag{5.2-7}$$

由此推算出如下公式用于计算出土壤间径流量：

$$q = \tan\beta K_s L \widetilde{\Theta}^{\alpha} \tag{5.2-8}$$

其中

$$\widetilde{\Theta} = \frac{1}{L}\int_0^L \widetilde{\vartheta}(z)\mathrm{d}z = \frac{1}{L}\int_0^L \frac{\vartheta - \vartheta_r}{\vartheta_s - \vartheta_r}\mathrm{d}z \tag{5.2-9}$$

式中：q 为计算单元间的单宽流量；β 为计算单元之间的坡度。

通常的水力学分析会采用连续性方程和动态方程的联立。计算单元间的上层壤中流时与连续性方程的联立可得如下方程：

$$\begin{cases} (\vartheta_s - \vartheta_r) L \dfrac{\partial \widetilde{\Theta}}{\partial t} + \dfrac{\partial q}{\partial x} = p \\ q = \tan\beta K_s L \widetilde{\Theta}^{\alpha} \end{cases} \tag{5.2-10}$$

式中：x 为计算单元的尺寸，即沿流向的宽度；t 为时间；p 为通过下渗进入土壤中的水量。

土壤水含量的百分比通过如下公式改写为实际的土壤水体积 η：

$$\eta = (\vartheta_s - \vartheta_r) L \widetilde{\Theta} \tag{5.2-11}$$

将其中的部分算子整体替换为下式中的 C，依照非线性水库理论该部分是由水力传导率和坡度组成的蓄水容量，用于代表一个由计算单元的下垫面土壤性质决定的局部土壤水传导系数。

$$C = \frac{L K_s \tan\beta}{(\vartheta_s - \vartheta_r)^{\alpha} L^{\alpha}} \tag{5.2-12}$$

则关于土壤水量的微分方程表达为如下形式：

$$\frac{\partial \eta}{\partial t} = \frac{1}{X^2}(pX^2 + Q_o^u + Q_s^u) - \frac{C_s}{X}\eta^{\alpha_s} \tag{5.2-13}$$

式中：Q_o^u 和 Q_s^u 分别代表由上游计算单元进入当前计算单元的地表和地下流量；X 为计

算单元的边长尺寸；η 为浅层土壤中的水含量。上式可改写成为如下标准非线性水库形式。

$$\frac{\partial \eta}{\partial t}=a-b\eta^{c} \tag{5.2-14}$$

式中：a，b，c 分别为不随时间改变的常数，以便于统一进行求解。

5.2.2.5 地表坡面径流

TOPKAPI 模型中地表水在重力影响下沿单一的最大坡度方向流向下一个计算单元网格，并在进入标记有河道的计算单元时部分水量进入河道。TOPKAPI 模型采用四向汇流，在地表水、土壤水、地下水和河道水汇流时考虑到东、西、南和北方向的水运动。

通过近似的运动波方程同曼宁公式联立，分别从动量和连续性方面描述水在地表任意方向的运动。

$$\begin{cases}\dfrac{\partial h_o}{\partial t}=r_o-\dfrac{\partial q_o}{\partial x}\\ q_o=\dfrac{1}{n_o}(\tan\beta)^{\frac{1}{2}}h_o^{\frac{5}{3}}=C_o h_o^{\alpha_o}\end{cases} \tag{5.2-15}$$

式中：h_o 为计算单元网格内的平均地表水深；n_o 为根据计算单元土地利用类型确定的地表曼宁系数，用于反映地表水在传播过程中受到的糙率阻力；r_o 为时段内输入水量，包括降雨量以及土壤蓄满回流；q_o 为计算单元之间的地表水交换流量；β 为计算单元间的最大坡度。其中的 $C_o=\dfrac{(\tan\beta)^{1/2}}{n_o}$ 表达为一个与曼宁系数及坡度相关的系数。

同壤中流模拟计算的方法类似，代入并在流向上进行积分得到方程：

$$\frac{\partial(Xh_o)}{\partial t}=Xr_o-C_o h_o^{\alpha_o} \tag{5.2-16}$$

为区分地表径流与壤中流的表达方程，引入脚标 o 以表示地表径流部分，方程(5.2-16)可以表示第 i 个计算单元的地表径流。引入计算单元在流向方向上的横向宽 W，即可将方程左侧的部分变为实际计算单元地表水体积：

$$V_o=XW_o h_o \tag{5.2-17}$$

$$\frac{\partial V_{o_i}}{\partial t}=r_{o_i}XW_{o_i}-\frac{C_{o_i}W_{o_i}}{(XW_{o_i})^{\alpha_o}}V_{o_i}^{\alpha_o} \tag{5.2-18}$$

式中：V_o 为计算单元地表水体积；X 为计算单元的边长；W_o 为计算单元在流向方向的上的横向宽；C_o 为曼宁系数及坡度相关的系数；r_o 为时段内输入水量，包括降雨量以及土壤蓄满回流。

地表水的微分方程便可以写成如下形式：

$$\frac{\partial(XW_o h_o)}{\partial t}=r_o XW_o-\frac{C_o W_o}{(XW_o)^{\alpha_o}}(XW_o h_o)^{\alpha_o} \tag{5.2-19}$$

$$XW_o \frac{\partial(h_o)}{\partial t} = r_o XW_o - \frac{C_o W_o}{(XW_o)^{\alpha_o}}(XW_o)^{\alpha_o}(h_o)^{\alpha_o} \tag{5.2-20}$$

$$\frac{\partial h_o}{\partial t} = r_o - \frac{C_o}{X}h_o^{\alpha_o} \tag{5.2-21}$$

式(5.2-21)可改写成为如下标准非线性水库形式：

$$\frac{\partial h_o}{\partial t} = a - bh_o^c \tag{5.2-22}$$

$$\begin{cases} a = r_o = \dfrac{1}{XW_o}\dfrac{V_{exf}}{dT} \\ b = \dfrac{C_o}{X} = \dfrac{(\tan\beta)^{\frac{1}{2}}}{n_o X} \\ c = \alpha_o \end{cases} \tag{5.2-23}$$

式中：a，b，c 分别为不随时间改变的常数，以便统一进行求解。

5.2.2.6 河道径流计算

河道部分的计算与描述同地表径流部分类似，同样是以地表曼宁公式作为动态方程，与连续性方程进行联立。不同之处在于对于河道断面的描述方法会影响到方程中水深、湿周、计算单元内河道体积等的计算。

河道的形状概化通常选取三角形、矩形、梯形等。此处以最为常用的三角形为例进行描述，如图 5.2-3 所示。

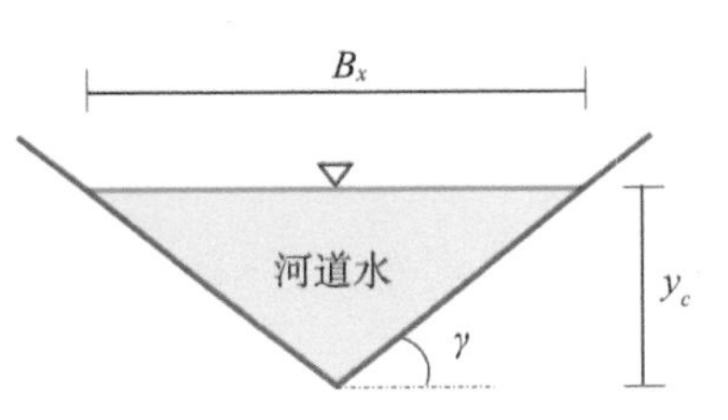

图 5.2-3 三角形河道概化示意图

图 5.2-3 中，γ 为河底边坡坡度，y_c 为河道中水深，B_x 为边坡坡度与水深决定的河宽。则有 $\tan\gamma = \dfrac{2y_c}{B_x}$，$B_x = \dfrac{2y_c}{\tan\gamma}$。湿润截面面积 $A_x = \dfrac{1}{2}B_x y_c = \dfrac{y_c^2}{\tan\gamma}$，湿周 $C_x = \dfrac{2y_c}{\sin\gamma}$。

通过近似的运动波方程同曼宁公式联立，分别从动量和连续性方面描述水在河道中的运动，并引入脚标 c 以表示河道水流计算。

$$\begin{cases} \dfrac{\partial V_c}{\partial t} = (r_c + Q_c^u) - q_c \\ q_c = \dfrac{\sqrt{s_0}}{n}R^{\frac{2}{3}}A \end{cases} \tag{5.2-24}$$

当河道断面的形状为三角形时，可以水深 y_c 来表述曼宁公式部分：

$$q_c = \frac{\sqrt{s_0}}{2^{\frac{2}{3}}n_c}\frac{(\sin\gamma)^{\frac{2}{3}}}{(\tan\gamma)^{\frac{5}{3}}}y_c^{\frac{8}{3}} \tag{5.2-25}$$

式中：y_c 为河道水的水深；q_c 为计算单元之间交换的河道径流；r_c 为计算单元中旁侧进入河道的流量，包括直接进入河道的地表径流以及通过土壤进入的壤中流；$Q_c{}^u$ 为上游计算单元进入的河道流量；n_c 为河底曼宁系数，反应河底对于水流的阻碍作用大小；s_0 为计算单元间的坡度，依据假定，认为河道坡度等同于计算单元之间的坡度 $\tan\beta$；γ 为河底边坡坡度；A_x 为湿润截面面积；C_x 为湿周；B_x 为河道宽度。

可以得到如下方程：

$$\frac{\partial V_c}{\partial t}=(r_c+Q_c^u)-\frac{\sqrt{s_0}}{2^{\frac{2}{3}}n_c}\frac{(\sin\gamma)^{\frac{2}{3}}}{(\tan\gamma)^{\frac{5}{3}}}y_c^{\frac{8}{3}} \tag{5.2-26}$$

并将如下等式代入方程(5.2-26)：

$$V_c^{\frac{4}{3}}=\left(\frac{y_c^2X}{\tan\gamma}\right)^{\frac{4}{3}} \tag{5.2-27}$$

$$y_c^{\frac{8}{3}}=\left(\frac{V_c\tan\gamma}{X}\right)^{\frac{4}{3}} \tag{5.2-28}$$

便可以得到第 i 个计算单元中的河道径流计算非线性水库描述方程：

$$\frac{\partial V_c}{\partial t}=(r_c+Q_c^u)-\frac{\sqrt{s_0}(\sin\gamma)^{\frac{2}{3}}}{2^{\frac{2}{3}}n_c(\tan\gamma)^{\frac{1}{3}}X^{\frac{4}{3}}}V_c^{\frac{4}{3}} \tag{5.2-29}$$

写为标准非线性水库形式如下：

$$\frac{\partial V_c}{\partial t}=a-bV_c^c \tag{5.2-30}$$

$$a=r_c+Q_c^u,b=\frac{\sqrt{s_0}(\sin\gamma)^{\frac{2}{3}}}{2^{\frac{2}{3}}n_c(\tan\gamma)^{\frac{1}{3}}X^{\frac{4}{3}}},c=\frac{4}{3} \tag{5.2-31}$$

式中：V_c 为河道水的体积；q_c 为计算单元之间交换的河道径流；r_c 为计算单元中旁侧进入河道的流量，包括直接进入河道的地表径流以及通过土壤进入的壤中流；Q_c^u 为上游计算单元进入的河道流量；n_c 为河底曼宁系数，反应河底对于水流的阻碍作用大小；s_0 为计算单元间的坡度，依据假定，认为河道坡度等同于计算单元之间的坡度 $\tan\beta$；γ 为河底边坡坡度；A_x 为湿润截面面积；C_x 为湿周；B_x 为河道宽度。式中 a，b，c 分别为不随时间改变的常数，以便统一进行求解。

5.2.2.7 下渗计算

考虑到土壤含水量以及毛管水压力之间的关系，并且忽略地表水深对于下渗的影响，则 Green-Ampt 下渗公式可改进为如下形式：

$$f=f_c\left(1+KF\cdot\frac{WM-W}{WM}\right) \tag{5.2-32}$$

式中：KF 为渗透系数，代表了土壤下渗能力受土壤含水量的影响；WM 为计算单元网格内的最大蓄水容量；W 为实际土壤含水量；f_c 为土壤饱和时的下渗容量。由上式可见，土壤下渗能力随土壤含水量的上升而减小，并在蓄满时达到稳定下渗容量 f_c。

5.2.2.8 地下径流计算

地下径流的计算方式同壤中流基本相同，同样认为横向水流符合连续性方程和达西定律的联立描述。经由上层非饱和区的下渗土壤水在经由过渡层土壤后进入深层饱和区，目前只模拟单一无压含水层的情况，并且假定地下饱和含水层间的深层地下水运动都为水平运动，仅有来自下层非饱和区的下渗土壤水和地下水旁侧入流被该部分接收。当深层地下水库蓄满时原本应进入该部分的下渗土壤水转而回充上层土壤加入土壤水部分。地下径流描述方程为

$$\frac{\partial v_3}{\partial t}=(q_r+q_h)-\frac{Cs_{h2}S_b}{X}v_3 \tag{5.2-33}$$

式中：v_3 地下水饱和含水层的含水量体积；Cs_{h2} 为下层土壤在水平方向上的饱和水力传导度；S_b 为不透水层坡度。

5.2.2.9 模型建立预处理

TOPKAPI 模型建立的前期数据处理和流域文件生成采用 ArcGIS 工具箱结合自主开发的基于 Matlab 计算程序的 PreTKS 模型预处理工具箱进行。所需的信息数据包括流域数字高程模型 DEM(用于提取高程、坡度和河网生成等信息)，土壤分布地图和地表土地利用地图(用于提供计算单元上土壤类型数据和地表覆盖数据)。数据格式均采用 ASCII 格式的栅格地图，该格式既可方便 ArcGIS 中利用空间工具进行处理，也方便 PreTKS 模型预处理工具箱的读取。

地理坐标选取 WGS_1984 全球定位坐标，并采用通用墨卡托投影(Universal Transverse Mercator，UTM)进行投影坐标投影。依据流域的位置选取投影的分带，如本次研究中选取的淮河上游息县流域便采用 49N 带。为适应在不同流域中可能的不同计算单元分辨率，在 ArcGIS 中对 DEM 和土壤、地表土层进行 resample 重采样以符合计算单元尺寸，并且在处理中需通过额外的 snap 选项以确保不同图层间栅格的一一对应。

流域的前期处理为水文常用的处理流程，大部分操作均可通过 ArcToolbox 中自带的工具完成。首先通过水文工具中的填洼工具填补 DEM 中存在的部分洼地，确保每一个单元网格中的积水都能流向相邻的下一个网格。随后计算每一个计算单元网格的流向。根据 D4 法考虑每一个网格周围 4 个网格的高程比较，遵循 Jenson 和 Domingue 介绍的方法，如果存在有两个方向具有相同的坡度则扩大搜索范围直到找到最大坡度。坡度计算完毕后通过汇流累计统计工具统计每一个计算单元所汇聚的其他计算单元数量。在 TOPKAPI 模型中假定了河道的宽度是同汇流累计计算单元数量呈线性关系的，因此汇流累计的统计在提取流域边界的同时也在河道宽度的计算中有着重要的作用。选取流域出口点后通过在流域出口点截断累计，即可提取出所有流经该出口点的计算单元，这一点和水文学中流域出口的概念相吻合，可由此方法提取流域形状边界。

可以根据计算单元的汇流累计量大致判定单元网格是否为河道，判定标准为汇流阈值，经过试验在息县流域当汇流阈值占总流域面积的 2.13%时所提取出的河道同现实的最为接近。河道的提取与判定也是一个十分复杂的问题。由 DEM 提取的汇流累计超过一定阈值则我们判定其为河道，然而事实上很多 DEM 中的山路沟壑也会被判定为河道。尽管这些被误判的河道并没有传统意义上的一个河流所需要的构成部分(如流量、河床等)，但在降雨过程中雨量汇聚于此，使其临时成了或者充当了河道的角色。这部分"河道"同部分河流的上游源头部分在汇流过程中并没有本质的差异，因此在 TOPKAPI 模型中通过河道的斯特拉勒分级，将上游源头河道和此类临时河道共同划为一级，使用相同的参数，这便是在模型的概化模拟和便于数据处理之间做出的取舍。

将 ArcGIS 处理完毕的符合计算单元分辨率需求的 DEM、土壤、地表植被、网格流向、汇流累计、河道斯特拉勒分级和流域边界图层转换为 ASCII 码格式用于接下来 PreTKS 模型预处理工具箱的输入。

TOPKAPI 模型中采用 rot 格式文件储存流域的下垫面描述信息，使用完全自主开发的基于 Matlab 程序的 PreTKS 模型预处理工具箱对前七个图层的 ASCII 数据进行整编统计和提取，处理过程如图 5.2-4 所示。该格式通过将一个计算单元中所有需要的信息进行罗列，模型程序整行读取并赋值给相应数组。示例显示了 rot 中的 7 个计算单元流域信息存储方式，事实上一个流域中所包含的栅格数量随流域建立时选取的计算单元尺寸变化，其数量可能达到数十万个，过多的栅格数量对于信息的储存和模型的运算都是较大的挑战。

5.2.3 模型参数

本研究所用的地形、土壤和植被等网格资料是从 Internet 上免费获取的。用户可以从美国地质调查局(USGS)提供的 GTOPO30 公共域的服务获取全球各区域 90 m×90 m 尺度的数字高程网格资料，从美国马里兰大学(UMD)网站可以下载全球相当于 1 km 尺度的植被网格资料，从美国国家航空航天局(NASA)戈达德航天中心(GSFC)的全球土地资料同化系统(GLDAS)中可以获取相当于 1 km 尺度的土壤栅格资料。

TOPKAPI 是一个结构简单、具有物理概念的分布式流域水文模型，在实际应用时所需的基本资料包括数字高程、土壤、植被类型和降水以及气温等气象资料。TOPKAPI 模型在生产应用中每一个网格所需的基本参数见表 5.2-2。

从理论上讲，具有明确物理意义的参数值不需要率定，可以直接量测到。然而，由于量测值是基于量测点获得的，对网格平均的代表性不足，加之有些参数时空变化较大，难以通过实测来确定，因而实际应用中仍需要进行参数率定。TOPKAPI 模型参数的初始值设定可以参阅有关文献，如土壤的饱和传导率、饱和体积含水量等可参考 USDA 用于 Green-Ampt 下渗模型中的土壤参数值，参数率定只是对这些参数进行适当调整，不同于传统概念性或集总式水文模型的参数率定。

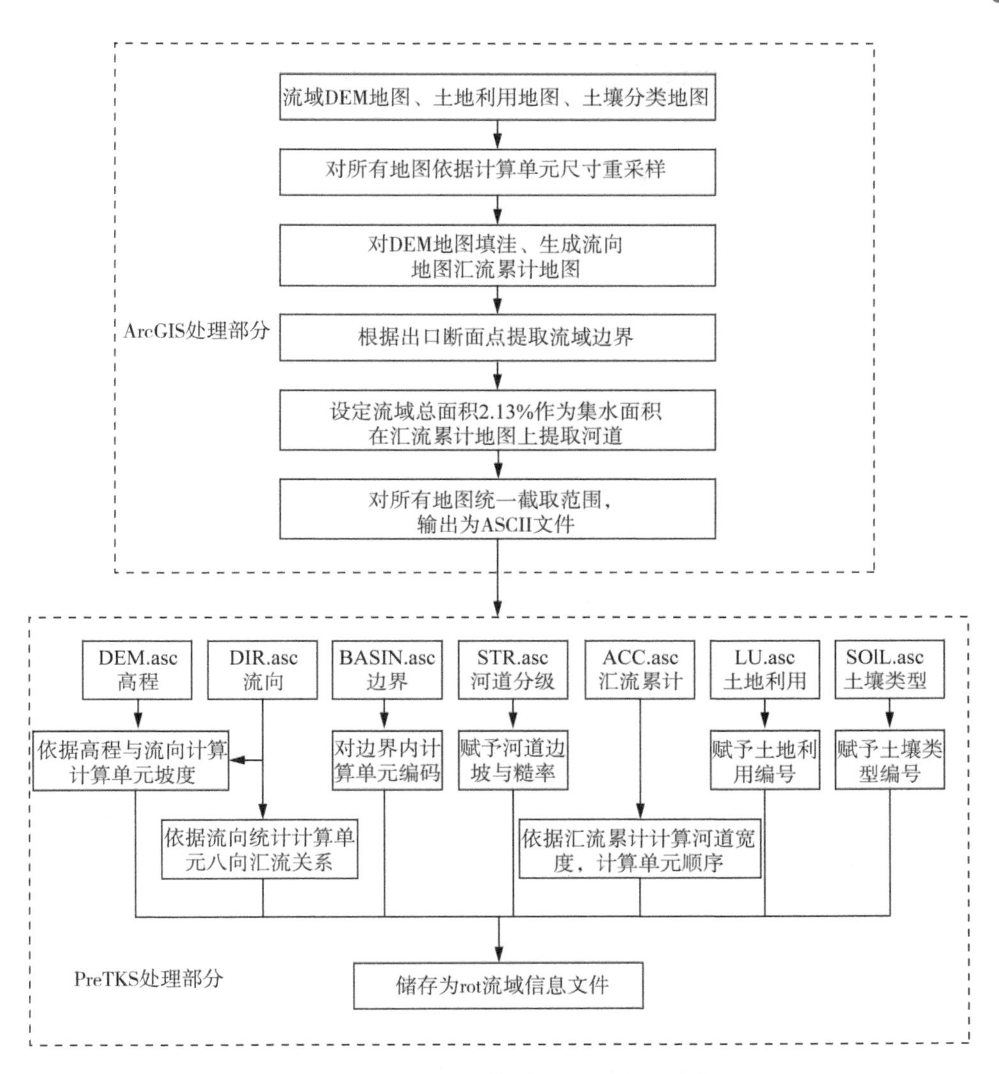

图 5.2-4 TOPKAPI 模型 rot 文件处理流程图

表 5.2-2 TOPKAPI 模型所需的基本参数

水文子过程	基本参数
植物截留	随时间变化的植物表面的年最大纳水量(S_{c0})、年最大植物截留能力(S_{r0})、地面植被覆盖率(d_c)、植物叶面积指数(LAI)
融雪	判断降水为雨或雪的临界温度(T_s)
蒸散发	植物生长因子(Kc_{crop}，Kc_{lawn})、实际蒸散发与蒸散发能力折算系数(K)
降水下渗	降水转为土壤入渗的折算系数(K_l)
地面径流和河道径流	曼宁地面、河道阻力系数(n_o，n_c)、河道断面宽度($W_{\max}$，$W_{\min}$)
上层土壤区 (深层渗漏、壤中径流)	土壤厚度(L)与土壤饱和水力传导率(k_{sh1}，k_{sv1})、饱和体积含水量(θ_s)、残存体积含水量(θ_r)、田间持水量(θ_f)、土壤透水指数(α_s)
下层土壤区 (地下水补给、地下水径流)	不透水层高程与土壤饱和水力传导率(k_{sh2}，k_{sv2})、土壤有效空隙率(ρ)、土壤渗漏指数(α_p)

5.3 模型应用

5.3.1 参数率定结果

5.3.1.1 TOPKAPI 模型参数

TOPKAPI 模型所需的信息数据包括流域数字高程模型 DEM(用于提取高程、坡度和河网生成等信息),土壤分布地图和地表土地利用地图(用于提供计算单元上土壤类型数据和地表覆盖数据)。数据格式均采用 ASCII 格式的栅格地图。地理坐标选取 WGS_1984 全球定位坐标,并采用通用墨卡托投影(Universal Transverse Mercator,UTM)进行投影坐标投影。依据流域的位置选取投影的分带。为适应在不同流域中可能的不同计算单元分辨率,通过重采样以符合计算单元尺寸。首先对流域进行网格编号(见图 5.3-1),确保每一个单元网格中的积水都能流向相邻的下一个网格。随后计算每一个计算单元网格的流向(见图 5.3-2)。根据 D4 法考虑每一个网格周围 4 个网格的高程比较,遵循 Jenson 和 Domingue 介绍的方法,如果存在有两个方向具有相同的坡度则扩大搜索范围直到找到最大坡度。坡度计算完毕后通过汇流累计统计工具统计每一个计算单元所汇聚的其他计算单元数量。在 TOPKAPI 模型中假定了河道的宽度是同汇流累计计算单元数量呈线性关系的,因此汇流累计的统计在提取流域边界的同时也在河道宽度的计算中有着重要的作用。选取流域出口点后通过在流域出口点截断累计,即可提取出所有流经该出口点的计算单元。

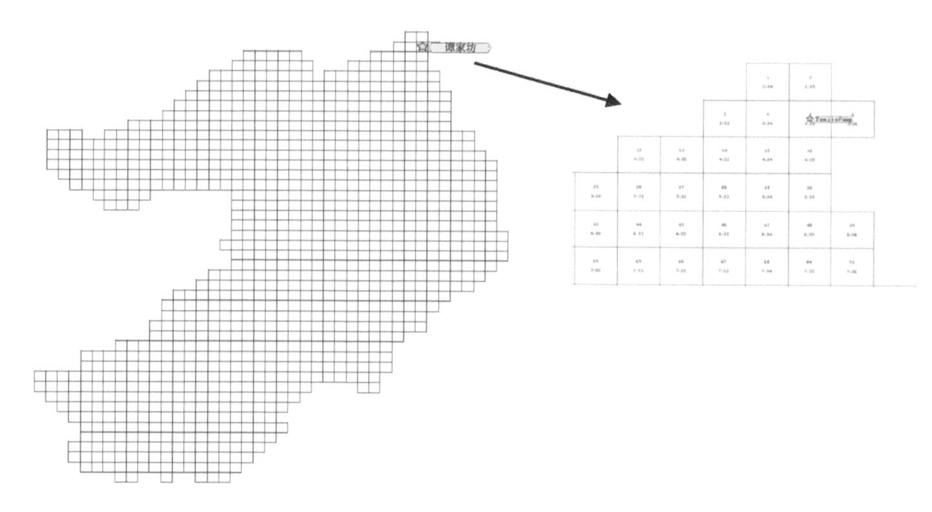

图 5.3-1 谭家坊区间流域网格编号

与下垫面条件有关的主要参数包括计算单元土壤类型对应的土壤厚度 L、土壤横向饱和水力传导度 k_{sh}、纵向饱和水力传导度 k_{sv},土地利用类型对应的地表曼宁系数 n_s,河道分级对应的河道曼宁系数 n_{ch} 等,它们是在建立 TOPKAPI 模型中需要确定的主要参数。

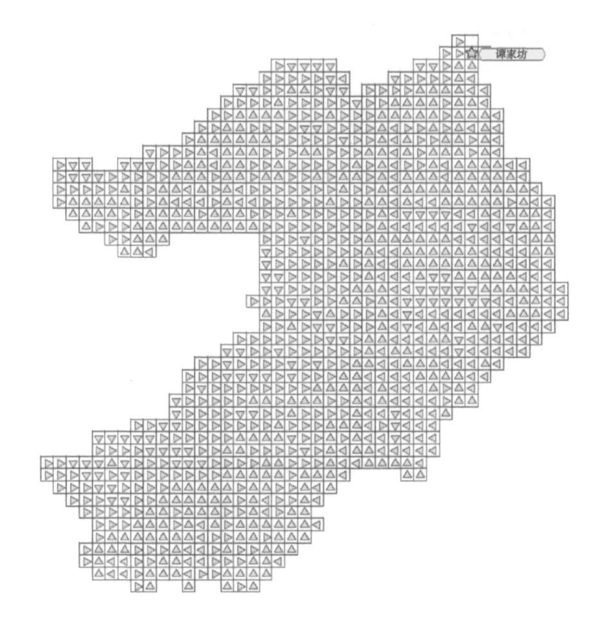

图 5.3-2　谭家坊区间流域流向图

考虑到 TOPKAPI 模型是物理基础的网格分布式水文模型，对每个网格做参数校准计算量过大且脱离实际下垫面的意义，因此本研究根据参数种类选用参数的乘性因子作为率定参数，参数如表 5.3-1 所示。

表 5.3-1　TOPKAPI 参数表

参数	参数意义	范围下界	范围上界
fac_L	土壤厚度乘性因子	0.5	1.3
fac_n_o	土地利用乘性因子	0.9	1.1
fac_n_c	河道糙率乘性因子	0.5	1.3
fac_ksh	横向饱和水力传导度乘性因子	0.8	1.3
fac_ksv	纵向饱和水力传导度乘性因子	0.8	1.3

对山东省有资料流域 54 个断面进行 TOPKAPI 参数率定，以及对其余断面进行估算得到各个断面的参数如表 5.3-2 所示。

表 5.3-2　山东省 324 个断面 TOPKAPI 模型参数表

站名	土壤厚度(m)							
	Soil_L1	Soil_L2	Soil_L3	Soil_L4	Soil_L5	Soil_L6	Soil_L7	Soil_L8
产芝水库	−999	1.135	1.09	1.048	−999	−999	−999	−999
尹府水库	1.54	1.478	1.422	−999	−999	−999	−999	−999
崂山水库	1.141	1.098	−999	−999	−999	−999	−999	−999
南村	−999	1.512	1.452	1.585	1.397	1.502	−999	−999

续表

站名	土壤厚度(m)							
	Soil_L1	Soil_L2	Soil_L3	Soil_L4	Soil_L5	Soil_L6	Soil_L7	Soil_L8
郑家	1.6	1.536	1.478	1.402	1.589	2.077	−999	−999
张家院	1.672	1.606	1.545	−999	−999	−999	−999	−999
葛家埠	1.745	1.676	1.612	1.733	−999	−999	−999	−999
即墨	0.672	−999	−999	−999	−999	−999	−999	−999
岚西头	−999	1.438	1.546	−999	−999	−999	−999	−999
乌衣巷	0.002	0.002	−999	−999	−999	−999	−999	−999
李村	0.698	0.672	−999	−999	−999	−999	−999	−999
东韩	0.698	0.672	−999	−999	−999	−999	−999	−999
闸子	1.265	1.215	1.169	1.109	1.257	1.643	−999	−999
红旗	0.916	0.846	−999	−999	−999	−999	−999	−999
胶南	1.629	1.564	1.505	2.115	−999	−999	−999	−999
山洲水库	1.153	1.109	−999	−999	−999	−999	−999	−999
高格庄水库	1.466	1.411	−999	−999	−999	−999	−999	−999
青年水库	0.99	−999	−999	−999	−999	−999	−999	−999
挪城水库	1.217	1.308	−999	−999	−999	−999	−999	−999
石棚水库	1.348	−999	−999	−999	−999	−999	−999	−999
王圈水库	1.415	1.307	−999	−999	−999	−999	−999	−999
宋化泉水库	1.306	1.404	−999	−999	−999	−999	−999	−999
淄阳水库	1.478	1.422	−999	−999	−999	−999	−999	−999
大泽山水库	0.904	0.87	−999	−999	−999	−999	−999	−999
吉利河水库	−999	1.515	1.458	−999	−999	−999	−999	−999
孙家屯水库	0.737	0.709	−999	−999	−999	−999	−999	−999
陡崖子水库	−999	0.93	0.893	0.859	−999	−999	−999	−999
小珠山水库	0.72	−999	−999	−999	−999	−999	−999	−999
铁山水库	0.952	0.914	0.879	−999	−999	−999	−999	−999
北墅水库	1.425	1.369	1.317	−999	−999	−999	−999	−999
黄山水库	1.151	−999	−999	−999	−999	−999	−999	−999
黄同水库	1.675	1.609	1.548	−999	−999	−999	−999	−999
双山水库	1.004	0.966	−999	−999	−999	−999	−999	−999
双庙水库	1.174	1.128	1.085	−999	−999	−999	−999	−999
书院水库	1.043	−999	−999	−999	−999	−999	−999	−999

续表

站名	土壤厚度(m)							
	Soil_L1	Soil_L2	Soil_L3	Soil_L4	Soil_L5	Soil_L6	Soil_L7	Soil_L8
堡集闸上	−999	1.753	1.718	1.649	1.587	1.706	2.23	−999
白鹤观闸上	1.328	1.301	1.202	1.292	−999	−999	−999	−999
马家店	1.084	1.002	1.077	−999	−999	−999	−999	−999
王家集	1.346	−999	−999	−999	−999	−999	−999	−999
利国	1.6	−999	−999	−999	−999	−999	−999	−999
黄井闸	1.654	1.497	1.61	−999	−999	−999	−999	−999
贾家	−999	1.659	1.502	−999	−999	−999	−999	−999
书院	−999	1.498	1.438	1.384	1.313	1.945	−999	−999
尼山	−999	0.917	0.881	0.847	0.804	−999	−999	−999
后营	−999	1.105	1.061	1.158	1.021	1.098	1.435	−999
韩庄闸	−999	1.493	1.433	1.564	1.379	1.308	1.483	1.938
马楼	−999	1.527	1.466	1.411	1.983	−999	−999	−999
西苇	−999	1.272	1.222	1.175	−999	−999	−999	−999
梁山闸	1.102	1.079	1.037	0.997	1.072	−999	−999	−999
孙庄	1.382	1.327	1.276	−999	−999	−999	−999	−999
鱼台	0.905	0.887	0.929	0.82	1.152	−999	−999	−999
黄庄	1.745	1.676	1.612	1.733	2.266	−999	−999	−999
二级湖一闸	−999	1.285	1.259	1.209	1.319	1.163	1.104	1.251
贺庄水库	−999	1.221	1.173	1.128	1.07	1.586	−999	−999
华村水库	−999	0.888	0.82	0.778	−999	−999	−999	−999
龙湾套水库	−999	1.44	1.385	−999	−999	−999	−999	−999
尹城水库	1.349	−999	−999	−999	−999	−999	−999	−999
波罗树(二)	−999	1.745	1.676	1.612	1.53	1.733	2.266	−999
挑河闸	0.713	−999	−999	−999	−999	−999	−999	−999
沾利闸	−999	1.112	0.98	−999	−999	−999	−999	−999
雪野水库	−999	1.629	1.567	1.487	−999	−999	−999	−999
莱芜	1.571	1.508	1.451	1.377	−999	−999	−999	−999
乔店	1.016	−999	−999	−999	−999	−999	−999	−999
大冶	−999	1.244	1.196	−999	−999	−999	−999	−999
葫芦山	0.976	0.902	−999	−999	−999	−999	−999	−999
杨家横	1.478	−999	−999	−999	−999	−999	−999	−999

续表

站名	土壤厚度(m)							
	Soil_L1	Soil_L2	Soil_L3	Soil_L4	Soil_L5	Soil_L6	Soil_L7	Soil_L8
公庄	1.638	1.575	−999	−999	−999	−999	−999	−999
鹁鸽楼	1.081	1.04	−999	−999	−999	−999	−999	−999
沟里	1.036	0.996	0.945	−999	−999	−999	−999	−999
陈北	−999	1.443	1.386	1.333	1.265	−999	−999	−999
马盘龙	0.799	0.738	0.7	−999	−999	−999	−999	−999
泰丰	1.376	1.271	1.206	−999	−999	−999	−999	−999
上游	1.532	1.454	−999	−999	−999	−999	−999	−999
田庄	−999	1.344	1.291	1.242	1.178	−999	−999	−999
东里店	−999	1.018	0.978	0.94	0.892	1.322	−999	−999
红旗	1.153	−999	−999	−999	−999	−999	−999	−999
台儿庄闸上	1.241	1.147	1.088	1.233	1.612	−999	−999	−999
马河	−999	1.147	1.059	−999	−999	−999	−999	−999
岩马	−999	1.094	1.05	1.011	0.959	1.42	−999	−999
滕州	−999	1.745	1.676	1.612	1.53	2.266	−999	−999
庄里	1.182	1.121	1.661	−999	−999	−999	−999	−999
柴胡店	1.745	1.612	1.53	2.266	−999	−999	−999	−999
薛城	1.483	1.424	1.37	1.3	1.926	−999	−999	−999
峄城	1.585	1.464	1.389	2.058	−999	−999	−999	−999
周村	−999	0.826	0.784	1.161	−999	−999	−999	−999
户主	−999	0.963	−999	−999	−999	−999	−999	−999
石嘴子	1.198	1.136	−999	−999	−999	−999	−999	−999
谭家坊	1.745	1.676	1.612	1.53	1.733	−999	−999	−999
流河	1.483	1.424	1.37	1.3	1.473	1.926	−999	−999
郭家屯	1.483	1.424	1.37	1.3	−999	−999	−999	−999
黄山	1.159	1.115	1.058	−999	−999	−999	−999	−999
诸城	−999	1.405	1.349	1.298	1.231	1.395	1.824	−999
冶源水库	−999	1.159	1.115	1.058	−999	−999	−999	−999
白浪河水库	−999	0.772	0.742	0.714	0.677	−999	−999	−999
墙夼水库(东库)	−999	0.876	0.841	0.809	0.768	−999	−999	−999
墙夼水库(西)	−999	1.074	0.992	0.941	−999	−999	−999	−999
峡山水库	−999	1.347	1.293	1.244	1.18	1.337	1.748	−999

续表

站名	土壤厚度(m)							
	Soil_L1	Soil_L2	Soil_L3	Soil_L4	Soil_L5	Soil_L6	Soil_L7	Soil_L8
高崖水库	−999	1.444	1.387	1.334	−999	−999	−999	−999
牟山水库	−999	1.134	1.089	1.048	0.994	−999	−999	−999
淌水崖水库	1.563	1.504	1.427	−999	−999	−999	−999	−999
嵩山水库	1.576	1.516	−999	−999	−999	−999	−999	−999
黑虎山水库	1.233	1.186	−999	−999	−999	−999	−999	−999
荆山水库	1.615	1.551	1.492	1.416	−999	−999	−999	−999
符山水库	1.656	1.59	1.529	1.451	−999	−999	−999	−999
青墩子水库	1.629	1.567	−999	−999	−999	−999	−999	−999
石门水库	1.108	−999	−999	−999	−999	−999	−999	−999
郭家村水库	1.511	−999	−999	−999	−999	−999	−999	−999
三里庄水库	−999	1.445	1.39	−999	−999	−999	−999	−999
于家河水库	0.924	−999	−999	−999	−999	−999	−999	−999
下株梧水库	1.347	1.278	−999	−999	−999	−999	−999	−999
沂山水库	0.792	−999	−999	−999	−999	−999	−999	−999
尚庄水库	0.782	0.742	−999	−999	−999	−999	−999	−999
马旺水库	1.335	1.233	1.17	−999	−999	−999	−999	−999
王吴水库	1.169	1.123	1.08	−999	−999	−999	−999	−999
丹河水库	0.713	0.685	−999	−999	−999	−999	−999	−999
马宋水库	1.026	0.987	0.937	−999	−999	−999	−999	−999
共青团水库	1.018	−999	−999	−999	−999	−999	−999	−999
吴家楼水库	0.912	0.875	0.842	0.799	−999	−999	−999	−999
大关水库	0.917	−999	−999	−999	−999	−999	−999	−999
牛台山水库	0.937	−999	−999	−999	−999	−999	−999	−999
黄前水库	−999	0.939	0.904	−999	−999	−999	−999	−999
光明水库	−999	1.565	1.502	1.639	1.445	1.371	1.554	2.031
大汶口	−999	1.614	1.55	1.491	1.415	1.603	2.096	−999
戴村坝	−999	1.107	1.085	1.042	1.002	0.951	1.078	1.409
北望	−999	1.585	1.522	1.464	1.389	1.574	−999	−999
东周水库	1.125	1.083	1.027	−999	−999	−999	−999	−999
楼德	−999	0.785	0.754	0.725	0.688	0.78	−999	−999
东王庄	1.137	1.092	1.051	0.997	1.129	−999	−999	−999

续表

站名	土壤厚度(m)							
	Soil_L1	Soil_L2	Soil_L3	Soil_L4	Soil_L5	Soil_L6	Soil_L7	Soil_L8
大河	−999	0.854	0.822	−999	−999	−999	−999	−999
胜利	0.776	0.747	0.709	−999	−999	−999	−999	−999
角峪	1.364	1.312	1.411	−999	−999	−999	−999	−999
山阳	0.693	−999	−999	−999	−999	−999	−999	−999
彩山	0.747	−999	−999	−999	−999	−999	−999	−999
小安门	−999	1.424	−999	−999	−999	−999	−999	−999
金斗	−999	1.323	1.222	−999	−999	−999	−999	−999
苇池	1.589	1.529	−999	−999	−999	−999	−999	−999
田村	1.485	−999	−999	−999	−999	−999	−999	−999
直界	0.811	0.78	−999	−999	−999	−999	−999	−999
贤村	0.902	0.868	−999	−999	−999	−999	−999	−999
尚庄炉	0.765	0.72	0.693	−999	−999	−999	−999	−999
月牙河	1.225	1.132	−999	−999	−999	−999	−999	−999
角峪大桥	1.028	0.987	0.949	0.901	−999	−999	−999	−999
石汶河引水闸	−999	0.952	0.914	0.879	0.834	−999	−999	−999
泮汶河入河口	−999	1.522	1.464	1.389	1.574	−999	−999	−999
白楼水文站	1.66	1.594	1.534	1.455	−999	−999	−999	−999
跋山	−999	0.727	0.698	0.672	0.637	0.944	−999	−999
沙沟	−999	1.234	1.185	1.14	−999	−999	−999	−999
唐村	−999	1.4	1.344	1.293	−999	−999	−999	−999
许家崖	−999	0.727	0.698	0.672	0.637	−999	−999	−999
姜庄湖	−999	1.344	1.29	1.241	1.178	1.335	1.745	−999
岸堤	−999	0.916	0.88	0.846	0.803	1.19	−999	−999
葛沟	−999	0.989	0.95	1.036	0.914	0.867	0.982	1.284
临沂	−999	0.931	0.894	0.975	0.86	0.816	0.924	1.209
石拉渊	−999	1.327	1.448	1.276	1.211	1.372	1.794	−999
陡山	−999	1.092	1.05	−999	−999	−999	−999	−999
大官庄闸(新)(闸上)	1.571	1.451	1.56	2.04	−999	−999	−999	−999
刘家道口	1.34	1.287	1.238	1.331	−999	−999	−999	−999
彭道口闸	1.073	1.03	0.991	1.066	−999	−999	−999	−999
会宝岭(北)	1.54	1.461	−999	−999	−999	−999	−999	−999

续表

站名	土壤厚度(m)							
	Soil_L1	Soil_L2	Soil_L3	Soil_L4	Soil_L5	Soil_L6	Soil_L7	Soil_L8
会宝岭	−999	0.734	0.705	0.678	0.643	0.953	−999	−999
蒙阴	1.338	1.285	1.236	1.173	−999	−999	−999	−999
角沂	−999	1.702	1.634	1.783	1.572	1.491	1.69	2.209
王家邵庄	1.702	1.634	1.572	−999	−999	−999	−999	−999
高里	1.643	1.578	1.518	1.44	2.134	−999	−999	−999
水明崖	1.522	1.464	1.389	2.058	−999	−999	−999	−999
前城子	1.509	1.432	−999	−999	−999	−999	−999	−999
棠梨树	1.278	1.213	−999	−999	−999	−999	−999	−999
官坊街	1.048	−999	−999	−999	−999	−999	−999	−999
傅旺庄	−999	0.987	0.947	0.911	0.865	1.281	−999	−999
斜午	−999	0.872	0.837	0.805	0.764	1.132	−999	−999
窑上	1.343	1.24	1.334	1.743	−999	−999	−999	−999
马头	1.661	1.74	1.534	2.157	−999	−999	−999	−999
昌里	−999	0.82	0.758	0.719	−999	−999	−999	−999
相邸	0.757	0.728	−999	−999	−999	−999	−999	−999
小马庄	−999	0.908	0.861	−999	−999	−999	−999	−999
石泉湖水库(东)	1.259	1.209	1.163	−999	−999	−999	−999	−999
石泉湖水库(西)	0.786	0.754	0.726	−999	−999	−999	−999	−999
石岚	1.081	1.04	−999	−999	−999	−999	−999	−999
上冶	−999	0.834	0.802	−999	−999	−999	−999	−999
高湖	−999	1.726	1.595	1.513	−999	−999	−999	−999
马庄	−999	0.733	0.695	−999	−999	−999	−999	−999
长新桥	1.527	1.449	−999	−999	−999	−999	−999	−999
吴家庄	1.419	1.365	1.295	−999	−999	−999	−999	−999
凌山头	1.32	1.27	−999	−999	−999	−999	−999	−999
大山	0.84	0.806	0.776	−999	−999	−999	−999	−999
龙王口	1.125	−999	−999	−999	−999	−999	−999	−999
古城	1.051	1.009	0.971	−999	−999	−999	−999	−999
黄仁	0.771	−999	−999	−999	−999	−999	−999	−999
施庄	1.235	1.188	1.128	−999	−999	−999	−999	−999
书房	0.846	0.814	−999	−999	−999	−999	−999	−999

续表

站名	土壤厚度(m)							
	Soil_L1	Soil_L2	Soil_L3	Soil_L4	Soil_L5	Soil_L6	Soil_L7	Soil_L8
朱家坡	0.98	0.942	−999	−999	−999	−999	−999	−999
安靖	0.819	0.756	0.717	−999	−999	−999	−999	−999
龙潭	1.541	1.482	−999	−999	−999	−999	−999	−999
公家庄水库(西)	1.416	1.363	−999	−999	−999	−999	−999	−999
公家庄水库(东)	1.145	1.101	1.045	−999	−999	−999	−999	−999
寨子山	1.476	1.42	−999	−999	−999	−999	−999	−999
黄土山	1.25	1.155	−999	−999	−999	−999	−999	−999
寨子	1.136	1.049	−999	−999	−999	−999	−999	−999
张庄	1.078	−999	−999	−999	−999	−999	−999	−999
大夫宁	0.789	0.759	0.72	−999	−999	−999	−999	−999
刘庄	1.186	1.249	1.8	1.171	−999	−999	−999	−999
考村	0.673	0.638	−999	−999	−999	−999	−999	−999
双河	1.257	1.192	−999	−999	−999	−999	−999	−999
杨庄	1.602	−999	−999	−999	−999	−999	−999	−999
刘大河	1.5	1.443	−999	−999	−999	−999	−999	−999
卞庄	−999	0.735	0.679	0.644	0.73	0.955	−999	−999
刘家庄	0.87	0.835	0.804	0.864	1.13	−999	−999	−999
南坊	1.599	1.536	1.676	1.477	1.402	1.588	2.076	−999
地方	−999	1.379	1.324	1.274	1.209	1.791	−999	−999
周井铺	−999	1.394	1.288	1.222	1.385	−999	−999	−999
老屯	0.92	0.964	0.85	0.807	0.914	1.195	−999	−999
大兴屯	1.323	1.222	1.16	1.314	1.718	−999	−999	−999
马石河	1.615	1.692	1.492	1.604	−999	−999	−999	−999
刘庄	1.428	1.374	−999	−999	−999	−999	−999	−999
四女寺北下	1.375	1.347	1.294	1.245	−999	−999	−999	−999
李家桥闸上	0.955	0.935	0.898	0.864	0.82	0.929	1.214	−999
庆云闸上	1.247	1.222	1.173	1.129	−999	−999	−999	−999
郑店闸上	1.406	1.299	1.397	−999	−999	−999	−999	−999
大道王闸上	0.887	0.869	0.834	0.803	0.762	0.863	1.128	−999
宫家闸上	−999	1.423	1.394	1.339	1.288	1.385	1.81	−999
刘连屯	−999	0.901	0.882	0.815	0.876	−999	−999	−999

续表

站名	土壤厚度(m)							
	Soil_L1	Soil_L2	Soil_L3	Soil_L4	Soil_L5	Soil_L6	Soil_L7	Soil_L8
恩县洼	1.175	1.106	1.064	−999	−999	−999	−999	−999
张庄闸	1.766	1.73	1.662	1.599	2.247	−999	−999	−999
魏楼闸	1.572	1.54	1.423	1.53	−999	−999	−999	−999
马庄闸	1.224	1.199	1.107	−999	−999	−999	−999	−999
路菜园闸	1.511	1.481	1.422	1.368	−999	−999	−999	−999
李庙闸	−999	0.829	0.868	0.766	0.823	1.076	−999	−999
刘庄闸	1.278	1.18	−999	−999	−999	−999	−999	−999
黄寺	1.745	1.612	−999	−999	−999	−999	−999	−999
南陶	−999	1.633	1.6	1.536	1.478	1.402	2.077	−999
临清	0.742	0.727	0.698	0.672	−999	−999	−999	−999
王铺闸上	1.489	1.459	1.401	1.348	1.279	1.449	1.894	−999
刘桥闸上	−999	1.339	1.312	1.26	1.212	1.303	1.704	−999
聊城	−999	1.247	1.222	1.173	1.129	1.213	1.586	−999
刁庄	1.094	1.176	−999	−999	−999	−999	−999	−999
王屋水库	−999	1.236	1.187	1.142	−999	−999	−999	−999
沐浴水库	−999	1.46	1.404	−999	−999	−999	−999	−999
门楼水库	−999	1.016	0.976	0.939	−999	−999	−999	−999
招远	0.959	0.921	0.886	−999	−999	−999	−999	−999
海阳	0.771	−999	−999	−999	−999	−999	−999	−999
团旺	−999	1.352	1.299	1.249	1.343	−999	−999	−999
臧格庄	1.134	1.089	1.048	−999	−999	−999	−999	−999
福山	1.294	1.243	1.196	−999	−999	−999	−999	−999
牟平	1.745	1.612	−999	−999	−999	−999	−999	−999
栖霞北	1.554	1.492	1.436	−999	−999	−999	−999	−999
高陵水库	1.727	1.658	1.595	−999	−999	−999	−999	−999
老岚	1.035	0.995	−999	−999	−999	−999	−999	−999
平山水库	1.298	1.248	−999	−999	−999	−999	−999	−999
邱山水库	0.946	0.91	−999	−999	−999	−999	−999	−999
战山水库	1.61	−999	−999	−999	−999	−999	−999	−999
北邢家水库	1.053	−999	−999	−999	−999	−999	−999	−999
迟家沟水库	0.808	−999	−999	−999	−999	−999	−999	−999

续表

站名	土壤厚度(m)							
	Soil_L1	Soil_L2	Soil_L3	Soil_L4	Soil_L5	Soil_L6	Soil_L7	Soil_L8
金岭水库	0.804	0.772	0.743	−999	−999	−999	−999	−999
勾山水库	0.718	0.691	−999	−999	−999	−999	−999	−999
城子水库	1.363	−999	−999	−999	−999	−999	−999	−999
坎上水库	1.127	1.084	−999	−999	−999	−999	−999	−999
赵家水库	1.475	1.419	−999	−999	−999	−999	−999	−999
临疃河水库	1.178	1.134	−999	−999	−999	−999	−999	−999
白云洞水库	0.927	0.89	0.856	−999	−999	−999	−999	−999
留驾水库	1.291	1.242	−999	−999	−999	−999	−999	−999
庙埠河水库	1.675	1.608	1.547	−999	−999	−999	−999	−999
里店水库	1.296	−999	−999	−999	−999	−999	−999	−999
盘石水库	0.989	0.952	−999	−999	−999	−999	−999	−999
建新水库	1.194	1.103	−999	−999	−999	−999	−999	−999
南台水库	1.627	1.565	−999	−999	−999	−999	−999	−999
小平水库	1.659	1.596	−999	−999	−999	−999	−999	−999
龙门口水库	1.111	1.067	1.027	−999	−999	−999	−999	−999
庵里水库	1.459	−999	−999	−999	−999	−999	−999	−999
瓦善水库	−999	1.716	1.585	−999	−999	−999	−999	−999
桃园水库	0.859	−999	−999	−999	−999	−999	−999	−999
龙泉水库	1.149	−999	−999	−999	−999	−999	−999	−999
侯家水库	0.915	0.88	−999	−999	−999	−999	−999	−999
青峰岭	−999	0.804	0.772	0.743	0.705	−999	−999	−999
小仕阳	−999	0.942	0.906	−999	−999	−999	−999	−999
日照	−999	1.702	1.634	1.572	−999	−999	−999	−999
大朱曹	0.903	0.867	0.834	−999	−999	−999	−999	−999
李家谭崖	1.408	1.536	1.354	−999	−999	−999	−999	−999
南湖	1.336	1.286	−999	−999	−999	−999	−999	−999
石亩子水库	1.246	1.199	−999	−999	−999	−999	−999	−999
长城岭水库	1.184	−999	−999	−999	−999	−999	−999	−999
河西水库	1.324	1.271	1.223	1.16	−999	−999	−999	−999
小王疃水库	1.242	−999	−999	−999	−999	−999	−999	−999

续表

站名	土壤厚度(m)							
	Soil_L1	Soil_L2	Soil_L3	Soil_L4	Soil_L5	Soil_L6	Soil_L7	Soil_L8
学庄水库	0.862	0.829	−999	−999	−999	−999	−999	−999
龙潭沟水库	1.052	−999	−999	−999	−999	−999	−999	−999
巨峰水库	1.54	1.481	−999	−999	−999	−999	−999	−999
马陵水库	0.684	−999	−999	−999	−999	−999	−999	−999
峤山水库	1.197	1.152	−999	−999	−999	−999	−999	−999
户部岭水库	−999	0.94	−999	−999	−999	−999	−999	−999
高泽南岭	1.134	1.091	−999	−999	−999	−999	−999	−999
圣旨崖	1.635	1.573	−999	−999	−999	−999	−999	−999
管帅	1.735	1.603	1.521	−999	−999	−999	−999	−999
莒县	−999	0.727	0.698	0.762	0.672	0.637	−999	−999
小岭	1.089	1.189	1.048	−999	−999	−999	−999	−999
聂家洪沟	−999	1.423	1.552	1.369	1.299	−999	−999	−999
桑园	1.466	−999	−999	−999	−999	−999	−999	−999
郭家当门	−999	1.584	1.521	1.66	1.463	1.388	−999	−999
北陈庄	−999	1.129	1.084	1.043	0.99	−999	−999	−999
天宝	1.375	1.321	1.271	−999	−999	−999	−999	−999
中楼	1.441	1.387	−999	−999	−999	−999	−999	−999
米山水库	−999	0.881	0.846	0.814	−999	−999	−999	−999
坤龙邢水库	1.098	1.014	−999	−999	−999	−999	−999	−999
龙角山水库	−999	1.582	1.461	−999	−999	−999	−999	−999
后龙河水库	−999	1.038	0.959	−999	−999	−999	−999	−999
所前泊水库	−999	0.959	−999	−999	−999	−999	−999	−999
嵛山水库	1.638	1.575	−999	−999	−999	−999	−999	−999
台依水库	1.539	−999	−999	−999	−999	−999	−999	−999
花家疃水库	1.727	1.596	−999	−999	−999	−999	−999	−999
纸坊水库	1.456	−999	−999	−999	−999	−999	−999	−999
湾头	1.643	1.578	1.518	−999	−999	−999	−999	−999
郭格庄	0.994	−999	−999	−999	−999	−999	−999	−999
武林	1.305	−999	−999	−999	−999	−999	−999	−999
南圈	1.578	1.458	−999	−999	−999	−999	−999	−999

续表

站名	土壤厚度(m)							
	Soil_L1	Soil_L2	Soil_L3	Soil_L4	Soil_L5	Soil_L6	Soil_L7	Soil_L8
院里	1	−999	−999	−999	−999	−999	−999	−999
鲍村	0.785	0.725	−999	−999	−999	−999	−999	−999
卧虎山水库	−999	1.501	1.444	−999	−999	−999	−999	−999
锦绣川	0.78	0.75	−999	−999	−999	−999	−999	−999
石店	1.146	−999	−999	−999	−999	−999	−999	−999
钓鱼台	1.287	1.238	−999	−999	−999	−999	−999	−999
崮头	1.223	1.177	−999	−999	−999	−999	−999	−999

注:表中−999代表在此流域不存在该类土壤。

5.3.1.2 Grid-XAJ模型参数

将Grid-XAJ模型应用于山东省324个流域,其中54个属于有资料流域,其余流域资料短缺或缺失。有资料流域依据出口断面的流量过程率定需要率定的模型参数,无资料流域通过研究流域下垫面特征与水文气象等相关性进行参数移植。

首先对山东省324个流域进行分区处理,其目的是探索无资料地区洪水预报方案,然后根据每个分区属性建立相应的洪水预报方案。山东省324个流域主要分布在鲁东中小河流、沂河、西部平原河网和东部丘陵等分区,Grid-XAJ模型的模拟结果如下所述。

对山东省有资料流域54个断面进行Grid-XAJ模型参数率定,对其余断面进行估算,最终得到各个断面的参数如表5.3-3所示。

表5.3-3 Grid-XAJ模型参数

断面名称	参数													
	K	C	C_g	C_i	C_s	L_{ag}	k_{ech}	k_{es}	k_{ei}	k_{eg}	x_{ech}	x_{es}	x_{ei}	x_{eg}
南村	0.95	0.09	0.998	0.887	0.95	0	0.1	0.2	0.12	0.5	0.15	0.25	0.45	0.1
郑家	1.25	0.18	0.98	0.97	0.97	3	0.1	0.2	0.35	1.2	0.15	0.28	0.45	0.1
张家院	0.85	0.08	0.98	0.83	0.95	1	0.1	0.1	0.35	1.2	0.15	0.28	0.45	0.1
葛家埠	1.2	0.18	0.98	0.83	0.94	0	0.1	0.1	0.35	1.2	0.15	0.28	0.45	0.1
即墨	0.95	0.09	0.98	0.88	0.92	0	0.1	0.1	0.3	0.35	0.15	0.25	0.45	0.1
岚西头	1.2	0.18	0.99	0.86	0.93	0	0.5	0.5	0.55	1.2	0.25	0.35	0.45	0.1
乌衣巷	0.95	0.18	0.99	0.88	0.6	0	0.01	0.01	0.35	1.2	0.15	0.35	0.45	0.1
李村	0.99	0.08	0.98	0.7	0.55	0	0.01	0.01	0.3	1.2	0.15	0.25	0.35	0.1
东韩	0.99	0.08	0.99	0.7	0.97	0	0.05	0.08	0.35	1.2	0.25	0.25	0.35	0.1
闸子	1.2	0.17	0.98	0.8	0.93	0	0.3	0.3	0.35	1.2	0.25	0.35	0.45	0.1

续表

断面名称	参数													
	K	C	C_g	C_i	C_s	L_{ag}	k_{ech}	k_{es}	k_{ei}	k_{eg}	x_{ech}	x_{es}	x_{ei}	x_{eg}
红旗	1.2	0.16	0.989	0.51	0.83	0	0.5	0.8	0.35	1.2	0.35	0.4	0.45	0.1
胶南	0.76	0.1	0.98	0.95	0.95	0	0.01	0.01	0.35	1.2	0.25	0.35	0.45	0.1
书院	0.99	0.18	0.998	0.97	0.89	0	0.06	0.1	0.45	1.2	0.15	0.35	0.45	0.1
后营	0.65	0.08	0.98	0.78	0.92	2	0.15	0.25	0.35	0.45	0.15	0.25	0.45	0.1
马楼	0.99	0.16	0.95	0.97	0.89	0	0.15	0.25	0.45	1.2	0.15	0.35	0.45	0.1
孙庄	0.99	0.18	0.998	0.95	0.92	2	0.12	0.24	0.35	1.2	0.15	0.35	0.45	0.1
鱼台	0.87	0.12	0.95	0.88	0.93	0	0.15	0.24	0.35	0.45	0.15	0.25	0.45	0.1
黄庄	0.99	0.18	0.98	0.88	0.95	0	0.3	0.3	0.35	0.8	0.15	0.35	0.45	0.1
波罗树(二)	1.2	0.18	0.98	0.97	0.94	2	0.1	0.12	0.45	1.2	0.15	0.25	0.45	0.1
莱芜	0.65	0.08	0.95	0.78	0.65	0	0.15	0.25	0.45	1.2	0.15	0.35	0.45	0.1
东里店	1.2	0.18	0.99	0.97	0.97	0	0.1	0.1	0.1	1	0.25	0.25	0.35	0.1
滕州	0.99	0.18	0.998	0.98	0.965	0	0.06	0.08	0.45	1.2	0.15	0.35	0.45	0.1
柴胡店	0.99	0.16	0.998	0.91	0.89	0	0.08	0.12	0.35	1.2	0.15	0.35	0.45	0.1
薛城	0.87	0.16	0.998	0.93	0.92	0	0.12	0.16	0.45	1.2	0.15	0.35	0.45	0.1
峄城	0.96	0.16	0.98	0.95	0.79	0	0.12	0.2	0.35	1.2	0.15	0.35	0.45	0.1
谭家坊	1.55	0.18	0.98	0.95	0.94	0	0.025	0.03	0.35	1.2	0.15	0.25	0.45	0.1
流河	0.66	0.08	0.998	0.7	0.965	6	0.5	0.6	0.8	1.2	0.25	0.35	0.45	0.1
郭家屯	0.86	0.12	0.99	0.98	0.96	1	0.01	0.1	0.35	1.2	0.25	0.35	0.45	0.1
黄山	0.86	0.09	0.995	0.866	0.77	0	0.01	0.02	0.35	1.2	0.25	0.45	0.45	0.1
冶源水库	0.78	0.12	0.95	0.85	0.78	0	0.18	0.25	0.35	1.2	0.15	0.26	0.45	0.1
大汶口	0.95	0.09	0.998	0.88	0.94	0	0.06	0.06	0.3	1	0.15	0.26	0.45	0.1
北望	1.2	0.18	0.98	0.97	0.65	0	0.01	0.01	0.05	0.1	0.05	0.05	0.2	0.1
楼德	1	0.18	0.98	0.95	0.96	0	0.05	0.05	0.35	1.2	0.15	0.25	0.35	0.1
跋山	0.78	0.12	0.95	0.85	0.95	0	0.08	0.15	0.35	1.2	0.15	0.26	0.45	0.1
许家崖	0.99	0.12	0.95	0.98	0.95	0	0.06	0.08	0.35	1.2	0.15	0.26	0.45	0.1
岸堤	0.95	0.09	0.95	0.78	0.94	0	0.08	0.11	0.35	1.2	0.15	0.26	0.45	0.1
葛沟	0.99	0.18	0.998	0.9	0.66	0	0.12	0.12	0.35	1.2	0.15	0.35	0.45	0.1
临沂	0.87	0.16	0.998	0.83	0.88	−2	0.12	0.19	0.35	1.2	0.15	0.35	0.45	0.1
石拉渊	0.95	0.09	0.99	0.88	0.87	0	0.2	0.2	0.35	1.2	0.16	0.3	0.45	0.1
蒙阴	1.11	0.17	0.996	0.92	0.83	0	0.01	0.01	0.3	0.8	0.01	0.05	0.45	0.1

续表

断面名称	参数													
	K	C	C_g	C_i	C_s	L_{ag}	k_{ech}	k_{es}	k_{ei}	k_{eg}	x_{ech}	x_{es}	x_{ei}	x_{eg}
角沂	1	0.18	0.98	0.9	0.85	0	0.03	0.08	0.5	1.2	0.15	0.25	0.35	0.1
王家邵庄	1.06	0.17	0.995	0.89	0.86	0	0.1	0.14	0.35	1.2	0.15	0.35	0.45	0.1
高里	1.1	0.18	0.995	0.89	0.59	−2	0.01	0.15	0.3	1	0.1	0.35	0.45	0.1
水明崖	1.03	0.18	0.99	0.89	0.7	−1	0.12	0.12	0.35	1.2	0.15	0.35	0.45	0.1
黄寺	1.02	0.09	0.98	0.86	0.89	0	0.2	0.3	0.35	1.2	0.15	0.26	0.45	0.1
南陶	0.95	0.09	0.98	0.88	0.89	0	0.12	0.15	0.35	1.2	0.15	0.26	0.45	0.1
临清	0.65	0.8	0.995	0.87	0.94	5	0.01	0.01	0.35	1.2	0.15	0.35	0.45	0.1
聊城	0.85	0.18	0.99	0.7	0.85	3	0.16	0.24	0.35	1.2	0.15	0.35	0.45	0.1
团旺	1	0.18	0.98	0.85	0.898	0	0.01	0.1	0.35	1.2	0.15	0.25	0.45	0.1
臧格庄	0.95	0.18	0.98	0.95	0.88	0	0.25	0.25	0.35	1.2	0.15	0.35	0.45	0.1
福山	1.2	0.18	0.98	0.97	0.9	0	0.03	0.05	0.35	1.2	0.15	0.25	0.35	0.1
牟平	0.9	0.18	0.98	0.7	0.92	0	0.01	0.01	0.35	1.2	0.15	0.25	0.35	0.1
莒县	1.2	0.18	0.98	0.97	0.935	2	0.08	0.1	0.35	1.2	0.25	0.25	0.35	0.1
鲍村	0.95	0.09	0.98	0.88	0.9	0	0.1	0.11	0.12	0.5	0.15	0.25	0.45	0.1
尹府水库	0.67	0.16	0.98	0.95	0.91	4	0.09	0.24	0.45	1.2	0.15	0.35	0.45	0.1
山洲水库	0.65	0.12	0.97	0.92	0.87	0	0.15	0.18	0.45	1.2	0.15	0.35	0.45	0.1
高格庄水库	0.96	0.16	0.99	0.91	0.95	0	0.08	0.23	0.45	1.2	0.15	0.35	0.45	0.1
青年水库	0.89	0.11	0.96	0.94	0.96	1	0.07	0.23	0.45	1.2	0.15	0.35	0.45	0.1
挪城水库	0.96	0.19	0.98	0.94	0.84	1	0.15	0.18	0.45	1.2	0.15	0.35	0.45	0.1
石棚水库	0.53	0.18	0.98	0.72	0.81	2	0.13	0.15	0.45	1.2	0.15	0.35	0.45	0.1
王圈水库	0.68	0.18	0.95	0.7	0.89	3	0.1	0.13	0.45	1.2	0.15	0.35	0.45	0.1
宋化泉水库	0.5	0.18	0.99	0.97	0.97	1	0.09	0.11	0.45	1.2	0.15	0.35	0.45	0.1
淄阳水库	0.92	0.13	0.98	0.8	0.71	2	0.07	0.22	0.45	1.2	0.15	0.35	0.45	0.1
大泽山水库	0.56	0.1	0.97	0.81	0.93	2	0.16	0.19	0.45	1.2	0.15	0.35	0.45	0.1
吉利河水库	0.99	0.17	0.97	0.75	0.79	2	0.08	0.25	0.45	1.2	0.15	0.35	0.45	0.1
孙家屯水库	0.61	0.18	0.98	0.6	0.86	1	0.06	0.15	0.45	1.2	0.15	0.35	0.45	0.1
陡崖子水库	0.72	0.18	0.97	0.66	0.92	2	0.15	0.18	0.45	1.2	0.15	0.35	0.45	0.1
小珠山水库	0.88	0.19	0.97	0.68	0.81	4	0.17	0.2	0.45	1.2	0.15	0.35	0.45	0.1
铁山水库	0.83	0.2	0.96	0.76	0.81	2	0.1	0.12	0.45	1.2	0.15	0.35	0.45	0.1
北墅水库	0.67	0.11	0.96	0.65	0.9	3	0.12	0.15	0.45	1.2	0.15	0.35	0.45	0.1

续表

断面名称	参数													
	K	C	C_g	C_i	C_s	L_{ag}	k_{ech}	k_{es}	k_{ei}	k_{eg}	x_{ech}	x_{es}	x_{ei}	x_{eg}
黄山水库	0.59	0.1	0.98	0.96	0.87	2	0.16	0.25	0.45	1.2	0.15	0.35	0.45	0.1
黄同水库	0.92	0.11	0.97	0.7	0.81	4	0.07	0.13	0.45	1.2	0.15	0.35	0.45	0.1
双山水库	0.98	0.16	0.99	0.93	0.82	3	0.14	0.17	0.45	1.2	0.15	0.35	0.45	0.1
双庙水库	0.96	0.13	0.97	0.86	0.84	3	0.08	0.16	0.45	1.2	0.15	0.35	0.45	0.1
书院水库	0.95	0.11	0.97	0.84	0.92	4	0.13	0.16	0.45	1.2	0.15	0.35	0.45	0.1
堡集闸上	0.51	0.11	0.97	0.69	0.87	4	0.12	0.15	0.45	1.2	0.15	0.35	0.45	0.1
白鹤观闸上	0.79	0.1	0.96	0.82	0.77	2	0.09	0.1	0.45	1.2	0.15	0.35	0.45	0.1
马家店	0.83	0.11	0.96	0.8	0.89	3	0.16	0.19	0.45	1.2	0.15	0.35	0.45	0.1
王家集	0.66	0.18	0.96	0.75	0.95	2	0.08	0.11	0.45	1.2	0.15	0.35	0.45	0.1
利国	0.73	0.11	0.99	0.91	0.89	0	0.08	0.24	0.45	1.2	0.15	0.35	0.45	0.1
黄井闸	0.55	0.15	0.96	0.9	0.93	1	0.06	0.12	0.45	1.2	0.15	0.35	0.45	0.1
贾家	0.61	0.13	0.98	0.91	0.81	1	0.16	0.19	0.45	1.2	0.15	0.35	0.45	0.1
尼山	0.51	0.16	0.97	0.71	0.85	1	0.08	0.2	0.45	1.2	0.15	0.35	0.45	0.1
韩庄闸	0.89	0.12	0.96	0.81	0.78	0	0.11	0.2	0.45	1.2	0.15	0.35	0.45	0.1
西苇	0.88	0.14	0.98	0.75	0.74	4	0.17	0.2	0.45	1.2	0.15	0.35	0.45	0.1
梁山闸	0.56	0.12	0.98	0.93	0.79	3	0.12	0.13	0.45	1.2	0.15	0.35	0.45	0.1
二级湖一闸	0.67	0.14	0.96	0.83	0.82	4	0.09	0.18	0.45	1.2	0.15	0.35	0.45	0.1
贺庄水库	0.52	0.15	0.96	0.64	0.74	4	0.07	0.09	0.45	1.2	0.15	0.35	0.45	0.1
华村水库	0.95	0.13	0.97	0.9	0.84	2	0.14	0.17	0.45	1.2	0.15	0.35	0.45	0.1
龙湾套水库	0.55	0.12	0.96	0.77	0.93	2	0.16	0.17	0.45	1.2	0.15	0.35	0.45	0.1
尹城水库	0.92	0.19	0.998	0.86	0.92	1	0.1	0.24	0.45	1.2	0.15	0.35	0.45	0.1
挑河闸	0.63	0.19	0.99	0.76	0.82	2	0.07	0.23	0.45	1.2	0.15	0.35	0.45	0.1
沾利闸	0.58	0.16	0.97	0.8	0.71	3	0.11	0.2	0.45	1.2	0.15	0.35	0.45	0.1
雪野水库	0.8	0.12	0.99	0.63	0.89	0	0.08	0.1	0.45	1.2	0.15	0.35	0.45	0.1
乔店	0.89	0.11	0.98	0.94	0.96	1	0.08	0.1	0.45	1.2	0.15	0.35	0.45	0.1
大冶	0.98	0.11	0.97	0.72	0.86	4	0.09	0.11	0.45	1.2	0.15	0.35	0.45	0.1
葫芦山	0.68	0.13	0.98	0.83	0.75	3	0.08	0.18	0.45	1.2	0.15	0.35	0.45	0.1
杨家横	0.74	0.08	0.95	0.93	0.87	1	0.15	0.18	0.45	1.2	0.15	0.35	0.45	0.1
公庄	1	0.11	0.99	0.94	0.77	2	0.08	0.23	0.45	1.2	0.15	0.35	0.45	0.1
鹁鸽楼	0.55	0.16	0.96	0.74	0.73	2	0.18	0.21	0.45	1.2	0.15	0.35	0.45	0.1

续表

断面名称	参数													
	K	C	C_g	C_i	C_s	L_{ag}	k_{ech}	k_{es}	k_{ei}	k_{eg}	x_{ech}	x_{es}	x_{ei}	x_{eg}
沟里	0.67	0.12	0.95	0.88	0.72	0	0.14	0.17	0.45	1.2	0.15	0.35	0.45	0.1
陈北	0.53	0.12	0.95	0.71	0.87	2	0.08	0.21	0.45	1.2	0.15	0.35	0.45	0.1
马盘龙	0.95	0.16	0.97	0.66	0.96	2	0.08	0.11	0.45	1.2	0.15	0.35	0.45	0.1
泰丰	0.61	0.09	0.96	0.92	0.88	2	0.14	0.17	0.45	1.2	0.15	0.35	0.45	0.1
上游	0.63	0.17	0.95	0.62	0.82	3	0.16	0.19	0.45	1.2	0.15	0.35	0.45	0.1
田庄	0.71	0.09	0.99	0.82	0.71	4	0.13	0.16	0.45	1.2	0.15	0.35	0.45	0.1
台儿庄闸上	0.95	0.1	0.99	0.86	0.95	1	0.06	0.11	0.45	1.2	0.15	0.35	0.45	0.1
马河	0.87	0.2	0.96	0.67	0.87	1	0.13	0.22	0.45	1.2	0.15	0.35	0.45	0.1
岩马	0.95	0.18	0.96	0.94	0.76	0	0.12	0.15	0.45	1.2	0.15	0.35	0.45	0.1
庄里	0.9	0.19	0.96	0.96	0.74	1	0.07	0.21	0.45	1.2	0.15	0.35	0.45	0.1
周村	0.96	0.1	0.98	0.98	0.93	2	0.14	0.17	0.45	1.2	0.15	0.35	0.45	0.1
户主	0.87	0.14	0.97	0.74	0.91	0	0.13	0.22	0.45	1.2	0.15	0.35	0.45	0.1
石嘴子	0.73	0.15	0.97	0.63	0.75	2	0.15	0.19	0.45	1.2	0.15	0.35	0.45	0.1
诸城	0.75	0.15	0.99	0.75	0.73	2	0.14	0.17	0.45	1.2	0.15	0.35	0.45	0.1
白浪河水库	0.6	0.08	0.98	0.77	0.8	0	0.11	0.14	0.45	1.2	0.15	0.35	0.45	0.1
墙夼水库(东库)	0.84	0.17	0.97	0.94	0.7	4	0.16	0.19	0.45	1.2	0.15	0.35	0.45	0.1
墙夼水库(西)	0.76	0.13	0.96	0.65	0.73	1	0.07	0.08	0.45	1.2	0.15	0.35	0.45	0.1
峡山水库	0.87	0.09	0.98	0.86	0.89	3	0.16	0.17	0.45	1.2	0.15	0.35	0.45	0.1
高崖水库	0.7	0.17	0.98	0.84	0.74	1	0.08	0.13	0.45	1.2	0.15	0.35	0.45	0.1
牟山水库	0.83	0.09	0.97	0.9	0.89	4	0.1	0.11	0.45	1.2	0.15	0.35	0.45	0.1
淌水崖水库	0.59	0.12	0.98	0.94	0.92	3	0.08	0.22	0.45	1.2	0.15	0.35	0.45	0.1
嵩山水库	0.52	0.14	0.99	0.75	0.96	1	0.18	0.19	0.45	1.2	0.15	0.35	0.45	0.1
黑虎山水库	0.95	0.12	0.98	0.69	0.72	0	0.13	0.14	0.45	1.2	0.15	0.35	0.45	0.1
荆山水库	0.86	0.14	0.98	0.94	0.71	4	0.1	0.24	0.45	1.2	0.15	0.35	0.45	0.1
符山水库	0.74	0.1	0.96	0.84	0.89	4	0.15	0.23	0.45	1.2	0.15	0.35	0.45	0.1
青墩子水库	0.84	0.1	0.95	0.8	0.81	0	0.15	0.18	0.45	1.2	0.15	0.35	0.45	0.1
石门水库	0.7	0.11	0.99	0.97	0.97	4	0.15	0.23	0.45	1.2	0.15	0.35	0.45	0.1
郭家村水库	0.78	0.19	0.98	0.77	0.88	1	0.15	0.18	0.45	1.2	0.15	0.35	0.45	0.1
三里庄水库	0.61	0.15	0.96	0.92	0.84	3	0.14	0.17	0.45	1.2	0.15	0.35	0.45	0.1
于家河水库	0.72	0.12	0.97	0.62	0.72	3	0.14	0.17	0.45	1.2	0.15	0.35	0.45	0.1

续表

断面名称	参数													
	K	C	C_g	C_i	C_s	L_{ag}	k_{ech}	k_{es}	k_{ei}	k_{eg}	x_{ech}	x_{es}	x_{ei}	x_{eg}
下株梧水库	0.86	0.12	0.97	0.93	0.84	0	0.12	0.15	0.45	1.2	0.15	0.35	0.45	0.1
沂山水库	0.65	0.1	0.95	0.93	0.89	2	0.13	0.22	0.45	1.2	0.15	0.35	0.45	0.1
尚庄水库	0.89	0.12	0.98	0.94	0.78	3	0.08	0.12	0.45	1.2	0.15	0.35	0.45	0.1
马旺水库	0.81	0.08	0.97	0.93	0.8	0	0.09	0.2	0.45	1.2	0.15	0.35	0.45	0.1
丹河水库	0.93	0.12	0.97	0.88	0.75	2	0.18	0.21	0.45	1.2	0.15	0.35	0.45	0.1
马宋水库	0.88	0.1	0.95	0.96	0.91	1	0.17	0.19	0.45	1.2	0.15	0.35	0.45	0.1
共青团水库	0.68	0.19	0.98	0.79	0.86	1	0.14	0.17	0.45	1.2	0.15	0.35	0.45	0.1
吴家楼水库	0.68	0.14	0.95	0.65	0.83	4	0.07	0.1	0.45	1.2	0.15	0.35	0.45	0.1
大关水库	0.69	0.16	0.96	0.94	0.89	2	0.11	0.14	0.45	1.2	0.15	0.35	0.45	0.1
牛台山水库	0.86	0.16	0.99	0.96	0.83	3	0.1	0.16	0.45	1.2	0.15	0.35	0.45	0.1
黄前水库	0.73	0.16	0.95	0.85	0.97	1	0.13	0.23	0.45	1.2	0.15	0.35	0.45	0.1
光明水库	0.52	0.11	0.95	0.78	0.95	3	0.17	0.19	0.45	1.2	0.15	0.35	0.45	0.1
戴村坝	0.93	0.15	0.97	0.71	0.87	3	0.16	0.19	0.45	1.2	0.15	0.35	0.45	0.1
东周水库	0.82	0.15	0.96	0.74	0.73	2	0.13	0.17	0.45	1.2	0.15	0.35	0.45	0.1
东王庄	0.77	0.13	0.99	0.89	0.9	3	0.11	0.23	0.45	1.2	0.15	0.35	0.45	0.1
大河	0.56	0.09	0.99	0.93	0.77	3	0.07	0.16	0.45	1.2	0.15	0.35	0.45	0.1
胜利	0.91	0.19	0.97	0.83	0.76	4	0.15	0.18	0.45	1.2	0.15	0.35	0.45	0.1
角峪	0.74	0.1	0.97	0.83	0.83	2	0.18	0.21	0.45	1.2	0.15	0.35	0.45	0.1
山阳	0.96	0.12	0.97	0.97	0.92	4	0.07	0.19	0.45	1.2	0.15	0.35	0.45	0.1
彩山	0.56	0.16	0.98	0.78	0.72	2	0.15	0.18	0.45	1.2	0.15	0.35	0.45	0.1
小安门	0.91	0.1	0.98	0.93	0.84	3	0.1	0.17	0.45	1.2	0.15	0.35	0.45	0.1
金斗	0.94	0.13	0.96	0.66	0.75	4	0.08	0.24	0.45	1.2	0.15	0.35	0.45	0.1
苇池	0.57	0.09	0.97	0.91	0.75	4	0.13	0.16	0.45	1.2	0.15	0.35	0.45	0.1
田村	0.95	0.09	0.96	0.93	0.83	4	0.13	0.16	0.45	1.2	0.15	0.35	0.45	0.1
直界	0.8	0.18	0.96	0.66	0.89	0	0.07	0.24	0.45	1.2	0.15	0.35	0.45	0.1
贤村	0.76	0.19	0.96	0.9	0.95	2	0.12	0.15	0.45	1.2	0.15	0.35	0.45	0.1
尚庄炉	0.59	0.1	0.97	0.65	0.75	4	0.17	0.2	0.45	1.2	0.15	0.35	0.45	0.1
月牙河	0.55	0.19	0.97	0.78	0.83	1	0.12	0.17	0.45	1.2	0.15	0.35	0.45	0.1
角峪大桥	0.94	0.14	0.98	0.81	0.89	4	0.08	0.11	0.45	1.2	0.15	0.35	0.45	0.1
石汶河引水闸	0.88	0.1	0.998	0.69	0.75	1	0.13	0.25	0.45	1.2	0.15	0.35	0.45	0.1

续表

断面名称	参数													
	K	C	C_g	C_i	C_s	L_{ag}	k_{ech}	k_{es}	k_{ei}	k_{eg}	x_{ech}	x_{es}	x_{ei}	x_{eg}
瀛汶河引水闸	0.68	0.14	0.98	0.65	0.76	4	0.08	0.11	0.45	1.2	0.15	0.35	0.45	0.1
泮汶河入河口	0.51	0.1	0.97	0.7	0.92	2	0.11	0.15	0.45	1.2	0.15	0.35	0.45	0.1
白楼水文站	0.52	0.1	0.96	0.79	0.7	0	0.11	0.25	0.45	1.2	0.15	0.35	0.45	0.1
沙沟	0.76	0.15	0.99	0.95	0.76	2	0.09	0.12	0.45	1.2	0.15	0.35	0.45	0.1
唐村	0.57	0.13	0.97	0.92	0.96	3	0.15	0.23	0.45	1.2	0.15	0.35	0.45	0.1
姜庄湖	0.76	0.08	0.98	0.84	0.7	4	0.07	0.09	0.45	1.2	0.15	0.35	0.45	0.1
陡山	0.59	0.15	0.97	0.69	0.93	4	0.16	0.25	0.45	1.2	0.15	0.35	0.45	0.1
大官庄闸（老）（闸上）	0.72	0.08	0.97	0.61	0.74	3	0.07	0.24	0.45	1.2	0.15	0.35	0.45	0.1
刘家道口	0.7	0.13	0.97	0.84	0.78	2	0.09	0.17	0.45	1.2	0.15	0.35	0.45	0.1
彭道口闸	0.66	0.1	0.96	0.84	0.87	3	0.06	0.12	0.45	1.2	0.15	0.35	0.45	0.1
会宝岭（北）	0.79	0.1	0.96	0.79	0.84	3	0.11	0.14	0.45	1.2	0.15	0.35	0.45	0.1
会宝岭	0.6	0.18	0.95	0.93	0.8	1	0.13	0.14	0.45	1.2	0.15	0.35	0.45	0.1
前城子	0.93	0.08	0.97	0.66	0.7	2	0.06	0.18	0.45	1.2	0.15	0.35	0.45	0.1
棠梨树	0.75	0.2	0.95	0.78	0.94	4	0.11	0.13	0.45	1.2	0.15	0.35	0.45	0.1
官坊街	0.54	0.17	0.96	0.86	0.94	1	0.08	0.18	0.45	1.2	0.15	0.35	0.45	0.1
傅旺庄	0.61	0.15	0.96	0.75	0.79	1	0.15	0.18	0.45	1.2	0.15	0.35	0.45	0.1
斜午	0.89	0.2	0.99	0.8	0.8	1	0.14	0.17	0.45	1.2	0.15	0.35	0.45	0.1
窑上	0.64	0.14	0.99	0.64	0.8	4	0.11	0.23	0.45	1.2	0.15	0.35	0.45	0.1
马头	0.53	0.2	0.97	0.94	0.82	3	0.08	0.21	0.45	1.2	0.15	0.35	0.45	0.1
昌里	0.77	0.18	0.98	0.63	0.77	4	0.16	0.19	0.45	1.2	0.15	0.35	0.45	0.1
相邸	0.96	0.12	0.99	0.82	0.75	1	0.07	0.1	0.45	1.2	0.15	0.35	0.45	0.1
小马庄	0.52	0.08	0.96	0.67	0.71	0	0.11	0.12	0.45	1.2	0.15	0.35	0.45	0.1
石泉湖水库（东）	0.72	0.18	0.998	0.84	0.75	2	0.09	0.17	0.45	1.2	0.15	0.35	0.45	0.1
石泉湖水库（西）	0.95	0.08	0.97	0.93	0.84	2	0.13	0.21	0.45	1.2	0.15	0.35	0.45	0.1
石岚	0.83	0.14	0.98	0.82	0.72	1	0.07	0.09	0.45	1.2	0.15	0.35	0.45	0.1
上冶	0.74	0.17	0.97	0.73	0.89	2	0.14	0.23	0.45	1.2	0.15	0.35	0.45	0.1
高湖	1	0.11	0.98	0.75	0.72	1	0.14	0.16	0.45	1.2	0.15	0.35	0.45	0.1
马庄	0.57	0.19	0.99	0.83	0.94	0	0.07	0.24	0.45	1.2	0.15	0.35	0.45	0.1
长新桥	0.78	0.15	0.98	0.61	0.93	0	0.13	0.14	0.45	1.2	0.15	0.35	0.45	0.1
吴家庄	0.63	0.14	0.98	0.78	0.78	2	0.11	0.14	0.45	1.2	0.15	0.35	0.45	0.1

续表

断面名称	参数													
	K	C	C_g	C_i	C_s	L_{ag}	k_{ech}	k_{es}	k_{ei}	k_{eg}	x_{ech}	x_{es}	x_{ei}	x_{eg}
凌山头	0.98	0.11	0.98	0.88	0.89	0	0.07	0.18	0.45	1.2	0.15	0.35	0.45	0.1
大山	0.95	0.11	0.97	0.79	0.77	4	0.18	0.21	0.45	1.2	0.15	0.35	0.45	0.1
龙王口	1	0.08	0.998	0.94	0.77	1	0.11	0.11	0.45	1.2	0.15	0.35	0.45	0.1
古城	0.85	0.11	0.96	0.83	0.95	0	0.06	0.17	0.45	1.2	0.15	0.35	0.45	0.1
黄仁	0.92	0.18	0.99	0.83	0.72	4	0.16	0.19	0.45	1.2	0.15	0.35	0.45	0.1
施庄	0.71	0.08	0.96	0.6	0.87	2	0.14	0.17	0.45	1.2	0.15	0.35	0.45	0.1
书房	0.55	0.13	0.98	0.94	0.71	3	0.15	0.18	0.45	1.2	0.15	0.35	0.45	0.1
朱家坡	0.88	0.11	0.96	0.85	0.9	3	0.1	0.18	0.45	1.2	0.15	0.35	0.45	0.1
安靖	0.73	0.2	0.99	0.85	0.87	0	0.11	0.14	0.45	1.2	0.15	0.35	0.45	0.1
龙潭	0.86	0.13	0.97	0.94	0.74	1	0.16	0.24	0.45	1.2	0.15	0.35	0.45	0.1
公家庄水库(西)	1	0.17	0.95	0.65	0.71	2	0.16	0.19	0.45	1.2	0.15	0.35	0.45	0.1
公家庄水库(东)	0.68	0.17	0.97	0.89	0.77	3	0.1	0.18	0.45	1.2	0.15	0.35	0.45	0.1
寨子山	0.64	0.19	0.97	0.67	0.91	0	0.09	0.14	0.45	1.2	0.15	0.35	0.45	0.1
黄土山	0.99	0.09	0.97	0.8	0.86	0	0.1	0.12	0.45	1.2	0.15	0.35	0.45	0.1
寨子	0.58	0.14	0.99	0.62	0.9	3	0.14	0.19	0.45	1.2	0.15	0.35	0.45	0.1
张庄	0.91	0.2	0.96	0.86	0.96	1	0.08	0.11	0.45	1.2	0.15	0.35	0.45	0.1
大夫宁	0.53	0.13	0.96	0.61	0.79	2	0.12	0.25	0.45	1.2	0.15	0.35	0.45	0.1
刘庄	0.57	0.17	0.98	0.75	0.72	3	0.08	0.12	0.45	1.2	0.15	0.35	0.45	0.1
考村	0.63	0.14	0.98	0.78	0.71	0	0.11	0.16	0.45	1.2	0.15	0.35	0.45	0.1
双河	0.85	0.13	0.96	0.75	0.97	1	0.1	0.12	0.45	1.2	0.15	0.35	0.45	0.1
杨庄	0.77	0.18	0.96	0.92	0.82	4	0.15	0.18	0.45	1.2	0.15	0.35	0.45	0.1
刘大河	0.91	0.19	0.96	0.61	0.93	1	0.16	0.17	0.45	1.2	0.15	0.35	0.45	0.1
卞庄	0.96	0.18	0.96	0.98	0.75	2	0.11	0.14	0.45	1.2	0.15	0.35	0.45	0.1
刘家庄	0.86	0.09	0.98	0.66	0.79	0	0.18	0.21	0.45	1.2	0.15	0.35	0.45	0.1
南坊	0.81	0.18	0.98	0.81	0.9	2	0.18	0.18	0.45	1.2	0.15	0.35	0.45	0.1
地方	0.73	0.18	0.98	0.97	0.86	3	0.16	0.19	0.45	1.2	0.15	0.35	0.45	0.1
周井铺	0.56	0.15	0.98	0.84	0.96	4	0.08	0.13	0.45	1.2	0.15	0.35	0.45	0.1
老屯	0.56	0.09	0.98	0.85	0.94	0	0.14	0.17	0.45	1.2	0.15	0.35	0.45	0.1
大兴屯	0.81	0.17	0.95	0.7	0.85	4	0.14	0.17	0.45	1.2	0.15	0.35	0.45	0.1
马石河	0.83	0.11	0.96	0.65	0.89	2	0.14	0.14	0.45	1.2	0.15	0.35	0.45	0.1

续表

断面名称	参数													
	K	C	C_g	C_i	C_s	L_{ag}	k_{ech}	k_{es}	k_{ei}	k_{eg}	x_{ech}	x_{es}	x_{ei}	x_{eg}
刘庄	0.72	0.15	0.98	0.86	0.76	1	0.15	0.18	0.45	1.2	0.15	0.35	0.45	0.1
四女寺北下	0.52	0.19	0.99	0.76	0.78	0	0.11	0.15	0.45	1.2	0.15	0.35	0.45	0.1
四女寺四南下	0.94	0.19	0.99	0.62	0.89	0	0.13	0.16	0.45	1.2	0.15	0.35	0.45	0.1
四女寺	0.93	0.12	0.98	0.72	0.73	4	0.12	0.18	0.45	1.2	0.15	0.35	0.45	0.1
李家桥闸上	0.96	0.17	0.96	0.94	0.86	3	0.11	0.21	0.45	1.2	0.15	0.35	0.45	0.1
庆云闸上	0.7	0.12	0.998	0.8	0.82	0	0.14	0.23	0.45	1.2	0.15	0.35	0.45	0.1
郑店闸上	0.78	0.16	0.96	0.72	0.73	4	0.07	0.13	0.45	1.2	0.15	0.35	0.45	0.1
大道王闸上	0.59	0.18	0.95	0.64	0.71	1	0.17	0.2	0.45	1.2	0.15	0.35	0.45	0.1
宫家闸上	0.96	0.12	0.998	0.88	0.83	1	0.14	0.19	0.45	1.2	0.15	0.35	0.45	0.1
刘连屯	0.93	0.16	0.97	0.79	0.89	1	0.16	0.21	0.45	1.2	0.15	0.35	0.45	0.1
恩县洼	0.89	0.1	0.97	0.74	0.74	1	0.15	0.18	0.45	1.2	0.15	0.35	0.45	0.1
张庄闸	0.82	0.09	0.99	0.91	0.76	1	0.07	0.14	0.45	1.2	0.15	0.35	0.45	0.1
魏楼闸	0.65	0.13	0.96	0.67	0.75	3	0.06	0.08	0.45	1.2	0.15	0.35	0.45	0.1
马庄闸	0.53	0.19	0.96	0.84	0.73	3	0.06	0.13	0.45	1.2	0.15	0.35	0.45	0.1
路菜园闸	0.92	0.15	0.96	0.96	0.93	0	0.18	0.21	0.45	1.2	0.15	0.35	0.45	0.1
李庙闸	0.69	0.14	0.99	0.97	0.83	0	0.18	0.23	0.45	1.2	0.15	0.35	0.45	0.1
刘庄闸	0.98	0.17	0.998	0.76	0.87	0	0.14	0.17	0.45	1.2	0.15	0.35	0.45	0.1
王铺闸上	0.58	0.12	0.96	0.68	0.7	2	0.16	0.2	0.45	1.2	0.15	0.35	0.45	0.1
刘桥闸上	0.92	0.16	0.96	0.8	0.84	1	0.17	0.17	0.45	1.2	0.15	0.35	0.45	0.1
刁庄	0.75	0.13	0.97	0.86	0.71	3	0.06	0.15	0.45	1.2	0.15	0.35	0.45	0.1
王屋水库	0.73	0.13	0.95	0.63	0.9	2	0.15	0.24	0.45	1.2	0.15	0.35	0.45	0.1
沐浴水库	0.78	0.17	0.98	0.76	0.88	4	0.13	0.22	0.45	1.2	0.15	0.35	0.45	0.1
门楼水库	0.75	0.13	0.99	0.7	0.87	1	0.16	0.19	0.45	1.2	0.15	0.35	0.45	0.1
招远	0.88	0.18	0.998	0.83	0.92	4	0.13	0.16	0.45	1.2	0.15	0.35	0.45	0.1
海阳	0.98	0.12	0.98	0.83	0.91	0	0.17	0.2	0.45	1.2	0.15	0.35	0.45	0.1
栖霞北	0.99	0.19	0.96	0.65	0.85	1	0.18	0.25	0.45	1.2	0.15	0.35	0.45	0.1
高陵水库	0.63	0.13	0.97	0.88	0.94	1	0.13	0.23	0.45	1.2	0.15	0.35	0.45	0.1
老岚	0.91	0.17	0.998	0.94	0.78	0	0.13	0.16	0.45	1.2	0.15	0.35	0.45	0.1
平山水库	0.72	0.13	0.998	0.91	0.78	0	0.12	0.16	0.45	1.2	0.15	0.35	0.45	0.1
邱山水库	0.83	0.09	0.99	0.65	0.8	1	0.1	0.23	0.45	1.2	0.15	0.35	0.45	0.1

续表

断面名称	参数													
	K	C	C_g	C_i	C_s	L_{ag}	k_{ech}	k_{es}	k_{ei}	k_{eg}	x_{ech}	x_{es}	x_{ei}	x_{eg}
战山水库	0.77	0.11	0.96	0.81	0.86	0	0.11	0.21	0.45	1.2	0.15	0.35	0.45	0.1
北邢家水库	0.82	0.19	0.95	0.84	0.75	3	0.09	0.2	0.45	1.2	0.15	0.35	0.45	0.1
迟家沟水库	0.59	0.13	0.98	0.93	0.9	1	0.14	0.17	0.45	1.2	0.15	0.35	0.45	0.1
金岭水库	0.92	0.12	0.98	0.85	0.94	4	0.17	0.19	0.45	1.2	0.15	0.35	0.45	0.1
勾山水库	0.69	0.19	0.96	0.75	0.78	1	0.15	0.18	0.45	1.2	0.15	0.35	0.45	0.1
城子水库	0.51	0.19	0.95	0.7	0.93	2	0.06	0.17	0.45	1.2	0.15	0.35	0.45	0.1
坎上水库	0.71	0.17	0.95	0.72	0.75	2	0.12	0.17	0.45	1.2	0.15	0.35	0.45	0.1
赵家水库	0.81	0.1	0.97	0.94	0.81	4	0.17	0.2	0.45	1.2	0.15	0.35	0.45	0.1
临疃河水库	0.59	0.08	0.97	0.71	0.85	4	0.14	0.19	0.45	1.2	0.15	0.35	0.45	0.1
白云洞水库	0.76	0.14	0.96	0.8	0.81	2	0.08	0.2	0.45	1.2	0.15	0.35	0.45	0.1
留驾水库	0.64	0.09	0.97	0.81	0.76	0	0.11	0.21	0.45	1.2	0.15	0.35	0.45	0.1
庙埠河水库	0.93	0.13	0.95	0.64	0.73	3	0.16	0.19	0.45	1.2	0.15	0.35	0.45	0.1
里店水库	0.91	0.19	0.97	0.64	0.72	0	0.09	0.22	0.45	1.2	0.15	0.35	0.45	0.1
盘石水库	0.83	0.1	0.97	0.77	0.92	0	0.07	0.08	0.45	1.2	0.15	0.35	0.45	0.1
建新水库	1	0.09	0.98	0.72	0.78	3	0.15	0.18	0.45	1.2	0.15	0.35	0.45	0.1
南台水库	0.77	0.17	0.97	0.84	0.72	2	0.11	0.17	0.45	1.2	0.15	0.35	0.45	0.1
小平水库	0.52	0.17	0.99	0.7	0.75	1	0.1	0.16	0.45	1.2	0.15	0.35	0.45	0.1
龙门口水库	0.61	0.19	0.98	0.85	0.77	4	0.07	0.19	0.45	1.2	0.15	0.35	0.45	0.1
庵里水库	0.69	0.17	0.99	0.87	0.74	4	0.1	0.19	0.45	1.2	0.15	0.35	0.45	0.1
瓦善水库	0.58	0.12	0.998	0.82	0.97	3	0.1	0.22	0.45	1.2	0.15	0.35	0.45	0.1
桃园水库	0.95	0.13	0.98	0.89	0.75	4	0.15	0.15	0.45	1.2	0.15	0.35	0.45	0.1
龙泉水库	0.96	0.09	0.96	0.6	0.94	1	0.16	0.21	0.45	1.2	0.15	0.35	0.45	0.1
侯家水库	0.72	0.1	0.98	0.69	0.82	4	0.09	0.11	0.45	1.2	0.15	0.35	0.45	0.1
青峰岭	0.81	0.14	0.96	0.68	0.96	1	0.11	0.14	0.45	1.2	0.15	0.35	0.45	0.1
小仕阳	0.81	0.17	0.98	0.79	0.81	0	0.06	0.25	0.45	1.2	0.15	0.35	0.45	0.1
日照	0.64	0.1	0.99	0.72	0.88	3	0.07	0.22	0.45	1.2	0.15	0.35	0.45	0.1
大朱曹	0.73	0.13	0.97	0.68	0.96	3	0.12	0.16	0.45	1.2	0.15	0.35	0.45	0.1
李家谭崖	0.56	0.17	0.95	0.66	0.81	0	0.09	0.21	0.45	1.2	0.15	0.35	0.45	0.1
南湖	0.87	0.18	0.98	0.82	0.77	3	0.12	0.15	0.45	1.2	0.15	0.35	0.45	0.1
中楼	0.88	0.17	0.97	0.78	0.87	0	0.13	0.16	0.45	1.2	0.15	0.35	0.45	0.1

续表

断面名称	参数													
	K	C	C_g	C_i	C_s	L_{ag}	k_{ech}	k_{es}	k_{ei}	k_{eg}	x_{ech}	x_{es}	x_{ei}	x_{eg}
石亩子水库	0.52	0.13	0.97	0.73	0.85	3	0.07	0.1	0.45	1.2	0.15	0.35	0.45	0.1
长城岭水库	0.74	0.17	0.998	0.76	0.83	3	0.13	0.16	0.45	1.2	0.15	0.35	0.45	0.1
河西水库	0.68	0.1	0.97	0.72	0.85	0	0.13	0.16	0.45	1.2	0.15	0.35	0.45	0.1
小王疃水库	0.59	0.19	0.97	0.87	0.73	4	0.07	0.23	0.45	1.2	0.15	0.35	0.45	0.1
学庄水库	0.83	0.13	0.97	0.87	0.94	1	0.16	0.21	0.45	1.2	0.15	0.35	0.45	0.1
龙潭沟水库	0.81	0.19	0.99	0.94	0.84	3	0.12	0.15	0.45	1.2	0.15	0.35	0.45	0.1
巨峰水库	0.87	0.08	0.97	0.62	0.75	2	0.07	0.11	0.45	1.2	0.15	0.35	0.45	0.1
马陵水库	0.63	0.15	0.998	0.69	0.89	4	0.15	0.15	0.45	1.2	0.15	0.35	0.45	0.1
峤山水库	0.65	0.19	0.96	0.89	0.7	2	0.09	0.13	0.45	1.2	0.15	0.35	0.45	0.1
户部岭水库	0.67	0.2	0.95	0.6	0.95	1	0.11	0.14	0.45	1.2	0.15	0.35	0.45	0.1
高泽南岭	0.55	0.14	0.97	0.77	0.91	2	0.09	0.12	0.45	1.2	0.15	0.35	0.45	0.1
圣旨崖	0.81	0.16	0.98	0.98	0.94	0	0.07	0.13	0.45	1.2	0.15	0.35	0.45	0.1
管帅	0.72	0.19	0.97	0.89	0.78	1	0.07	0.07	0.45	1.2	0.15	0.35	0.45	0.1
小岭	0.66	0.19	0.99	0.88	0.73	3	0.14	0.23	0.45	1.2	0.15	0.35	0.45	0.1
聂家洪沟	0.86	0.1	0.96	0.61	0.73	2	0.09	0.14	0.45	1.2	0.15	0.35	0.45	0.1
桑园	0.91	0.17	0.96	0.89	0.79	0	0.07	0.17	0.45	1.2	0.15	0.35	0.45	0.1
郭家当门	0.62	0.15	0.98	0.76	0.93	0	0.07	0.07	0.45	1.2	0.15	0.35	0.45	0.1
北陈庄	0.71	0.1	0.99	0.87	0.93	3	0.07	0.1	0.45	1.2	0.15	0.35	0.45	0.1
天宝	0.63	0.13	0.98	0.95	0.75	1	0.07	0.25	0.45	1.2	0.15	0.35	0.45	0.1
中楼	0.92	0.14	0.96	0.75	0.78	4	0.12	0.15	0.45	1.2	0.15	0.35	0.45	0.1
米山水库	1	0.11	0.96	0.89	0.92	1	0.11	0.14	0.45	1.2	0.15	0.35	0.45	0.1
坤龙邢水库	0.53	0.1	0.98	0.86	0.93	4	0.18	0.2	0.45	1.2	0.15	0.35	0.45	0.1
龙角山水库	0.63	0.08	0.97	0.9	0.96	1	0.13	0.18	0.45	1.2	0.15	0.35	0.45	0.1
后龙河水库	0.79	0.14	0.95	0.78	0.78	2	0.09	0.12	0.45	1.2	0.15	0.35	0.45	0.1
所前泊水库	0.89	0.12	0.99	0.67	0.74	4	0.11	0.14	0.45	1.2	0.15	0.35	0.45	0.1
崮山水库	0.57	0.15	0.99	0.71	0.81	1	0.09	0.25	0.45	1.2	0.15	0.35	0.45	0.1
台依水库	0.56	0.18	0.96	0.67	0.76	0	0.09	0.24	0.45	1.2	0.15	0.35	0.45	0.1
花家疃水库	0.94	0.14	0.95	0.63	0.71	4	0.1	0.13	0.45	1.2	0.15	0.35	0.45	0.1
纸坊水库	0.73	0.18	0.96	0.6	0.89	0	0.1	0.12	0.45	1.2	0.15	0.35	0.45	0.1
湾头	0.97	0.2	0.97	0.91	0.86	3	0.17	0.2	0.45	1.2	0.15	0.35	0.45	0.1

续表

断面名称	参数													
	K	C	C_g	C_i	C_s	L_{ag}	k_{ech}	k_{es}	k_{ei}	k_{eg}	x_{ech}	x_{es}	x_{ei}	x_{eg}
郭格庄	0.99	0.16	0.96	0.97	0.86	3	0.1	0.2	0.45	1.2	0.15	0.35	0.45	0.1
武林	0.78	0.1	0.98	0.93	0.83	2	0.17	0.2	0.45	1.2	0.15	0.35	0.45	0.1
南圈	0.94	0.17	0.95	0.93	0.77	3	0.09	0.24	0.45	1.2	0.15	0.35	0.45	0.1
院里	0.72	0.09	0.99	0.81	0.83	0	0.14	0.17	0.45	1.2	0.15	0.35	0.45	0.1
卧虎山水库	0.58	0.17	0.99	0.66	0.96	3	0.08	0.17	0.45	1.2	0.15	0.35	0.45	0.1
锦绣川	0.92	0.13	0.99	0.74	0.8	2	0.13	0.2	0.45	1.2	0.15	0.35	0.45	0.1
石店	0.61	0.11	0.96	0.89	0.75	1	0.07	0.15	0.45	1.2	0.15	0.35	0.45	0.1
钓鱼台	0.89	0.1	0.96	0.68	0.87	3	0.07	0.2	0.45	1.2	0.15	0.35	0.45	0.1
崮头	0.88	0.08	0.95	0.88	0.71	0	0.11	0.17	0.45	1.2	0.15	0.35	0.45	0.1

5.3.2 模型应用结果

5.3.2.1 参数率定结果

使用TOPKAPI模型和Grid-XAJ模型对山东省54个有资料流域进行参数率定，图5.3-3至图5.3-19为各个流域参数率定结果，即TOPKAPI模型和Grid-XAJ模型在各流域中的洪水模拟与实测流量对比过程图。

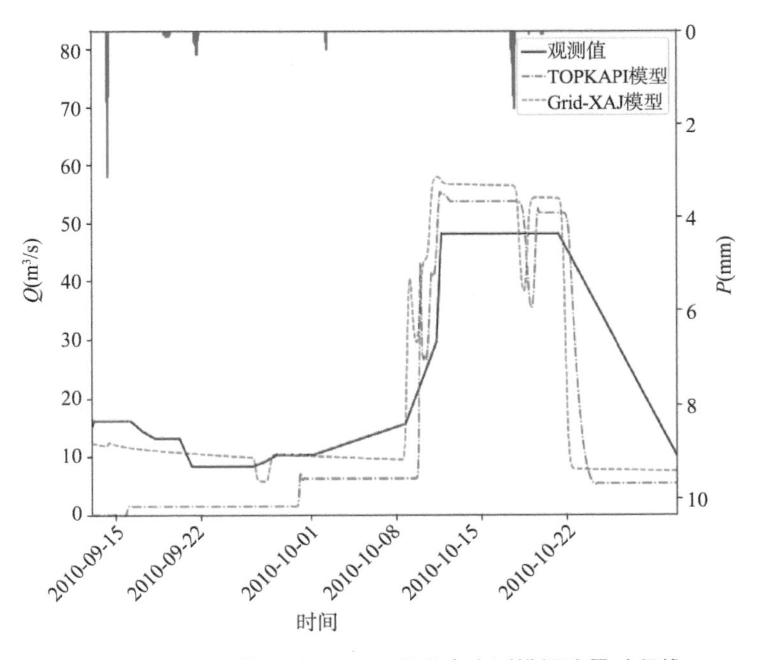

图5.3-3 谭家坊流域100915号洪水实测模拟流量过程线

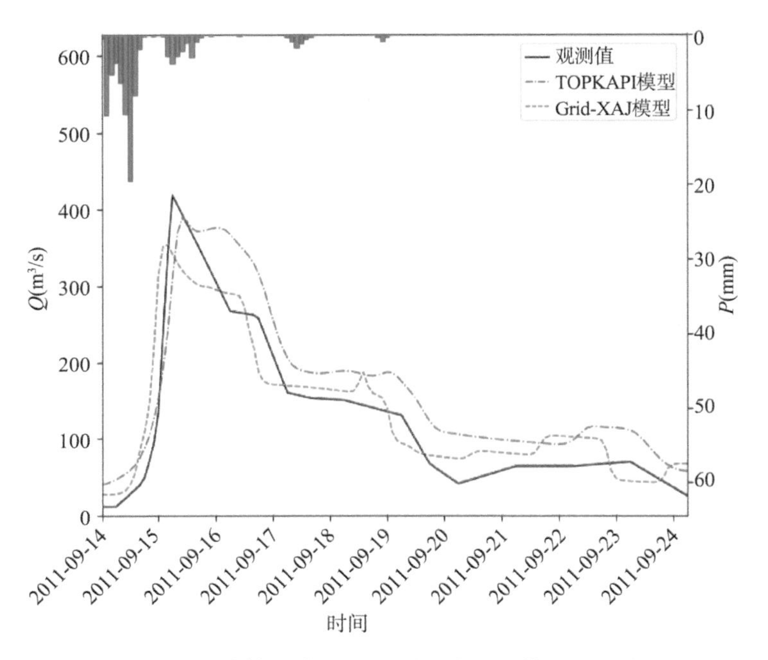

图 5.3-4 谭家坊流域 110914 号洪水实测模拟流量过程线

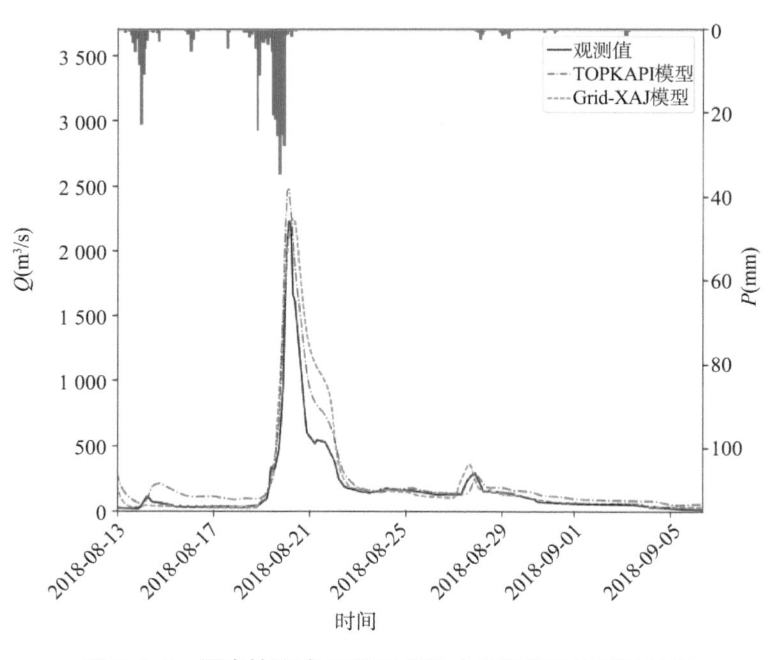

图 5.3-5 谭家坊流域 180813 号洪水实测模拟流量过程线

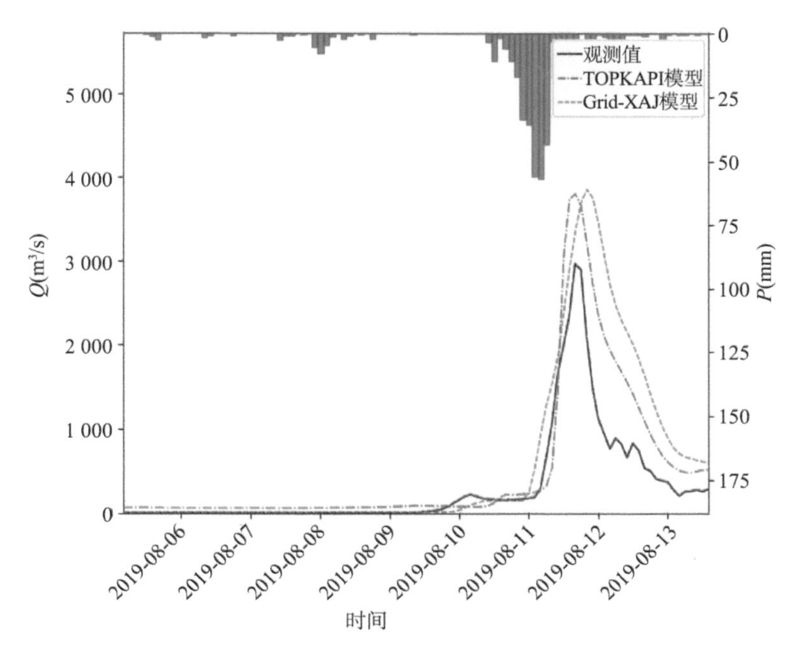

图 5.3-6 谭家坊流域 190806 号洪水实测模拟流量过程线

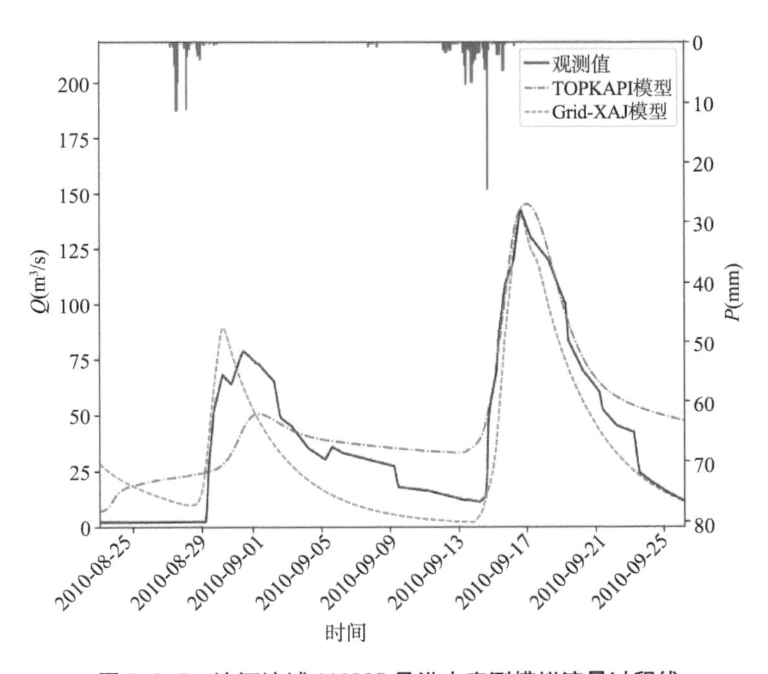

图 5.3-7 流河流域 110825 号洪水实测模拟流量过程线

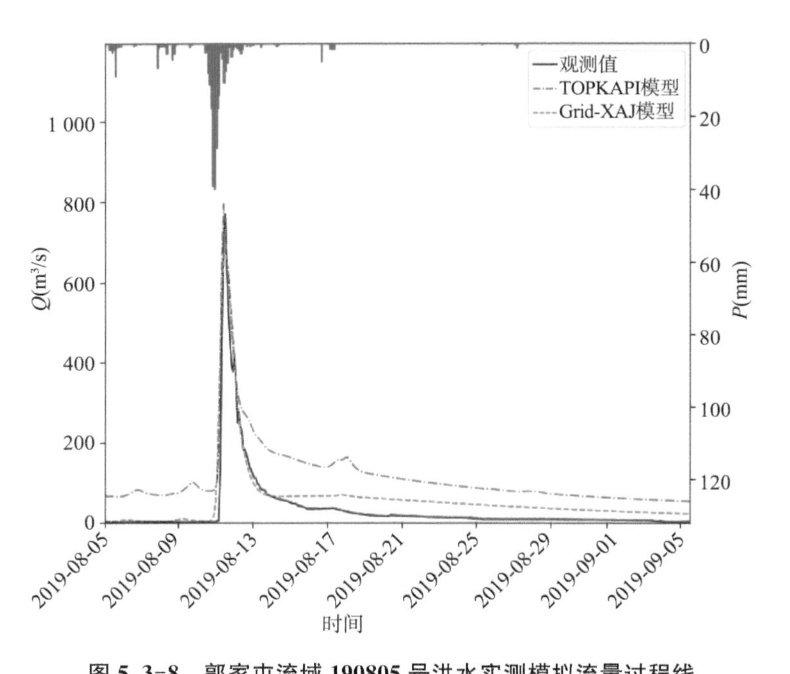

图 5.3-8 郭家屯流域 190805 号洪水实测模拟流量过程线

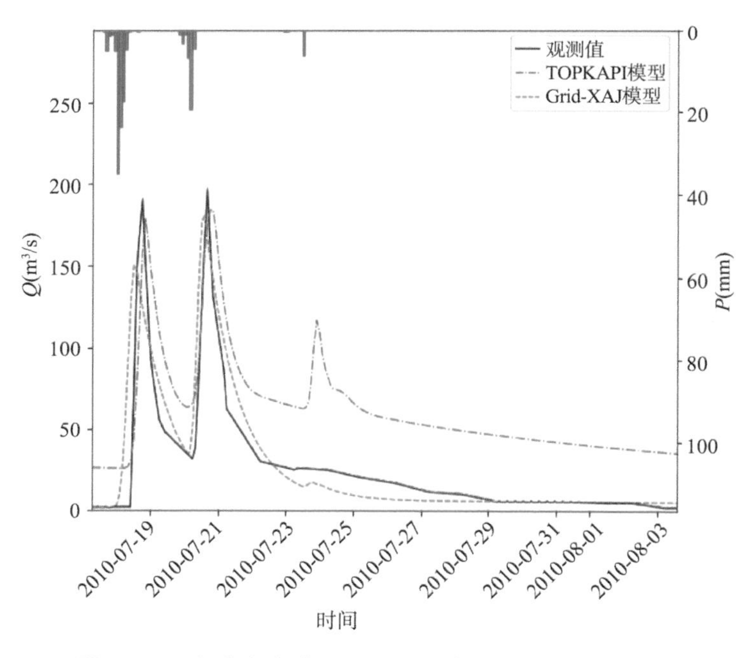

图 5.3-9 郭家屯流域 100719 号洪水实测模拟流量过程线

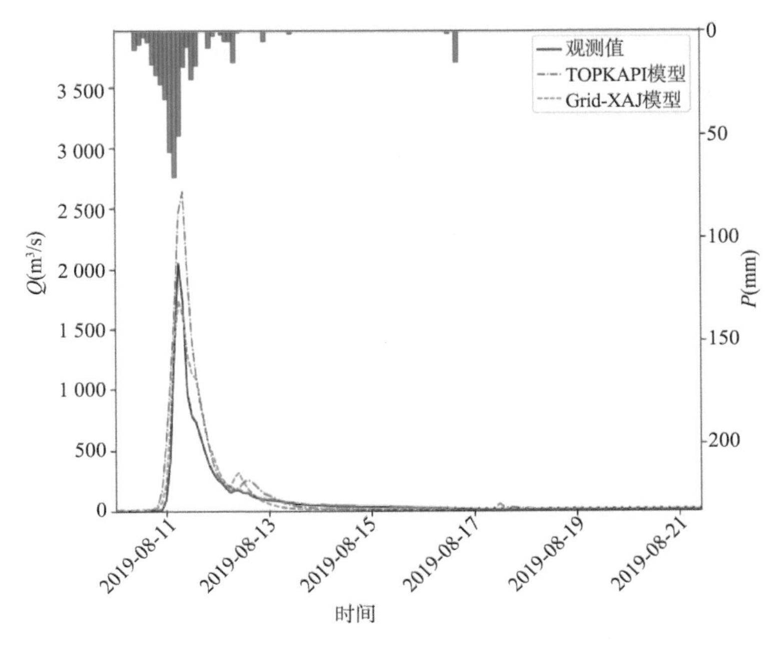

图 5.3-10　黄山流域 190811 号洪水实测模拟流量过程线

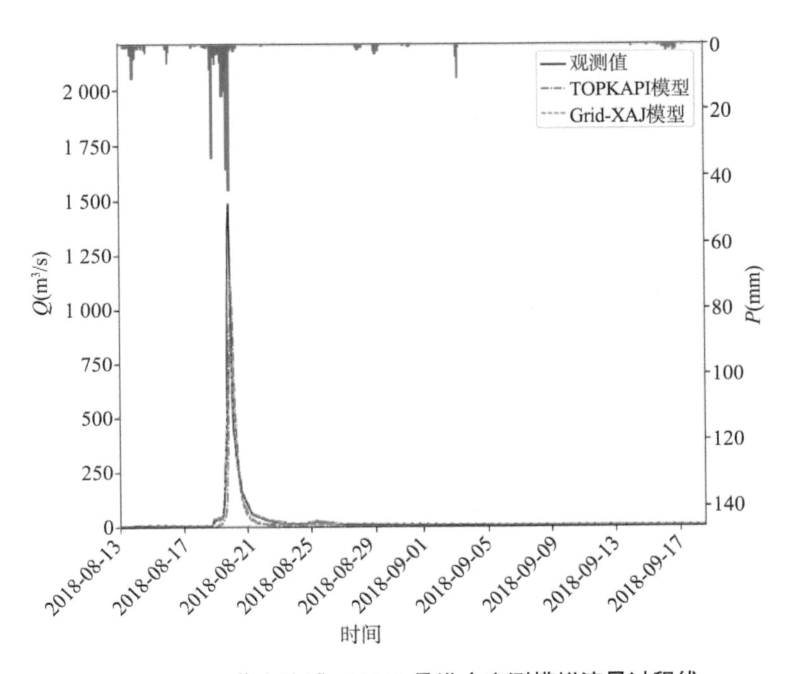

图 5.3-11　黄山流域 180813 号洪水实测模拟流量过程线

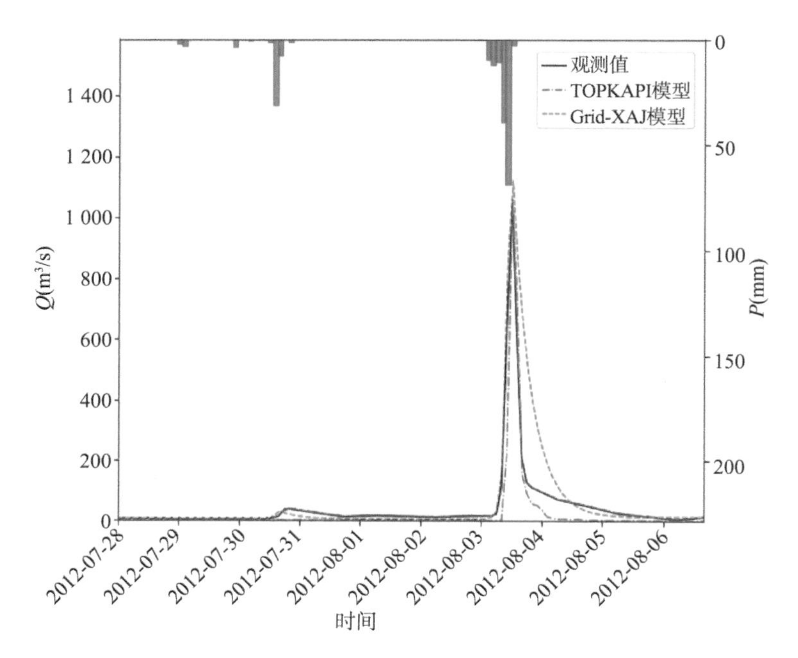

图 5.3-12　黄山流域 120728 号洪水实测模拟流量过程线

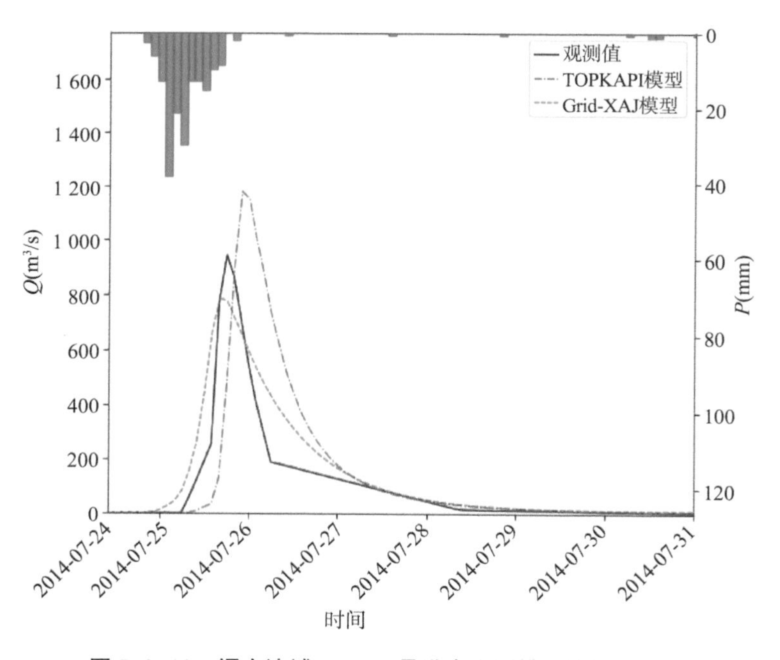

图 5.3-13　福山流域 140724 号洪水实测模拟流量过程线

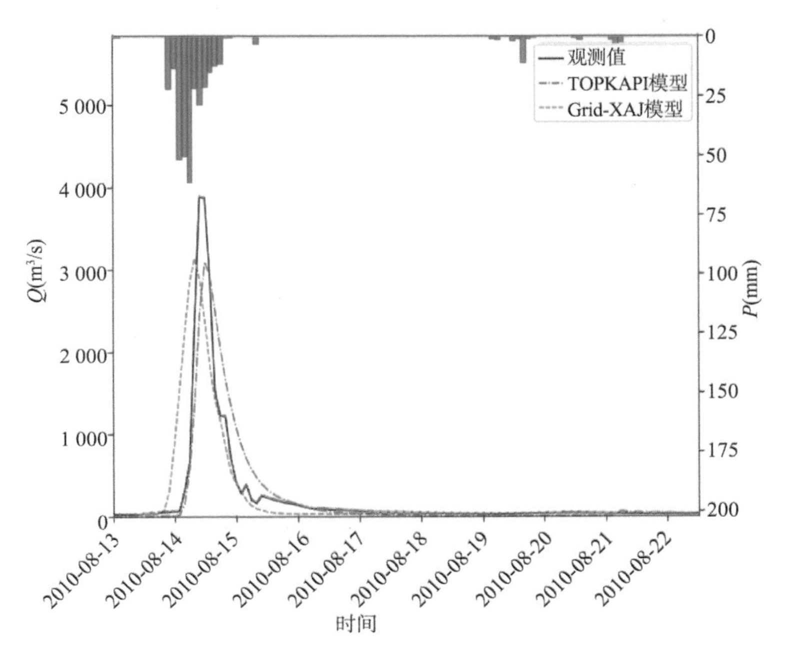

图 5.3-14 高里流域 200813 号洪水实测模拟流量过程线

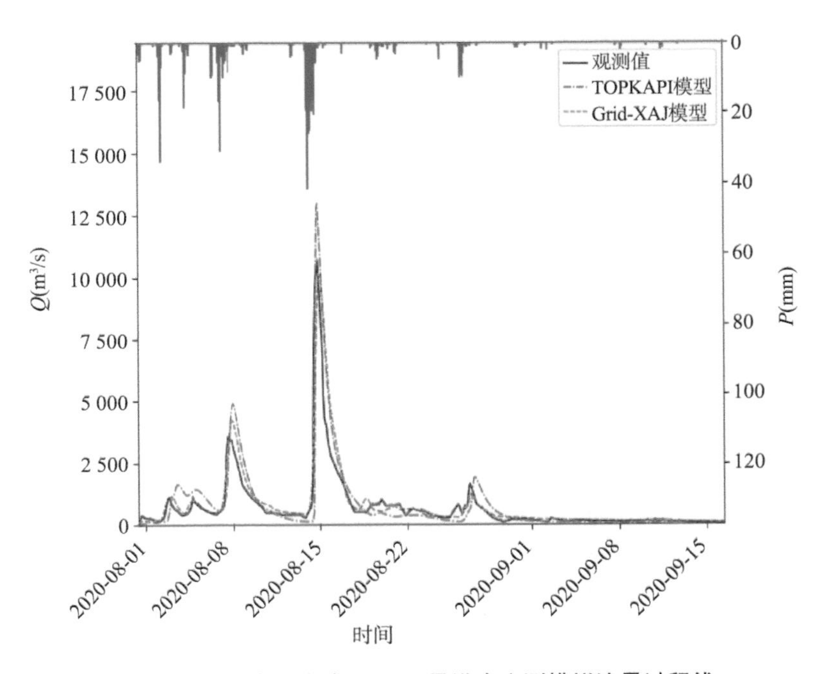

图 5.3-15 临沂流域 200801 号洪水实测模拟流量过程线

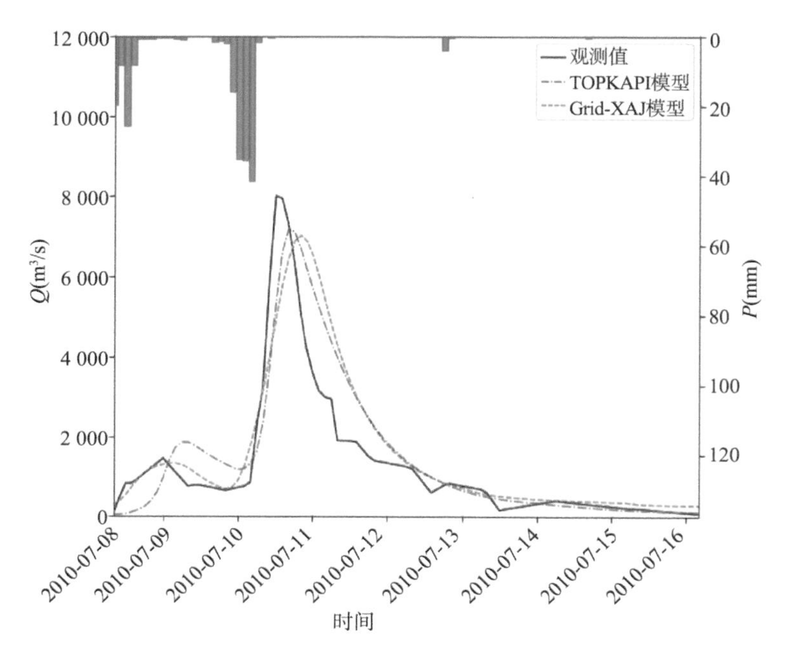

图 5.3-16　临沂流域 120708 号洪水实测模拟流量过程线

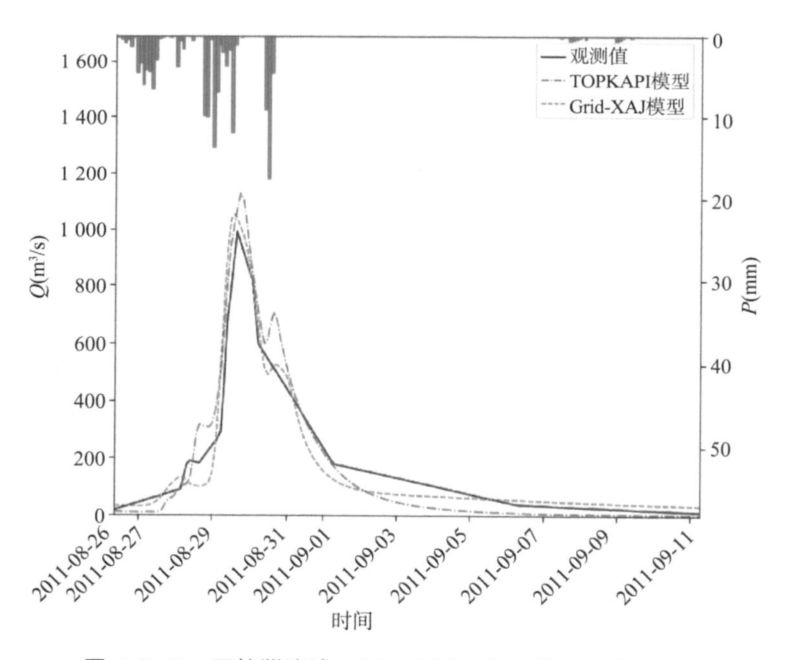

图 5.3-17　石拉渊流域 110826 号洪水实测模拟流量过程线

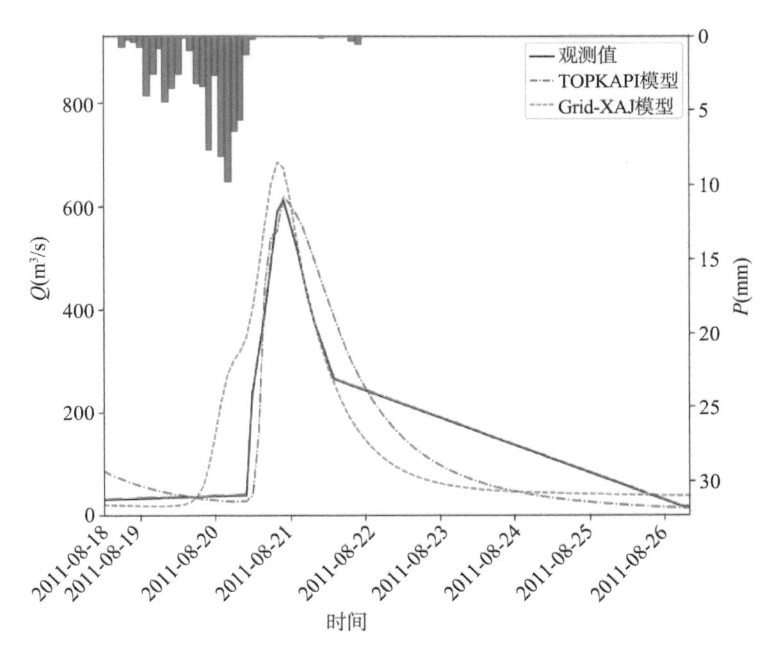

图 5.3-18 石拉渊流域 110818 号洪水实测模拟流量过程线

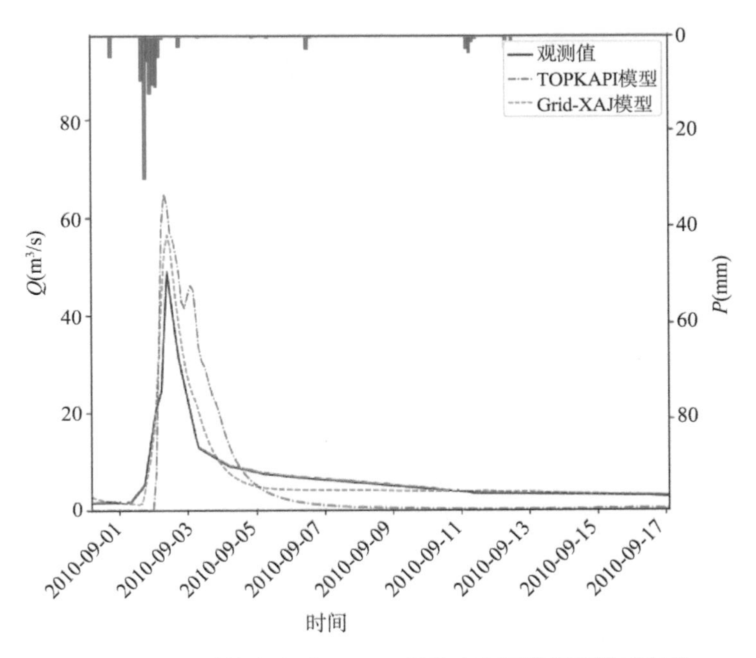

图 5.3-19 臧格庄流域 100901 号洪水实测模拟流量过程线

TOPKAPI 模型和 Grid-XAJ 模型在山东省有资料流域参数率定中取得了良好的模拟效果，验证了分布式模型在山东省的适用性。

5.3.2.2 无资料地区参数估计结果

根据 TOPKAPI 模型和 Grid-XAJ 模型的原理，结合山东省下垫面特征，将参数估计的结果移用到模型之中，得到各个流域模拟结果如图 5.3-20 至图 5.3-29 所示。

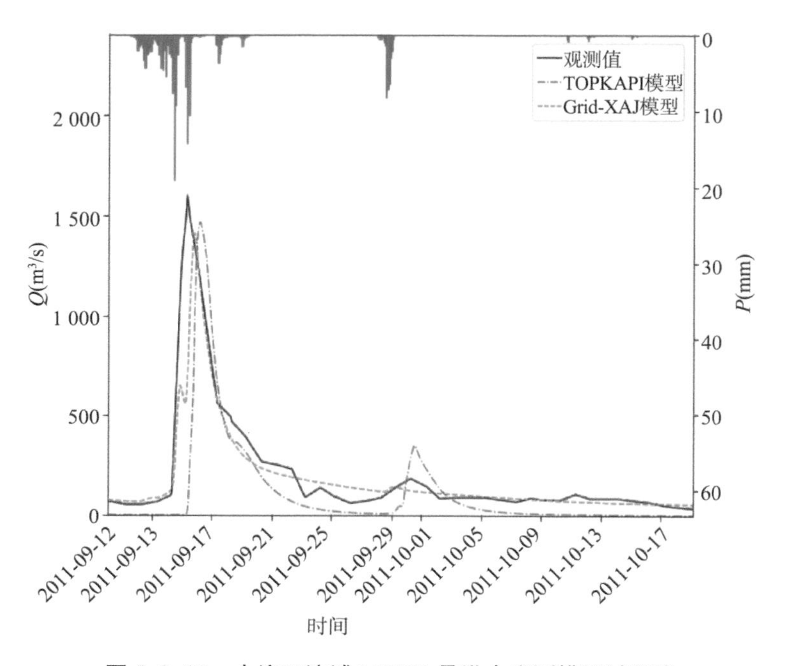

图 5.3-20 大汶口流域 110912 号洪水实测模拟过程线

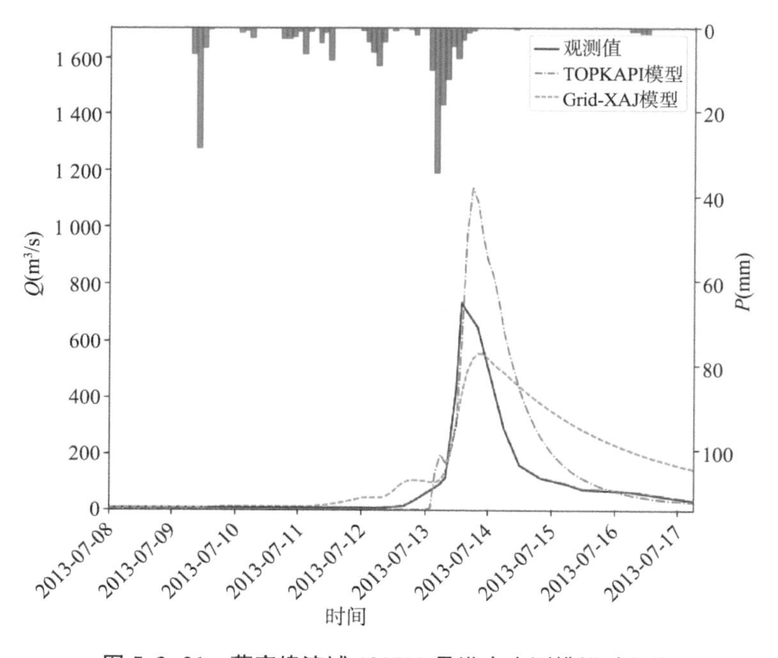

图 5.3-21 葛家埠流域 130708 号洪水实测模拟过程线

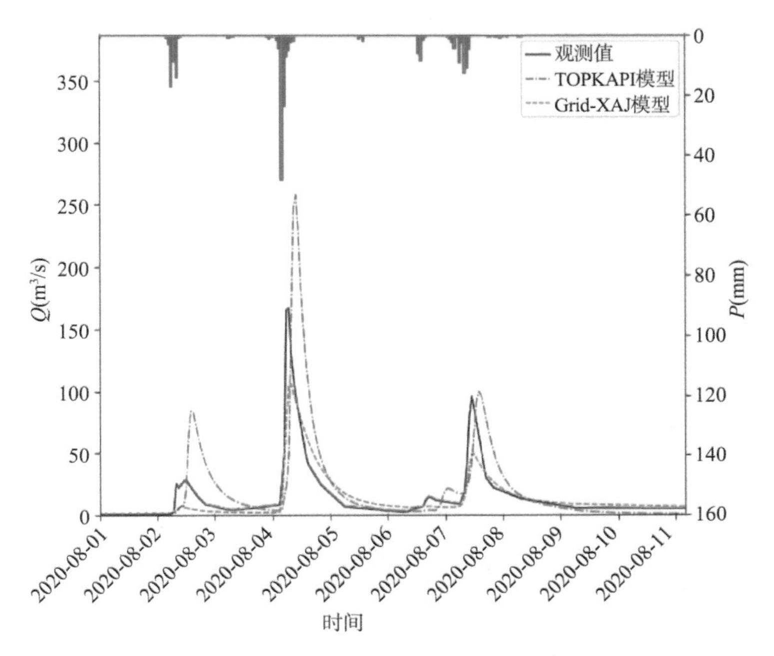

图 5.3-22　即墨流域 200801 号洪水实测模拟过程线

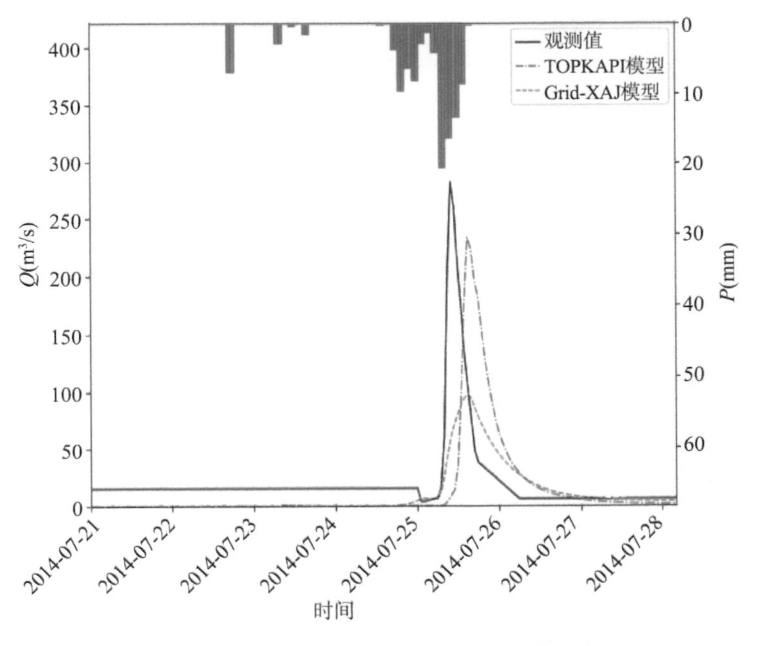

图 5.3-23　即墨流域 140721 号洪水实测模拟过程线

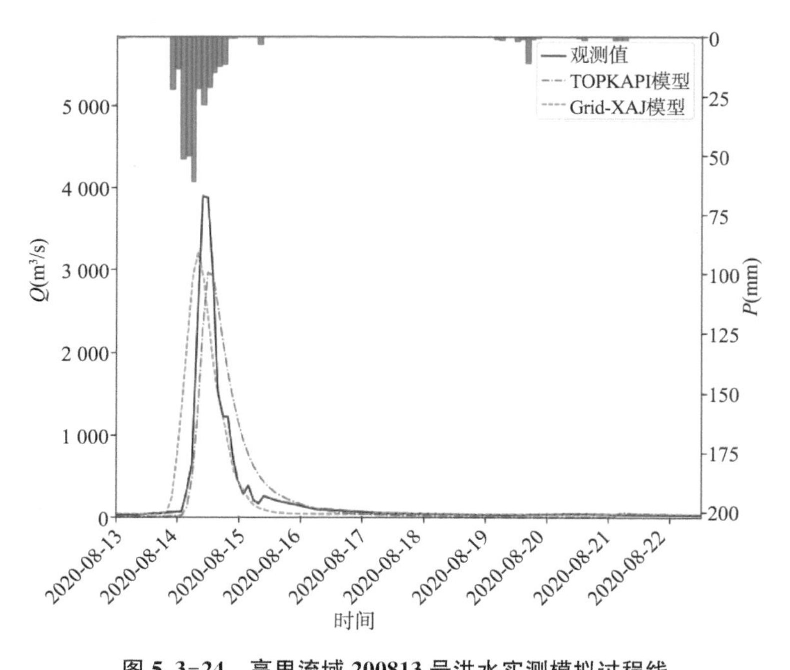

图 5.3-24　高里流域 200813 号洪水实测模拟过程线

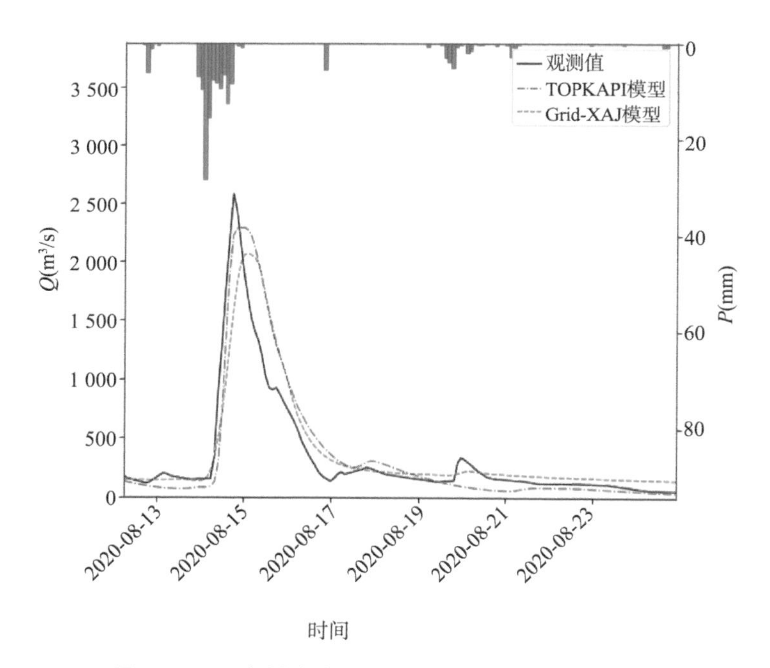

图 5.3-25　角沂流域 200812 号洪水实测模拟过程线

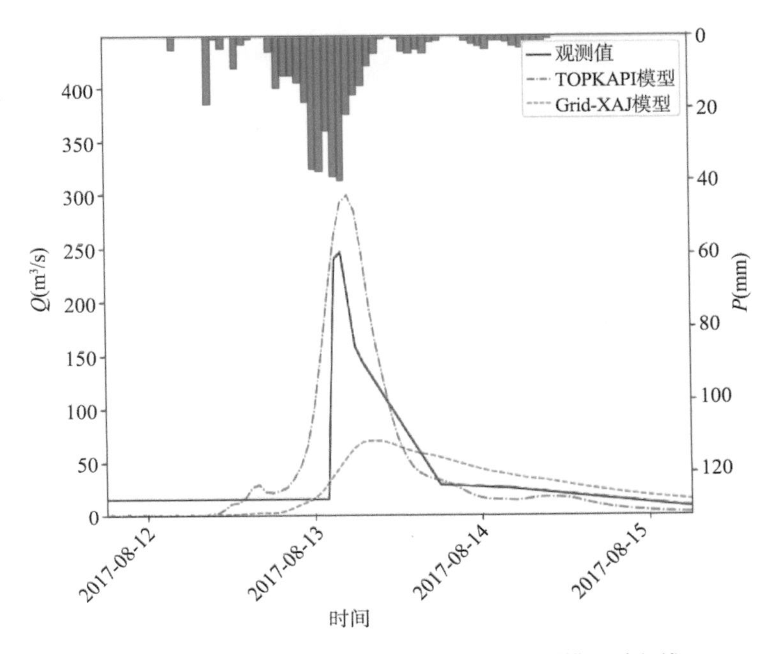

图 5.3-26　乌衣巷流域 170812 号洪水实测模拟过程线

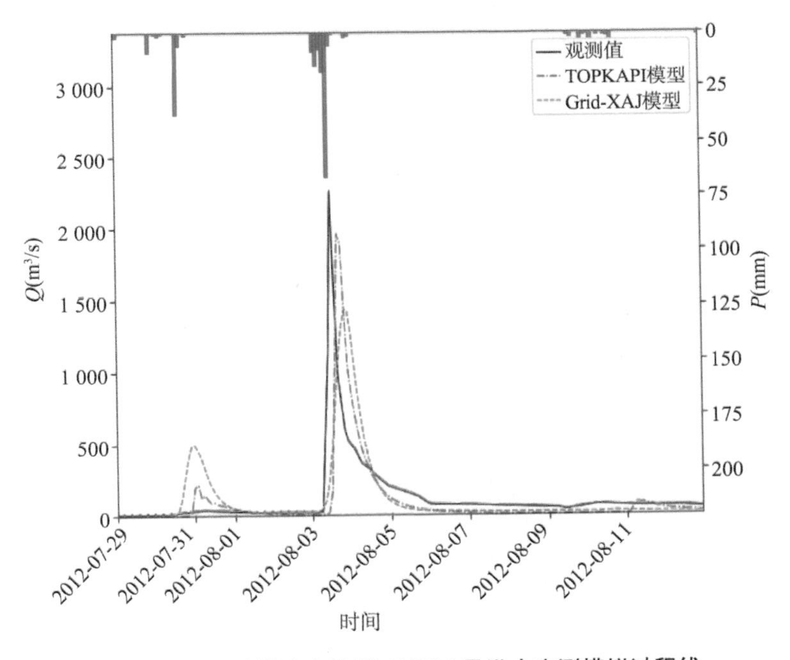

图 5.3-27　冶源水库流域 120729 号洪水实测模拟过程线

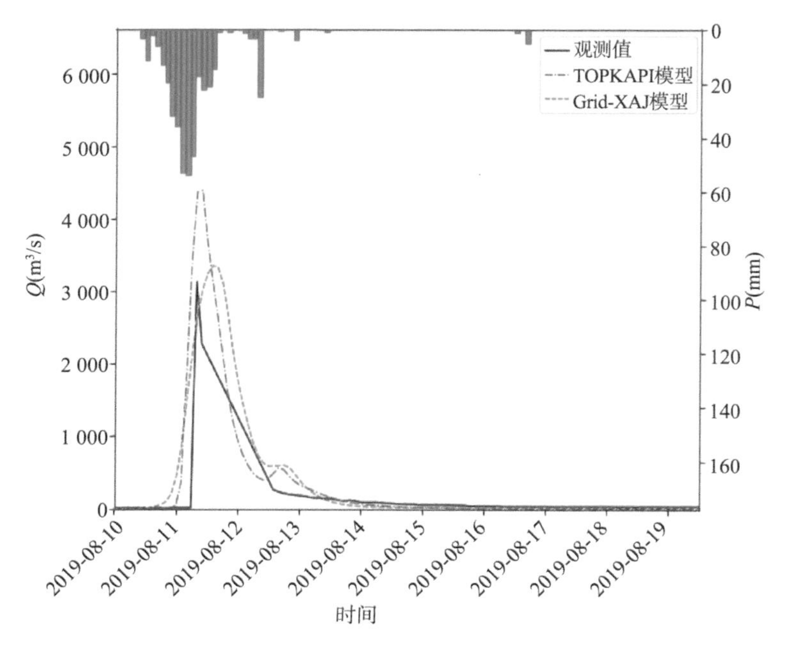

图 5.3-28　冶源水库流域 190810 号洪水实测模拟过程线

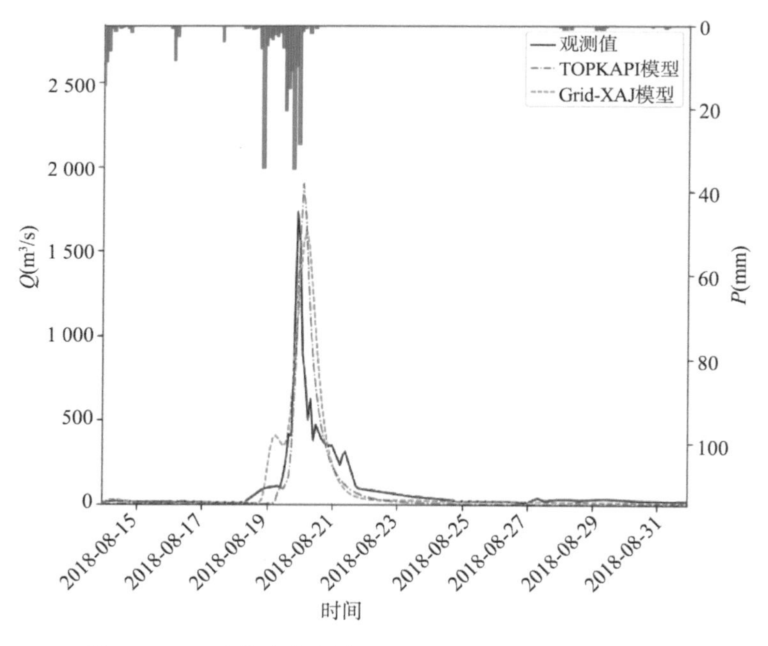

图 5.3-29　冶源水库流域 180815 号洪水实测模拟过程线

从以上图中可以看出，通过参数估计的方法，TOPKAPI 模型和 Grid-XAJ 模型模拟效果均比较好，验证了两个模型的参数估计方法在山东省流域的适用性。

5.3.2.3　无资料地区参数移植结果

由之前得到的相似流域对照表，选取原流域和相似流域均为有资料流域的对照组，进行参数移植验证。

将即墨流域参数移植岚西头流域结果如图 5.3-30 所示。

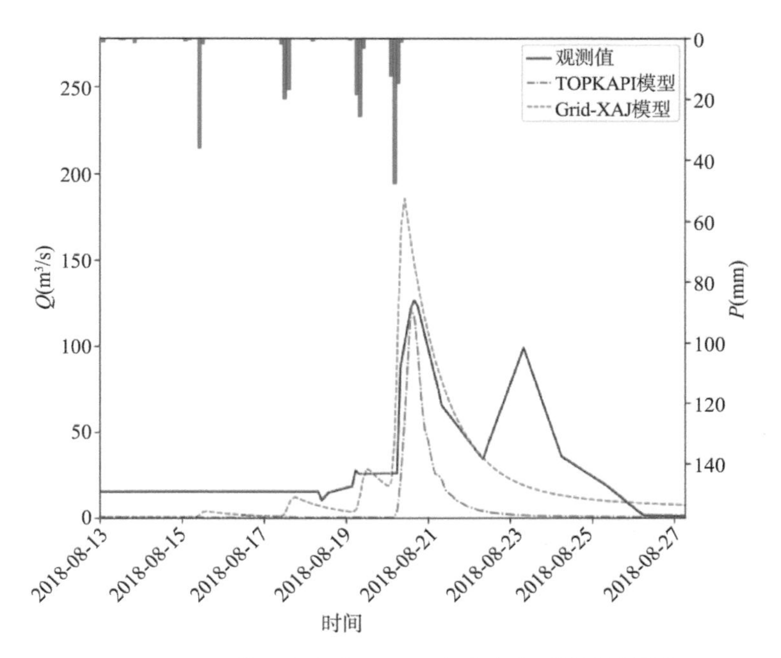

图 5.3-30 岚西头流域 180813 号洪水实测模拟过程线

将张家院流域参数移植郭家屯流域结果如图 5.3-31 所示。

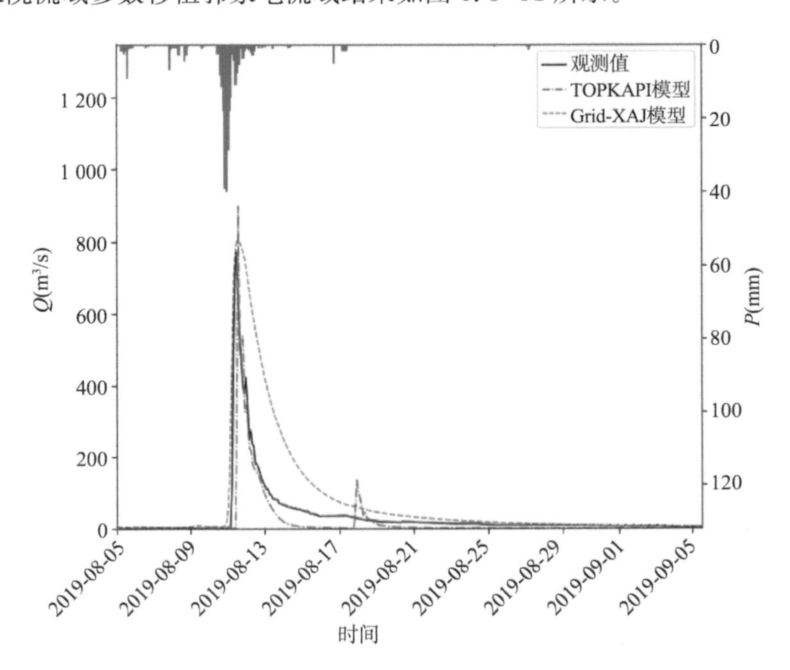

图 5.3-31 郭家屯流域 190805 号洪水实测模拟过程线

将角沂流域参数移植石拉渊流域结果如图 5.3-32 所示。

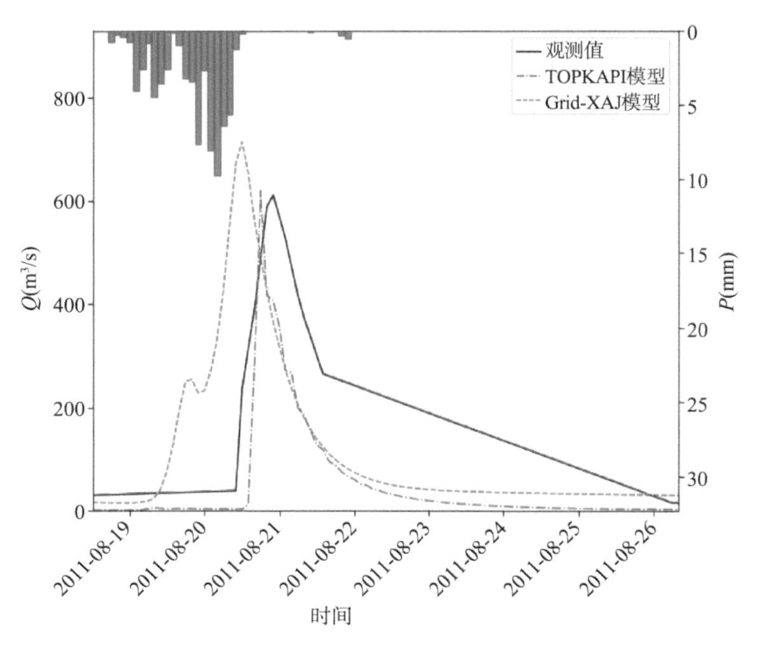

图 5.3-32 石拉渊流域 110819 号洪水实测模拟过程线

将福山流域参数移植团旺流域结果如图 5.3-33 所示。

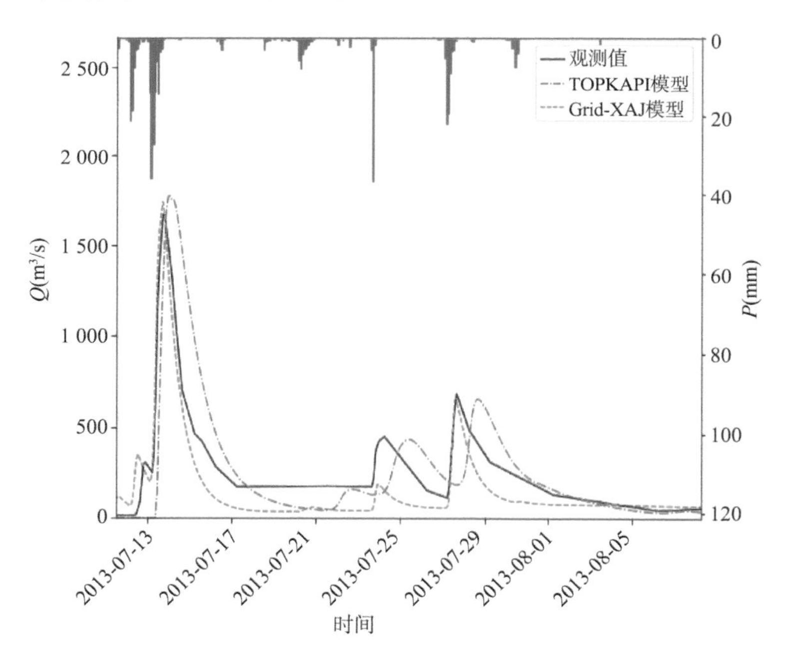

图 5.3-33 团旺流域 130713 号洪水实测模拟过程线

将团旺流域参数移植福山流域结果如图 5.3-34 所示。

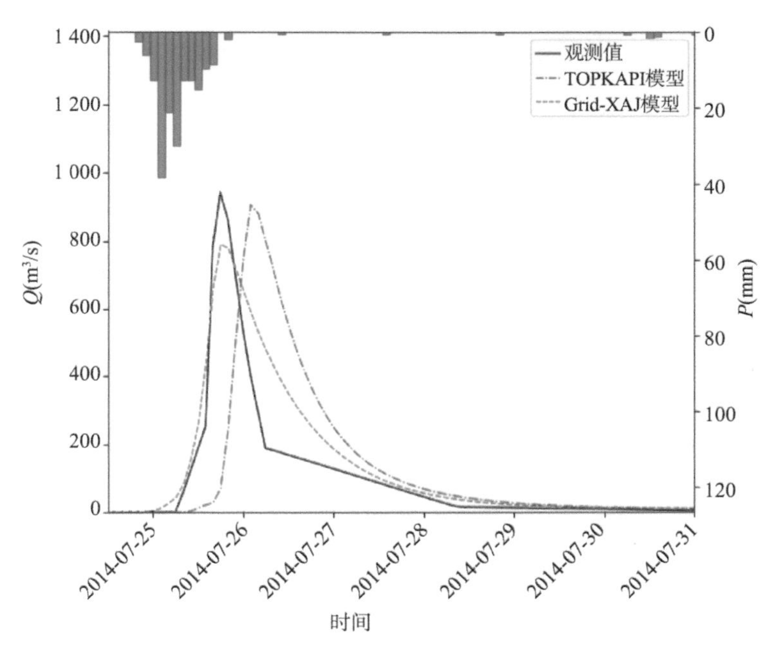

图 5.3-34　福山流域 140724 号洪水实测模拟过程线

将葛沟流域参数移植临沂流域结果如图 5.3-35 至图 5.3-38 所示。

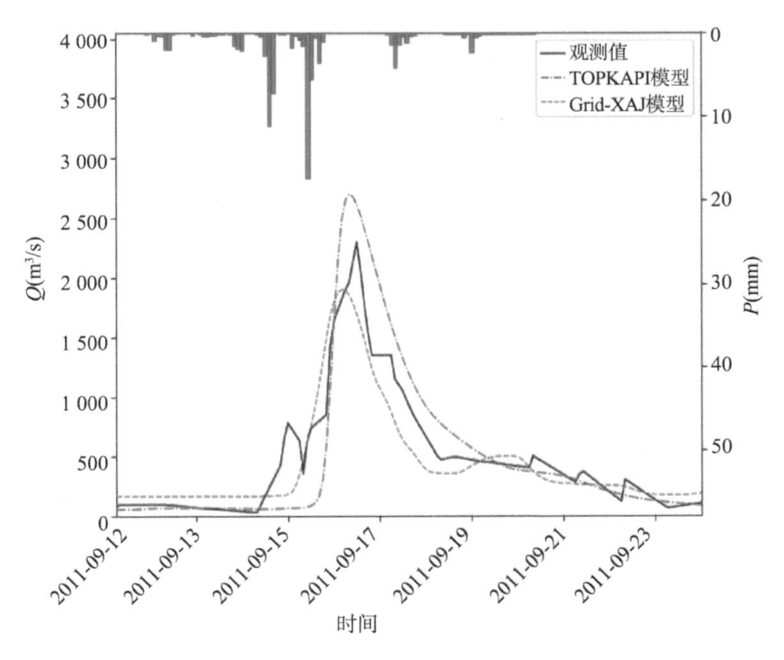

图 5.3-35　临沂流域 110912 号洪水实测模拟过程线

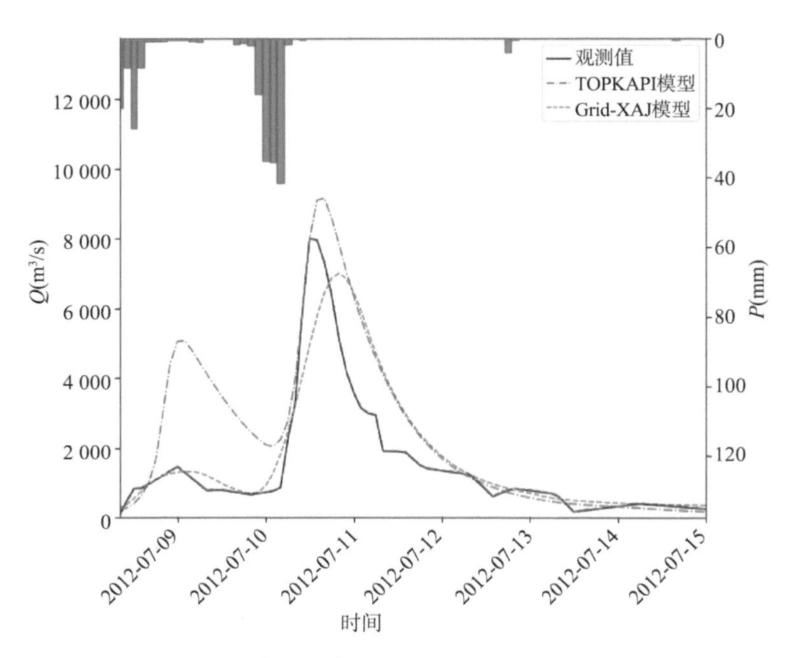

图 5.3-36　临沂流域 120708 号洪水实测模拟过程线

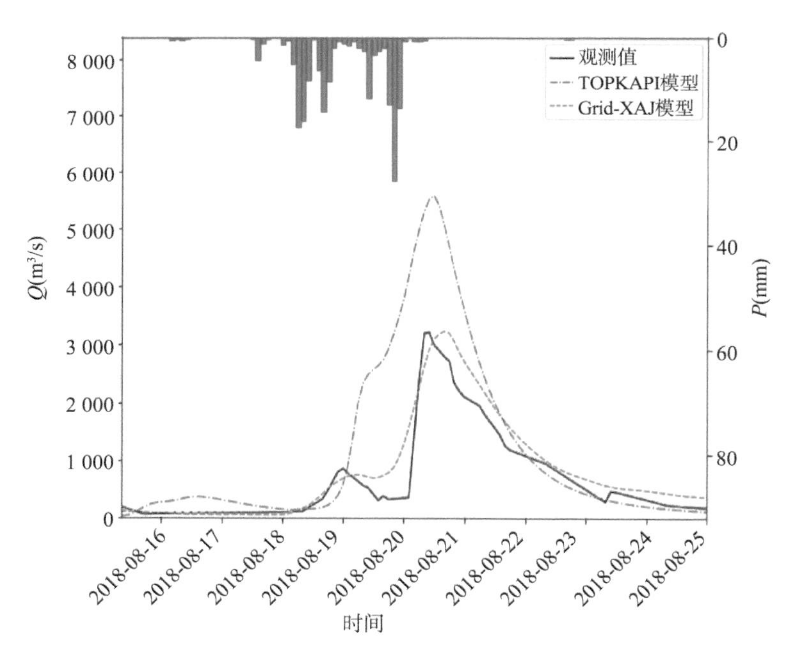

图 5.3-37　临沂流域 180815 号洪水实测模拟过程线

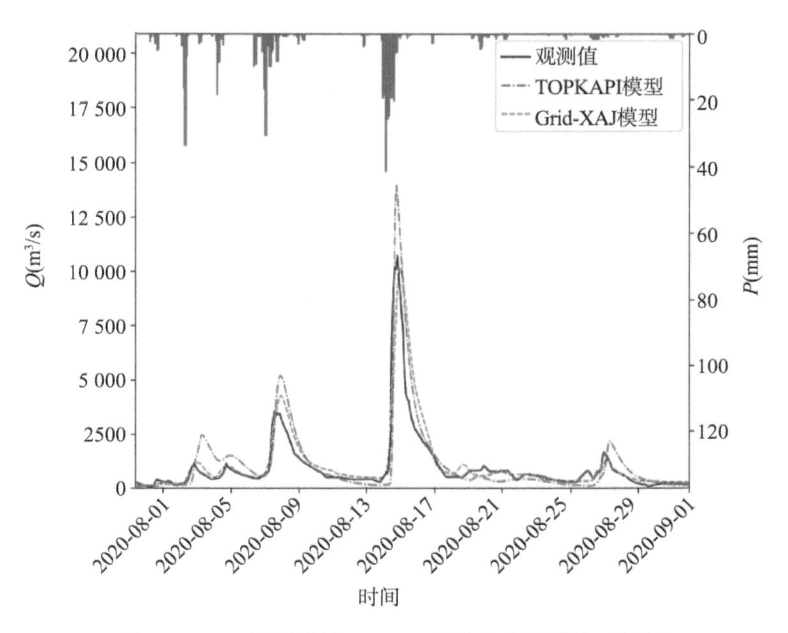

图 5.3-38 临沂流域 200801 号洪水实测模拟过程线

从以上图中可以看出，通过相似区参数移植的方法，TOPKAPI 模型和 Grid-XAJ 模型模拟效果均比较好，验证了流域相似区划分方法的适用性。

5.4 小结

选取了山东省 324 个典型流域为研究对象，以 Grid-XAJ 模型与 TOPKAPI 模型等为基础，围绕山东省无资料地区的洪水预报问题开展系统研究，主要的研究内容及研究成果包括：

(1) 以分布式水文模型——Grid-XAJ 模型以及基于地形地貌与土壤类型的水文模型——TOPKAPI 模型为基础，提出了两个模型参数及其空间分布客观估计方法，建立了自由水蓄水容量、壤中流出流系数、地下径流出流系数、饱和水力传导度等敏感参数与地形地貌、土壤类型、土地利用/覆盖等下垫面因子的定量关系，构建各类无资料地区洪水预报方法。

(2) 为降低参数率定结果的"异参同效"现象，提出了基于 NSGA2 的多目标参数优化框架，在此基础上，根据本项目收集到的 54 个有资料流域的实时雨水情信息，分别对有资料流域进行参数率定，为参数的客观估计、移植及其有效修正奠定基础。

(3) 在已有研究成果基础上，分别以地形地貌等下垫面特征、相似流域分析方法、参数估计和参数乘性因子为基础开展了参数客观估计、参数移植修正等方法的应用效果分析，结果表明，现有无资料地区参数确定方法能够取得较高的应用精度。比较而言，基于参数自身物理意义的客观估计方法应用效果更好。本研究采用的是 Grid-XAJ 模型与 TOPKAPI 模型，模型的最大优势就是可以充分考虑降雨和下垫面空间分布的不均匀性，采用客观估计方法，也可以很好地考虑参数的空间分布特性，因此可以实现对流域内任意网格单元和任意河道断面的实时预报，为无资料地区洪水预报提供了非常好的途径。

总体而言，优先推荐采用流域相似区划分结果，移用降雨径流相关图及单位线，构建无资料流域的 API 模型，并开展无资料流域的洪水预报；其次，可采用 Grid-XAJ 模型与 TOPKAPI 模型，基于参数客观估计方法，开展山东省无资料地区的洪水预报。对于新安江模型、TANK 模型等传统模型，在无资料地区应用时，亦可基于本项目的相似区划分成果与分区综合方法，进行模型参数的移植及预报应用。

参考文献

[1] 李致家，姚成，汪中华. 基于栅格的新安江模型的构建和应用[J]. 河海大学学报(自然科学版)，2007(2)：131-134.

[2] 姚成. 基于栅格的新安江(Grid-Xinanjiang)模型研究[D]. 南京：河海大学，2009.

[3] YAO C，LI Z J，BAO H J，et al. Application of a developed Grid-Xinanjiang model to Chinese watersheds for flood forecasting purpose[J]. Journal of Hydrologic Engineering，2009，14(9)：923-934.

[4] 姚成，纪益秋，李致家，等. 栅格型新安江模型的参数估计及应用[J]. 河海大学学报(自然科学版)，2012，40(1)：42-47.

[5] 姚成，韩从尚，李致家. 基于栅格的新安江模型与 GTOPMODEL 模型[J]. 水力发电，2007(3)：29-31.

[6] 贺成民，顾钊. 栅格新安江模型在陕西省大河坝流域中的构建与应用[J]. 人民珠江，2020，41(8)：34-40.

[7] 黄小祥，姚成，李致家，等. 栅格新安江模型在天津于桥水库流域上游的应用[J]. 湖泊科学，2016，28(5)：1134-1140.

[8] 厉治平，范辉，徐嘉. 基于栅格的新安江模型在滦河流域的构建与应用[J]. 海河水利，2021(1)：53-56.

[9] 姚成，李致家，张珂，等. 基于栅格型新安江模型的中小河流精细化洪水预报[J]. 河海大学学报(自然科学版)，2021，49(1)：19-25.

[10] 刘志雨，谢正辉. TOPKAPI 模型的改进及其在淮河流域洪水模拟中的应用研究[J]. 水文，2003，23(6)：1-7.

[11] 陶新，刘志雨，颜亦琪，等. TOPKAPI 模型在伊河流域的应用研究[J]. 人民黄河，2009，31(3)：105-106+108.

[12] 刘志雨，孔祥意，李致家. TOKASIDE 模型及其在洪水预报中的应用[J]. 水文，2021，41(3)：49-56+24.

第6章 水库纳雨能力分析

6.1 概述

水库纳雨能力，是指在流域当前下垫面情况以及水库调度方式下，水库目前剩余防洪库容所能容纳的降雨量。一般而言，中小型水库防洪库容小，调度能力弱，研究其纳雨能力并用于预警预报具有较强的现实意义。从纳雨能力的概念可以看出，一座水库的纳雨能力是一个动态值，与水库所处流域当前下垫面情况、当前库水位及调度方式、水库防洪特征值以及降雨过程等因素均密切相关。

首先，纳雨能力与流域当前下垫面情况密切相关。如果前期流域降水较少、土壤饱和度差，同样的降雨条件下产流量少，对应同等的水库剩余防洪库容，就可以容纳较多的降雨量，纳雨能力就大；反之，如果前期流域降水较多，土壤相对饱和，同样的降雨条件下产流量多，纳雨能力就小。

其次，纳雨能力与水库当前水位下对应的剩余防洪库容密切相关。如果水库当前水位低，则剩余防洪库容大，就能够容纳更多的降雨，纳雨能力就大；反之，当前水位高，剩余防洪库容小，纳雨能力就小。

再次，纳雨能力还与水库的调度方式密切相关。不同的调度方式下出库水量不同。在其他条件均相同的情况下，如果出库水量大，则水库净增蓄量小，纳雨能力就大；反之，出库水量小，则水库净增蓄量大，纳雨能力就小。

最后，纳雨能力与降雨的持续时间和降雨强度也密切相关。由于不同下垫面的产流机制不同，所以不同的降雨过程会导致不同的产流过程及产流量。对于高强度短历时强降雨，土壤可能来不及饱和即开始产流；而对于长历时均匀性降雨过程，大部分降雨可能下渗或者蒸发掉，不能形成有效径流。因此，在计算纳雨能力时既要考虑降雨量，又要考虑降雨过程。

本研究采用多种纳雨能力计算方法，主要包括径流系数法、降雨-径流关系反算法等。这一类方法均属于简化计算方法，原理简单，计算速度快，可以实现全省大中型水库纳雨能力的快速计算。此外，针对水库纳雨能力分析中非线性水文过程的问题，为提升成果精度，研究中也采用了考虑产汇流全过程的试算插值方法进行水库纳雨能力的计算。

6.2 模型方法原理

6.2.1 径流系数法

径流系数法是一种简便易行的快速估算方法，可以应用于资料条件不充分、产汇流计算方案相对不完善的小型水库。其基本原理如下：

径流系数法需要收集水库的相关资料，主要有：水库各特征水位、库容曲线、溢流关系曲线、集雨区径流系数、泄水设施高程和型式（包括溢洪道、输水洞和放水涵）、水库实时雨水情信息等，要全面了解汛限水位 $Z_{汛限}$、溢洪道堰顶高程 $Z_{堰顶}$、输水洞和放水涵进水口底高程 $Z_{底}$，以及泄水设施的最大泄水流量 Q。

水库纳雨能力的计算步骤如下：

对于任意一场降雨，若已知降雨的径流系数，则计算次降雨过程径流总量的表达式如下：

$$W = 0.1\alpha FP \tag{6.2-1}$$

式中：α 为产流系数；F 为流域面积，km^2；P 为次降雨量，mm；W 为径流总量，万 m^3。

现已知总库容，前汛期汛限库容、后汛期汛限库容，即可增加的库容已知，则反推可容纳的雨量的表达式如下：

$$P = \Delta W/(0.1\alpha F) \tag{6.2-2}$$

根据上式建立库容及纳雨能力曲线。

利用降雨径流系数法快速估算水库纳雨能力时，需要给出该场次的径流系数。在实际工作中，径流系数可以根据专家经验或典型历史暴雨过程计算平均值给出特定数值，也可以对同一场降水给出多个径流系数，快速估算纳雨能力数值的范围。此外根据径流总量，若结合入流过程线型的概化，该方法同样可以实现基于分时段调洪演算的纳雨能力计算。

6.2.2 降雨-径流关系反算法

降雨-径流关系反算法的计算原理与径流系数法大致相同，但是降雨-径流关系反算法是在径流系数未知的条件下，精确考虑了流域下垫面的前期影响雨量和该地区的产流方案，比较适用于有较高精度等级产流方案的水库的纳雨能力分析计算。该方法计算步骤如下：

（1）计算流域的前期影响雨量，按相隔天数连续打折扣的办法和降雨前逐日雨量计算前期影响雨量 P_a。

（2）计算当前剩余防洪库容，根据水库当前水位、目标控制最高水位，结合库容曲线等计算当前水库剩余的防洪库容，该库容即为纳雨能力雨量值对应的径流总量 W。

(3) 根据降雨-径流关系反算纳雨能力。在水文工作中，将统计相关与成因分析相结合利用每次降雨产生的径流深和流域平均降雨量，并考虑各影响因素作用建立的定量相关图即为降雨径流经验相关图，其中 $P+P_a-R$ 和 $P-P_a-R$ 降雨径流相关图属于工程中最常用的相关图。

以 $P-P_a-R$ 降雨径流相关图(图 6.2-1)为例，根据步骤(2)中计算得出的径流总量 W，结合流域的产流面积，可以换算得到相应的径流深 R。在 $P-P_a-R$ 降雨径流相关图上，找到步骤(1)中计算的 P_a 值所对应的线，即可建立该 P_a 值下的 $P-R$ 单值对应关系，则根据 R 值可以反算得出对应的纳雨能力 P 的数值。在实际操作中，对于 P_a 值落在两条相邻曲线中间的情况，一般可分别计算两种 P_a 值下的纳雨能力数值，再通过线性插值得出最终的纳雨能力。

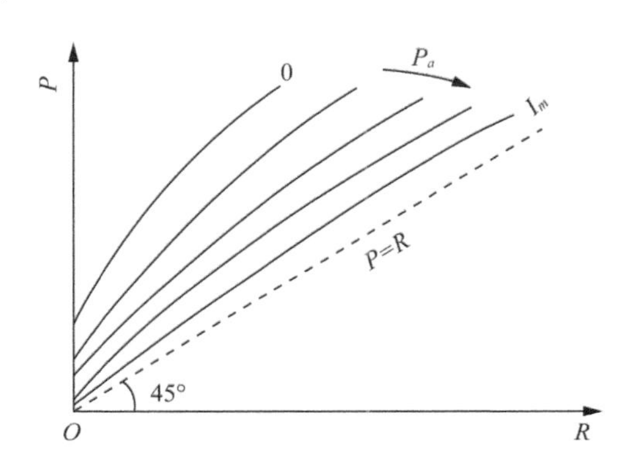

图 6.2-1　$P-P_a-R$ 相关图制作示例

6.2.3　考虑产汇流全过程的试算插值方法

通过分析纳雨能力的概念可知，计算纳雨能力需要考虑多方面影响因素，其中相对固定的是水库当前剩余防洪库容，通过查询当前水位与防洪特征水位对应的库容即可求得，而流域下垫面情况、降雨总量和降雨过程、水库出库流量等因素相互影响、相互制约，表现为典型的非线性水文过程，不能直接用过程求逆的方法计算，只能采用试算的方法来求解。

对于单个水库而言，可以采用二分迭代的方法不断逼近：先设置一个纳雨能力最小值(P_0)、最大值(P_1)以及二者的平均值($P_{0.5}$)，分别计算库容净增加量(W_0、W_1 和 $W_{0.5}$)，然后与水库当前剩余防洪库容(ΔW)对比，如果 ΔW 位于 W_0 和 $W_{0.5}$ 之间，则用 $P_{0.5}$ 代替 P_1，如果 ΔW 位于 $W_{0.5}$ 和 W_1 之间，则用 $P_{0.5}$ 代替 P_0，继续计算 $P_{0.5}$、W_0、W_1 和 $W_{0.5}$。如此反复，直到 ΔW 与 $W_{0.5}$ 的误差在可接受的范围内，则 $P_{0.5}$ 即为所求的纳雨能力。

全省范围内的大中型水库采取二分迭代的方式会导致计算量较大，产品加工时间很长，为减少计算量并便于程序开发，本研究采用试算插值的方法来计算水库纳雨能力。现将一次性计算多座水库的纳雨能力的计算步骤描述如下：

（1）构建预报调度模型：基于水文模型构建水库入库洪水计算方案，并基于水库调度方式设定水库调洪演算模型。

（2）计算剩余防洪库容：通过查询水位-库容曲线得到水库当前水位（Z）对应的库容（W_0），计算其与防洪高水位（$Z_{洪}$）对应的库容（$W_{洪}$）之差，得到当前水位下的剩余防洪库容（ΔW）。

（3）设定若干降雨过程：由于未来降雨过程未知，在实际计算时，假定实际降雨的时程分配比例与数值降雨预报的时程分配比例相同；设定 n 个降雨量 $P_i(i=1,2,\cdots,n)$，获取未来一段时间（本文设定为 3 d）数值降雨预报的时程分配比例，采用同倍比缩放的方式得到 n 个降雨过程。

（4）计算入库洪水过程：基于步骤（1）构建的入库洪水计算方案，计算 n 个降雨过程对应的 n 个入库洪水过程 $QIN_i(i=1,2,\cdots,n)$。

（5）计算出库洪水过程：将步骤（4）计算的 n 个入库洪水过程分别输入水库调洪演算模型得到 n 个出库洪水过程 $QOUT_i(i=1,2,\cdots,n)$。

（6）计算降雨-最大净增蓄量曲线：当入库流量大于出库流量时，水库水位持续上涨，当出入库平衡时水库水位最高，此时水库净增蓄量最大，水库最危险。根据入库洪水过程 QIN_i 和出库洪水过程 $QOUT_i$ 计算 n 个降雨过程对应的水库最大净增蓄量 $W_i(i=1,2,\cdots,n)$，这样就得到降雨-最大净增蓄量曲线（$P-W$）。

（7）计算水库纳雨能力：基于步骤（6）得到的 $P-W$ 曲线，根据步骤（2）得到的当前剩余防洪库容（ΔW），即可通过插值方法得到与之对应的降雨量，即为水库当前水位下未来一段时间（前面设定为 3 d）的纳雨能力（C）。

6.3 应用实例

本次研究面向山东全省 156 座大中型水库，完成了纳雨能力分析模型的构建，并将成果集成至洪水预报系统。

6.3.1 基础资料收集与整理

纳雨能力主要应用于降雨发生之前的预测，需要收集水库的相关资料，主要有水库各特征水位、库容曲线、溢流关系曲线、泄水设施高程和型式、水库实时雨水情信息等，要全面了解汛限水位 $Z_{汛限}$、溢洪道堰顶高程 $Z_{堰顶}$、输水洞和放水涵进水口底高程 $Z_{底}$，以及泄水设施的最大泄水流量 Q。

本次研究中，为了提高纳雨能力分析计算的模型精度，对研究范围内的水库基本资料进行了复核，经整理复核入库的基础资料库表结构如表 6.3-1 和表 6.3-2 所示。

表 6.3-1 测站基本属性表

序号	字段名	字段标识	类型及长度	是否允许空值	计量单位	主键序号
1	测站编码	STCD	C(8)	N		1

续表

序号	字段名	字段标识	类型及长度	是否允许空值	计量单位	主键序号
2	测站名称	STNM	C(30)			
3	河流名称	RVNM	C(30)			
4	水系名称	HNNM	C(30)			
5	流域名称	BSNM	C(30)			
6	经度	LGTD	N(10,6)		°	
7	纬度	LTTD	N(10,6)		°	
8	站址	STLC	C(50)			
9	行政区划码	ADDVCD	C(6)			
10	基面名称	DTMNM	C(16)			
11	基面高程	DTMEL	N(7,3)		m	
12	基面修正值	DTPR	N(7,3)		m	
13	站类	STTP	C(2)			
14	报汛等级	FRGRD	C(1)			
15	建站年月	ESSTYM	C(6)			
16	始报年月	BGFRYM	C(6)			
17	隶属行业单位	ATCUNIT	C(20)			
18	信息管理单位	ADMAUTH	C(20)			
19	交换管理单位	LOCALITY	C(10)	N		2
20	测站岸别	STBK	C(1)			
21	测站方位	STAZT	N(3)		°	
22	至河口距离	DSTRVM	N(6,1)		km	
23	集水面积	DRNA	N(7)		km^2	
24	拼音码	PHCD	C(6)			
25	启用标志	USFL	C(1)			
26	备注	COMMENTS	VC(200)			
27	时间戳	MODITIME	DATETIME			

注:N表示表中该字段不允许有空值,保留为空表示表中该字段可以取空值。

表 6.3-2 水库站防洪指标表

序号	字段名	字段标识	类型及长度	是否允许空值	计量单位	主键序号
1	测站编码	STCD	C(8)	N		1
2	水库类型	RSVRTP	C(1)			
3	坝顶高程	DAMEL	N(7,3)		m	
4	校核洪水位	CKFLZ	N(7,3)		m	
5	设计洪水位	DSFLZ	N(7,3)		m	
6	防洪高水位	NORMZ	N(7,3)		m	
7	死水位	DDZ	N(7,3)		m	
8	正常蓄水位	ACTZ	N(7,3)		m	
9	总库容	TTCP	N(9,3)		$10^6 m^3$	
10	防洪库容	FLDCP	N(9,3)		$10^6 m^3$	
11	兴利库容	ACTCP	N(9,3)		$10^6 m^3$	
12	死库容	DDCP	N(9,3)		$10^6 m^3$	
13	历史最高库水位	HHRZ	N(7,3)		m	
14	历史最大蓄水量	HMXW	N(9,3)		$10^6 m^3$	
15	历史最高库水位（蓄水量）出现时间	HHRZTM	DATETIME			
16	历史最大入流	HMXINQ	N(9,3)		m^3/s	
17	历史最大入流时段长	RSTDR	N(5,2)			
18	历史最大入流出现时间	HMXINQTM	DATETIME			
19	历史最大出流	HMXOTQ	N(9,3)		m^3/s	
20	历史最大出流出现时间	HMXOTQTM	DATETIME			
21	历史最低库水位	HLRZ	N(7,3)		m	
22	历史最低库水位出现时间	HLRZTM	DATETIME			
23	历史最小日均入流	HMNINQ	N(9,3)		m^3/s	
24	历史最小日均入流出现时间	HMNINQTM	DATETIME			
25	旱限水位	LAZ	N(7,3)		m	
26	启动预报流量标准	SFQ	N(9,3)		m^3/s	
27	时间戳	MODITIME	DATETIME			

6.3.2 模型参数

水库纳雨能力分析计算的模型参数主要为前期影响雨量 P_a 和产流关系线，其中 P_a 每日进行滚动计算，其主要受流域土壤日蒸散发折算系数 K 值影响。本研究中模型参数均进行了标准化的处理和入库工作。以红旗水库为例，对模型的参数进行说明，如表6.3-3、表6.3-4所示。产流关系线直接利用经验模型中率定所得的 P_a+P-R 关系线和 $P-P_a-R$ 关系线。

表6.3-3 红旗水库2020年7月份 P_a 参数成果

产汇流单元	时间	P_a(mm)	日降水(mm)
红旗水库产汇流单元	2020-7-1 8:00	43.4	0
红旗水库产汇流单元	2020-7-2 8:00	36.8	0
红旗水库产汇流单元	2020-7-3 8:00	31.5	0.2
红旗水库产汇流单元	2020-7-4 8:00	26.8	0
红旗水库产汇流单元	2020-7-5 8:00	22.7	0
红旗水库产汇流单元	2020-7-6 8:00	19.3	0
红旗水库产汇流单元	2020-7-7 8:00	16.4	0
红旗水库产汇流单元	2020-7-8 8:00	14.0	0
红旗水库产汇流单元	2020-7-9 8:00	11.9	0
红旗水库产汇流单元	2020-7-10 8:00	10.2	0.1
红旗水库产汇流单元	2020-7-11 8:00	8.6	0
红旗水库产汇流单元	2020-7-12 8:00	11.4	4.8
红旗水库产汇流单元	2020-7-13 8:00	10.1	0.5
红旗水库产汇流单元	2020-7-14 8:00	8.9	0.4
红旗水库产汇流单元	2020-7-15 8:00	7.6	0
红旗水库产汇流单元	2020-7-16 8:00	6.4	0
红旗水库产汇流单元	2020-7-17 8:00	5.5	0
红旗水库产汇流单元	2020-7-18 8:00	4.7	0.1
红旗水库产汇流单元	2020-7-19 8:00	4.3	0.3
红旗水库产汇流单元	2020-7-20 8:00	3.9	0.4
红旗水库产汇流单元	2020-7-21 8:00	3.4	0
红旗水库产汇流单元	2020-7-22 8:00	2.8	0

续表

产汇流单元	时间	P_a(mm)	日降水(mm)
红旗水库产汇流单元	2020-7-23 8:00	13.5	13
红旗水库产汇流单元	2020-7-24 8:00	11.5	0
红旗水库产汇流单元	2020-7-25 8:00	9.7	0
红旗水库产汇流单元	2020-7-26 8:00	8.4	0.1
红旗水库产汇流单元	2020-7-27 8:00	8.2	1.2
红旗水库产汇流单元	2020-7-28 8:00	6.9	0
红旗水库产汇流单元	2020-7-29 8:00	5.9	0
红旗水库产汇流单元	2020-7-30 8:00	5.0	0
红旗水库产汇流单元	2020-7-31 8:00	4.7	0.6

表 6.3-4　红旗水库蓄水容量及 *K* 值成果表

产汇流单元	LNO	自变量	因变量
红旗水库产汇流单元	1	0	60
红旗水库产汇流单元	1	1	0.85
红旗水库产汇流单元	1	2	0.85
红旗水库产汇流单元	1	3	0.85
红旗水库产汇流单元	1	4	0.85
红旗水库产汇流单元	1	5	0.85
红旗水库产汇流单元	1	6	0.85
红旗水库产汇流单元	1	7	0.85
红旗水库产汇流单元	1	8	0.85
红旗水库产汇流单元	1	9	0.85
红旗水库产汇流单元	1	10	0.85
红旗水库产汇流单元	1	11	0.85
红旗水库产汇流单元	1	12	0.85

注：LNO 表示参数组数。

6.3.3　功能开发

水库纳雨能力分析模块的功能包括构建水库入库洪水预报方案，集成水库调度规程，基于当前流域下垫面状态、水库水位、出入库等实时雨水情数据及预报降雨数据，计算水库达到不同特征水位时的纳雨能力。选择水库抗暴雨能力分析功能模块，该模块具备不同模型预报方案设置、泄流方式通用设置、计算并发布等功能。主要开发功能模块如下。

6.3.3.1 条件设置

具备泄流能力计算方式选择、泄流能力曲线修改、泄流设施工程参数修改、调度规程规则修改等功能。其中调度方式可以选取规则调度、现状调度和人工交互调度等。图6.3-1为调度参数修改示意图，图6.3-2为不同调度情景下水库水位分析计算示意图。

(1) 规则调度：考虑水库下游安全泄量约束、闸门泄流能力，根据调度规则确定各时段的泄流量或泄流设备的开度及其数量进行调度。闸门泄流能力根据水库水位查表计算对应的泄水流量值。如果闸门泄流能力大于下游安全泄量，那么按照下游安全泄量泄水；若闸门泄流能力小于下游安全泄量，那么按照闸门泄流能力泄水。

(2) 现状调度：将最近一次实时库中有放水流量的记录作为预报期每天的泄水流量，一直计算到预报结束时间。

(3) 人工交互调度：选定已有调度方案，交互修改各时段的泄流量，或泄流设备的开度及其数量，经调洪计算完成对已有调度方案的修改。预报员可以修改预报期任意一天的泄水流量，泄水流量修改完毕后，程序会自动按照设计标准计算到预报期结束，从而实现人机交互。

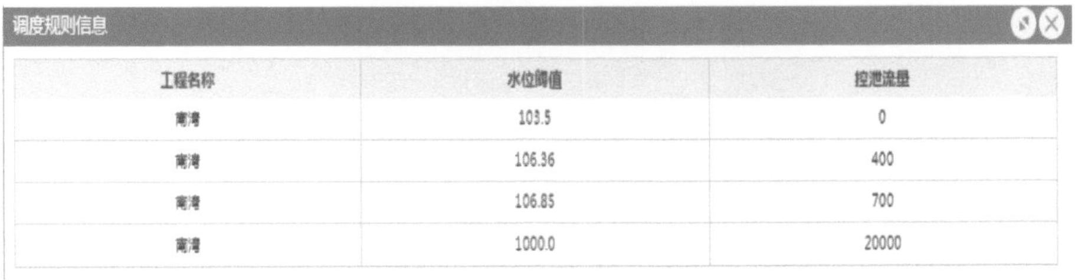

调度规则信息

工程名称	水位阈值	控泄流量
南湾	103.5	0
南湾	106.36	400
南湾	106.85	700
南湾	1000.0	20000

图6.3-1 调度参数修改

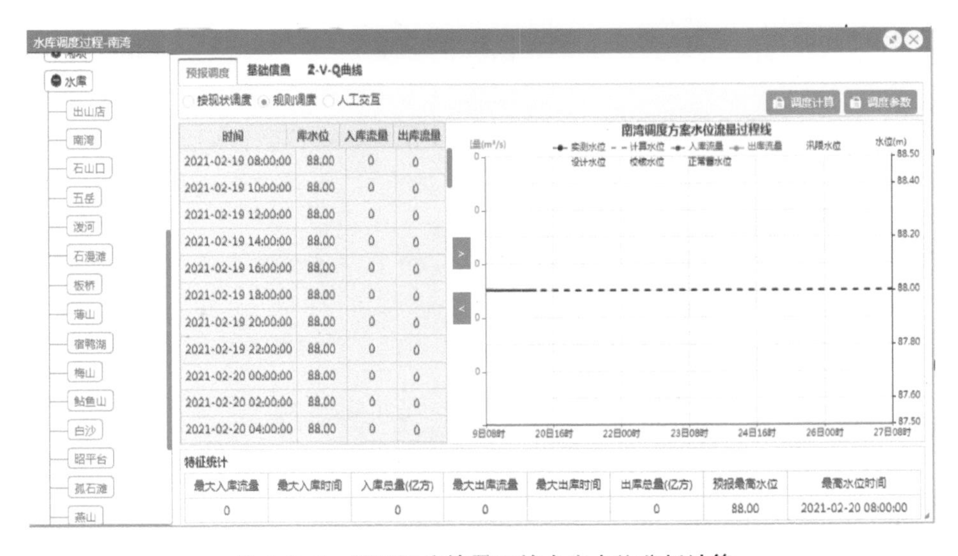

图6.3-2 不同调度情景下的水库水位分析计算

6.3.3.2 计算发布

基于当前流域下垫面状态、水库水位等，计算水库达到不同特征水位时的纳雨能力。将不同条件、不同特征水位对应的纳雨能力进行查询展示（图6.3-3），结果专家经验证后进行分析发布。

纳雨能力

水库名称	所属地市	所属河流	计算时间	集水面积	实时水位	实时蓄量	汛限水位/正常高水位	设计水位	汛限库容/正常库容	设计库容
田庄	淄博	沂河	2020-08-14 12:00:00	417	30.00	52.55	30.79	32.42	59.18	74.90
红旗	淄博	沂河	2020-08-14 12:00:00	27	389.35	744.24	390.17	392.85	810.60	1053.00
跋山	临沂	沂河	2020-08-14 12:00:00	1779	175.63	217.41	176.17	179.95	231.99	349.92
岸堤	临沂	东汶河	2020-08-14 12:00:00	1600	176.10	478.41	174.0	177.51	362.25	568.98
许家崖	临沂	温凉河	2020-08-14 12:00:00	566	145.30	138.41	145.0	147.38	132.89	182.09
陡山	临沂	浔河	2020-08-14 12:00:00	431	127.46	178.51	125.0	127.54	132.19	180.18
唐村	临沂	浚河	2020-08-14 12:00:00	219	185.17	65.44	185.0	188.33	63.43	107.27
沙沟	临沂	沭河	2020-08-14 12:00:00	164	66.75	30.25	67.15	72.14	32.37	65.11
昌里	临沂	西皋河	2020-08-14 12:00:00	161	190.57	144.19	191.5	196.27	161.56	191.25
石岚	临沂	薛庄河	2020-08-14 12:00:00	79	132.02	20.17	131.5	134.37	18.50	28.82
上冶	临沂	上冶河	2020-08-14 12:00:00	77	141.57	23.98	140.0	143.6	19.89	30.03
高湖	临沂	高湖河	2020-08-14 12:00:00	74	173.74	19.04	172.64	176.41	16.11	27.25
马庄	临沂	涑河	2020-08-14 12:00:00	66	142.50	10.71	143.5	146.25	12.80	19.80

图6.3-3　水库纳雨能力计算成果示例

系统中纳雨能力模型共提供以下计算成果（如表6.3-5、表6.3-6所示）。

水库名称：显示水库的中文名称；

所属地市：显示水库所属的地级市名称；

所属河流：显示水库所处的河流名称；

集水面积：显示水库坝址以上流域集水面积（单位：km^2）；

实时水位：显示水库当前计算时间的实时水位数值（单位：m）；

实时蓄量：显示根据水库实时水位和水位-库容曲线计算所得的实时蓄量数值（单位：$10^6\ m^3$）；

汛限水位/正常高水位：显示水库汛限水位或正常高水位数值，其中汛期显示汛限水位（单位：m）；

设计水位：显示水库的设计水位（单位：m）；

汛限库容/正常库容：显示根据水库汛限水位、正常高水位和水位-库容曲线计算所得的水库蓄量数值，其中汛期显示汛限水位对应的库容（单位：$10^6\ m^3$）；

设计库容：显示根据水库设计水位和水位-库容曲线计算所得的水库蓄量数值（单位：$10^6\ m^3$）；

水库超汛限水位：水库实时水位超汛限水位数值（单位：m）；

水库超设计水位：水库实时水位超设计水位数值（单位：m）；

距汛限/正常纳雨能力：水库当前水位距汛限水位的纳雨能力（单位：mm）；

距设计纳雨能力：水库当前水位距设计水位的纳雨能力（单位：mm）；

表 6.3-5　水库纳雨能力计算成果(1)

水库名称	所属地市	所属河流	集水面积(km^2)	实时水位(m)	实时蓄量(10^6 m^3)	汛限水位/正常高水位(m)	设计水位(m)	汛限库容/正常库容(10^6 m^3)	设计库容(10^6 m^3)	水库超汛限水位(m)	水库超设计水位(m)	距汛限/正常纳雨能力(mm)	距设计纳雨能力(mm)
田庄	淄博	沂河	417	30.00	52.55	30.79	32.42	59.18	74.90	−0.79	−2.42	23	69
红旗	淄博	沂河	27	389.35	744.24	390.17	392.85	810.60	1 053.00	−0.82	−3.50	25	118
跋山	临沂	沂河	1 779	175.63	217.41	176.17	179.95	231.99	349.92	−0.54	−4.32	22	128
岸堤	临沂	东汶河	1 600	176.10	478.41	174.00	177.51	362.25	568.98	2.10	−1.41	0	112
许家崖	临沂	温凉河	566	145.30	138.41	145.00	147.38	132.89	182.09	0.30	−2.08	0	121
陡山	临沂	浔河	431	127.46	178.51	125.00	127.54	132.19	180.18	2.46	−0.08	0	4
唐村	临沂	浚河	219	185.17	65.44	185.00	188.33	63.43	107.27	0.17	−3.16	0	238
沙沟	临沂	沭河	164	66.75	30.25	67.15	72.14	32.37	65.11	−0.40	−5.39	39	299
昌里	临沂	西皋河	161	190.57	144.19	191.50	196.27	161.56	191.25	−0.93	−5.70	156	377
石岚	临沂	薛庄河	79	132.02	20.17	131.50	134.37	18.50	28.82	0.52	−2.35	0	208
上冶	临沂	上冶河	77	141.57	23.98	140.00	143.60	19.89	30.03	1.57	−2.03	0	176
高湖	临沂	高湖河	74	173.74	19.04	172.64	176.41	16.11	27.25	1.10	−2.67	0	214
马庄	临沂	涑河	66	142.50	10.71	143.50	146.25	12.80	19.80	−1.00	−3.75	123	236
石泉湖水库(西)	临沂	高榆河	44	127.19	6.67	124.87	128.06	3.48	8.32	2.32	−0.87	0	105
朱家坡	临沂	坦埠西河	36	284.69	7.75	284.60	287.18	7.66	10.73	0.09	−2.49	0	145
杨庄	临沂	资邱河	36	165.95	6.75	165.00	168.28	5.92	9.00	0.95	−2.33	0	120
安靖	临沂	金线河	35	153.44	8.35	152.00	154.01	6.05	9.27	1.44	−0.57	0	69
凌山头	临沂	苍源河	33	94.76	10.06	95.87	96.29	12.33	13.34	−1.11	−1.53	138	171
黄仁	临沂	黄仁河	30	166.73	8.45	164.96	168.22	6.00	10.81	1.77	−1.49	0	177

续表

水库名称	所属地市	所属河流	集水面积（km^2）	实时水位（m）	实时蓄量（10^6 m^3）	汛限水位/正常高水位(m)	设计水位（m）	汛限库容/正常库容（10^6 m^3）	设计库容（10^6 m^3）	水库超汛限水位(m)	水库超设计水位(m)	距汛限/正常纳雨能力(mm)	距设计纳雨能力（mm）
石泉湖水库(东)	临沂	高榆河	28	124.00	31.41	123.65	124.82	29.68	35.91	0.35	−0.82	0	177
寨子山	临沂	姚店子河	26	198.21	8.56	197.00	199.70	7.58	9.86	1.21	−1.49	0	157
寨子	临沂	铜井河	25	197.62	8.32	196.00	198.95	6.92	9.58	1.62	−1.33	0	162
龙王口	临沂	朱田河	25	193.22	10.04	193.92	195.77	10.98	13.86	−0.7	−2.55	132	252
吴家庄	临沂	兴水河	21	191.26	5.66	195.40	196.82	11.87	14.68	−4.14	−5.56	391	552
公家庄水库(西)	临沂	公家庄河	20	171.45	3.77	171.50	173.50	3.82	5.92	−0.05	−2.05	40	182
书房	临沂	温凉河	19	182.30	7.87	182.80	184.77	8.52	11.27	−0.5	−2.47	60	221
黄土山	临沂	尚庄河	18	221.92	8.08	222.50	223.24	9.00	10.21	−0.58	−1.32	104	186
张庄	临沂	保德河	17	212.81	7.02	212.10	214.49	6.17	9.31	0.71	−1.68	0	204
施庄	临沂	朱里河	17	109.16	8.75	108.36	110.29	7.45	10.62	0.80	−1.13	0	220
古城	临沂	方城河	17	123.57	9.68	123.40	125.02	9.36	12.59	0.17	−1.45	0	270
大夫宁	临沂	下关河	17	198.13	8.46	197.60	199.25	7.90	9.74	0.53	−1.12	0	150
公家庄水库(东)	临沂	公家庄河	13	171.46	2.84	171.50	173.50	2.87	4.47	−0.04	−2.04	41	217
刘庄	临沂	柳青河	11	119.97	6.57	120.14	121.80	6.79	9.12	−0.17	−1.83	106	331
龙潭	临沂	蛟龙河	8	51.53	6.15	52.50	54.46	7.80	11.78	−0.97	−2.93	284	782
青峰岭	日照	沭河	605	159.85	207.31	160.00	163.15	211.15	309.11	−0.15	−3.3	10	200
小仕阳	日照	袁公河	282	153.68	74.33	153.50	155.55	72.32	97.18	0.18	−1.87	0	95
峤山水库	日照	大石头河	81	147.06	28.57	147.50	150.20	30.36	41.98	−0.44	−3.14	32	334
石亩子水库	日照	石场河	16	248.06	8.75	248.42	250.87	9.10	11.99	−0.36	−2.81	17	217

表 6.3-6　水库纳雨能力计算成果(2)

水库名称	净雨深(mm)						产水量(10^6 m^3)						产流系数						是否超汛限/正常水位			是否超设计水位		
	50 mm	100 mm	150 mm	200 mm	250 mm	300 mm	50 mm	100 mm	150 mm	200 mm	250 mm	300 mm	50 mm	100 mm	150 mm	200 mm	250 mm	300 mm	50 mm	100 mm	200 mm	50 mm	100 mm	200 mm
田庄	37	80.5	125.5	173	223	273	15.43	33.57	52.33	72.14	92.99	113.84	0.74	0.81	0.84	0.87	0.89	0.91	√	√	√		√	√
红旗	37	80.5	125.5	173	223	273	1.00	2.17	3.39	4.67	6.02	7.37	0.74	0.81	0.84	0.87	0.89	0.91						
跋山	22.2	53	93.5	141.2	189.2	237.2	39.49	94.29	166.34	251.19	336.59	421.98	0.44	0.53	0.62	0.71	0.76	0.79	√	√	√			√
岸堤	3.5	17	42	78	121	170	5.60	27.20	67.20	124.80	193.60	272.00	0.07	0.17	0.28	0.39	0.48	0.57	√	√	√			√
许家崖	23.72	59.09	104	152.42	202.42	252.42	13.42	33.44	58.86	86.27	114.57	142.87	0.47	0.59	0.69	0.76	0.81	0.84	√	√	√			√
陡山	41	86	133.4	183	232	282	17.67	37.07	57.50	78.87	99.99	121.54	0.82	0.86	0.89	0.92	0.93	0.94	√	√	√	√	√	√
唐村	24.5	65.8	114.3	164	214	264	5.37	14.41	25.03	35.92	46.87	57.82	0.49	0.66	0.76	0.82	0.86	0.88	√	√	√			
沙沟	4	14	42	82	121	164	0.66	2.30	6.89	13.45	19.84	26.90	0.08	0.14	0.28	0.41	0.48	0.55	√	√	√			
昌里	17.14	53.12	101.16	147.28	188.07	228.87	2.76	8.55	16.29	23.71	30.28	36.85	0.34	0.53	0.67	0.74	0.75	0.76			√			
石岚	0.53	17.36	53.66	101.4	151.4	201.4	0.04	1.37	4.24	8.01	11.96	15.91	0.01	0.17	0.36	0.51	0.61	0.67	√	√	√			
上冶	0.68	17.82	54.29	102.1	152.1	202.1	0.05	1.37	4.18	7.86	11.71	15.56	0.01	0.18	0.36	0.51	0.61	0.67	√	√	√			√
高湖	3.5	17	42	78	121	170	0.26	1.26	3.11	5.77	8.95	12.58	0.07	0.17	0.28	0.39	0.48	0.57	√	√	√			
马庄	0.37	16.91	53.03	100.7	150.7	200.7	0.02	1.12	3.50	6.65	9.95	13.25	0.01	0.17	0.35	0.50	0.60	0.67			√			
石泉湖水库(西)	4	32.8	76	123	173	222	0.18	1.44	3.34	5.41	7.61	9.77	0.08	0.33	0.51	0.62	0.69	0.74	√	√	√			√
朱家坡	3.5	17	42	78	121	170	0.13	0.61	1.51	2.81	4.36	6.12	0.07	0.17	0.28	0.39	0.48	0.57	√	√	√			√
杨庄	11.8	44.48	91.7	138.24	179.6	220.96	0.42	1.60	3.30	4.98	6.47	7.95	0.24	0.44	0.61	0.69	0.72	0.74	√	√	√			√
安靖	14.77	49.43	97.15	143.48	184.51	225.54	0.52	1.73	3.40	5.02	6.46	7.89	0.30	0.49	0.65	0.72	0.74	0.75	√	√	√		√	√
凌山头	5.9	35.54	79.04	126.8	176.42	225.8	0.19	1.17	2.61	4.18	5.82	7.45	0.12	0.36	0.53	0.63	0.71	0.75			√			√

续表

水库名称	净雨深(mm)						产水量(10^6 m^3)						产流系数						是否超汛限/正常水位			是否超设计水位		
	50 mm	100 mm	150 mm	200 mm	250 mm	300 mm	50 mm	100 mm	150 mm	200 mm	250 mm	300 mm	50 mm	100 mm	150 mm	200 mm	250 mm	300 mm	50 mm	100 mm	200 mm	50 mm	100 mm	200 mm
黄仁	0.4	16.97	53.12	100.8	150.8	200.8	0.01	0.51	1.59	3.02	4.52	6.02	0.01	0.17	0.35	0.50	0.60	0.67	√	√	√			√
石泉湖水库(东)	41	86	133.4	183	232	282	1.15	2.41	3.74	5.12	6.50	7.90	0.82	0.86	0.89	0.92	0.93	0.94	√	√	√			√
寨子山	2	13.2	44	90	135.44	179.75	0.05	0.34	1.14	2.34	3.52	4.67	0.04	0.13	0.29	0.45	0.54	0.60	√	√	√			√
寨子	3.5	17	42	78	121	170	0.09	0.43	1.05	1.95	3.03	4.25	0.07	0.17	0.28	0.39	0.48	0.57	√	√	√			√
龙王口	0.2	16.39	52.31	99.9	149.9	199.9	0	0.41	1.31	2.5	3.75	5.00	0	0.16	0.35	0.50	0.60	0.67			√			
吴家庄	11.6	44.12	91.3	137.85	179.24	220.62	0.24	0.93	1.92	2.89	3.76	4.63	0.23	0.44	0.61	0.69	0.72	0.74						
公家庄水库(西)	4.34	30.46	75.3	122.24	164.6	206.96	0.09	0.61	1.51	2.44	3.29	4.14	0.09	0.30	0.50	0.61	0.66	0.69	√	√	√			√
书房	27.54	63.75	108.9	157.81	207.81	257.81	0.52	1.21	2.07	3.00	3.95	4.90	0.55	0.64	0.73	0.79	0.83	0.86		√	√			
黄土山	3.5	17	42	78	121	170	0.06	0.31	0.76	1.40	2.18	3.06	0.07	0.17	0.28	0.39	0.48	0.57			√			√
张庄	3.5	17	42	78	121	170	0.06	0.29	0.71	1.33	2.06	2.89	0.07	0.17	0.28	0.39	0.48	0.57	√	√	√			
施庄	3.5	17	42	78	121	170	0.06	0.29	0.71	1.33	2.06	2.89	0.07	0.17	0.28	0.39	0.48	0.57	√	√	√			
古城	0.29	16.65	52.67	100.3	150.3	200.3	0	0.28	0.9	1.71	2.56	3.41	0.01	0.17	0.35	0.50	0.60	0.67	√	√	√			
大夫宁	4.29	30.37	75.2	122.15	164.51	206.88	0.07	0.52	1.28	2.80	2.80	3.52	0.09	0.30	0.50	0.61	0.66	0.69	√	√	√			√
公家庄水库(东)	4	29.8	74.5	124.5	174.5	224.5	0.05	0.39	0.97	1.62	2.27	2.92	0.08	0.30	0.50	0.62	0.70	0.75	√	√	√			
刘庄	0.22	16.45	52.4	100	150	200	0	0.18	0.58	1.10	1.65	2.20	0.00	0.16	0.35	0.50	0.60	0.67			√			
龙潭	4	32.8	76	123	173	222	0.03	0.26	0.61	0.98	1.38	1.78	0.08	0.33	0.51	0.62	0.69	0.74						
青峰岭	35.5	80	124	168	214.61	263.64	21.48	48.40	75.02	101.64	129.84	159.50	0.71	0.8	0.83	0.84	0.86	0.88	√	√	√			

续表

水库名称	净雨深(mm)						产水量(10^6 m^3)						产流系数						是否超汛限/正常水位			是否超设计水位		
	50 mm	100 mm	150 mm	200 mm	250 mm	300 mm	50 mm	100 mm	150 mm	200 mm	250 mm	300 mm	50 mm	100 mm	150 mm	200 mm	250 mm	300 mm	50 mm	100 mm	200 mm	50 mm	100 mm	200 mm
小仕阳	39	85.8	133	180.5	230	280	11.00	24.2	37.51	50.90	64.86	78.96	0.78	0.86	0.89	0.90	0.92	0.93	√	√	√		√	√
峤山水库	36	80	124	85.6	115	145	2.92	6.48	10.04	6.93	9.32	11.74	0.72	0.80	0.83	0.43	0.46	0.48	√	√	√			
石亩子水库	6	28.85	68	117	165	215	0.10	0.46	1.09	1.87	2.64	3.44	0.12	0.29	0.45	0.58	0.66	0.72	√	√	√			

净雨深：当前前期影响雨量条件下，计算出的 50 mm、100 mm、150 mm、200 mm、250 mm 和 300 mm 降水条件下的净雨深数值(单位：mm)；

产水量：当前前期影响雨量条件下，计算出的 50 mm、100 mm、150 mm、200 mm、250 mm 和 300 mm 降水条件下的产水量(单位：10^6 m^3)；

产流系数：当前前期影响雨量条件下，计算出的 50 mm、100 mm、150 mm、200 mm、250 mm 和 300 mm 降水条件下的产流系数；

是否超汛限/正常水位：当前前期影响雨量条件下，计算出的 50 mm、100 mm、200 mm 降水情形下是否超汛限/正常高水位；

是否超设计水位：当前前期影响雨量条件下，计算出的 50 mm、100 mm、200 mm 降水情形下是否超设计水位。

6.4 小结

纳雨能力是在考虑水库工程参数、泄水设施运行调度、集雨区土壤含水量(前期降雨)和产汇流特性等因素的条件下，在防汛安全的情况下，一段时间内水库允许容纳的最大降雨量、最大纳雨能力反映了一段时间内水库的防洪能力，常用来作为水库洪水预报的简易方法。

针对全省范围内的时效性计算需求，研究主要采用径流系数法、降雨-径流关系反算法等快速简化算法进行纳雨能力计算。此外针对水库纳雨能力分析中非线性水文过程的问题，为提升成果精度，构建了考虑产汇流全过程的试算插值方法进行精细化的分析计算。研究将相关模型构建的成果集成至洪水预报系统，并利用上述多种纳雨能力分析计算模型对全省大中型水库预报断面进行纳雨能力计算，为水库的防汛调度、安全运行提供了决策依据。

第7章

基于人工神经网络预报方法

7.1 概述

近年来，随着气候和水文模拟能力的提升，卫星等采集数据技术的改进以及智能计算的进步，数据驱动方法在洪水预报领域的使用越来越普遍。人工神经网络(ANN)基于神经元大规模互连和并行分布处理理论，对复杂洪水过程建模具有很高的容错性和准确性，是洪水预报中最常用的数据挖掘预报方法。20世纪90年代，国外学者首次将ANN应用于水文领域，经过几十年的发展，ANN在水文预报中的应用逐渐增多，如径流预测、水位预测和降雨径流过程预测等。

在所有的人工神经网络中，循环神经网络(RNN)引入了定向循环结构，是一种特殊的神经网络，其隐含层之间的节点相互连接，能够将当前时刻隐含层的信息转换为下一时刻隐含层的输入，通过对前面的信息进行记忆并应用于输出计算中，形成了更有效的数据序列预测结构。且由于循环隐含层的存在，RNN结构的参数共享，大大减少了需要训练的参数，在洪水预报领域取得了十分优秀的研究成果。长短期记忆神经网络(LSTM)专门为学习长期依赖关系而设计，其以RNN为基础进行改进，能够有效缓解RNN固有的梯度消失和爆炸问题。与RNN隐含层的循环结构不同，LSTM的隐含层引入了记忆细胞单元，对输入数据进行有选择性的记忆和遗忘。LSTM是深度学习最具代表性的算法之一，也是洪水预报领域的研究热点。

与传统的水文模型不同，数据驱动模型在解决数值预测问题、重建高度非线性函数、时间序列分析等方面有着独特的优越性，其不需要考虑水文过程的物理机制，而是建立关于时间序列的数学分析，通过学习给定样本，发现水文变量间的统计或因果关系，在洪水预报领域中有广阔的前景。

7.2 模型方法

7.2.1 循环神经网络 RNN

神经网络是一种应用类似于大脑神经突触连接的结构进行信息处理的数学模型，其中循环神经网络(RNN)在处理序列数据方面有突出的效果。该模型主体为三层(输入层、隐藏层和输出层)，是具有重复模块的链式结构，如图 7.2-1 所示。

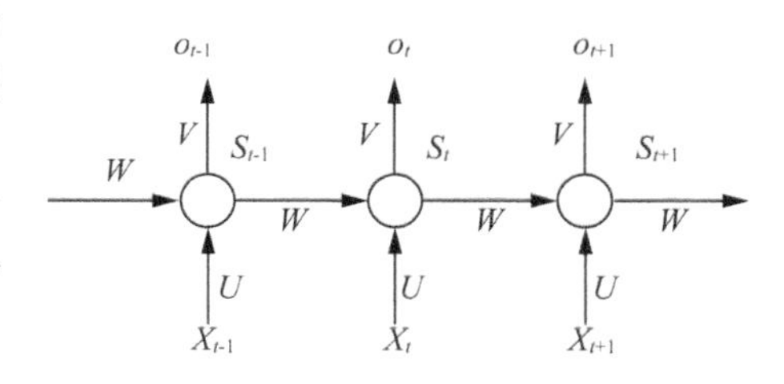

图 7.2-1 RNN 结构图

图 7.2-1 中，$t-1$，t，$t+1$ 表示时间序列，X 表示输入样本，S_t 表示样本在时间 t 处的记忆，W 表示输入的权重，U 表示此刻输入的样本的权重，V 表示输出的样本权重。

该网络中有一个特殊的单元即记忆单元，记忆单元是 RNN 的关键所在。其计算公式为

$$S_t = f(W \cdot S_{t-1} + U \cdot X_t) \tag{7.2-1}$$

RNN 的记忆单元会保存隐藏层的状态，即保存上一个时刻的状态。输入与记忆单元的关系可以用下列公式表示：

$$XT_{t+1} = S_t + XT_t \tag{7.2-2}$$

式中：XT_{t+1} 表示在 $t+1$ 时刻的真实输入。

隐藏层在每一时刻的输出都会被传输到下一时刻，所以每一时刻的网络都会保留上一时刻的某些历史信息，并结合当前时刻的网络状态，发送到下一时刻。

与基础神经网络不同，RNN 不仅在层与层之间建立权连接，也在各层神经元之间建立连接，利用顺序信息预测未来变化。RNN 的循环性体现在它针对系列中的每一个元素都执行相同的操作，每一个操作都依赖于之前的计算结果，所以理论上 RNN 可以利用任意长的序列信息。但因梯度消失、梯度爆炸等算法设计上的缺陷，实际运行过程中只能回顾之前的几步。

7.2.2 长短时记忆网络 LSTM

LSTM 作为 RNN 的变体，通过改变隐藏层结构，增加类似“传送带”的细胞状态设计和让信息选择性通过的“门”设计来控制记忆信息的流动，实现信息的长期传输和记忆，进而避免长期依赖问题。因此，LSTM 比 RNN 更适合处理与时间序列高度相关的问题，如水文预报等。

LSTM 神经元内相关公式有

函数：

$$\delta(x) = \frac{1}{1+e^{x}} \tag{7.2-3}$$

遗忘门：

$$f_t=\delta(W_f\cdot[h_{t-1},x_t]+b_f) \tag{7.2-4}$$

输入门：

$$i_t=\delta(W_i\cdot[h_{t-1},x_t]+b_i) \tag{7.2-5}$$

$$\widetilde{C}_t=\frac{e^{(W_c\cdot[h_{t-1},x_t]+b_o)}-e^{-(W_c\cdot[h_{t-1},x_t]+b_o)}}{e^{(W_c\cdot[h_{t-1},x_t]+b_o)}+e^{-(W_c\cdot[h_{t-1},x_t]+b_o)}} \tag{7.2-6}$$

输出门：

$$o_t=\delta(W_o\cdot[h_{t-1},x_t]+b_o) \tag{7.2-7}$$

长记忆：

$$C_t=f_t\cdot C_{t-1}+i_t\cdot\widetilde{C}_t \tag{7.2-8}$$

短记忆：

$$h_t=o_t\cdot\frac{e^{C_t}-e^{-C_t}}{e^{C_t}+e^{-C_t}} \tag{7.2-9}$$

式(7.2-3)～式(7.2-9)中：x 为输入，h 为隐藏状态，C 表示细胞状态，W 为对应的权重系数矩阵，b 为对应的偏置项。

LSTM 的关键在于细胞状态，细胞状态直接在整个链上运行，只有一些少量的求向量内积和向量相加操作，信息更容易在上面稳定流传。t 时刻的输入 x_t 和 $t-1$ 时刻的隐藏状态 h_{t-1} 首先通过遗忘门丢弃久远的信息(防止数据量过大而宕机)并得到更新值 f_t，接着通过输入门得到需要更新的数据 i_t 和新的候选向量 $\widetilde{C}_t$，最后通过输出门得到该神经元输出结果 o_t。将 f_t、C_{t-1} 的内积与 i_t、$\widetilde{C}_t$ 的内积求和即为该时刻细胞状态 C_t，将该时刻细胞状态 C_t 的双曲正切值与输出值 o_t 求内积便可得到新的新细胞隐藏状态 h_t，多个神经元构成一层 LSTM 神经网络，图 7.2-2 为 LSTM 神经元结构图。

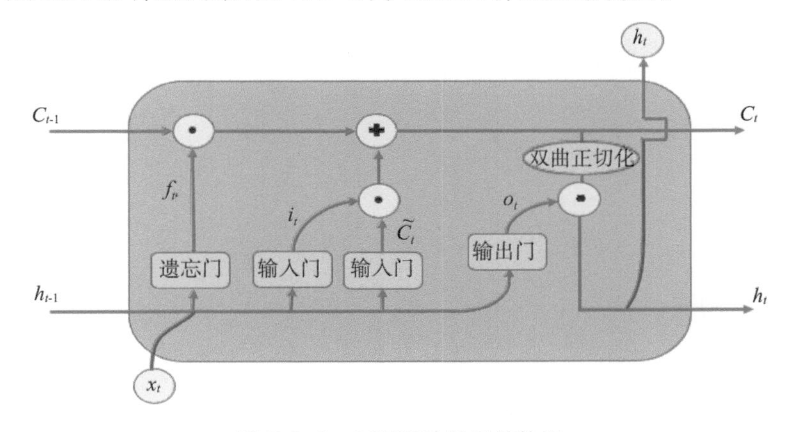

图 7.2-2 LSTM 神经元结构图

7.3 应用实例

传统的 LSTM 模型在流域尺度上进行构建。但是受到观测技术、建站时间等多个因素的影响，流域中水文资料有限，有时难以支撑 LSTM 等数据驱动模型的构建。在此，同时考虑水文气象因子与流域特征因子，构建包含流域特征信息的水文数据，作为预报因子。使得水文数据的应用突破流域边界，建模尺度扩大到整个水文气候一致区。在此基础上，同一水文气候一致区内的多个流域的数据，可以输入一个 LSTM 模型中进行训练，大大扩大了预报因子的容量，同时为少资料流域乃至无资料流域进行数据驱动模型洪水预报创造可能。预报因子构建、模型训练、模型评价指标及模型参数选取过程如下。

7.3.1 预报因子构建

由于 LSTM 模型的尺度为水文气候一致区，因此在预报因子构建的过程中，首先逐流域构造包含流域信息的水文序列，其次将上述各流域信息进行整合，构建水文气候一致区尺度上的集合，作为预报因子。

7.3.1.1 构建逐流域包含流域信息的水文序列

水文气候一致区内包含逐个流域，设其中某一流域中共计含有 m 个雨量站、n 个流量站；该流域内水文站点的分布如图 7.3-1 所示，其原始水文数据的处理步骤包括：

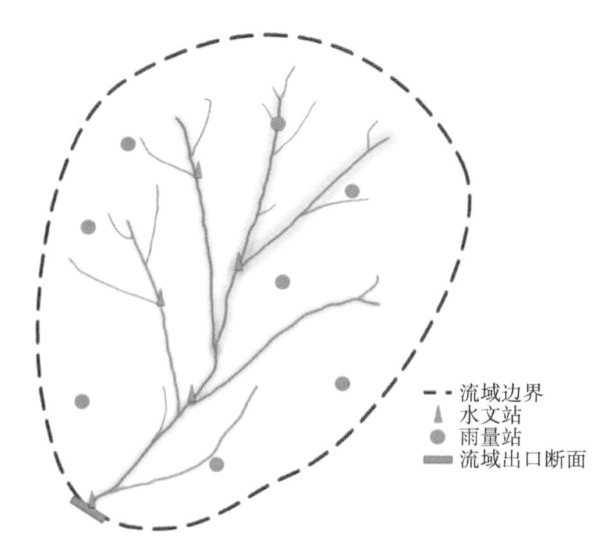

图 7.3-1 单个流域水文站点分布图

(1) 收集原始水文序列。由于相较于其他水文因子，流域内各站点的雨量、流量对于流域控制断面的流量影响较大。在此，主要采用了实测雨量序列 P、实测流量序列 Q，其表达式如下：

$$P=[P_1,\cdots,P_j,\cdots,P_m]^{\mathrm{T}},j\in[1,m] \quad (7.3\text{-}1)$$

$$Q=[Q_1,\cdots,Q_k,\cdots,Q_n]^{\mathrm{T}},k\in[1,n] \tag{7.3-2}$$

式中：P_j 为第 j 个雨量站的实测雨量序列；Q_k 为第 k 个水文站的实测流量序列。

（2）构建包含区域信息的雨量序列 $\widetilde{P}$ 。由于前期雨量对流域控制断面流量的影响相对较小，采用面平均雨量作为雨量预报因子输入 LSTM 模型中，计算过程如下：

$$\widetilde{P}=\frac{1}{m}\sum_{j=1}^{m}P_j \tag{7.3-3}$$

（3）构建包含区域信息的流量序列 $\widetilde{Q}$ 。分别采用流域中各水文站的控制面积、汇流路径、比降信息，构建面积指标 α、汇流路径表征 β、比降指标 γ。基于各单因子表征指标对流域控制断面流量的影响，构建流域特征综合表征指标 w，并与实测流量序列 Q 结合，构建包含区域信息的流量序列 $\widetilde{Q}$ ，作为流量预报因子，计算过程如下式所示：

$$w=\alpha\beta\gamma \tag{7.3-4}$$

$$\widetilde{Q}=wQ \tag{7.3-5}$$

7.3.1.2 构建水文气候一致区内预报因子的集合

整合 7.3.1.1 节中构建的各流域包含流域信息的水文序列，构建水文气候一致区尺度上预报因子的集合。考虑到流量数据的数值尺度和单位与降雨量数据存在差异，且相同数据类型由于汛期、非汛期的差异，数据尺度也会不同。为了降低由量级差异导致的各预报因子的权重偏差，需要对模型输入数据进行归一化处理，处理方式为 min-max 标准化，公式如下：

$$x^*=\frac{x-x_{\min}}{x_{\max}-x_{\min}} \tag{7.3-6}$$

式中：x^* 为归一化处理后的数据，归一化处理后的数据值在 0 到 1 之间；x 为待处理的原始数据；$x_{\min}$ 为原始数据中的最小值；$x_{\max}$ 为原始数据中的最大值。

将归一化后的预报因子的集合输入 LSTM 模型中，进行训练。使得所训练的模型，能够反映整个水文气候一致区内的洪水特征。

7.3.2 模型训练

以流域为单位划分率定集与验证集，验证流域个数占流域总个数的 10%，其余流域作为率定流域；初定区域化 LSTM 模型参数，运用率定流域的数据来训练模型，模型的预见期为 36 个时段。

7.3.3 模型评价指标

为客观反映模型的预报效果，在此选用了平均相对误差 MRE、合格率 QR、纳什效率

系数 NSE 共同进行模型精度评价。这三个指标的表达公式以及评价标准如下所示。

7.3.3.1 平均相对误差 *MRE*

平均相对误差的计算公式如下所示：

$$MRE = \frac{1}{n}\sum_{i=1}^{n}\frac{|Q_o(i) - Q_f(i)|}{\bar{Q}_o(i)} \times 100 \qquad (7.3\text{-}7)$$

式中：n 为样本个数；Q_o 为实测流量，m^3/s；Q_f 为模型预报流量，m^3/s；$\bar{Q}_o$ 为实测流量平均值，m^3/s。MRE 反应模型预测值与实测值之间的平均接近程度，其取值越接近 0，表明预测值与实测值之间的相对误差越小，预报精度越高。

在洪水预报中，洪峰相对误差与洪量相对误差，是最为常用的精度评价指标。在本模型中分别采用场次洪水的洪峰值、洪量值计算相对误差，以统计模型精度。

7.3.3.2 合格率 *QR*

基于变幅误差的合格率计算公式如下：

$$QR = \frac{m}{n} \times 100\% \qquad (7.3\text{-}8)$$

式中：QR 为预报合格率；m 为变幅误差小于给定阈值（例如 10%或 20%）的次数；n 为样本个数。

7.3.3.3 纳什效率系数 *NSE*

同时也采用常用的纳什效率系数指标进行评价。纳什效率系数计算公式如下：

$$NSE = 1 - \frac{\sum_{i=1}^{n}[Q_f(i) - Q_o(i)]^2}{\sum_{i=1}^{n}[Q_o(i) - \bar{Q}_o]^2} \qquad (7.3\text{-}9)$$

式中：n 为样本个数；Q_o 为实测流量，m^3/s；Q_f 为模型预报流量，m^3/s；$\bar{Q}_o$ 为实测流量平均值，m^3/s。NSE 反映了预报值与实测值的接近程度，其取值范围为 $(-\infty,1]$，取值越接近 1 表明模拟效果好、模型可信度高，反之亦然。

7.3.4 模型参数

由于用于 LSTM 建模的 121 个断面单个断面水文资料较少，因此无法在每个流域分别构建 LSTM。我们构建了区域化 LSTM 模型，通过对水文数据标准化处理的方法，采用流量模数代替流量数据进行模型构建，使得多个流域的数据能够放在一起进行训练。区域化模型的构建有效扩大了样本容量，实现以统一的模型预报多个断面的流量。该模型含有 1 个输入层（lstm_input）、2 个隐藏层（lstm_1、lstm_2）、1 个输出层（dense），各层 LSTM 参数情况如表 7.3-1 所示。

表 7.3-1 LSTM 参数表

参数	层			
	lstm_input	lstm_1	lstm_2	dense
input_shape	[1,24]	[1,24]	—	—
trainable	—	TRUE	TRUE	TRUE
units	—	20	10	1
activation	—	tanh	tanh	linear
use_bias	—	TRUE	TRUE	TRUE

表 7.3-1 中，input_shape 为输入张量的形状；trainable 为权重是否能被改变；units 为输出维度；activation 为激活函数；use_bias 为是否有偏移值。

根据预报断面对洪峰、洪量、过程匹配度等目标的精度要求，选取不同的精度评价指标，例如平均相对误差 *MRE*、合格率 *QR*、纳什效率系数 *NSE* 作为目标函数，进行模型结构优化。

7.3.5 结果分析

选取山东省作为一个水文气候一致区，在山东省境内 121 个预报断面对应的流域中，筛选了 36 个流域的水文资料，共计 261 场洪水，其中选取 221 场洪水用作率定，其余 40 场洪水用作验证。初定区域化 LSTM 模型的参数，可预见期为 36 个时间单位，运用率定集进行模型训练。站点分布情况如图 7.3-2 所示。

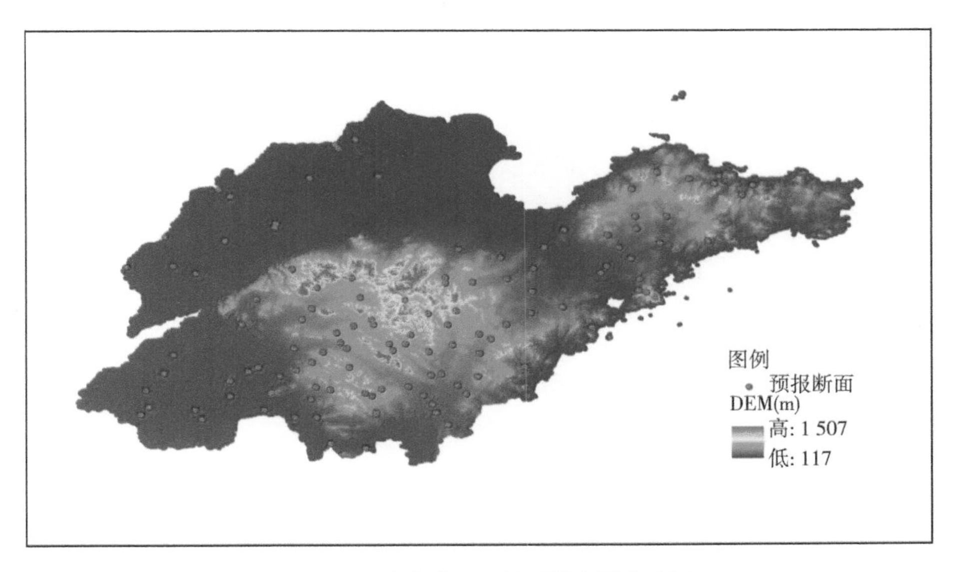

图 7.3-2 山东省 121 处预报断面分布图

选取平均相对误差绝对值 *MRE*、合格率 *QR*、纳什效率系数 *NSE* 作为精度评价指标，采用验证流域的洪水预报情况，进行区域化 LSTM 洪水预报模型的精度评价，结果如

表 7.3-2 所示。

表 7.3-2 LSTM 预报精度统计表

T(d)	洪量 MRE (%)	洪峰 MRE (%)	洪量 15% 合格率 QR(%)	洪峰 20% 合格率 QR(%)	NSE	T(d)	洪量 MRE (%)	洪峰 MRE (%)	洪量 15% 合格率 QR(%)	洪峰 20% 合格率 QR(%)	NSE
1	1.1	4.7	100	95.0	0.97	19	20.2	36.4	45.0	20.0	−0.14
2	1.9	7.0	100	87.5	0.93	20	21.7	37.3	42.5	30.0	−0.21
3	2.6	9.4	100	90.0	0.88	21	22.4	36.7	40.0	25.0	−0.32
4	3.2	11.9	100	85.0	0.81	22	24.2	39.0	30.0	25.0	−0.45
5	4.8	10.4	97.5	85.0	0.78	23	25.6	39.3	30.0	27.5	−0.56
6	6.3	12.8	95.0	82.5	0.72	24	26.5	40.8	25.0	27.5	−0.71
7	7.2	16.2	90.0	77.5	0.65	25	27.5	41.8	25.0	30.0	−0.82
8	9.0	18.3	82.5	62.5	0.59	26	29.0	41.9	22.5	32.5	−0.93
9	10.1	22.8	80.0	57.5	0.50	27	29.6	42.9	25.0	30.0	−1.12
10	11.7	23.5	80.0	45.0	0.44	28	30.9	43.5	22.5	32.5	−1.23
11	12.3	27.4	80.0	40.0	0.35	29	31.6	44.1	27.5	30.0	−1.50
12	13.5	30.0	70.0	35.0	0.30	30	32.7	45.1	27.5	27.5	−1.77
13	13.9	32.2	70.0	32.5	0.22	31	33.6	45.6	25.0	25.0	−1.88
14	14.7	32.4	70.0	37.5	0.18	32	34.7	45.8	27.5	25.0	−2.14
15	16.1	33.9	62.5	37.5	0.14	33	35.4	47.2	27.5	25.0	−2.57
16	16.9	34.3	52.5	40.0	0.08	34	36.8	48.7	25.0	20.0	−2.84
17	17.4	33.2	62.5	32.5	0.03	35	37.6	51.8	25.0	22.5	−3.45
18	18.1	35.3	52.5	30.0	−0.04	36	38.0	54.3	27.5	32.5	−4.47

根据表 7.3-2 中有关场次洪水的洪量平均相对误差、洪峰平均相对误差、洪量相对误差 15%合格率、洪峰相对误差 20%合格率四个精度评价指标的统计信息可知：有关场次洪水的洪量，*MRE* 在 27 个预报时段内均小于 30%，且 15%合格率在 11 个预报时段内均高于 80%；有关场次洪水的洪峰，*MRE* 在 11 个预报时段内均小于 30%，且 20%合格率在 6 个预报时段内均高于 80%。随着预见期的增长，模型精度逐步下降。

在洪水预报中，对于纳什效率系数 *NSE* 的分类标准如表 7.3-3 所示。由表 7.3-2 中对于 *NSE* 的统计信息以及表 7.3-3 可得，在本模型中有 2 个预报时段满足甲级标准、4 个预报时段满足乙级标准、3 个预报时段满足丙级标准，即共计有 9 个时段满足丙级标准及以上。这 9 个时段中，模型预报过程与实际过程拟合较好，预报值在一定意义上能反映及代表实际过程。综合各项指标，发现在 10 个预见期内模型的预报过程与实际过程较为贴近，且对于场次洪水的洪量、洪峰等洪水特征模拟较好。在超过 10 个预见期时，预报结果仍具有借鉴意义。

表 7.3-3 预报项目精度等级表

精度等级	甲	乙	丙
纳什效率系数	$NSE \geqslant 0.90$	$0.90 > NSE \geqslant 0.70$	$0.70 > NSE \geqslant 0.50$

选取其中具有代表性的三场洪水，分别为郭家屯流域 190811 场次、莒县流域 190807 场次、福山流域 200720 场次，做不同预见期的实测-预报过程对比曲线，分别如图 7.3-3、图 7.3-4、图 7.3-5 所示。

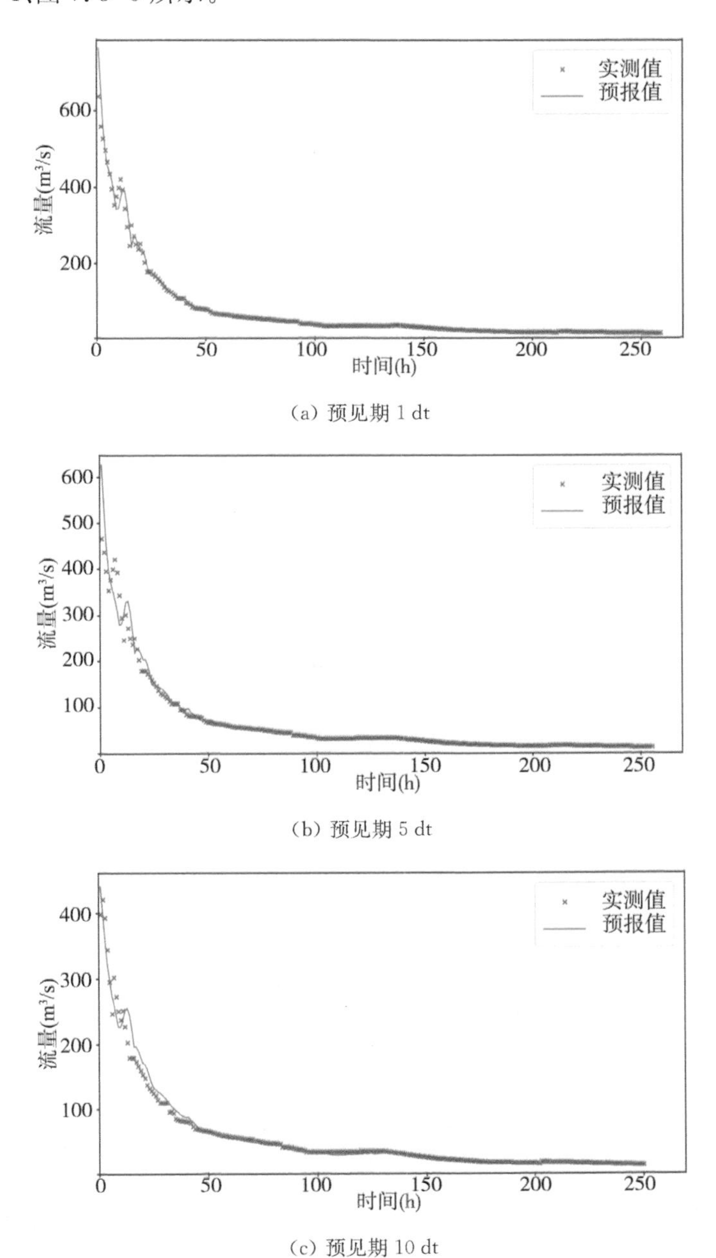

(a) 预见期 1 dt

(b) 预见期 5 dt

(c) 预见期 10 dt

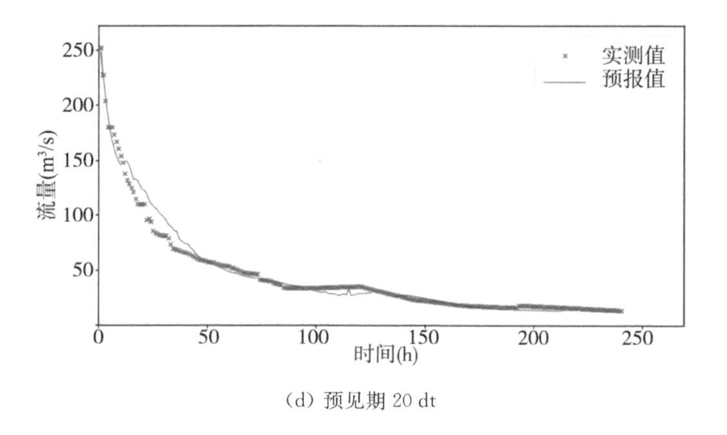

(d) 预见期 20 dt

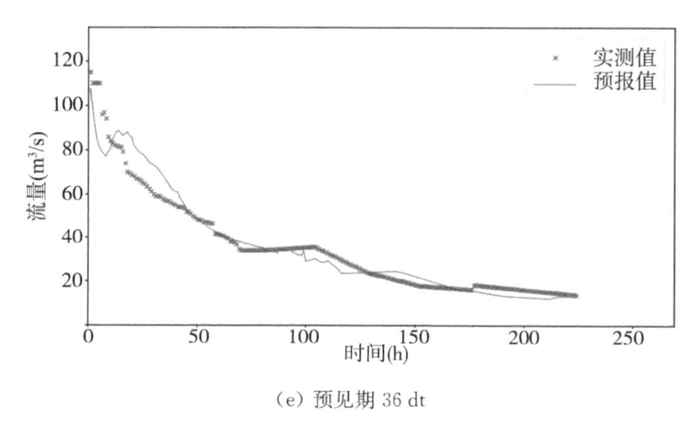

(e) 预见期 36 dt

图 7.3-3　不同预见期时郭家屯流域 190811 场次洪水预报效果比较

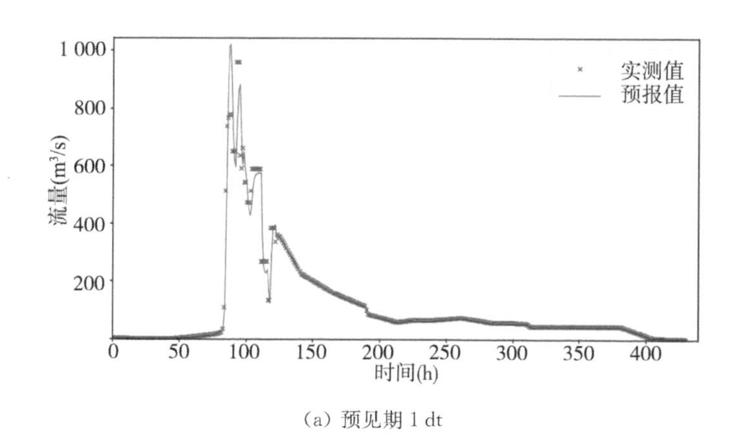

(a) 预见期 1 dt

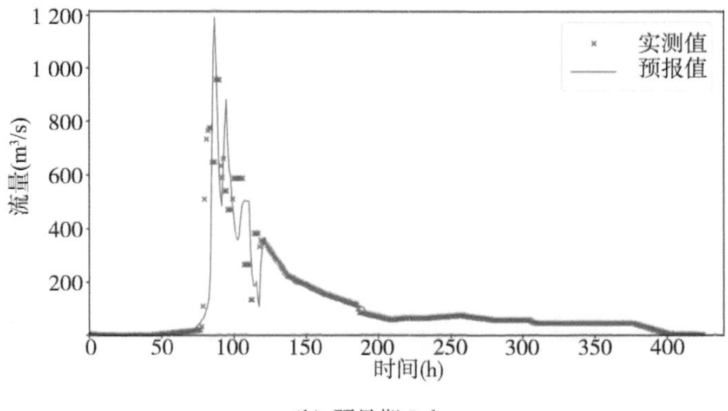

(b) 预见期 5 dt

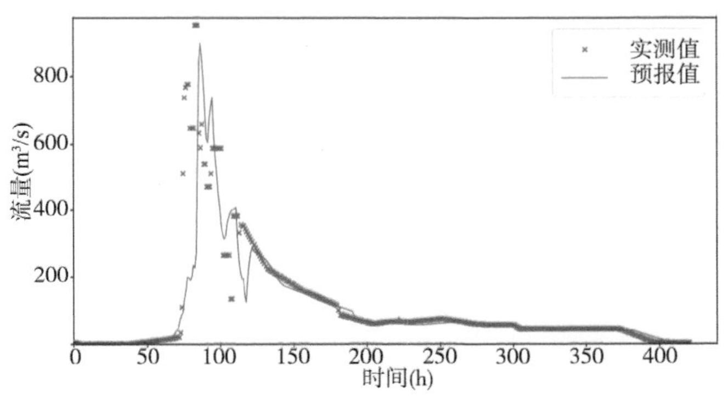

(c) 预见期 10 dt

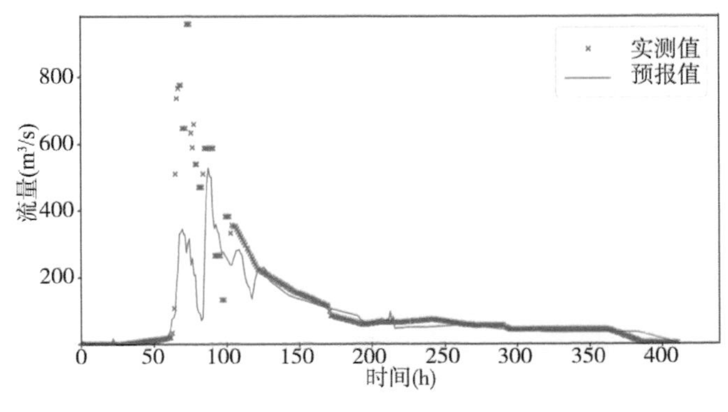

(d) 预见期 20 dt

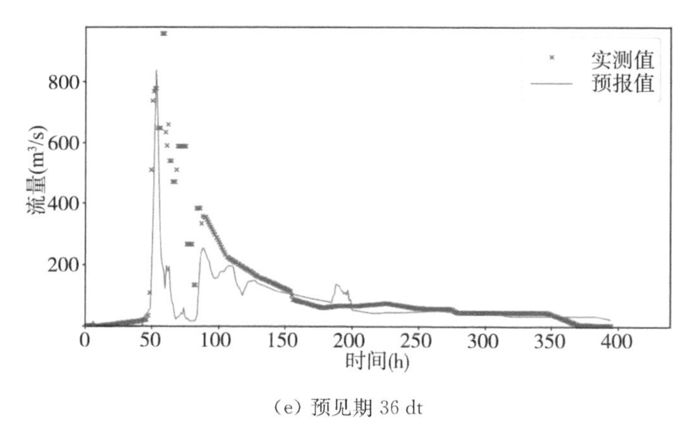

(e) 预见期 36 dt

图 7.3-4 不同预见期时莒县流域 190807 场次洪水预报效果比较

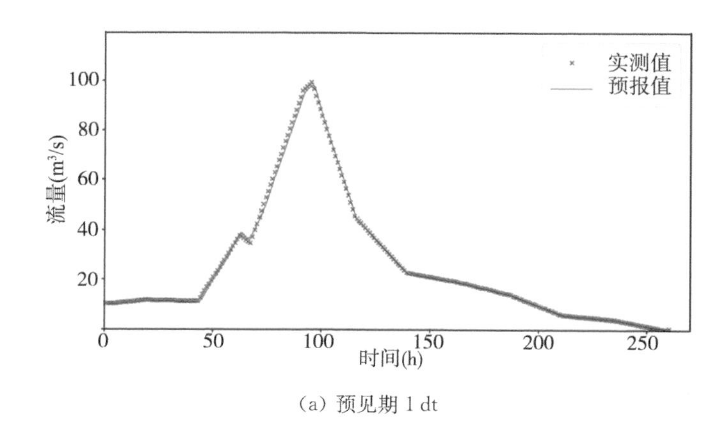

(a) 预见期 1 dt

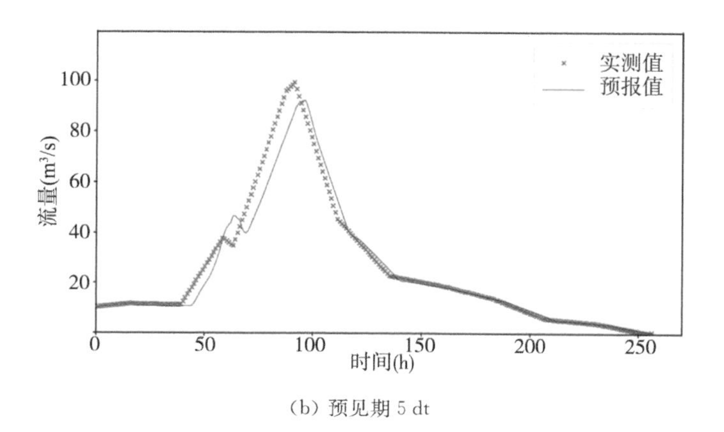

(b) 预见期 5 dt

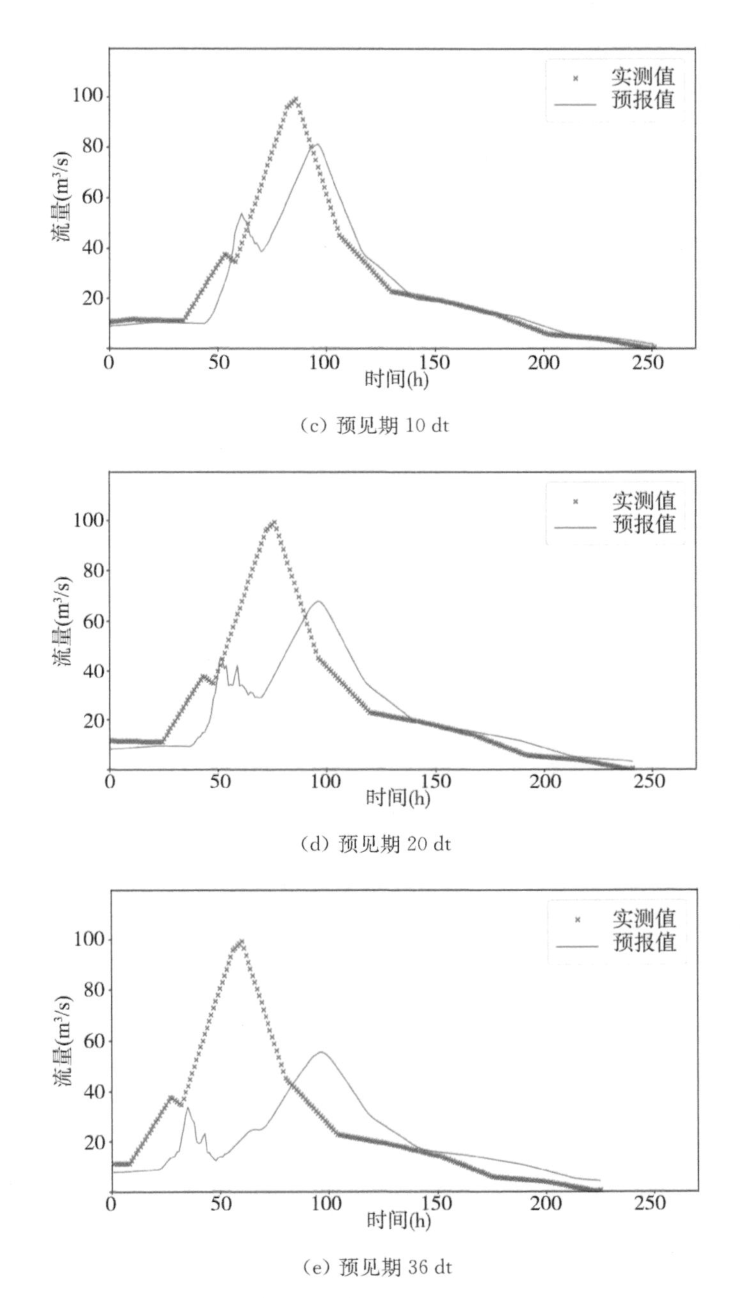

(c) 预见期 10 dt

(d) 预见期 20 dt

(e) 预见期 36 dt

图 7.3-5 不同预见期时福山流域 200720 场次洪水预报效果比较

由图 7.3-3、图 7.3-4、图 7.3-5 可以直观看出,当预见期较短时,预报过程与实际过程较为接近。随着预见期的增长,两者之前的偏差也逐渐增大。

7.4 小结

数据驱动方法基于客观信息建模,因此它们在数据具有代表性和正确建模的前提下,结果可能比物理、概念模型更精确。本模型采用的区域化方法，通过在预报因子中考虑流域特征因子，使得水文数据的应用突破流域边界，建模尺度扩大到整个水文气候一致区。因此，将山东省 36 个流域的水文资料的集合作为 LSTM 模型的输入，大大扩大了模型的输入数据数量。以平均相对误差、合格率以及纳什效率为精度评价指标，进行模型精度评价。同时，选取不同流域 3 场有代表性的洪水，绘制在不同预见期下，其预报过程与实测过程的对比曲线图。结果显示，预报结果能够较好地反映实际洪水过程的特征，但是随着预见期的增长，模型精度逐渐下降。

参考文献

[1] 杨丽洁. 数据驱动模型在洪水预报中的应用及其发展趋势[J]. 电脑知识与技术，2018，14(17)：275-277.

[2] 张然，柴志勇，张婷，等. 基于机器学习模型的洪水预报研究进展[J]. 水利水电技术(中英文)，2023，54(11)：89-101.

[3] 阚光远，洪阳，梁珂. 基于耦合机器学习模型的洪水预报研究[J]. 中国农村水利水电，2018(10)：165-169.

[4] 陶思铭，梁忠民，陈在妮，等. 长短期记忆网络在中长期径流预报中的应用[J]. 武汉大学学报(工学版)，2021，54(1)：21-27.

[5] 胡庆芳，曹士圯，杨辉斌，等. 汉江流域安康站日径流预测的 LSTM 模型初步研究[J]. 地理科学进展，2020，39(4)：636-642.

[6] DRAGOMIRETSKIY K，ZOSSO D. Variational mode decomposition[J]. IEEE Transactions on Signal Processing，2014，62(3)：531-544.

[7] HOCHREITER S，SCHMIDHUBER J. Long short-term memory[J]. Neural Computation，1997，9(8)：1735-1780.

[8] 水利部水文局. 水文情报预报规范：GB/T 22482—2008[S]. 北京：中国标准出版社，2008.

第 8 章

基于贝叶斯理论的概率预报方法

8.1 概述

水文模型是水文学家在对流域水文循环规律长期认识的基础上，做出各种假设和简化，结合数学物理公式而开发的。这些假设和概化以及对水文过程不完整的认知、尺度效应、环境变化等因素，势必会导致模型开发过程中引入不确定性，这种模型结构不确定性是水文模型的固有特征，同时由于模型输入的精度差异和来源差异，水文模型的预测结果具有不确定性，所以对结果的预报应该是概率性的。

为定量描述水文模拟中的各种不确定性对预报结果的影响，提供预测不确定性分布，洪水概率预报应运而生。贝叶斯概率预报在水文上应用最为广泛，其理论基础来源于贝叶斯理论。贝叶斯理论是在不完全信息条件下，对部分未知事件使用主观概率进行估计，然后采用贝叶斯公式对事件的发生概率进行修正，得到其后验概率分布，最终根据后验概率分布做出最优决策。根据贝叶斯理论，Krzysztofowicz 等人提出的贝叶斯概率预报系统 BFS(Bayesian Forecasting System)是通过确定性水文模型进行概率预报解决水文预报不确定性的一个理论框架，并在实际中得到了广泛应用(图 8.1-1、图 8.1-2)。BFS 的关键问题是选取合适的先验分布(或先验密度)和似然函数来获取实际流量后验概率密度。

贝叶斯先验密度和似然函数本质上都可以看成条件概率密度函数。Copula 函数(连接函数)能够灵活地构造边缘分布为任意分布的水文变量联合分布，进而求解条件分布的解析表达式，且能较好地模拟水文水资源系统的非线性和非正态特征，在水文领域得到了广泛的应用。利用 Copula 函数描述先验密度和似然函数，得到基于 Copula 函数的贝叶斯概率洪水预报模型。

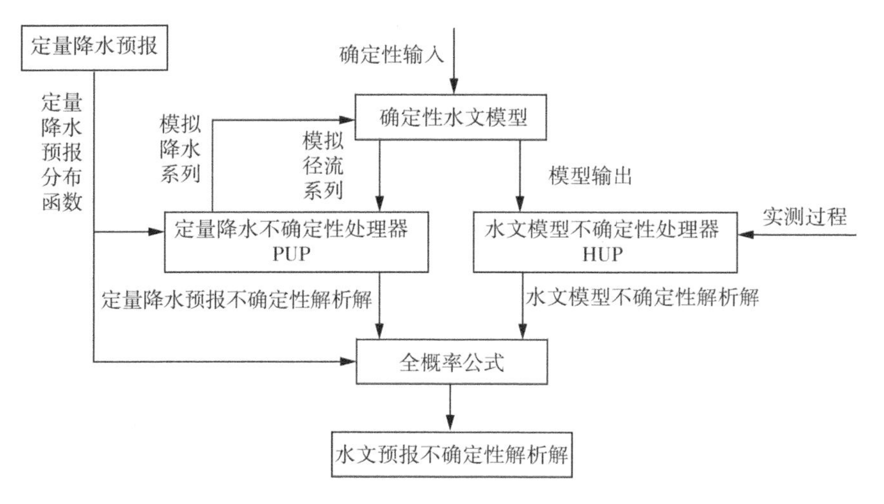

图 8.1-1 BFS 的基本结构框架

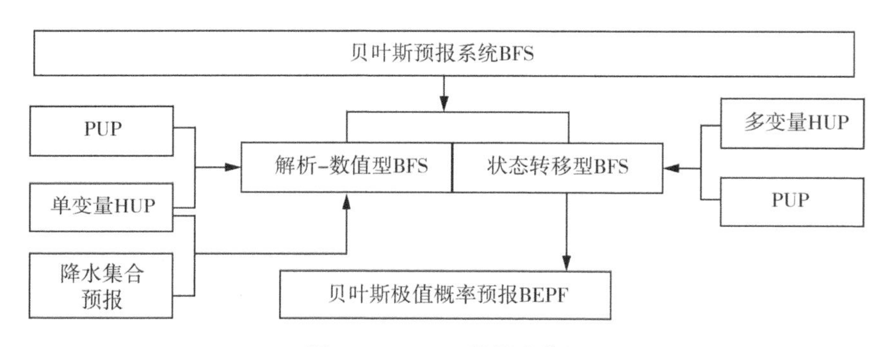

图 8.1-2 BFS 发展脉络图

8.2 基于贝叶斯理论的预报方法

采用目前最为成熟且广泛应用的基于贝叶斯理论的水文不确定性处理器(Hydrologic Uncertainty Processor,HUP)模型进行概率预报。

HUP 是一种贝叶斯方法,可定量化除输入不确定性以外的其他水文不确定性,其特点是不需要处理预报模型的结构与参数,而是直接从模型预报结果入手,分析其与实测过程的误差,进而实现水文概率预报。HUP 的基本流程图如图 8.2-1 所示。

为了详细描述 HUP 的基本理论,设 H_0 为预报时刻已知的实测流量,$H_n(n=1,2,\cdots,N)$,$S_n(n=0,1,\cdots,N)$ 分别为待预报的实测流量、确定性水文模型的预报流量,估计值分别用 h_n 、s_n 表示,N 为预见期的长度。若不存在水文不确定性,则应该有 $h_n=s_n$,但实际上水文不确定性使得 $h_n \neq s_n$,并且服从在 $h_n=s_n$ 的条件下的某一概率分布。

根据贝叶斯原理及任意的观测值 $H_0=h_0$,在给定模型预报值 $S_n=s_n$ 的条件下,可求得“真实值” H_n 的后验密度函数:

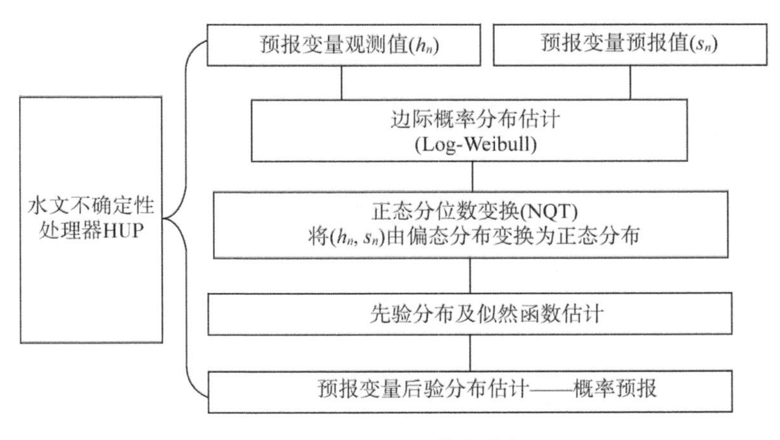

图 8.2-1 HUP 基本流程

$$\phi(h_n|s_n,h_0)=\frac{f_n(s_n|h_n,h_0)g_n(h_n|h_0)}{\int_{-\infty}^{+\infty}f_n(s_n|h_n,h_0)g_n(h_n|h_0)\mathrm{d}h_n} \tag{8.2-1}$$

式中:h_n 为 H_n 的实测值;s_n 为 S_n 的估计值;h_0 为预报时刻已知的实测流量;f_n 为 H_n 的似然函数;g_n 为先验密度函数。

为简化后验密度函数计算,先通过正态分位数转换将非正态的流量序列分布转换为亚高斯分布:

$$W_n=Q^{-1}[\Gamma(H_n)] \tag{8.2-2}$$

$$X_n=Q^{-1}[\overline{\Lambda}_n(S_n)] \tag{8.2-3}$$

式中:W_n、X_n 分别为 H_n、S_n 的正态分位数;Γ、$\overline{\Lambda}_n$ 分别为 H_n、S_n 的边际分布函数;Q 为标准正态分布。其中,建议采用对数威布尔(Log-Weibull)分布来求解 H_0 的边际分布函数 Γ。

假设在转化的正态空间中,W_n 服从一阶马尔科夫过程的正态-线性关系,即

$$W_n=cW_{n-1}+\Xi \tag{8.2-4}$$

式中:c 为参数;Ξ 为不依赖于 W_{n-1} 的残差系列,且服从 $N(0,1-c^2)$ 的正态分布。则第 n 时刻的先验密度函数为

$$g_{Q_n}(w_n|w_0)=\frac{1}{(1-c^{2n})^{\frac{1}{2}}}q\left[\frac{w_n-c^n w_0}{(1-c^{2n})^{\frac{1}{2}}}\right] \tag{8.2-5}$$

式中:q 为标准正态密度函数;下标 Q 表示该密度函数是在正态分位数转换空间里的密度分布。

假定转化空间中的 X_n、W_n、W_0 服从正态-线性关系如下:

$$X_n=a_nW_n+d_nW_0+b_n+\sigma_n^2 \tag{8.2-6}$$

式中：a_n、d_n、b_n 为参数；σ_n^2 为不依赖于 (W_n,W_0) 的残差系列，且服从 $N(0,\sigma_n^2)$ 的正态分布。则似然函数为

$$f_{Q_n}(x_n \mid w_n,w_0)=\frac{1}{\sigma_n}q\left(\frac{x_n-a_nw_n-d_nw_0-b_n}{\sigma_n}\right) \tag{8.2-7}$$

结合先验分布及似然函数，得到转化后的 X_n 的期望密度函数为

$$k_{Q_n}(x_n \mid w_0)=\frac{1}{(a_n^2t_n^2+\sigma_n)^{\frac{1}{2}}}q\left[\frac{x_n-(a_nc_n+d_n)w_0-b_n}{(a_n^2t_n^2+\sigma_n)^{\frac{1}{2}}}\right] \tag{8.2-8}$$

式中：$t_n^2=1-c^{2n}$。

求解出 W_n 的后验密度函数为

$$\varphi_{Q_n}(W_n \mid x_n,w_0)=\frac{1}{T_n}q\left(\frac{w_n-A_nx_n-D_nw_0-B_n}{T_n}\right) \tag{8.2-9}$$

式中：$A_n=\dfrac{a_nt_n{}^2}{a_n{}^2t_n{}^2+\sigma_n{}^2}$，$B_n=\dfrac{-a_nb_nt_n{}^2}{a_n{}^2t_n{}^2+\sigma_n{}^2}$，$C_n=\dfrac{c^n\sigma_n{}^2-a_nd_nt_n{}^2}{a_n{}^2t_n{}^2+\sigma_n{}^2}$，$T_n=\dfrac{t_n{}^2\sigma_n{}^2}{a_n{}^2t_n{}^2+\sigma_n{}^2}$。

最后利用 H_n 和 S_n 的边缘分布函数 $M(\Gamma$ 或 $\overline{\Lambda}_n)$ 及相应的密度函数 $m(\gamma$ 或 $\overline{\lambda}_n)$，通过雅可比变换求得原始空间里 H_n 的亚高斯后验密度函数，两者之间的雅可比变换为

$$J(y)=\frac{m(y)}{q\{Q^{-1}[M(y)]\}} \tag{8.2-10}$$

转化后第 n 时刻的 H_n 在 $S_n=s_n$、$H_0=h_0$ 条件下的亚高斯后验密度函数为

$$\begin{aligned}\phi(h_n \mid s_n,h_0)=&\frac{\gamma(h_n)}{T_nq\{Q^{-1}[\Gamma(h_n)]\}}\times\\&q\left\{\frac{Q^{-1}[\Gamma(h_n)]-A_nQ^{-1}[\overline{\Lambda}_n(s_n)]-D_nQ^{-1}[\Gamma(h_0)]-B_n}{T_n}\right\}\end{aligned} \tag{8.2-11}$$

根据后验密度函数，即可将预报量的水文不确定性加以量化，进而可获得概率预报成果，提供某一置信水平下的区间预报成果（预报上限和下限），丰富洪水预报信息。

HUP 模型涉及参数的指示意义见表 8.2-1。

表 8.2-1　HUP 模型中涉及的相关参数指示意义

涉及公式	参数	意义
式(8.2-4) $W_n=cW_{n-1}+\Xi$	c	表征相邻时刻观测值间相关性强弱。c 值越大，相关性越强，前一时刻观测对下一时刻预报值影响就越大

续表

涉及公式	参数	意义
式(8.2-6) $X_n = a_n W_n + d_n W_0 + b_n + \sigma_n^2$	a_n	表征预报时刻预报值与实际观测值间的相关性强弱。a_n 值越大,相关性越强,预报值与实际值就越接近
	d_n	表征预报时刻预报值与起报时观测值间的相关性强弱。d_n 值越大,相关性越强,起报时刻观测值对预报值影响越大
	b_n	表征截距,为常数
	σ_n^2	残差正态分布中的方差
式(8.2-9) $\varphi_{Q_n}(W_n \mid x_n, w_0) = \frac{1}{T_n} q\left(\frac{w_n - A_n x_n - D_n w_0 - B_n}{T_n}\right)$	$t_n^2 = 1 - c^{2n}$	是参数 c 的函数,$0 < t_n^2 < 1$
	$A_n = \frac{a_n t_n^{\ 2}}{a_n^{\ 2} t_n^{\ 2} + \sigma_n^2}$	表征预报时刻预报值对"真实值"的贡献程度大小,$0 < A_n < 1$
	$B_n = \frac{-a_n b_n t_n^{\ 2}}{a_n^{\ 2} t_n^{\ 2} + \sigma_n^{\ 2}}$	表征截距,为常数
	$D_n = \frac{c^n \sigma_n^{\ 2} - a_n d_n t_n^{\ 2}}{a_n^{\ 2} t_n^{\ 2} + \sigma_n^{\ 2}}$	表征预报起始时刻观测值对预报时刻"真实值"的贡献程度大小,$0 < D_n < 1$
	$T_n = \frac{t_n^{\ 2} \sigma_n^{\ 2}}{a_n^{\ 2} t_n^{\ 2} + \sigma_n^{\ 2}}$	无明确表征意义

8.3 应用实例

以临沂站为例,构建概率预报模型,预报断面所处位置如图 8.3-1 所示。

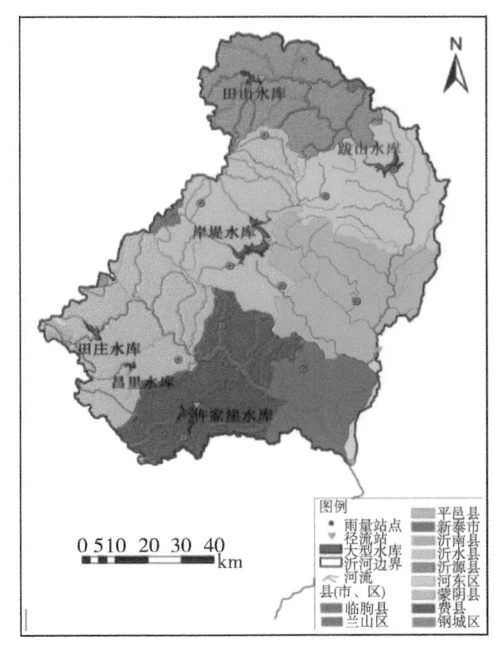

(a) 临沂站水文监测站点分布

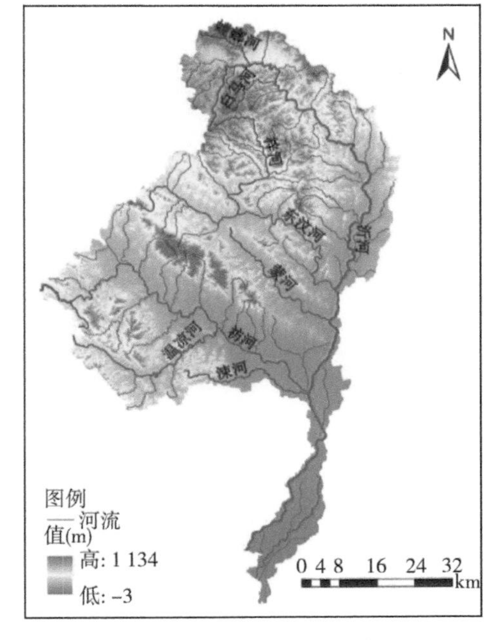

(b) 沂河流域高程及水系分布图

图 8.3-1 临沂站流域图

基于 HUP 对确定性模型的原始预报结果进行分析，提供概率性预报结果。

（1）边缘分布参数

临沂断面的边缘分布参数如表 8.3-1 所示。

表 8.3-1 临沂站边缘分布参数

	形状参数	位置参数	尺度参数
实测	2.16	1 702.73	1 798.37
模拟	2.11	1 680.24	1 745.22

临沂断面的概率预报参数如表 8.3-2 所示。

表 8.3-2 临沂站概率预报参数

Δt	参数 1(A_n)	参数 2(B_n)	参数 3(D_n)	参数 4(T_n)
1	0.186 924 483	−0.001 427 642	0.804 333 082	0.043 322 823
2	0.377 153 299	−0.005 630 353	0.613 414 875	0.068 668 343
3	0.524 738 846	−0.012 553 742	0.466 551 233	0.082 707 58
4	0.634 948 695	−0.021 736 199	0.359 144 54	0.087 686 836
5	0.723 499 301	−0.032 289 713	0.274 205 171	0.088 790 168
6	0.786 023 284	−0.042 682 545	0.215 662 942	0.087 127 334
7	0.842 763 015	−0.054 443 126	0.164 791 536	0.084 603 548
8	0.888 799 034	−0.066 691 855	0.126 875 251	0.081 487 748
9	0.919 737 494	−0.077 131 305	0.102 436 631	0.080 429 225
10	0.943 875 271	−0.083 148 755	0.080 474 25	0.082 594 595
11	0.966 941 681	−0.087 149 639	0.060 106 396	0.084 027 377
12	0.993 844 111	−0.089 298 163	0.034 418 219	0.084 257 668
13	1.030 718 417	−0.090 505 831	−0.001 921 77	0.084 068 961
14	1.048 587 095	−0.096 221 98	−0.014 478 565	0.086 045 89
15	1.065 689 443	−0.103 373 093	−0.021 421 71	0.087 333 286
16	1.079 213 199	−0.107 776 61	−0.024 675 9	0.088 388 277
17	1.085 534 588	−0.108 486 19	−0.024 577 244	0.090 064 833
18	1.090 275 692	−0.110 073 612	−0.022 409 23	0.092 172 655
19	1.095 787 022	−0.109 493 739	−0.024 906 018	0.091 742 096
20	1.099 868 655	−0.109 241 355	−0.026 012 035	0.091 092 531

续表

Δt	参数 1(A_n)	参数 2(B_n)	参数 3(D_n)	参数 4(T_n)
21	1.104 480 649	−0.107 803 521	−0.030 470 192	0.091 721 142
22	1.106 058 648	−0.106 226 726	−0.036 098 695	0.092 287 244
23	1.107 127 041	−0.106 392 344	−0.040 542 789	0.093 481 297
24	1.108 490 493	−0.108 125 29	−0.041 344 854	0.095 328 949
25	1.109 941 851	−0.109 654 051	−0.041 782 691	0.097 627 701
26	1.111 914 154	−0.111 202 631	−0.040 880 181	0.100 206 398
27	1.114 259 818	−0.112 937 628	−0.039 030 818	0.102 911 595
28	1.115 627 797	−0.113 700 217	−0.035 229 34	0.105 298 448
29	1.122 524 716	−0.115 520 703	−0.030 258 229	0.108 548 319
30	1.126 257 973	−0.113 450 067	−0.032 103 256	0.108 270 556
31	1.129 094 978	−0.110 317 12	−0.035 084 737	0.106 569 216
32	1.134 618 736	−0.108 782 802	−0.036 256 822	0.101 133 315
33	1.145 419 812	−0.109 820 652	−0.034 499 668	0.092 052 616
34	1.151 301 451	−0.109 393 572	−0.037 462 951	0.069 662 661
35	1.189 554 131	−0.114 699 381	−0.031 104 566	0.046 821 062
36	1.235 794 915	−0.118 601 619	−0.014 667 12	0.026 630 157

(2) 模型率定与验证

根据临沂站原始预报模型的确定性预报结果构建以 HUP 为核心的概率预报模型。选取 2012—2020 年共 6 场洪水资料进行概率预报模型的率定和验证，其中 5 场洪水用于模型率定，1 场洪水用于模型验证。

率定期 5 场洪水的概率预报精度分析结果如表 8.3-3 所示。

表 8.3-3 基于 HUP 模型的概率预报评估结果(率定期)

洪号	原始预报确定性系数	原始预报洪峰相对误差(%)	Q50确定性系数	Q50洪峰相对误差(%)	区间预报覆盖率(%)
120710	0.86	−19.4	0.93	−4.4	85.0
180817	0.84	6.7	0.96	−3.0	98.3
190810	0.62	25.3	0.93	−0.6	90.0
200722	0.79	−7.7	0.95	−3.5	93.8
200806	0.92	−6.9	0.96	−2.3	98.3

续表

洪号	原始预报 确定性系数	原始预报洪峰 相对误差(%)	Q50 确定性系数	Q50洪峰 相对误差(%)	区间预报 覆盖率(%)
平均	0.81	13.2(绝对值平均)	0.95	2.8(绝对值平均)	93.1

从表8.3-3中可以看出,概率预报Q50的确定性系数值均不低于0.93,均好于确定性模型的原始预报结果;Q50预报的洪峰相对误差为-0.6%~4.4%(绝对值的平均值为2.8%),均好于确定性模型的原始预报结果(相对误差-19.4%~25.3%,绝对值的平均值为13.2%);90%置信度下的预报区间覆盖率在85.0%~98.3%,均值93.1%,可靠性较高。

率定期5场洪水实测与概率预报过程线如图8.3-2至图8.3-6所示,包括实测过程、确定性模型预报过程和概率预报过程。从图中可以看出,概率预报提供的Q50预报结果与实测过程吻合较好,此外,概率预报模型提供的预报区间可以很好地覆盖实测值系列。

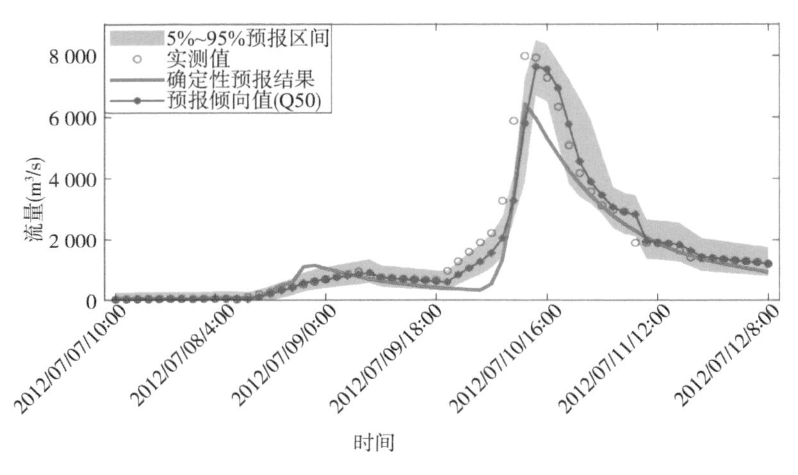

图8.3-2 临沂站120710场次洪水实测与概率预报过程线图

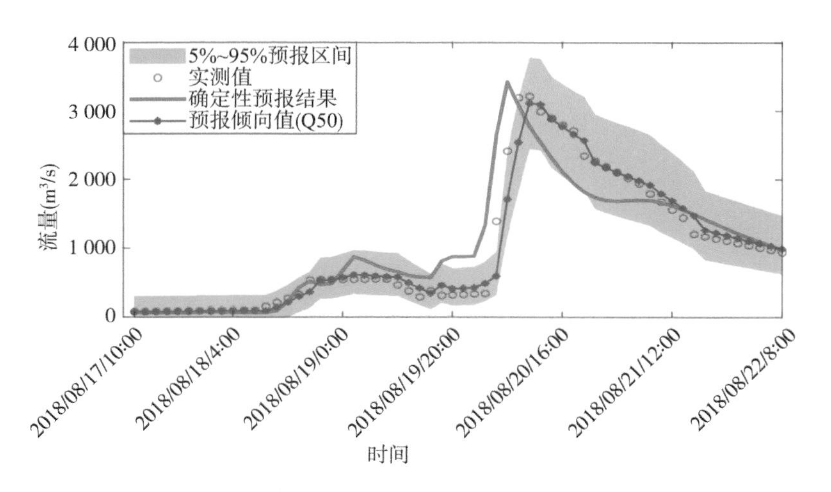

图8.3-3 临沂站180817场次洪水实测与概率预报过程线图

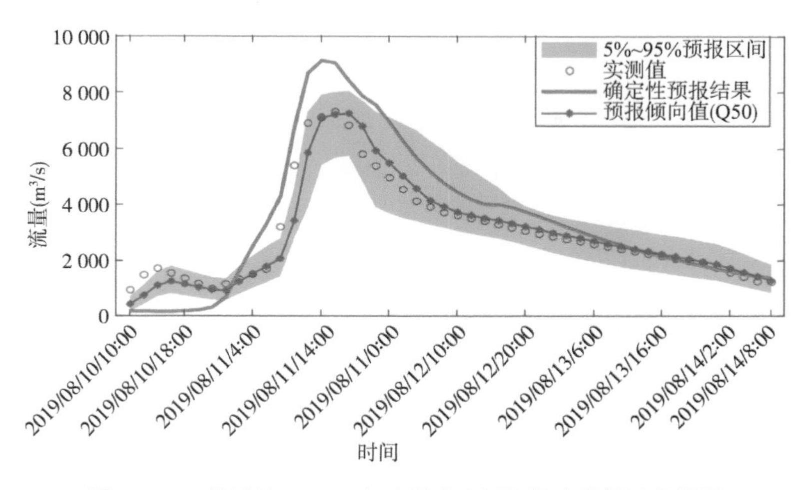

图 8.3-4 临沂站 190810 场次洪水实测与概率预报过程线图

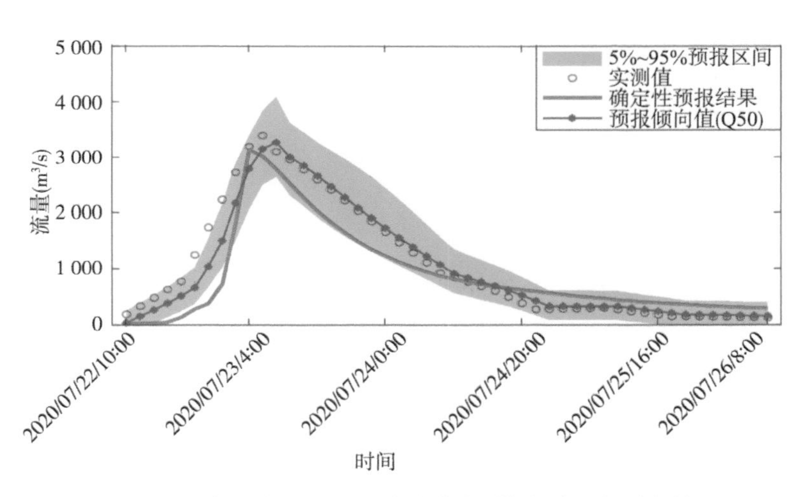

图 8.3-5 临沂站 200722 场次洪水实测与概率预报过程线图

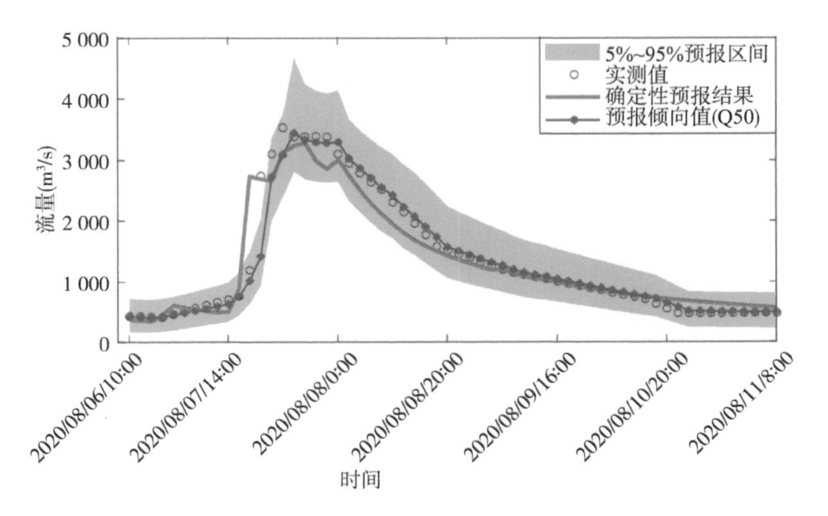

图 8.3-6 临沂站 200806 场次洪水实测与概率预报过程线图

验证期 1 场洪水的概率预报精度分析结果如表 8.3-4 所示。

表 8.3-4 基于 HUP 模型的概率预报评估结果(验证期)

洪号	原始预报 确定性系数	原始预报洪峰 相对误差(%)	Q50 确定性系数	Q50 洪峰 相对误差(%)	区间预报 覆盖率(%)
200813	0.86	−27.2	0.93	−2.6	88.3

从表 8.3-4 中可以看出,概率预报 Q50 的确定性系数为 0.93,高于确定性模型提供的原始预报结果(0.86);Q50 的洪峰预报的相对误差值为−2.6%,优于确定性模型的原始预报的相对误差值(−27.2%);90%置信度下的预报区间的区间覆盖率为 88.3%,可靠度较高。

验证期 1 场洪水实测与概率预报过程线如图 8.3-7 所示,包括实测过程、确定性模型预报过程和概率预报过程。从图中可以看出,概率预报提供的 Q50 预报结果与实测过程较吻合,此外,概率预报模型提供的预报区间可以很好地覆盖实测值系列。

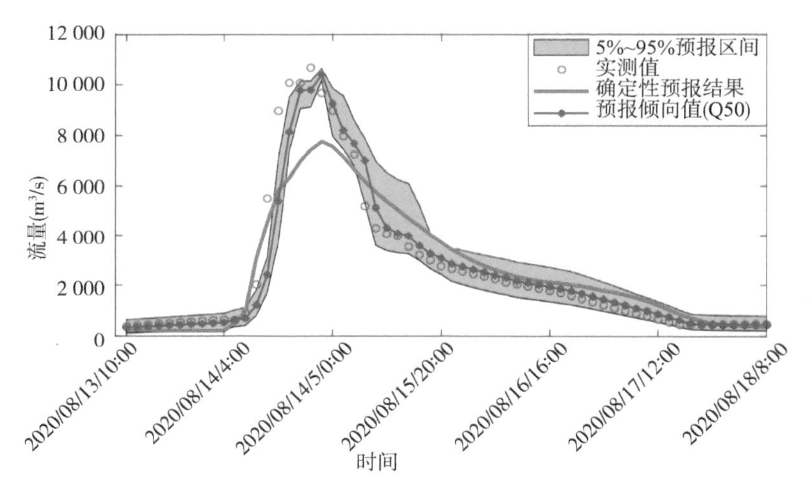

图 8.3-7 临沂站 200813 场次洪水实测与概率预报过程线图

整体来说洪水过程模拟较好,构建的以 HUP 为核心的概率预报模型可以较为准确地为确定性模型的原始预报结果进行预报可靠性评估,丰富预报信息。

8.4 小结

由于实测和模拟流量正态线性关系并不是很显著,预报存在一定的误差,针对这一问题,HUP 利用正态分位数转化将实测和模拟流量转换到另外一个空间(亚高斯空间),使得转化后的实测和模拟流量的线性正态关系更加显著,从而提高了预报流量后验密度函数的精度。HUP 提供待预报流量的后验密度函数及置信区间,从线(预报均值)和区间(置信区间)两个方面为决策者提供更多更综合的信息,从而利于更好地掌握水文预报的不确定性。

水文数据边缘分布拟合是 HUP 的首要步骤,HUP 边缘分布指的是只包含实测数据或确定性预报数据的单变量概率分布，可体现单个水文变量的分布特征。HUP 中对边缘分布函数的类型和结构没有指定，可以使用任意形式的概率分布函数对水文数据的边缘分布函数进行拟合，已有的研究中通常采用经典的三参数概率分布模型，例如 Gamma、P-Ⅲ、Weibull 和 Log-Weibull 分布，其通常包括尺度参数、形状参数和位移参数。但目前的贝叶斯概率水文预报通常都属于单变量、单站点类型，即只能单独提供某一时刻、某一站点流量的概率预报，没有考虑各预见期流量的时间相关性和各站点间流量的空间相关性，可能造成各时段、各站点流量预报时空相关结构的丢失。因此，贝叶斯概率水文预报的研究发展趋势正逐步从单站点、单变量向多站点、多变量转变，以期准确考虑水文变量间的时空相关性并降低预报不确定性。

参考文献

[1] 邢贞相. 确定性水文模型的贝叶斯概率预报方法研究[D]. 南京：河海大学，2007.

[2] 张洪刚. 贝叶斯概率水文预报系统及其应用研究[D]. 武汉：武汉大学，2005.

[3] 梁忠民，戴荣，李彬权. 基于贝叶斯理论的水文不确定性分析研究进展[J]. 水科学进展，2010，21(2)：274-281.

[4] KRZYSZTOFOWICZ R. Probabilistic hydrometeorological forecasts: toward a new era in operational forecasting[J]. Bulletin of the American Meteorological Society, 1998，79(2)：243-251.

[5] KRZYSZTOFOWICZ R. Bayesian theory of probabilistic forecasting via deterministic hydrologic model[J]. Water Resources Research, 1999，35(9)：2739-2750.

[6] KRZYSZTOFOWICZ R, MARANZANO C J. Hydrologic uncertainty processor for probabilistic stage transition forecasting[J]. Journal of Hydrology, 2004，293(1)：57-73.

[7] KRZYSZTOFOWICZ R, KELLY K S. Hydrologic uncertainty processor for probabilistic river stage forecasting[J]. Water Resources Research，2000，36(11)：3265-3277.

[8] 张冬冬. 洪水频率分析与预报中的不确定性问题研究[D]. 北京：中国水利水电科学研究院，2015.

第9章

山东洪水预报系统研发

9.1 概述

9.1.1 设计理念

一体化在线洪水预报系统是一个面向多角色、多用户的智能服务平台，在进行需求分析时，既要关注总体架构，又要关注其各子功能服务对象和需求特点，以期获得可灵活扩展的框架结构。研究在设计时提出如下设计理念。

（1）安全性。为保障预报调度决策的信息和系统运行的安全，预报系统遵循水利信息化系统建设三级等保要求，系统纳入综合应用中心进行统一安全管理。

（2）稳定性。采用成熟可靠的技术，加强系统运行各环节的故障分析、容错及恢复能力，保障系统不间断稳定运行。系统开发主要采用的Java、Python及Fortran语言均可跨平台运行，受操作系统更换迭代影响小。

（3）易用性。系统界面风格设计去繁就简，功能设置合理，操作便捷易用，能够较好地满足不同层次、专业用户的不同需求。

（4）敏捷性。通过缓存数据库、多线程并发编程等关键技术，实现海量雨情、水情、工情数据的快速查询和计算，极大缩短了用户提交事务的响应时间。

（5）实用性。系统充分考虑山东省各流域洪水发生特点及水利工程运用特色，实现预报调度多模型、多方法集成计算，通过人工交互接口充分考虑专家经验，完全满足山东省洪水防御工作的实践需要。

（6）扩展性。系统采用模块化设计，结合洪水预报调度通用模型对象构建、水文模型元单元分解与集成等技术，在演算范围、模型方法、功能需求等方面可自由组合扩展，系统集成的异种语言模型库进一步增强了开放性和可扩展性。

9.1.2 层次结构

一体化在线洪水预报系统采用B/S(浏览器/服务器)架构,引用面向对象设计思想和MVC(模型-视图-控制器,Model-View-Controller)设计模式,分为应用层、业务层和数据层等三个层次(图9.1-1)。

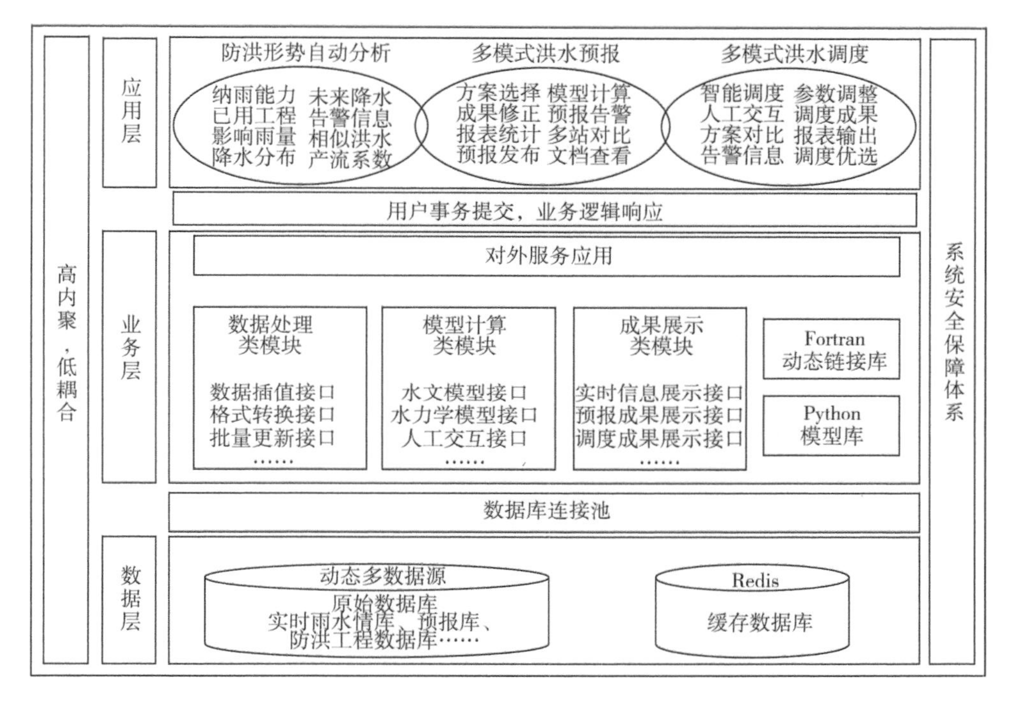

图9.1-1 系统整体架构

(1) 数据层。数据层为整个业务平台的应用提供基础数据生态环境,具有数据读取、检查、融合处理与修正等功能。平台的数据资源主要包括历史基础水文、实时雨水情监测、预报方案信息、调度规则知识等数据。这些数据来自关系型水文数据库表、水文预报方案集、水利工程调度运用方案等文件。

研究根据防洪预报调度业务平台需求,专门建设了综合数据仓库。为实现业务逻辑和数据访问逻辑分离,系统设计更清晰,更易维护,更易进行单元测试。引入持久层数据框架MyBatis,进行数据仓库的统一链接、查询、写入等管理工作。同时为保障系统响应高效吞吐,采用高性能的NoSQL型Redis数据库作为专用缓存数据库。

(2) 业务层。业务层也称业务逻辑层,是系统架构中核心价值的体现,通过对具有高复用性的类模块和模型库的集成,实现对数据的业务逻辑处理,并封装成统一的服务接口对用户提交的事务进行响应,在数据层和应用层的数据交换中起到承上启下的作用。

本研究基于低耦合、高内聚设计思想,依托Spring Cloud技术架构,设计标准对外接口和服务组件,保障平台高效、稳定运行。在业务层核心模块中,为突破全省流域河系洪水预报调度业务中水文断面众多、水工程交互影响复杂度高带来的时效瓶颈,采用流水线、生产者-消费者等多种设计模式，研发了流域多节点洪水预报调度并发计算技术，从算法底层为 B/S 架构下预报调度核心模块高效响应提供技术保障。

(3) 应用层。应用层直接面向用户，也是系统与用户交互的界面层，用于显示数据和接收用户输入的数据，提供防洪形势自动分析、多模式洪水预报、多模式洪水调度等三大类应用功能模块。应用层底图由 SVG 矢量图形技术实现，SVG 图形技术可以提供丰富的信息展示功能，图文交互界面丰富、友好，可以满足查询、分析、展示和用户交互等功能的复合需求。

9.1.3 开发架构

本次研究中的系统开发架构，根据数据、管理、服务、应用相分离的架构原则，采用当前成熟高效的 Docker 及 K8S(Kubernetes)容器云平台技术和 Spring Cloud 微服务生态体系搭建。在微服务生态部件中，以 Nacos 组件作为微服务配置与管理中心，实现微服务统一注册、发现；采用 Spring Cloud Gateway 作为服务网关组件，实现微服务统一高效的 API 路由管理；采用 OpenFeign 声明式服务客户端组件，实现微服务间可插拔式的编码解码，同时与 Nacos 和 Ribbon 组合使用以支持负载均衡；采用 Sentinel 流量控制组件，从流量控制、熔断降级、系统负载保护等多个维度来保障服务之间的稳定性。

9.2 微服务云平台架构技术

9.2.1 软件架构的演变

从洪水预报系统开发架构的历史来看，其经历了从单体服务到微服务架构的演变。在最初的阶段，洪水预报系统是一个单体服务，所有功能都集中在一个应用程序中。这种架构的优点是简单易用，开发和部署都比较方便。但是，随着系统的功能越来越复杂，单体服务架构逐渐暴露出一些问题，如代码耦合度高、扩展性差等。

其后洪水预报系统逐渐进入分层服务阶段，采用分层服务架构。在这种架构中，系统被划分为多个层，每一层都有自己的职责和功能。例如，系统可以划分为数据存储层、业务逻辑层和展示层等。这种架构的优点是代码耦合度低，易于扩展和维护。

随着云计算和容器技术的发展，微服务架构逐渐成为洪水预报系统的主流架构。在微服务架构中，系统被拆分为多个小型服务，每个服务都有自己的职责和功能。这些服务可以独立部署、扩展和维护。微服务架构的优点是灵活性高、可扩展性强、部署和维护成本低等。

目前，大型洪水预报系统的架构已进入服务网格架构阶段，它是微服务架构的升级版，它通过引入服务代理和服务治理等机制，进一步增强了系统的可靠性和可扩展性。在服务网格架构中，每个服务都有自己的代理，代理之间通过服务网格进行通信。服务网格可以自动处理服务发现、负载均衡、故障恢复等问题，从而减轻了开发人员的负担。

洪水预报系统从单体服务到微服务架构的演变过程是一个不断优化的过程。随着技术的发展和应用场景的变化，系统架构也在不断地演进。无论采用何种架构，都要始终以用户需求为导向，不断优化系统的性能和可靠性，提高用户体验。

9.2.2 基于 Spring Cloud 的微服务技术

Spring Cloud 是一个基于 Spring Boot 的开发工具包，提供了构建分布式系统的丰富组件和功能。Spring Cloud 的目标是简化分布式系统的开发和部署，并提供一些常用的分布式系统功能，例如服务发现、负载均衡、断路器、配置管理等。

9.2.2.1 Spring Boot 微服务框架

Spring Boot 是由 Pivotal 团队提供的全新框架，其设计目的是简化新 Spring 应用的初始搭建以及开发过程。Spring Boot 默认配置了很多框架的使用方式，几乎整合了所有的框架。

Spring Boot 框架中有两个非常重要的策略：开箱即用和约定优于配置。开箱即用(Out of box)是指在开发过程中，通过在 Maven 项目的 POM 文件中添加相关依赖包，然后使用对应注解来代替烦琐的 XML 配置文件以管理对象的生命周期。这个特点使得开发人员摆脱了复杂的配置工作以及依赖的管理工作，更加专注于业务逻辑。约定优于配置(Convention over configuration)是一种由 Spring Boot 本身来配置目标结构，由开发者在结构中添加信息的软件设计范式。这一特点虽降低了部分灵活性，增加了 BUG 定位的复杂性，但减少了开发人员需要做出决定的数量，同时减少了大量的 XML 配置，并且可以将代码编译、测试和打包等工作自动化。

Spring Boot 应用系统开发模板从前端到后台的基本架构设计说明如下：前端常使用模板引擎，主要有 FreeMarker 和 Thymeleaf，它们都是用 Java 语言编写的，渲染模板并输出相应文本，使得界面的设计与应用的逻辑分离，同时前端开发还会使用到 Bootstrap、AngularJS、JQuery 等；在浏览器的数据传输格式上采用 JSON，非 XML，同时提供 RESTful API；SpringMVC 框架用于数据到达服务器后处理请求；到数据访问层主要有 Hibernate、MyBatis、JPA 等持久层框架；数据库常用 MySQL；开发工具推荐 IntelliJ IDEA。

Spring Boot 框架提供了一套基于可执行 JAR 包(executable JAR)格式的标准发布形式，但并没有对部署做过多的界定，而且为了简化可执行 JAR 包的生成，Spring Boot 提供了相应的 Maven 项目插件。

9.2.2.2 Spring Cloud 微服务架构

微服务架构是一项在云中部署应用和服务的新技术，微服务可以在“自己的程序”中运行，并通过轻量级设备与 HTTP 型 API 进行沟通。在微服务架构中，只需要在特定的某种服务中增加所需功能，而不影响整体进程的架构。微服务的基本思想在于考虑围绕着业务领域组件来创建应用，这些应用可独立地进行开发、管理和加速。在分散的组件中使用微服务云架构和平台，使部署、管理和服务功能交付变得更加简单。

微服务架构应该具备以下特性。

(1) 每个微服务可独立运行在自己的进程里。

(2) 一系列独立运行的微服务共同构建起整个系统。

（3）每个服务为独立的业务开发，一个微服务只关注某个特定的功能，例如数据管理、模型计算等。

（4）微服务之间通过一些轻量的通信机制进行通信，例如通过 RESTful API 进行调用。

（5）可以使用不同的语言与数据存储技术。

（6）全自动部署机制。

Spring Cloud 是一系列框架的有序集合，它基于 Spring Boot 发展而来，利用 Spring Boot 的开发便利性巧妙地简化了分布式系统基础设施的开发，如服务发现注册、配置中心、消息总线、负载均衡、断路器、数据监控等，都可以用 Spring Boot 的开发风格做到一键启动和部署。

Spring Cloud 微服务工具包为开发者提供了分布式系统中的配置管理、服务发现、断路器、智能路由、微代理、控制总线等开发工具包（图 9.2-1）。它的各个项目基于 Spring Boot 将 Netlix 的多个框架进行封装，并且通过自动配置的方式将这些框架绑定到 Spring 的环境中，从而简化了这些框架的使用。

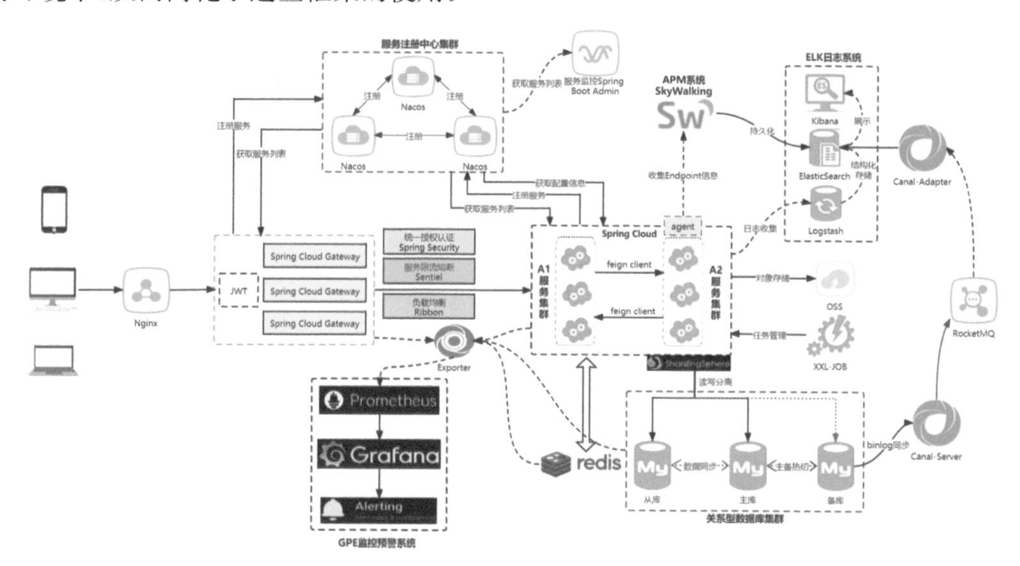

图 9.2-1 Spring Cloud 微服务工具包组件工作流程图

Spring Cloud 微服务工具包各组件的运行流程如下。

所有请求都统一通过 API 网关(Zuul)来访问内部服务，网关接收到请求后，从注册中心(Eureka)获取可用服务。由 Ribbon 进行均衡负载后，分发到后端的具体实例。微服务之间通过 Feign 进行通信处理业务，Hystrix 负责处理服务超时熔断，Turbine 监控服务间的调用和熔断相关指标。

9.2.2.3 Spring Coud 架构分布式微服务治理平台

Spring Cloud 是一个服务治理平台，是若干个框架的集合，提供了全套的分布式系统解决方案。包含了服务注册与发现、配置中心、服务网关、智能路由、负载均衡、断路器、监控跟踪、分布式消息队列等等。Spring Cloud 通过 Spring Boot 风格的封装，屏蔽掉了复杂的配置和实现原理,最终给开发者留出了一套简单易懂、容易部署的分布式系统开发工具包。开发者可以快速启动服务或构建应用、同时能够快速和云平台资源进行对接。微服务是可以独立部署、水平扩展、独立访问(或者有独立的数据库)的服务单元,Spring Cloud 就是这些微服务的大管家。

1. Nacos 动态微服务发现、配置

Nacos 是 Dynamic Naming and Configuration Service 的首字母简称,是一个更易于构建云原生应用的动态服务发现、配置管理和服务管理平台。Nacos 致力于帮助相关技术人员发现、配置和管理微服务。Nacos 提供了一组简单易用的特性集,能够帮助相关技术人员快速实现动态服务发现、服务配置、服务元数据及流量管理,从而帮助其更敏捷和容易地构建、交付和管理微服务平台。总而言之,Nacos 是构建以“服务”为中心的现代应用架构(例如微服务范式、云原生范式)的服务基础设施。图 9.2-2 为山东洪水预报系统微服务运行配置可视化管理组件示意图。

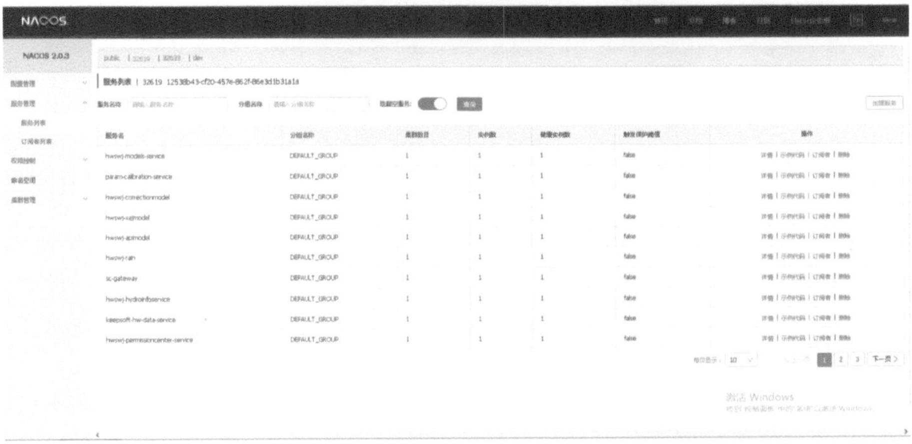

图 9.2-2 山东洪水预报系统微服务运行配置可视化管理组件

2. 统一网关 Spring Cloud Gateway

不同的微服务一般会有不同的网络地址,而外部客户端可能需要调用多个服务的接口才能完成一个业务需求,如果让客户端直接与各个微服务通信,会有以下的问题。

(1) 客户端会多次请求不同的微服务,增加了客户端的复杂性。

(2) 存在跨域请求,在一定场景下处理相对复杂。

(3) 认证复杂,每个服务都需要独立认证。

(4) 难以重构,随着项目的迭代,可能需要重新划分微服务。例如,可能将多个服务合并成一个或者将一个服务拆分成多个。如果客户端直接与微服务通信,那么重构将会很难实施。

(5) 某些微服务可能使用了防火墙/浏览器不友好的协议,直接访问会有一定的困难。

以上这些问题可以借助网关解决。网关是介于客户端和服务器端之间的中间层,所有的外部请求都会先经过网关这一层。也就是说,API 的实现方面更多地考虑业务逻辑,而安全、性能、监控可以交由网关来做,这样既可以提高业务灵活性又不缺安全性。

微服务网关就是一个系统，通过暴露该微服务网关系统，可实现相关的鉴权、安全控制、日志统一处理、易于监控等功能。图 9.2-3 为山东洪水预报系统微服务接口网关统一测试运行界面示意图。

图 9.2-3　山东洪水预报系统微服务接口网关统一测试运行界面

3. 服务集群高效调用 Spring Cloud Feign Client

微服务集群中普遍存在多个微服务之间互相调用的情况，如何高效便捷地进行远程过程调用，是确保系统稳定运行的基础条件。Spring Cloud 中提供的 Feign 方式可以有效解决该问题。

Feign 是一种声明式、模板化的 HTTP 客户端。在 Spring Cloud 中使用 Feign，可以做到使用 HTTP 请求远程服务时能与调用本地方法一样的编码体验，开发者完全感知不到这是远程方法，更感知不到这是个 HTTP 请求。

在微服务开发中，统一将微服务划分为服务接口（API）、客户端（Client）、实体对象（POJO）和业务服务（Service）4 个模块，其中客户端（Client）模块以 Feign 方式封装了微服务接口方法，其它服务仅需通过引入该客户端，即可完成对服务提供者各类方法的调用，如经验产流模型微服务单元产流接口调用 JSONObject result＝APIModelClient.hModelApi.taskUnitRunoff(inputInfo)。

4. 分布式文件系统

MinIO 是一个基于 Apache License v2.0 开源协议的对象存储服务。它兼容亚马逊 S3 云存储服务接口，非常适合于存储大容量非结构化的数据，例如图片、视频、日志文件、备份数据和容器/虚拟机镜像等，而一个对象文件可以是任意大小，从几 kb 到最大 5T 不等。MinIO 是一个非常轻量的服务，可以很简单地实现和其他应用的结合，类似 Node.js，Redis 或者 MySQL。

9.2.2.4　系统微服务架构拆分方案

洪水预报系统是一个复杂的系统，需要使用微服务架构来实现其各个组件之间的解耦。本次研究中，系统微服务架构拆分方案如下。

(1) 用户接口微服务：提供用户身份验证、授权、会话管理、角色管理等功能。

(2) 数据管理微服务：负责处理数据的收集、存储、处理和管理。包括从各种传感器和数据源收集数据的接口，以及数据预处理和清理。

(3) 实况信息模块：提供当前雨水情信息供预报人员使用。

(4) 模型服务：提供场次洪水划分、径流分割、单位线制作、参数率定等功能。

(5) 方案服务：负责方案河系的构建，站点属性配置，模型参数设置等。

(6) 预报服务：负责洪水预测模型的计算，随着模型的增加，可以按照各个模型继续拆分，预报结果的查询，预报参数的临时修改，定时预报等。

(7) 预演服务：负责调度计算，分布式模型、一二维水动力结果查询。

这些微服务部署在不同的服务器上运行，通过 API 调用进行通信。这种架构可以提高系统的可扩展性、可靠性和灵活性，同时降低了系统的维护成本和开发难度。

9.3 模型参数率定子系统

9.3.1 场次洪水选取

经验方案需要通过对站点的多场次的洪水过程进行分析，最终构建形成。划分站点洪水场次是构建经验方案的基础工作。一场洪水过程有四个特征要素，分别为降雨起始时间、降雨结束时间、洪水起涨时间、洪水落平时间。图 9.3-1 为参与率定的场次洪水选取示意图。

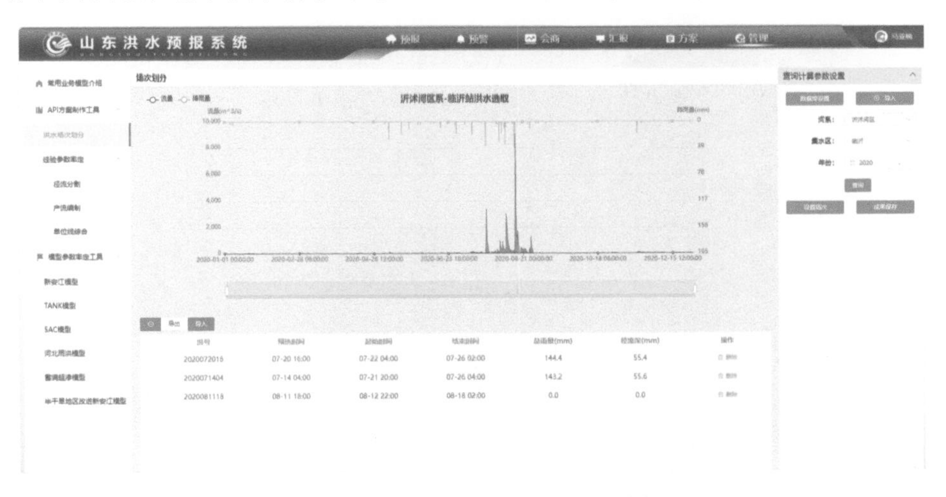

图 9.3-1 参与率定的场次洪水选取

由于每个站点需要多个场次的洪水过程来率定经验参数，实际操作中需要先从年径流过程粗略选取洪水过程，再对选取的多场洪水进行精细划分。洪水预报系统中场次洪水选取的操作步骤为：

(1) 在系统方案构建模块，点击菜单栏“洪水选取”，弹出场次洪水选取界面。

(2) 在“流域”下拉框选择预报站点，“年份”下拉框选择年份。比如选择了果布嘎站

2018 年的洪水后，主界面以过程线的形式直观显示出果布嘎站 2018 全年的洪水。

(3) 在交互框中连续点击 3 次右键(3 次右键分别对应预热日期、起始日期、结束日期的选取)进行场次洪水的选取。

(4) 点击成果保存，保存对应的场次洪水数据。如果对某场洪水选的不满意需要重新选取，可在成果栏最右侧的操作列左键点击删除按钮进行删除，重新选取即可。

9.3.2 洪水划分

为准确分出该场次的洪水径流，需要对洪水过程进行径流分割以去除其他时间降水的产流影响。对于起涨水位较高以及复峰洪水的情况，退水切割对产汇流参数率定过程的影响较大。对于起涨水位较低的普通洪水过程，需要去除基流的影响。图 9.3-2 为含前期退水的洪水过程示意图，图 9.3-3 为直接径流、地下径流与基流组成示意图。

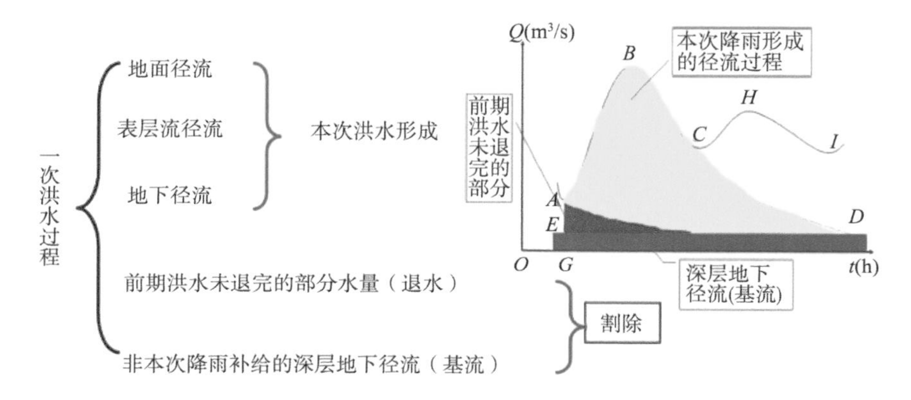

图 9.3-2 含前期退水的洪水过程示意图

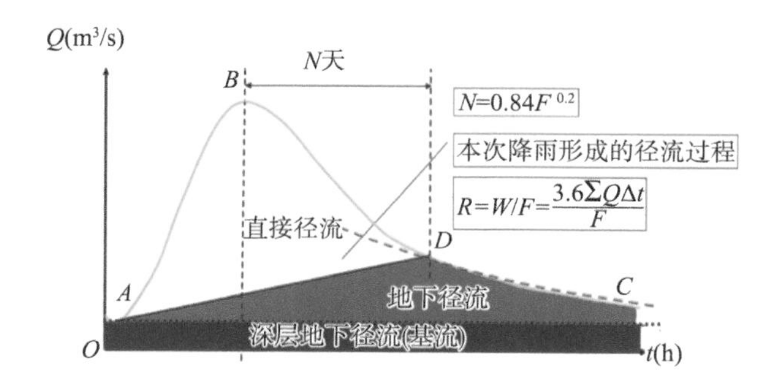

图 9.3-3 直接径流、地下径流与基流组成示意图

洪水预报系统中径流分割的操作步骤为：

(1) 在系统径流分割部分，选择对应的“洪水场次”，点击峰前延补退水调整可进行上场洪水尚未退完部分径流的分割，如果起涨流量较小，说明上场洪水基本退尽，见图 9.3-4。

(2) 点击拟划定的峰后延补退水调整，出现红色线段，同时可用鼠标调整绘制的曲线。完成后再次点击峰后延补退水调整结束该操作，见图 9.3-4。

(3) 点击降雨起止日期(图 9.3-5),图中出现一条红线,分别在图中降雨开始和结束的地方单击,图下的表格中可自动统计出降雨起始日期、结束日期、降雨量、降雨中心。

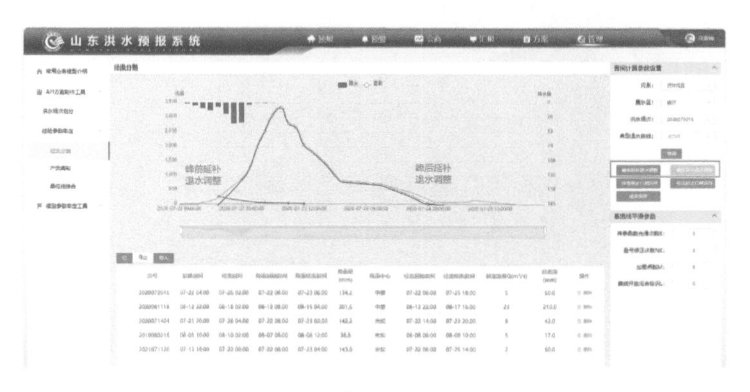

图 9.3-4　峰前峰后退水延补调整

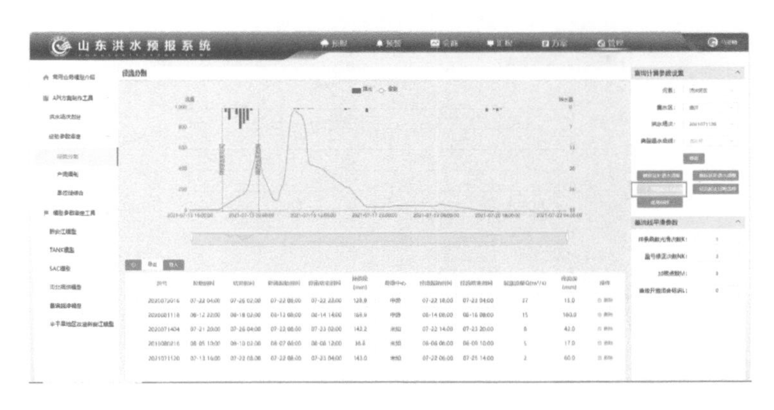

图 9.3-5　降雨起止日期

(4) 点击径流起止日期(图 9.3-6),分别在图中径流起涨和退尽的地方单击,图下的表格中可自动统计出径流起涨日期、回落日期、起涨流量及径流深等信息(原则上径流开始日期不得早于降雨开始日期,径流回落日期要晚于降雨结束日期)。

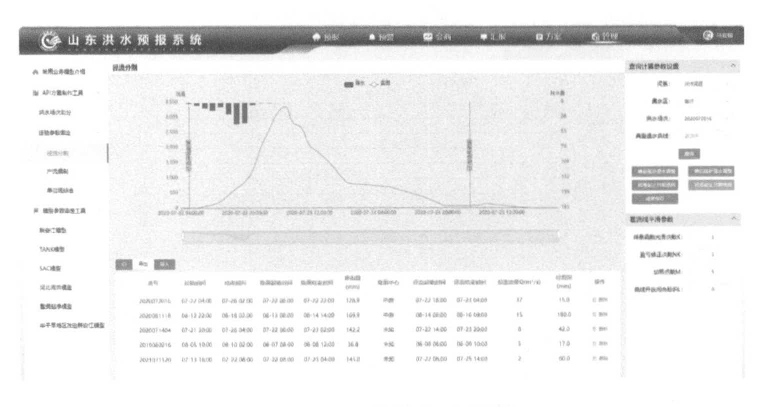

图 9.3-6　径流起止日期

(5) 在洪水场次中依次选取洪水，进行同样的操作，可完成所有洪水场次降雨径流分割及降雨径流统计。

(6) 如果对某场次洪水分割不满意，可点击删除，重新选取洪水。

9.3.3 产流方案编制

经验方案中的产流方案用来计算每场降水的产流量。产流关系型类型有 $P+P_a-R$、$P-P_a-R$ 两种，其中 $P+P_a-R$ 关系曲线是以 $P+P_a$ 为参数的单条关系线，$P-P_a-R$ 关系曲线是通过 P 和 P_a 两个参数确定 R 值的多条关系线。

洪水预报系统中降雨径流关系线制作的操作步骤为：

(1) 在产流编制界面(如图 9.3-7 所示)选取关系型类型 $P+P_a-R$ 或 $P-P_a-R$，主界面可显示出选取的所有场次洪水的降雨径流点据。

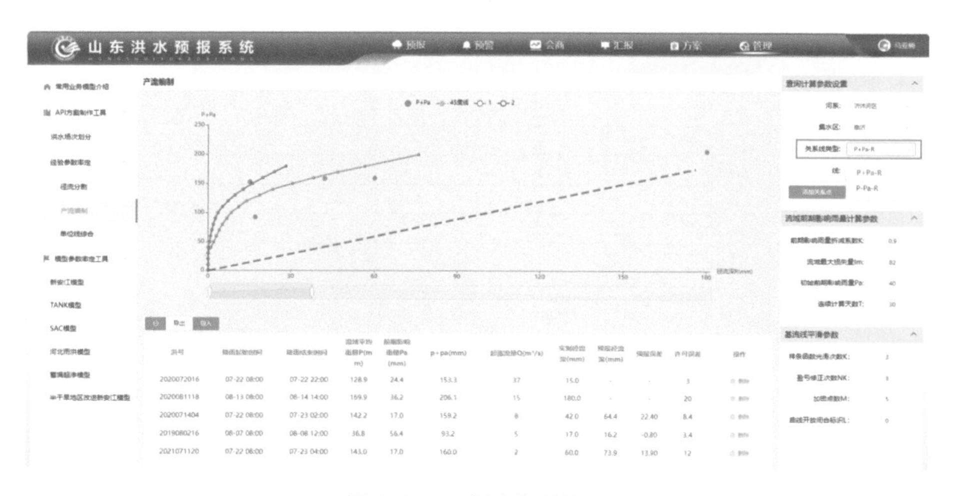

图 9.3-7 产流编制界面

(2) 点击线，下拉选择调整的线段，点击添加关系点按钮，此时可在图上点击添加 $P+P_a-R$ 关系线控制点(一般添加 5 个即可)。

(3) 选择拖拽的线，可切换为关系线调整状态，此时对控制点进行拖拽调整，随着控制点发生变化，降雨径流分析成果及精度评定表内容也随着变化，可根据精度评定表的内容及肉眼观察关系线与蓝色点据的吻合程度调整出一条较合适的降雨径流关系线。

(4) 最后点击成果保存，完成降雨径流关系线和降雨径流分析成果及精度评定结果的保存。图 9.3-8 为 $P+P_a-R$ 关系曲线率定示意图，图 9.3-9 为 $P-P_a-R$ 关系曲线率定示意图。

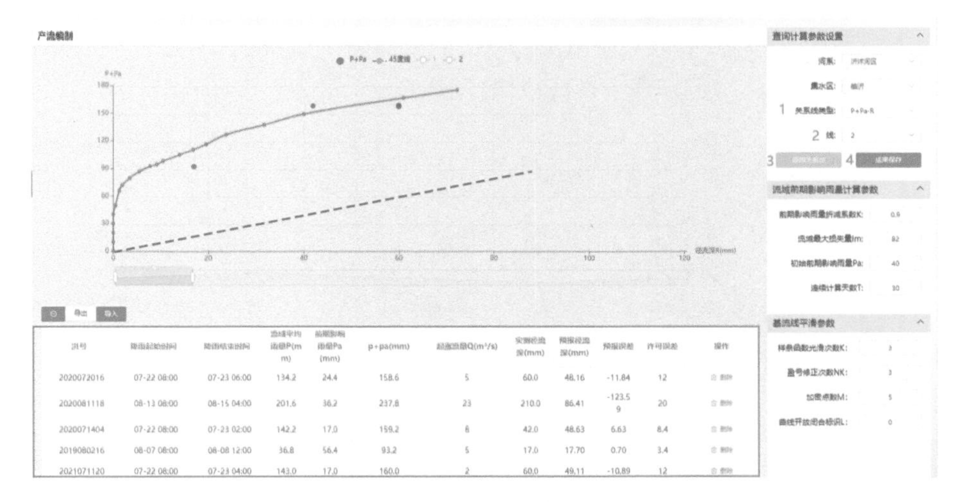

图 9.3-8 $P+P_a-R$ 关系曲线率定

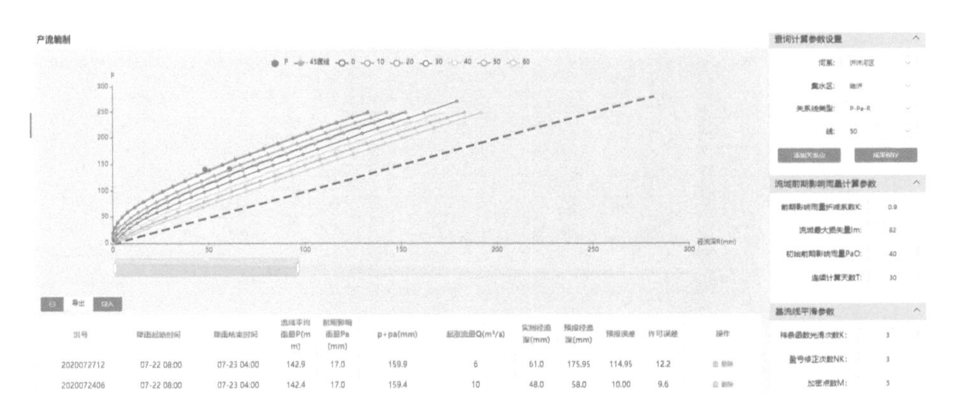

图 9.3-9 $P-P_a-R$ 关系曲线率定

9.3.4 汇流方案编制

汇流计算，通常采用由地面径流和壤中流（总称直接径流）形成单位线。单位线指单位时段内流域上均匀分布的单位雨量所形成的出口断面流量过程，单位净雨量一般取10 mm。洪水预报系统中单位线的率定步骤如下。

（1）在单位线率定面板点击添加控制点按钮，按钮变为黄色可切换为“添加单位线控制点”状态，此时可在屏幕上单击添加单位线控制点（蓝色点，5～6个即可，第1个和最后一个须为0）。

（2）再次点击添加控制点，按钮变为蓝色将其切换为控制点调整状态，进行单位线的调整。

（3）另外可将单位线成果右侧的按钮选中，可切换到单位线验证成果及误差评定表界面，此时可拖拽单位线控制点进行单位线的率定。随着单位线控制点的拖拽变动，右侧模拟过程线和单位线验证成果及误差评定表随之发生变动，最终使调整好的单位线同时满足模拟流量过程线和实际流量过程线吻合、单位线误差评定表的误差低、确定性系数高等 3 个目标。

(4) 调整好单位线后,最后点击成果保存,完成单位线成果的保存。点击"单位线成果"右侧的按钮,可看到率定好的单位线成果(图 9.3-10)。

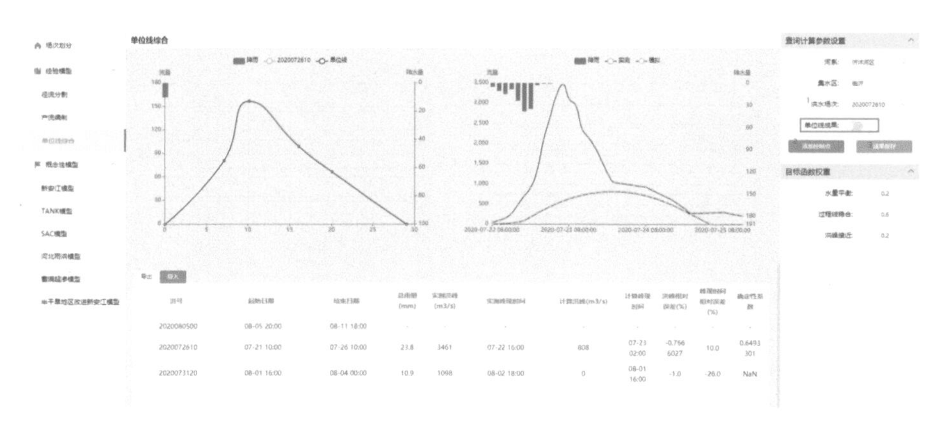

图 9.3-10 单位线率定

9.3.5 水文模型方法

除经验模型外,洪水预报系统支持对概念性水文模型进行参数自动优化率定,如新安江模型、TANK 模型等。具体操作步骤如下。

(1) 新安江模型参数优化

在新安江模型部分,首先进行查询计算参数设置,包括优化方法(SCE-UA 算法、单纯形法)和洪水场次选择。然后进行新安江模型参数设置、算法参数设置和目标函数设置,操作过程如图 9.3-11 所示。

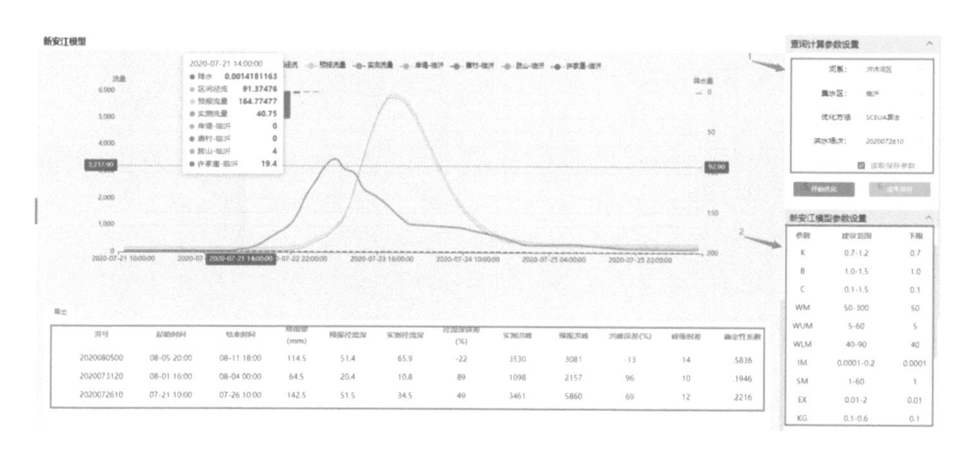

图 9.3-11 新安江模型参数优化

(2) TANK 模型参数优化

TANK 模型部分与新安江模型参数优化操作步骤类似。首先进行查询计算参数设置，包括优化方法（SCE-UA 算法、单纯形法）和洪水场次选择。然后进行模型参数设置、算法参数设置和目标函数设置。操作过程如图 9.3-12 所示。

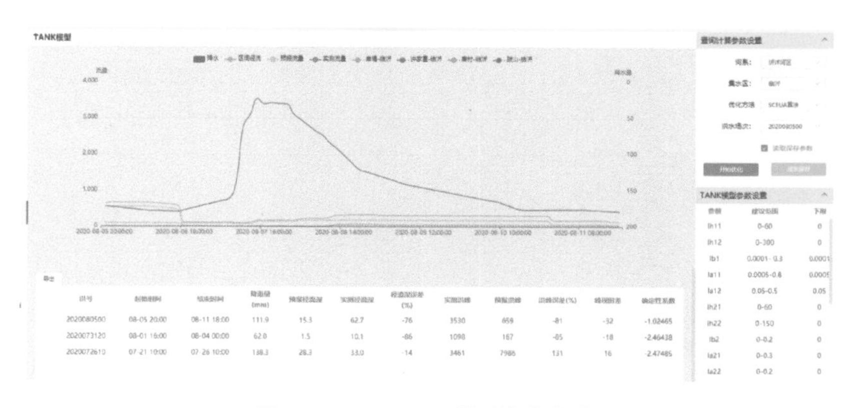

图 9.3-12 TANK 模型参数优化

（3）SAC 模型参数优化

SAC 模型部分与新安江模型参数优化操作步骤类似，如图 9.3-13 所示。

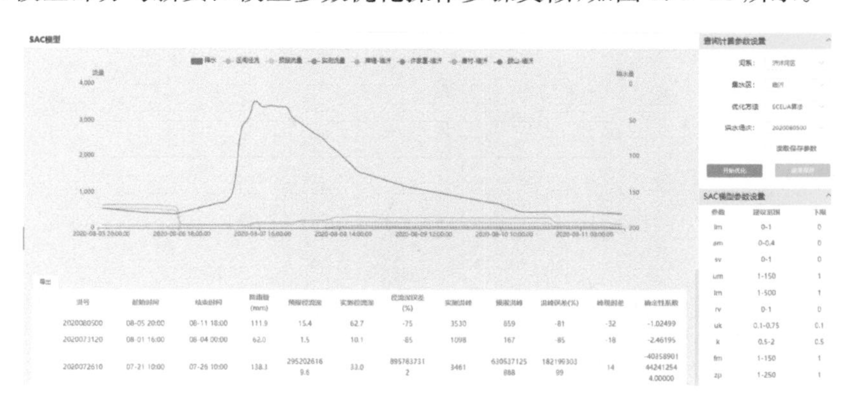

图 9.3-13 SAC 模型参数优化

（4）河北雨洪模型参数优化

河北雨洪模型部分与新安江模型参数优化操作步骤类似，如图 9.3-14 所示。

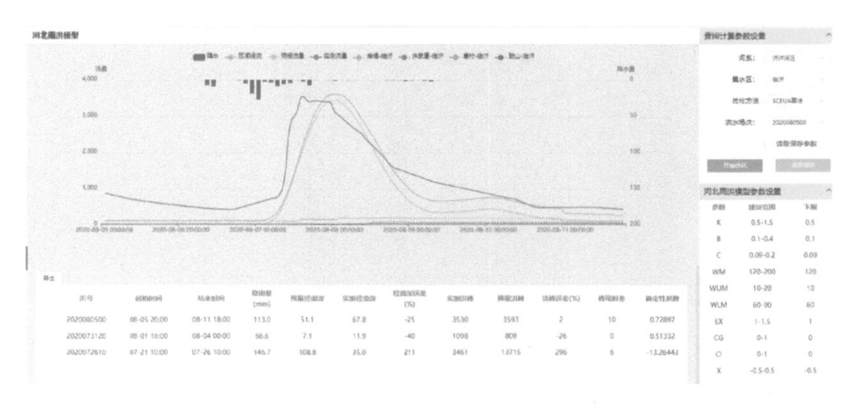

图 9.3-14 河北雨洪模型参数优化

（5）蓄满超渗模型参数优化

蓄满超渗模型部分与新安江模型参数优化操作步骤类似，如图 9.3-15 所示。

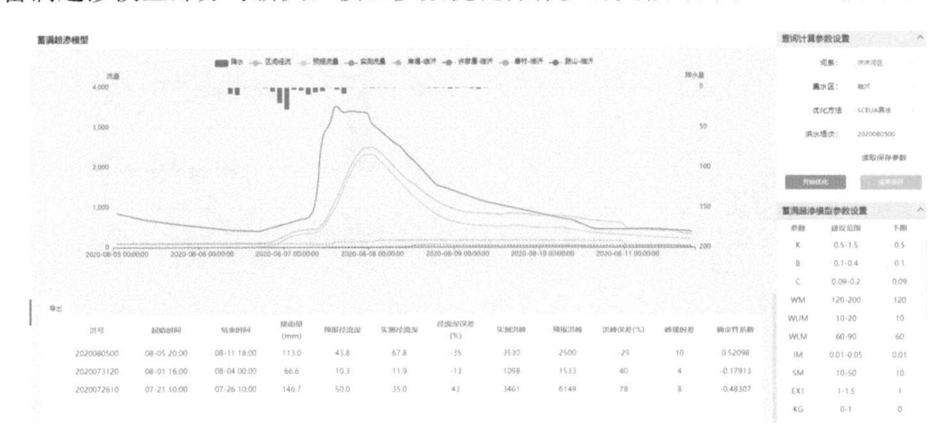

图 9.3-15　蓄满超渗模型参数优化

9.4　预报方案配置子系统

预报模型方案配置系统（系统界面如图 9.4-1 所示）是开展模型参数确定和作业预报的前提。山东洪水预报系统开发了“方案”模块，以实现预报方案构建。基于数字流域成果（校正融合后的河流水系数据、数字流域数据、水流网络数据、网格划分数据）及选定的模型方法，通过人机交互界面，使用户可以便捷地完成单站预报方案和区域预报体系的构建和维护，从而为预报方案定义和模型配置提供可视化、流程化的业务支撑。方案管理功能菜单主要分为两个部分：一是河系管理，建立预报对象的拓扑关系；二是方案设置，即对预报方案的配置。

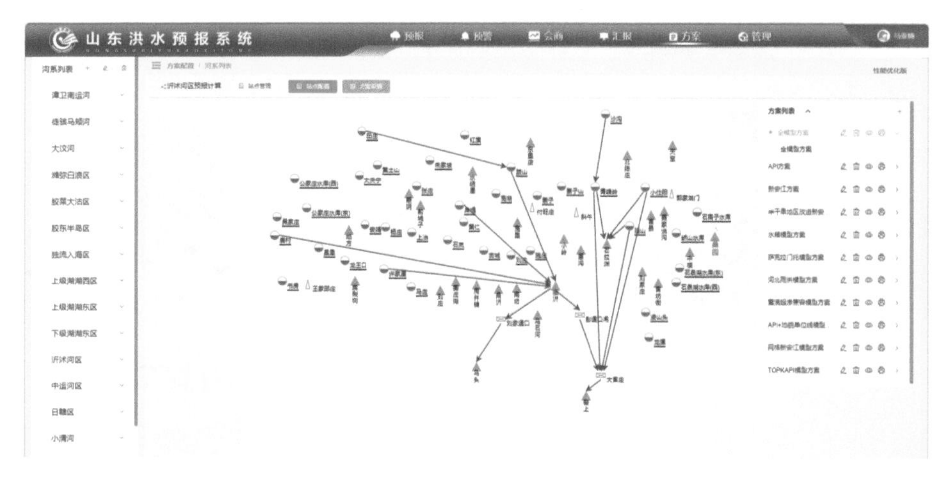

图 9.4-1　预报模型方案配置系统界面

9.4.1 河系构建

河系管理主要是建立预报对象拓扑关系，对水文预报需用的河流水系、各类水工程、雨水情监测站点等图层进行增、删、改、查等管理。

(1) 构建拓扑图

建立单点和区域预报方案拓扑关系，概化图中的所有水文测站(河道、水库等)，通过颜色、大小、悬框等生成拓扑关系，提取并描述断面、区间、区域、子水系、水文循环等关键预报节点的上下游关系。如图 9.4-2 所示。

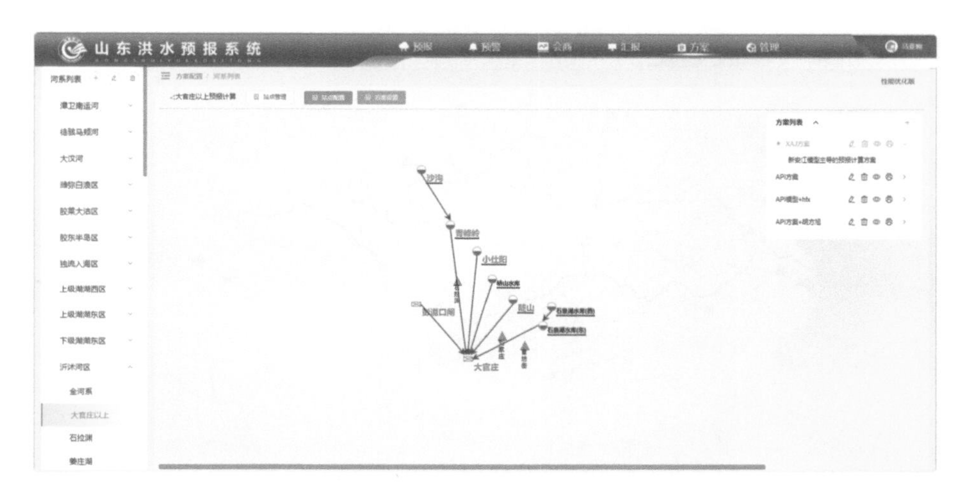

图 9.4-2　构建拓扑图界面

(2) 修改拓扑图

动态修改拓扑关系，提取及保存拓扑关系节点，修正预报区域边界。根据水文测站和水利工程实际变化情况以及预报需要，增加、删除或修改节点，保存或者另存为新的拓扑图和区域预报边界。同时，提供预报区域边界的交互修改功能。如图 9.4-3 所示。

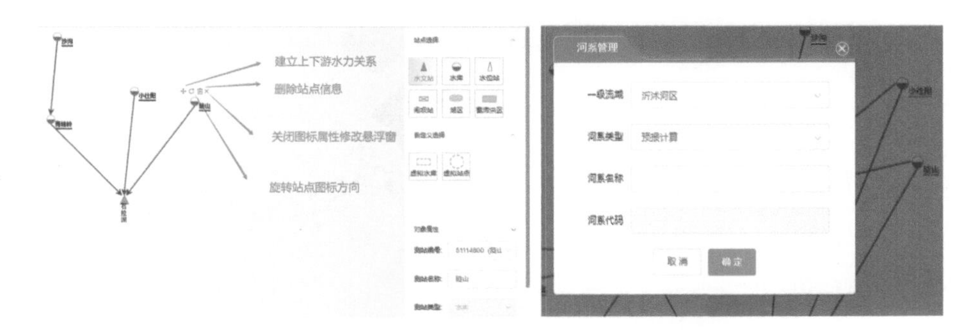

图 9.4-3　修改预报区域及节点界面

(3) 拓扑图管理

可根据数字流域等级划分拓扑图展示等级，可实现鼠标滑动分级展示、局部聚焦和预报区域边界交互等功能。如图 9.4-4 所示。

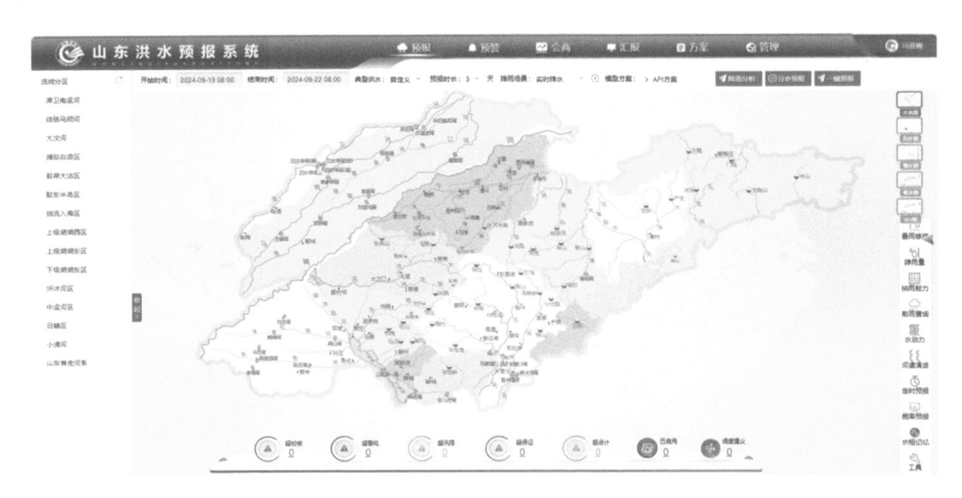

图 9.4-4 数字流域地图分级显示

通过拓扑图管理可以统计分析不同区域范围(省、市、流域、水系等)水文测站已建预报方案的情况。如图 9.4-5 所示。

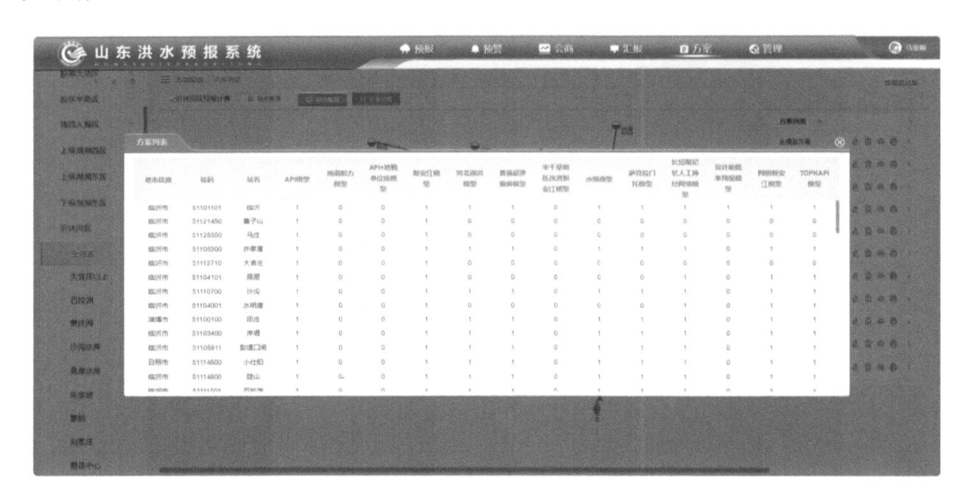

图 9.4-5 不同省区已建预报方案

9.4.2 预报模型方案设置

洪水预报方案主要由预报方案属性、方案输入、预报模型、模型参数、依据站点属性和流域属性等要素组成。一般用户可以删除、修改自己名下的预报方案并修改模型参数。预报方案管理模块主要包括方案查看、方案修改、方案删除、方案分配、方案输出、方案输入等功能。

(1) 预报方案定义

根据区域预报方案概化拓扑图和预报站点的类别，自动生成预报方案属性，包括：预报用户，方案代码，预报断面信息，预报根据站信息，采用的点雨量站、雨量权重、网格雨量、区域面雨量以及水位、流量、入库流量、出库流量、蒸发、墒情、泥沙、地下水等要素信息，区间水系以及河网的数量、类型、编码、流域面积，预报断面流量组合关系等。这些方案属性可通过交互界面编辑，通过交互界面配置计算时间步长、预见期、预热期、方案输出类型、各类关系曲线管理、方案告警阈值，方案文字说明等。各类关系曲线管理主要包括对 $P+P_a-R$ 曲线、$P-P_a-R$ 曲线、经验单位线、地貌汇流单位线、Nash 单位线、河道大断面曲线、槽蓄曲线、水位流量关系曲线、水位库容关系曲线、水位泄流量关系曲线等的管理。曲线管理可以选择不同的站点进行查看和管理。一个测站可以将多条曲线集中(复合)在一个图形进行展示。新增数据或数据发生变化，要求图形能有相应的调整功能。

(2) 预报方案配置

根据定义的单站预报方案，通过模型库接口选取坡面产、汇流以及河道汇流采用的模型，读取模型参数，提取模型状态，通过人机交互界面修改模型配置。修改单站预报方案时可对单站预报方案属性、模型属性和预报根据站、区间、预报断面等水文要素的各个输入信息进行修改并重新存储入库。如图 9.4-6 至图 9.4-10 所示。

(3) 流域预报方案

根据流域预报方案概化拓扑图，预报用户可设置和修改流域预报方案拓扑关系、方案模型及参数等信息。如图 9.4-11 所示。

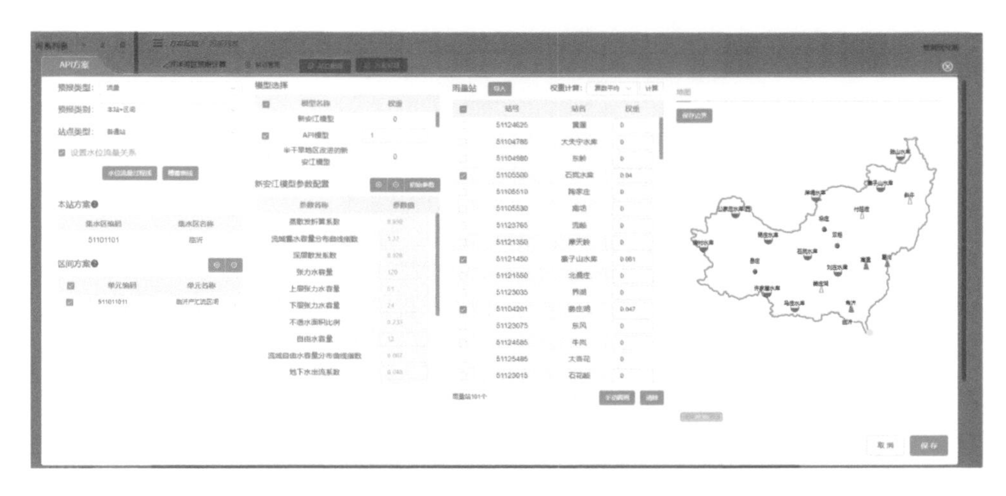

图 9.4-6 单站预报方案设置

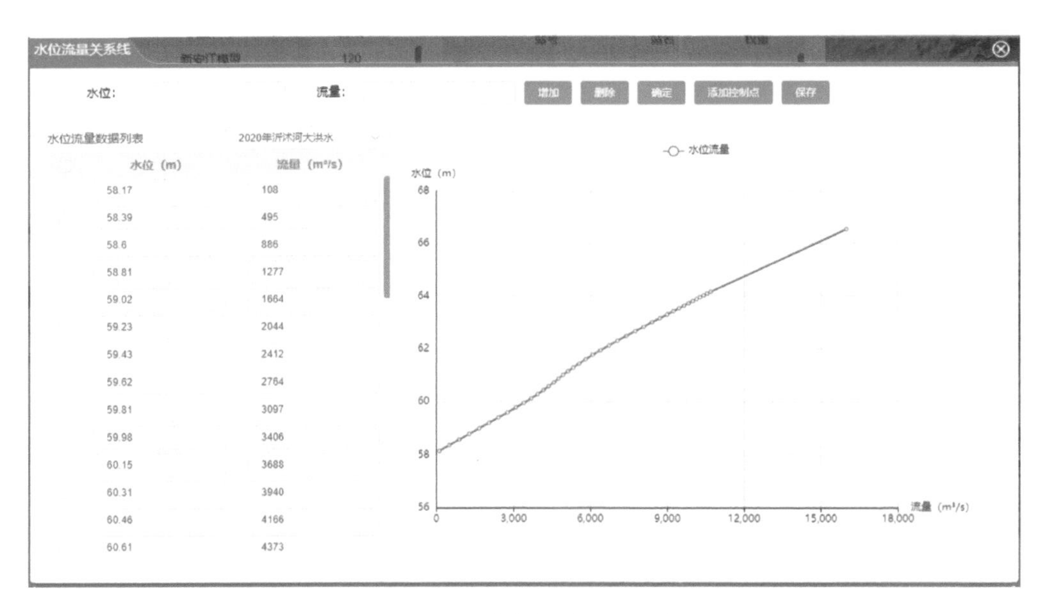

图 9.4-7 水位流量关系曲线设置

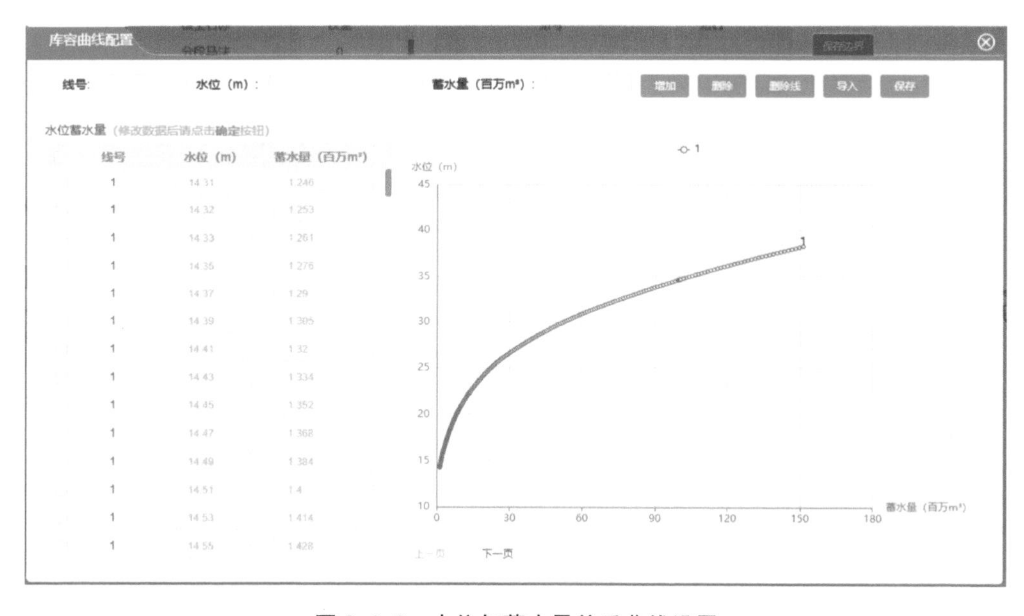

图 9.4-8 水位与蓄水量关系曲线设置

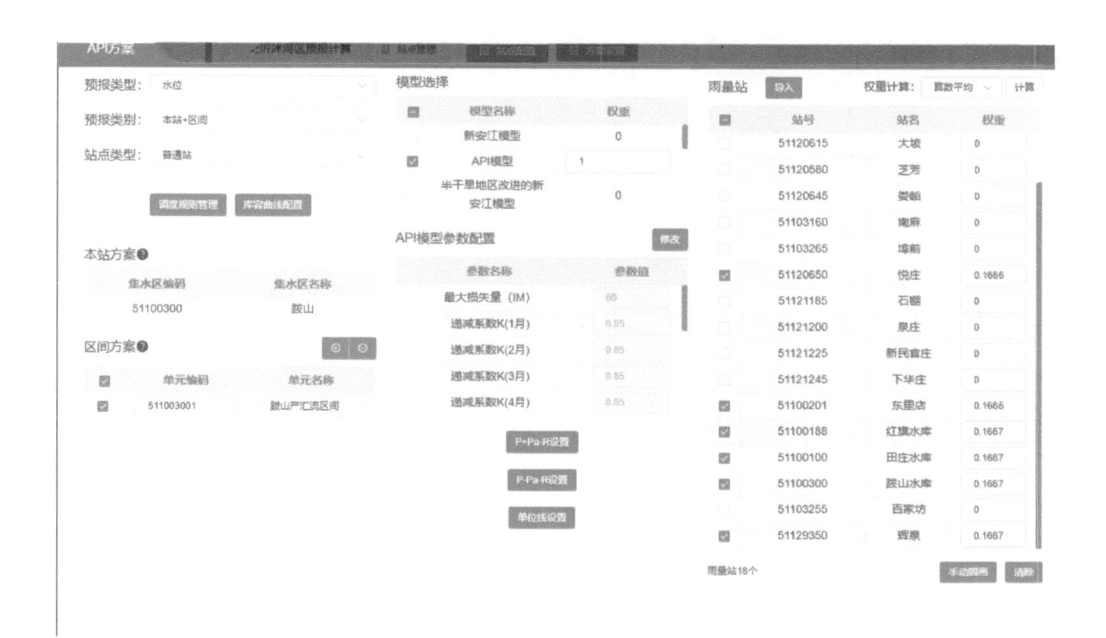

图 9.4-9　单位线、$P-P_a-R$、$P+P_a-R$ 关系曲线设置

图 9.4-10　概念性水文模型参数设置

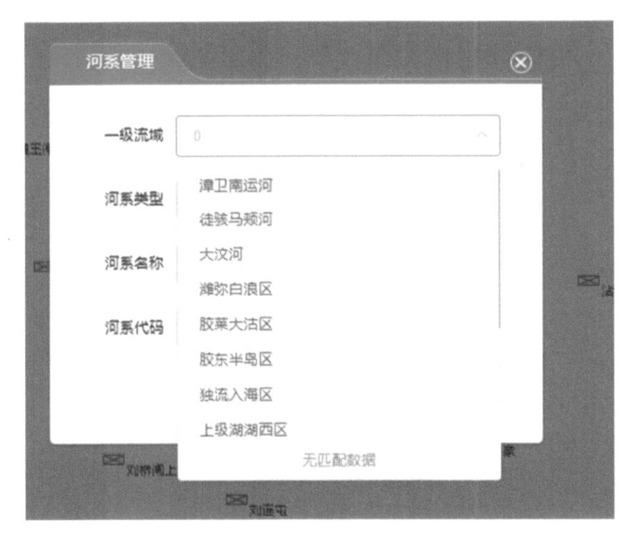

图 9.4-11　区域预报方案设置

（4）雨量站面积权重

雨量站权重设计三种修改方式，可通过 Excel 导入、自动圈画法和手动圈画选取雨量站点（图 9.4-12）。雨量站权重计算支持算术平均法（图 9.4-13）、加权平均法（图 9.4-14）两种计算方式。

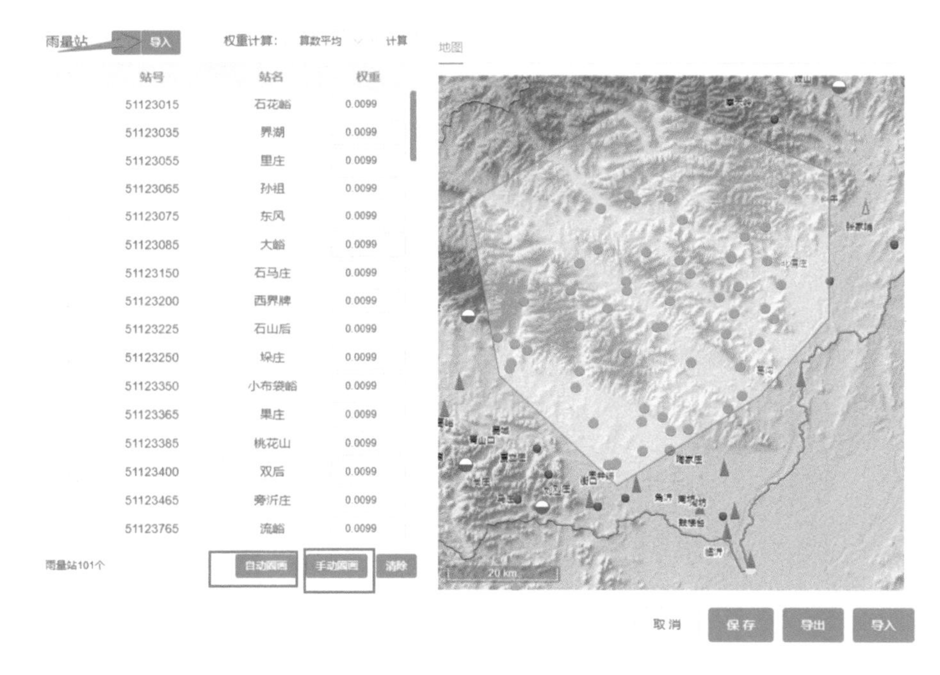

图 9.4-12　选取雨量站点

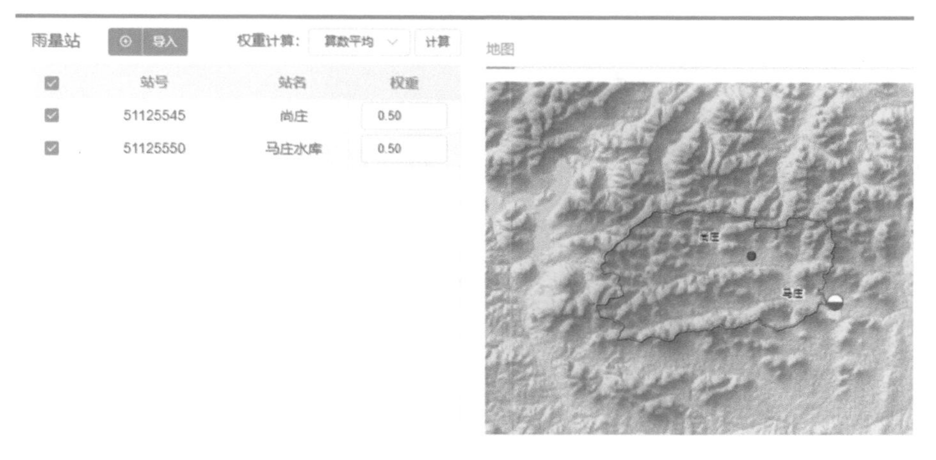

图 9.4-13　算术平均法

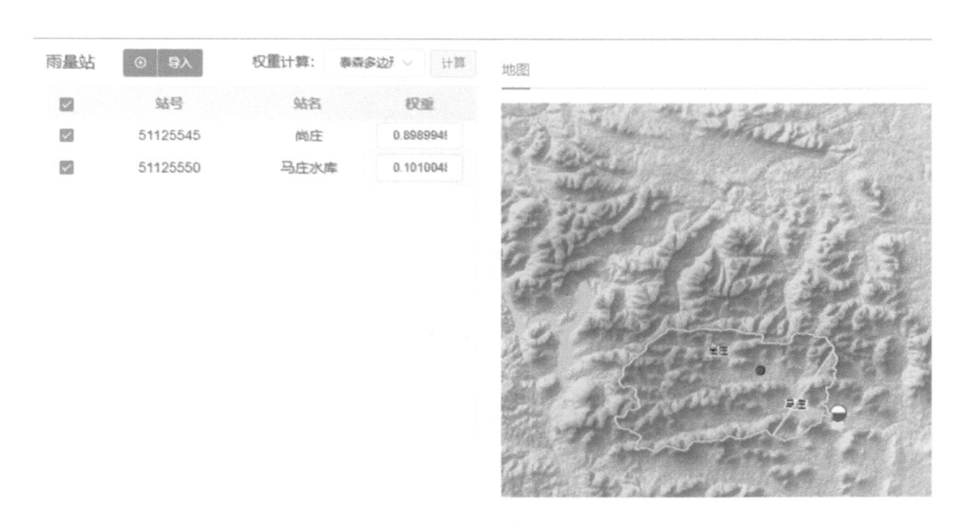

图 9.4-14　加权平均法

其中，加权平均法的权重系数由系统绘制的勾选雨量站的泰森多边形面积计算占比得到。实现直接调取已有的水文测站节点以上子水系划分或在电子地图上任意选取节点生成流域子水系划分的预报区域边界自动生成，自动划分泰森多边形，并计算面积权重。

9.4.3　默认方案配置

系统已完成构建 13 个三级水资源分区全河系 API 方案，包括漳卫南运河、徒骇马颊河、大汶河、潍弥白浪区、胶莱大沽区、胶东半岛区、独流入海区、上级湖湖西区、上级湖湖东区、下级湖湖东区、沂沭河区、中运河区、日赣区。可供系统使用者直接调用。站点区间预报方案集成了预报方案编制成果。如图 9.4-15 所示。

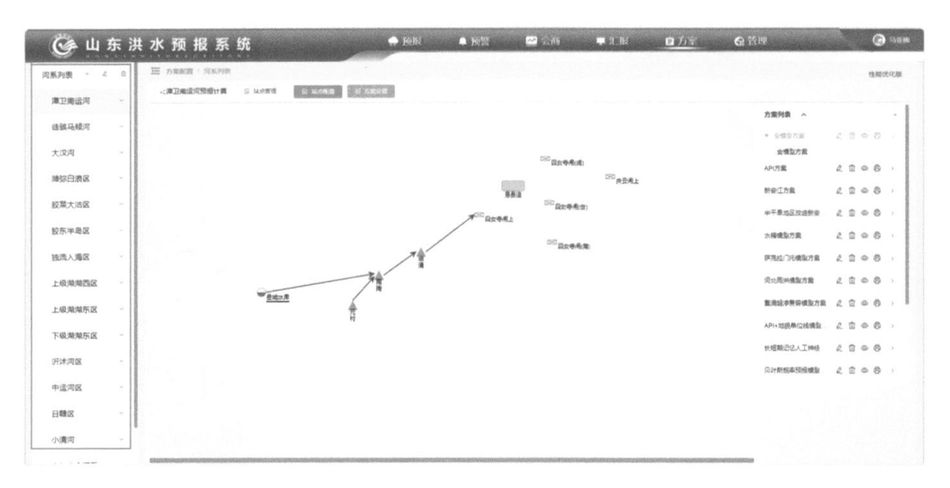

图 9.4-15 默认河系方案

9.5 实时作业预报系统研发

9.5.1 系统数据库设计

数据库的建设是洪水预报系统开发的第一步，研究中数据库的建设涵盖山东省实时雨水情数据、地理数据、工程资料、计算成果等相关数据的存储、管理、使用等，洪水预报系统提供数据支撑，是系统构建的基础性工作。

数据库设计主要是合理存储和管理各种数据源，提供一体化的存储和管理，为系统提供快速、准确的数据查询检索方式和可靠、详细的数据分发过程，形成数据管理框架体系和应用模式标准，采用完整的数据安全和数据恢复机制，实现对数据的规范化统一管理。根据数据资源形态和应用需求，分别建设结构化数据存储和非结构化数据存储，并对经过数据校验和数据清理后的各类数据提供存储资源管理。流数据存储用于存储增长迅速的时序类数据；结构化数据存储用于存储基础类、监测类和业务类等结构化数据；非结构化数据存储用于存储文本、图像和视频等非结构化数据，包含调度方案、专家知识和历史经验等内容。

9.5.1.1 研究内容

采用大数据、云技术，结合洪水风险数据关系模型应用，搭建洪水预报系统专用数据库。以数据共享、业务协同为根本出发点，整合重构各类信息资源，实现数据集中采集、存储、管理、使用，一体化地解决信息资源整合与应用系统集成问题，为大中型水库及骨干河道洪水分析模拟提供数据技术体系支持。主要的研究内容包括：

（1）数据库表结构研究。梳理研究洪涝灾害的特性及影响，明晰洪涝灾害可能涉及的不同类别数据库表，包括基本信息类、气象雨情类、水情信息类、工程信息类、地理信息类、经济社会类、洪灾信息类、计算成果类等信息，确定不同类型表结构的逻辑结构、相关关系、表结构功能、服务对象等，整合重构各类信息资源，避免重复表的建设，力求表结构设计分类清楚、功能清晰、数据需求量少、读取方便快捷。

（2）数据库建设。主要包括数据库的选型，保证整个数据库的先进性、开放性、标准性和扩展性等性能，明确数据库建设步骤和数据库应包含的内容，理清规范化的表结构设计所要包含的内容，明晰逻辑化的数据库设计中表与表之间的关系，实现链接库技术远程数据访问与动态链接，解决数据存储与数据冗余问题，建立标准化格式的洪水预报系统专用数据库，录入典型年数据，为洪水预报系统不同功能业务应用模块的运用提供数据支撑。

9.5.1.2 技术路线

通过深入分析研究目标，对水利行业现有的《实时雨水情数据库表结构与标识符》（SL 323—2011）、《水文数据库表结构及标识符标准》（SL/T 324—2019）、《历史大洪水数据库表结构及标识符》（SL 591—2014）等数据库表结构进行研究总结，仔细查阅国内外最新数据库构建技术参考文献，开展数据库选型与业务需求数据类型研究工作，构建通用数据库技术方法体系，主要包含规范化表结构设计、逻辑化表结构设计、链接库技术的优化设计、数据存储与避免数据冗余设计等。通过对相关技术工作的深入研究，开展洪水预报系统专用数据库的建设工作，最终将构建好的数据库进行业务应用，技术路线见图 9.5-1。

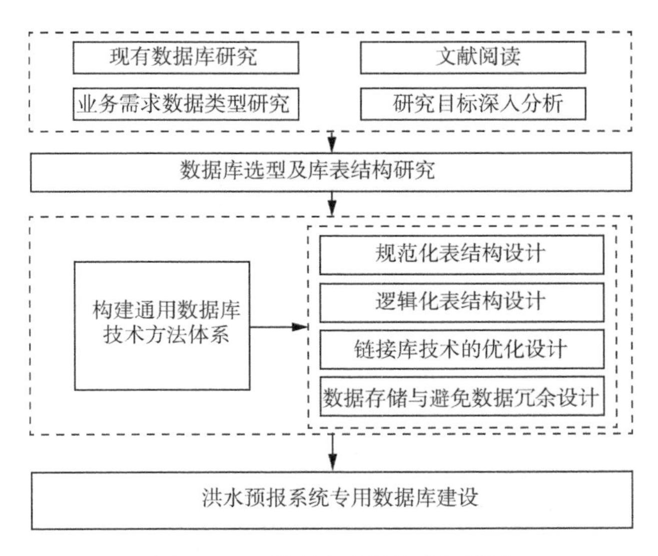

图 9.5-1 数据库建设技术路线图

9.5.1.3 建设原则

充分考虑相关数据库的现状及存在的问题，拟建设的洪水预报系统专用数据库主要遵循以下几点建设原则。

（1）标准化。本系统的设计依据水利部、山东省及行业规范进行数据库设计，符合相应的数据库规范标准。

（2）数据一致性。数据库设计符合数据一致性原则，在系统中要保证物理存储唯一性。

（3）完整性。严格按照关系模型的关系完整性要求进行设计，即实体完整性、参照完整性和本应用系统自身固有的完整性要求。

（4）有效性。在计算机硬件配置和网络设计确定的情况下，影响到应用系统性能的因素主要是数据库性能和客户端程序设计。在数据库逻辑设计中要去除所有的冗余数据，保证数据的完整性，清楚地表达数据元素之间的关系。这样可以提高数据的吞吐速度，但对于多表之间（尤其是大数据表）的关联查询，其性能将会降低，同时也会增加客户端程序的编制难度，因此物理设计时需折中考虑。根据业务规则，确定关联表的数据量大小、数据项的访问频度，对此类数据表频繁的关联查询应适当提高数据冗余设计。索引可提供快速访问表中数据的策略，建立索引时应设置较小的填充因子，以便在数据页中留下较多的自由空间，减少页分割及重新组织的工作，从而提高数据库运行效率和执行性能。

（5）安全性。保证数据操作的正确性，具有良好的数据恢复能力，使数据具有较高的固有安全性。在此原则下，一是采用“实体用户—角色—运行用户”三级访问机制，通过角色对权限的控制，达到对数据的安全操作；二是在数据库表的设计上，对重要数据有备份，为了数据库的安全可靠性，对数据库实行物理备份为主，逻辑备份为辅的备份方式；三是加密。

（6）扩展性。满足现有应用的需要，并随着业务的发展提供良好的扩展能力，满足经济性与易于扩展的要求，以适应业务规模的发展。移植性强，能方便地移植到其他数据平台。

9.5.1.4 数据库系统结构

数据库系统是对数据进行统一存储与管理的体系，主要包括数据管理、数据存储管理等部分，并对系统业务支持相关数据及系统管理相关数据等两大类数据进行存储。数据库系统结构如图 9.5-2 所示。

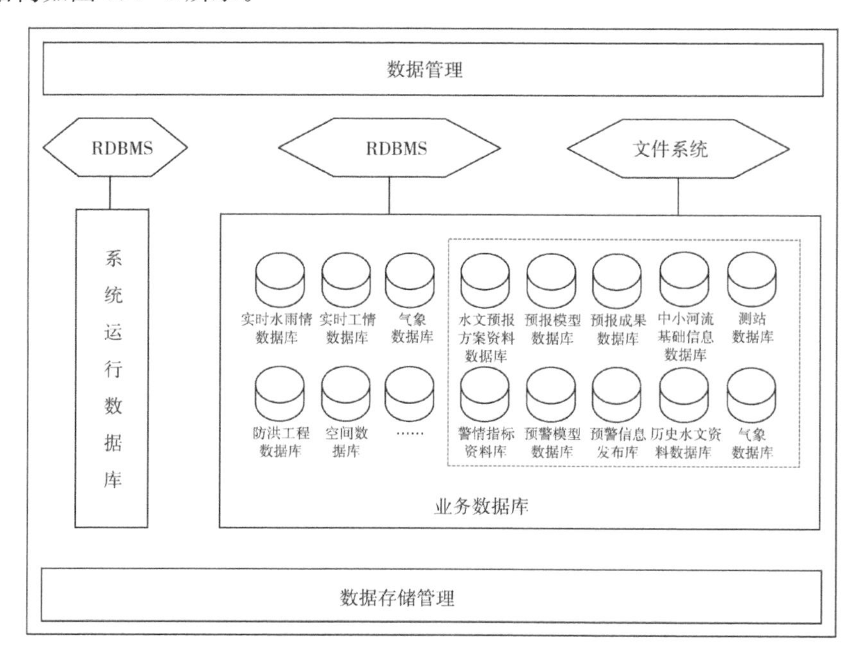

图 9.5-2 数据库系统结构图

（1）数据存储管理

数据存储管理主要是完成对存储和备份设备、数据库服务器及网络基础设施的管理，实现对数据的物理存储管理和安全管理。

（2）数据管理

数据管理主要包括建库管理、数据输入、数据查询输出、数据维护管理、代码维护、数据库安全管理、数据库备份恢复、数据库外部接口等数据库管理功能。

（3）系统运行数据库及业务数据库

系统运行数据库包括支撑系统运行过程中产生以及运行的多个逻辑子库，根据数据种类分别存储于关系型数据管理系统（RDBMS）与文件系统中；业务数据库包括支撑业务应用的各类数据库并存储在 RDBMS 中。

9.5.1.5 数据库建设

研究中系统数据库建设包括雨水情数据库、预报专用数据库、空间数据库、历史洪水数据库、模型库等。

（1）雨水情数据库

雨水情数据库存储水文报汛的实时雨水情资料，包含站点基本信息、实时雨情信息、水情信息等，是山东省雨水情数据库的复制，表结构与原始库相同，由山东省雨水情数据库实时同步推送，其标准为水利部颁布的《实时雨水情数据库表结构与标识符》（SL 323—2011），用于存储实时雨水情信息。典型表结构设计如图 9.5-3 所示。

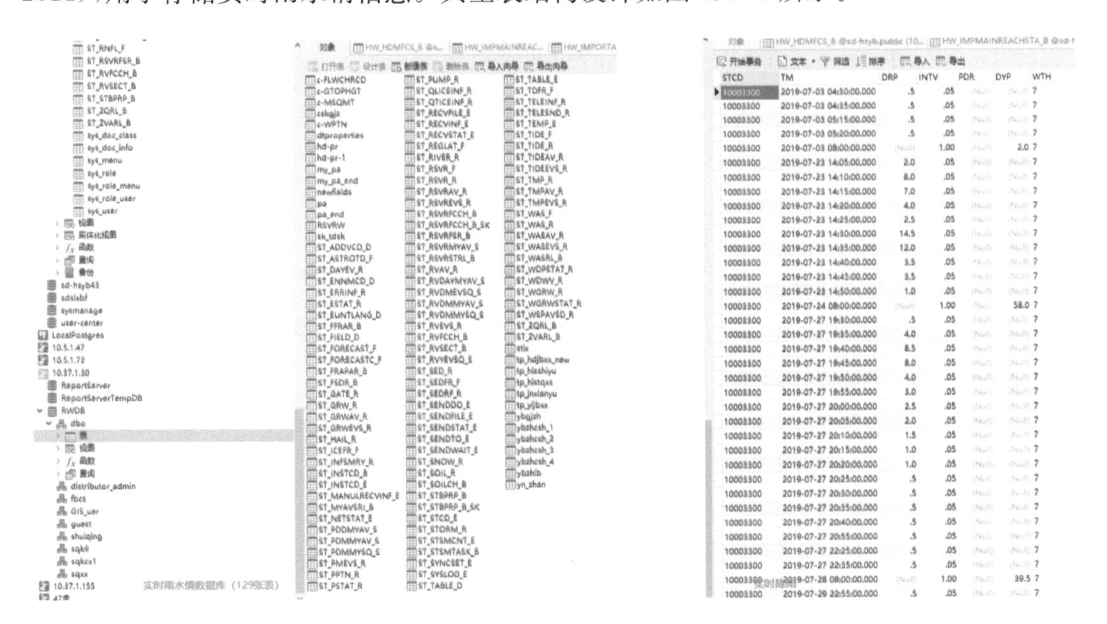

图 9.5-3 实时雨水情数据库表结构

（2）预报专用数据库

洪水预报专用数据库，用于存储预报模型名称代码、参数、状态、预报方案属性、预报值、预报根据站点属性、用户信息等。如图 9.5-4 至图 9.5-6 所示。

图 9.5-4　预报专用数据库概览

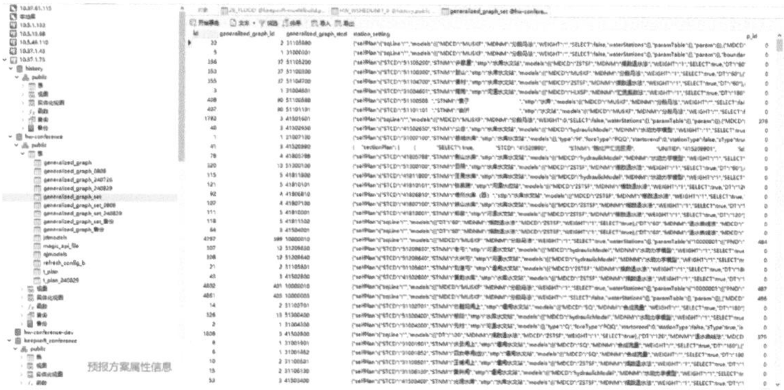

图 9.5-5　预报方案属性信息数据库表结构

图 9.5-6　用户信息表结构

（3）空间数据库

空间数据库，用于存储基础地理信息数据、水利地理信息数据、专题地理信息数据等。如图9.5-7所示。

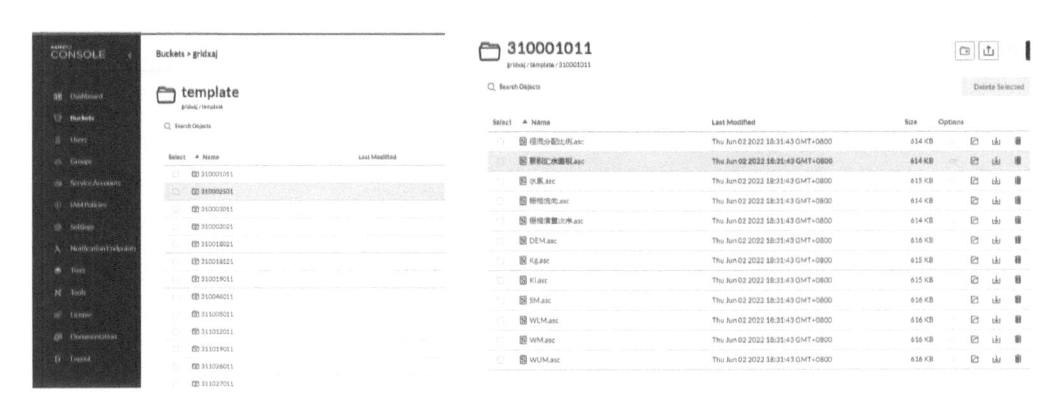

图9.5-7　空间数据存储

（4）历史洪水数据库

历史特征值数据库需建立并进行历史特征值资料的计算和录入工作。开发历史洪水数据库并完成历史暴雨洪水资料录入工作。如图9.5-8所示。

业务系统平台中包含的其他数据库、各模型专用数据库自行设计，要求：统一标准、统一接口，提供科学合理的数据组织和存储方式；开发数据维护管理、数据录入功能；提供统一的数据访问接口，方便相关系统对数据的访问。

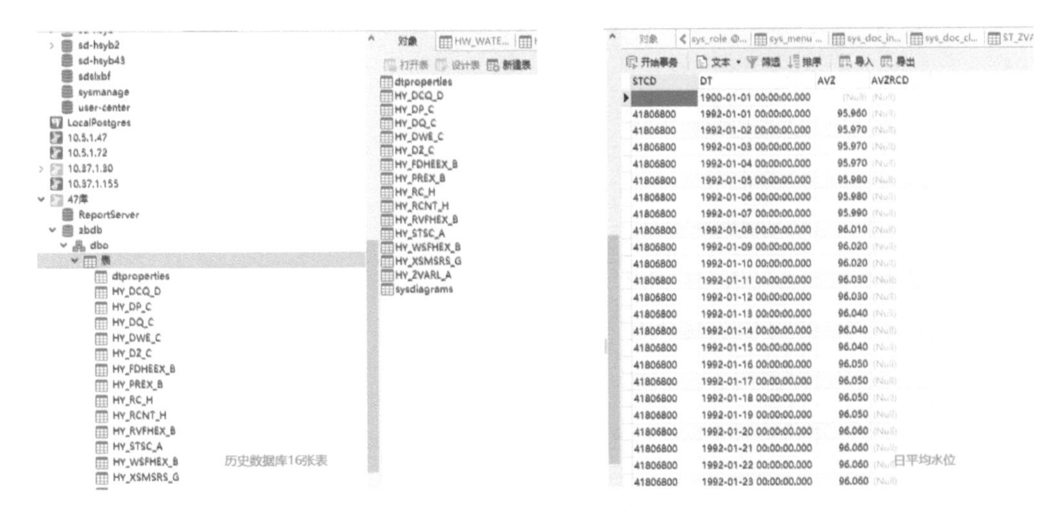

图9.5-8　历史洪水数据库表结构

（5）模型库

研究中开发了国内常用的预报模型及通用方法，并通过模型库的思想进行管理。预报模型库是将众多的水文模型按一定的、公开的结构形式组织起来，通过模型库管理系统对各个模型进行有效的管理和使用。各模型之间的区别在于其理论基础不同，而共同的组织形式使其成为可共享的整体，任何技术人员均可利用模型库开发洪水预报系统。从软件角度来说，预报模型库中各个模型均是一个模型构件，可被复用、组装成应用系统。

预报模型库中的模型构件与外界的交换信息较多，本次采用数据库来存取模型交换数据。预报模型参数和状态均已保存，所需输入的实时数据信息从实时雨水情数据库等读取，输出结果存入预报数据库。相关表结构示意图见图 9.5-9 至图 9.5-12。

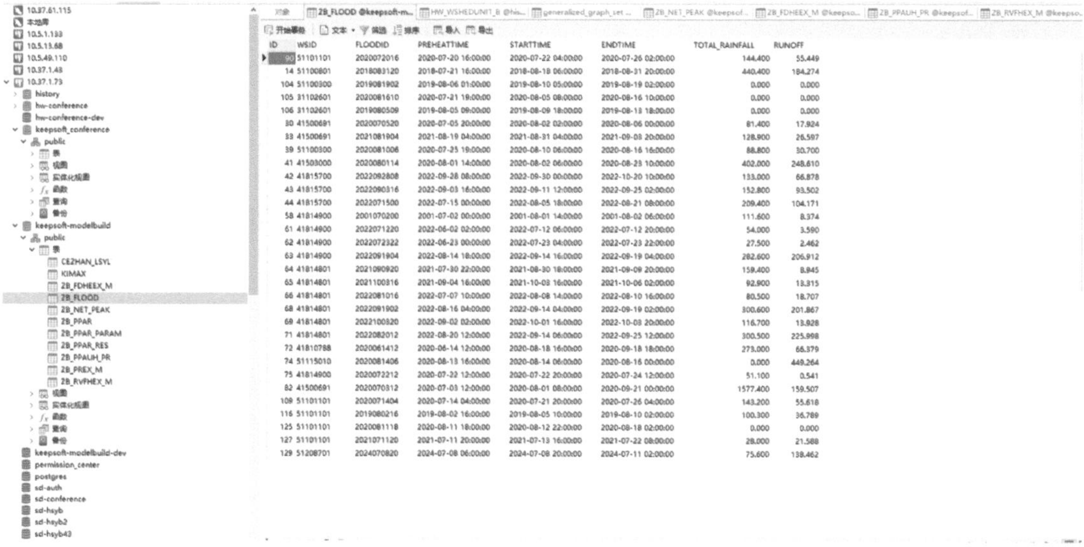

ID	WSID	FLOODID	PREHEATTIME	STARTTIME	ENDTIME	TOTAL_RAINFALL	RUNOFF
90	51101101	2020072016	2020-07-20 16:00:00	2020-07-22 04:00:00	2020-07-26 02:00:00	144.400	55.449
14	51100801	2018083120	2018-07-21 16:00:00	2018-08-18 06:00:00	2018-08-31 20:00:00	440.400	184.274
104	51100300	2019081902	2019-08-06 01:00:00	2019-08-10 05:00:00	2019-08-19 02:00:00	0.000	0.000
105	31102601	2020081610	2020-07-21 19:00:00	2020-08-05 08:00:00	2020-08-16 10:00:00	0.000	0.000
106	31102601	2019080509	2019-08-05 09:00:00	2019-08-09 18:00:00	2019-08-13 18:00:00	0.000	0.000
30	41500691	2020070520	2020-07-05 20:00:00	2020-08-02 02:00:00	2020-08-06 00:00:00	81.400	17.924
33	41500691	2021081904	2021-08-19 04:00:00	2021-08-31 04:00:00	2021-09-03 20:00:00	128.900	26.597
39	51100300	2020081006	2020-07-25 19:00:00	2020-08-10 06:00:00	2020-08-16 16:00:00	88.800	30.700
41	41503000	2020080114	2020-08-01 14:00:00	2020-08-02 06:00:00	2020-08-23 10:00:00	402.000	248.610
42	41815700	2022092808	2022-09-28 08:00:00	2022-09-30 00:00:00	2022-10-20 10:00:00	133.000	66.878
43	41815700	2022090316	2022-09-03 16:00:00	2022-09-11 12:00:00	2022-09-25 02:00:00	152.800	93.502
44	41815700	2022071500	2022-07-15 00:00:00	2022-08-05 18:00:00	2022-08-21 08:00:00	209.400	104.171
58	41814900	2001070200	2001-07-02 00:00:00	2001-08-01 14:00:00	2001-08-02 06:00:00	111.600	8.374
61	41814900	2022071220	2022-06-02 02:00:00	2022-07-12 06:00:00	2022-07-12 20:00:00	54.000	3.590
62	41814900	2022072322	2022-06-23 00:00:00	2022-07-23 04:00:00	2022-07-23 22:00:00	27.500	2.462
63	41814900	2022091904	2022-08-14 18:00:00	2022-09-14 16:00:00	2022-09-19 04:00:00	282.600	206.912
64	41814801	2021090920	2021-07-30 22:00:00	2021-08-30 18:00:00	2021-09-09 20:00:00	159.400	8.945
65	41814801	2021100316	2021-09-04 16:00:00	2021-10-03 16:00:00	2021-10-06 02:00:00	92.900	13.315
66	41814801	2022081016	2022-07-07 10:00:00	2022-08-08 14:00:00	2022-08-10 16:00:00	80.500	18.707
68	41814801	2022091902	2022-08-16 04:00:00	2022-09-14 04:00:00	2022-09-19 02:00:00	300.600	201.867
69	41814801	2022100320	2022-09-02 02:00:00	2022-10-01 16:00:00	2022-10-03 20:00:00	116.700	13.928
71	41814801	2022082012	2022-08-20 12:00:00	2022-09-14 06:00:00	2022-09-25 12:00:00	300.500	225.998
72	41810788	2020061412	2020-06-14 12:00:00	2020-08-18 16:00:00	2020-09-18 18:00:00	273.000	66.379
74	51115010	2020081406	2020-08-13 16:00:00	2020-08-14 06:00:00	2020-08-16 00:00:00	0.000	449.264
75	41814900	2020072212	2020-07-22 12:00:00	2020-07-22 20:00:00	2020-07-24 12:00:00	51.100	0.541
82	41500691	2020070312	2020-07-03 12:00:00	2020-08-01 08:00:00	2020-09-21 00:00:00	1577.400	159.507
109	51101101	2020071404	2020-07-14 04:00:00	2020-07-21 20:00:00	2020-07-26 04:00:00	143.200	55.618
116	51101101	2019080216	2019-08-02 16:00:00	2019-08-05 10:00:00	2019-08-10 02:00:00	100.300	36.789
125	51101101	2020081118	2020-08-11 18:00:00	2020-08-12 22:00:00	2020-08-18 02:00:00	0.000	0.000
127	51101101	2021071120	2021-07-11 20:00:00	2021-07-13 16:00:00	2021-07-22 08:00:00	28.000	21.588
129	51208701	2024070820	2024-07-08 06:00:00	2024-07-08 20:00:00	2024-07-11 02:00:00	75.600	138.462

图 9.5-9　预报模型构建数据库表结构

WSID	WSNM	RVNM	HNNM	DRNA	ZZSTCD	ZZSTNM	DT	MODEL
31001852	四女寺（岔）	四女寺岔河	南运河	0	31001852	四女寺北下	180	API
31001901	庆云闸上	漳卫新河	南运河	0	31001901	庆云闸上	180	API
31004601	南陶	卫河	漳卫南运河水系	4814	31004601	南陶	180	API
31000302	四女寺（南）	南运河	南运河	0	31000302	四女寺（南）	180	API
31101201	李家桥闸上	马颊河	马颊河	5393	31101201	李家桥闸上	180	API
31101901	大道王闸上	马颊河	马颊河	8657	31101901	大道王闸上	180	API
31102601	郑店闸上	德惠新河	德惠新河	2327	31102601	郑店闸上	180	API
31102701	白鹤观闸上	德惠新河	德惠新河	3182	31102701	白鹤观闸上	180	API
31103211	[illegible]	徒骇河	徒骇河	2915	31103211	[illegible]	180	API
31103501	刘桥闸上	徒骇河	徒骇河	4444	31103501	刘桥闸上	180	API
31103801	[illegible]闸上	徒骇河	徒骇河	6720	31103801	[illegible]闸上	180	API
31104101	堡集闸上	徒骇河	徒骇河	10250	31104101	堡集闸上	180	API
31104905	刁庄	[illegible]	徒骇河	251	31104905	刁庄	180	API
31105601	[illegible]	[illegible]	徒骇河	846	31105601	[illegible]	180	API
31105890	[illegible]	土马沙河	徒骇河	768	31105890	[illegible]	180	API
31106130	[illegible]	钩盘河	徒骇河	521	31106130	[illegible]	180	API
31106330	[illegible]	[illegible]	徒骇河	45	31106330	[illegible]	60	API
31106620	[illegible]	潮河	潮河	417	31106620	[illegible]	180	API
31108320	利国	马新河	潮河	111	31108320	利国	180	API
41403700	锦绣川	玉符河	玉符河	166	41403700	锦绣川	120	API
41403800	卧虎山水库	玉符河	黄河水系	557	41403800	卧虎山水库	120	API
41428888	[illegible]	北大沙河	黄河	40	41428888	[illegible]	60	API
41428890	钓鱼台	南大沙河	南大沙河	40	41428890	钓鱼台	60	API
41428988	[illegible]	南大沙河	南大沙河	40	41428988	[illegible]	60	API
41500070	[illegible]	大汶河	大汶河	436	41500070	[illegible]	120	API
41500088	葫芦山	牟汶河	大汶河	187	41500088	葫芦山	120	API
41500101	[illegible]	牟汶河	大汶河	737	41500101	[illegible]	120	API
41500188	[illegible]	[illegible]	大汶河	45	41500188	[illegible]	60	API
41500198	小安门	[illegible]	大汶河	36	41500198	小安门	60	API
41500250	角峪大桥	大汶河	大汶河	1323	41500250	角峪大桥	120	API
41500288	角峪	[illegible]	大汶河	44	41500288	角峪	60	API
31001802	四女寺（减）	四女寺减河	南运河	0	31001802	四女寺四闸下	180	API
41500488	大河	泮汶河	大汶河	85	41500488	大河	60	API
311q3940	[illegible]	[illegible]	[illegible]	287	311q3940	[illegible]	180	API
41500691	大汶口	大汶河	黄河水系	5696	41500691	大汶口	120	API
41500750	[illegible]	海子河	大汶河	32	41500750	[illegible]	60	API
41500888	[illegible]	石固河	大汶河	26	41500888	[illegible]	60	API

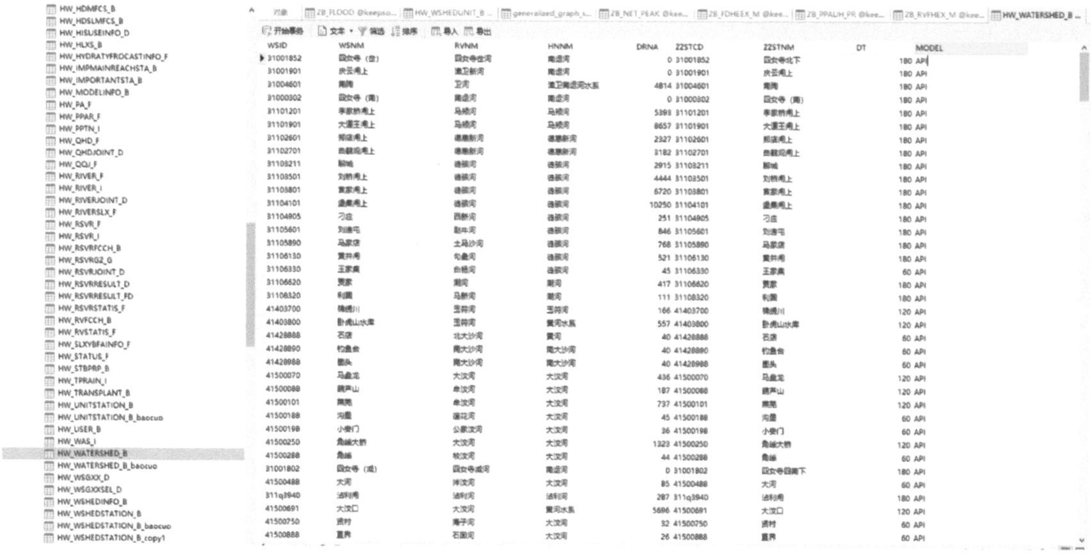

图 9.5-10　预报模型配置表结构

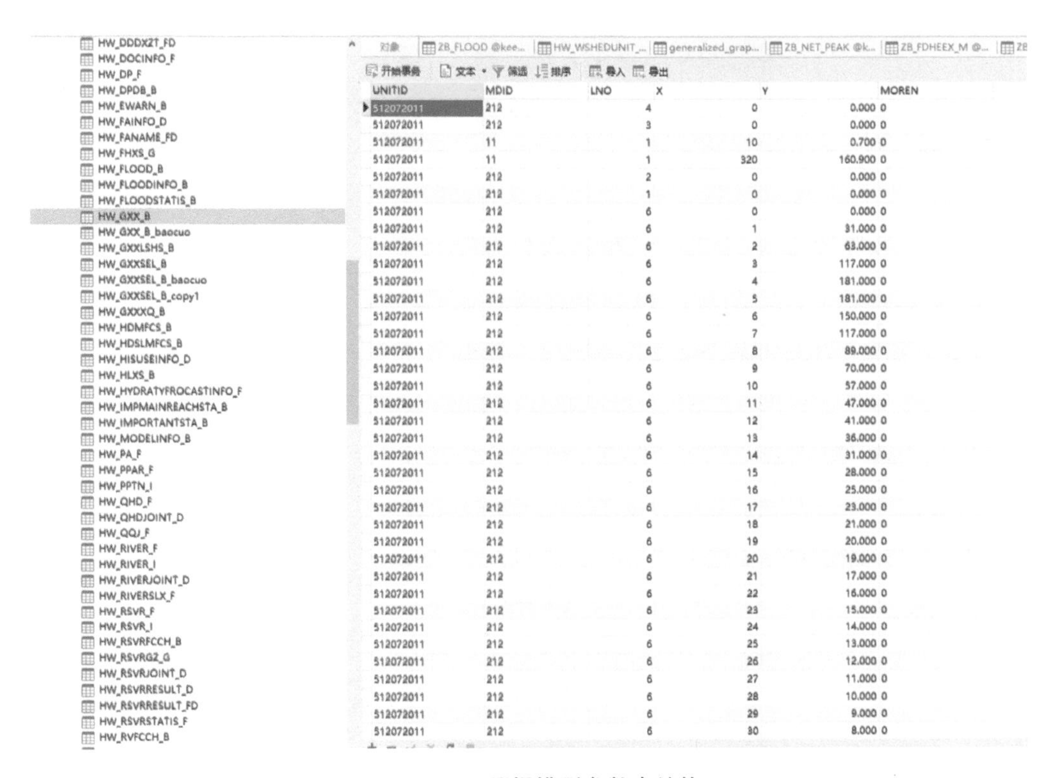

UNITID	MDID	LNO	X	Y	MOREN
512072011	212	4	0	0.000	0
512072011	212	3	0	0.000	0
512072011	11	1	10	0.700	0
512072011	11	1	320	160.900	0
512072011	212	2	0	0.000	0
512072011	212	1	0	0.000	0
512072011	212	6	0	0.000	0
512072011	212	6	1	31.000	0
512072011	212	6	2	63.000	0
512072011	212	6	3	117.000	0
512072011	212	6	4	181.000	0
512072011	212	6	5	181.000	0
512072011	212	6	6	150.000	0
512072011	212	6	7	117.000	0
512072011	212	6	8	89.000	0
512072011	212	6	9	70.000	0
512072011	212	6	10	57.000	0
512072011	212	6	11	47.000	0
512072011	212	6	12	41.000	0
512072011	212	6	13	36.000	0
512072011	212	6	14	31.000	0
512072011	212	6	15	28.000	0
512072011	212	6	16	25.000	0
512072011	212	6	17	23.000	0
512072011	212	6	18	21.000	0
512072011	212	6	19	20.000	0
512072011	212	6	20	19.000	0
512072011	212	6	21	17.000	0
512072011	212	6	22	16.000	0
512072011	212	6	23	15.000	0
512072011	212	6	24	14.000	0
512072011	212	6	25	13.000	0
512072011	212	6	26	12.000	0
512072011	212	6	27	11.000	0
512072011	212	6	28	10.000	0
512072011	212	6	29	9.000	0
512072011	212	6	30	8.000	0

图 9.5-11　预报模型参数表结构

10.5.1.133
10.5.13.68
10.5.48.110
10.37.1.43
10.37.1.73
history
hw-conference
public
表
generalized_graph
generalized_graph_0808
generalized_graph_240726
generalized_graph_240829
generalized_graph_set
generalized_graph_set_0808
generalized_graph_set_240829
generalized_graph_set_备份
generalized_graph_备份
jdmodels
magic_api_file
qjmodels
refresh_config_b
t_plan
t_plan_240829
视图
实体化视图
函数
查询
备份
hw-conference-dev
keepsoft_conference
keepsoft-modelbuild
keepsoft-modelbuild-dev
permission_center
postgres
sd-auth
sd-conference
sd-hsyb
sd-hsyb2
sd-hsyb43
sd-hsyb-dev
public
表
document_info_b

对象 | ZB_FLOOD @... | HW_WSHEDU... | generalized_... | ZB_NET_PEAK... | ZB_FDHEEX_... | ZB_PFAUH_P... | ZB_RVFHEX_... | HW_WATERS... | HW_GXX_B ... | generalized_... | generalized_...

开始事务　文本　筛选　排序　导入　导出

id	name	en_name	business_id	type	description	is_dele	line	node	en_code	create_time
1	漳卫南运河	ZWNYH	31000101	1		0	[{"color":"#202b78","from	[{"DT":"","color":"#000","fontSize":12,"fontWeight":400,"haveRes":fal	(Null)	(Null)
2	徒骇马颊河	THMJH	31103211	1		0	[]	[{"DT":"180","color":"#000","fontSize":12,"fontWeight":400,"haveRes"	(Null)	(Null)
3	大汶河	DWH	41500101	1		0	[{ "color": "#202b	[{ "DT": "60", "color": "#000", "fontSize": 12, "f	(Null)	(Null)
4	潍弥白浪区	WMBLQ	41807100	1		0	[{"color":"#202b78","from	[{ "DT": "60", "color": "#000", "fontSize": 12, "f	(Null)	(Null)
5	胶莱大沽区	JLDGQ	41810401	1		0	[]	[{"DT":"60","color":"#000","fontSize":12,"fontWeight":400,"haveRes":f	(Null)	(Null)
6	胶东半岛区	JDBDQ	41816401	1		0	[]	[{"DT":"60","color":"#000","fontSize":12,"fontWeight":400,"haveRes":f	(Null)	(Null)
7	独流入海区	DLRHQ	41812111	1		0	[]	[{"DT":"60","color":"#000","fontSize":12,"fontWeight":400,"haveRes":d	(Null)	(Null)
8	上级湖湖西区	SJHHXQ	51213801	1		0	[]	[{"DT":"360","color":"#000","fontSize":12,"fontWeight":400,"haveRes"	(Null)	(Null)
9	上级湖湖东区	XJHhDQ	51207201	1		0	[]	[{ "DT": "360", "color": "#000", "fontSize": 12, "fontWeight"	(Null)	(Null)
10	下级湖湖东区	XJHHDQ	51209011	1		0	[{ "color": "#202b	[{ "DT": "60", "color": "#000", "fontSize": 12, "fontWeight":	(Null)	(Null)
11	沂沭河区	YSHQ	51101101	1		0	[{"color":"#202b78","from	[{"DT":"60","color":"#000","fontSize":12,"fontWeight":400,"haveRes":f	(Null)	(Null)
12	中运河区	ZYHQ	51204301	1		0	[]	[{"DT":"120","color":"#000","fontSize":12,"fontWeight":400,"haveRes"	(Null)	(Null)
13	日赣区	RGQ	51300100	1		0	[]	[{"DT":"60","color":"#000","fontSize":12,"fontWeight":400,"haveRes":d	(Null)	(Null)
14	山东省全河系	SDSQHX	51101100	1	(Null)	0	[{ "color": "#202b	[{ "DT": "", "color": "#000", "fontSize": 12, "fon	(Null)	(Null)
15	沂沭河区上游	YSHQSY	51101101_YSHQSY	1	(Null)	1	[]	[{"id":"51101101 ","type":"swz","width":null,"height":null,"stcdt":"511	(Null)	(Null)
16	马颊河	MJH	31103211_MJH	1	(Null)	0	[{"from":"31100501 ","to"	[{"id":"31100501 ","sttp":"闸坝站","type":"zbz","width":50,"height":50,	(Null)	2022-11-01 09:58:32.529
17	白浪河	BLH	41807100_BLH	1	(Null)	1	[{"from":"41806388 ","to"	[{"id":"41826550 ","sttp":"水库","type":"sk","width":50,"height":50,"st	(Null)	2022-11-03 09:10:36.393
18	[illegible]	BJZ	31103211_BJZ	1	(Null)	0	[]	[{"id":"31104101 ","sttp":"闸坝站","type":"zbz","width":50,"height":50,	(Null)	2022-11-03 10:16:00.255
19	潍河骨干	WHGG	41810401_WHGG	1	(Null)	1	[{"from":"41808351 ","to"	[{"id":"41807100 ","sttp":"水库","type":"sk","width":50,"height":50,"st	(Null)	2022-11-07 14:32:51.617
20	1212	1212	51101101_1212	1	(Null)	1	(Null)	(Null)	(Null)	2022-11-08 15:58:57.769
21	[illegible]河	H	51101101_H	1	(Null)	1	[{"from":"51104700 ","to"	[{"id":"51104501 ","sttp":"水文站","type":"swz","width":50,"height":50	(Null)	2022-11-09 00:50:51.386
22	崂山水库	LSSK	41816401_LSSK	1	(Null)	0	[{"from":"41812701 ","to"	[{"id":"41812701 ","sttp":"水文站","type":"swz","width":50,"height":50	(Null)	2022-11-09 09:08:30.951
23	潍河骨干2	WHGG2	41807100_WHGG2	1	(Null)	1	[{"from":"41808351 ","to"	[{"id":"41807100 ","sttp":"水库","type":"sk","width":50,"height":50,"st	(Null)	2022-11-09 09:09:38.559
24	新河系_jxy	XHXJXY	51101101_XHXJXY	1	(Null)	1	[{"from":"51101101 ","to"	[{"id":"51101101 ","sttp":"水文站","type":"swz","width":50,"height":50	(Null)	2022-11-09 10:17:13.833
25	米山水库	MSSK	41816401_MSSK	1	(Null)	1	[{"from":"41815088 ","to"	[{"id":"41815700 ","sttp":"水库","type":"sk","width":50,"height":50,"st	(Null)	2022-11-09 10:22:41.726
26	[illegible]河系	CSHX	41810401_CSHX	1	(Null)	1	[{"from":"41809491 ","to"	[{"id":"41809491 ","sttp":"水文站","type":"swz","width":50,"height":50	(Null)	2022-11-09 10:22:47.589
27	qzhhh	QZHHH	51101101_QZHHH	1	(Null)	1	[]	[{"id":"51121450 ","sttp":"水库","type":"sk","width":50,"height":50,"st	(Null)	2022-11-09 13:57:06.674
28	qzhasd	QZHASD	51101101_QZHASD	1	(Null)	1	[]	[{"id":"51121450 ","sttp":"水库","type":"sk","width":50,"height":50,"st	(Null)	2022-11-09 16:40:26.5
29	ce123	CE123	51101101_CE123	1	(Null)	1	[]	[{"id":"51121450 ","sttp":"水库","type":"sk","width":50,"height":50,"st	(Null)	2022-11-09 16:44:13.506
30	青峰岭水库以上	QFLSKYS	51101101_QFLSKYS	1	(Null)	1	[{"from":"51110700","to":"	[{"id":"51110700","sttp":"水库","type":"sk","width":null,"height":null,"st	(Null)	2022-08-18 17:24:25.905
31	qzzzh	QZZZH	51101101_QZZZH	1	(Null)	1	[]	[{"id":"51121450 ","sttp":"水库","type":"sk","width":50,"height":50,"st	(Null)	2022-11-09 16:47:06.812
32	asdf	ASDF	51101101_ASDF	1	(Null)	1	[]	[{"id":"51121450 ","sttp":"水库","type":"sk","width":50,"height":50,"st	(Null)	2022-11-09 16:58:47.825
33	潍河骨干	WHGG	41807100_WHGG	1	(Null)	0	[{"from":"41808351 ","to"	[{"id":"41806850 ","sttp":"闸坝站","type":"zbz","width":50,"height":50,	(Null)	2022-11-10 11:19:30.202
34	qqqzh	QQQZH	51101101_QQQZH	1	(Null)	1	[]	[{"id":"51121450 ","sttp":"水库","type":"sk","width":50,"height":50,"st	(Null)	2022-11-10 11:26:34.778
35	跋山水库以上	BSSKYS	51101101_BSSKYS	1	(Null)	1	[]	[{"id":"51100300","sttp":"水库","type":"sk","width":50,"height":50,"stcc	(Null)	2022-08-19 10:30:59.162
36	大官庄以上	DGZYS	51101101_DGZYS	1	(Null)	0	[{"from":"51110700","to":"	[{"id":"51110700","sttp":"水库","type":"sk","width":50,"height":50,"stcc	(Null)	2022-08-19 10:59:15.627

图 9.5-12　河系拓朴结构数据库表结构

9.5.2 系统功能

实时作业预报系统以防洪“四预”功能为主线，集成了20多种预报模型算法，实现了全省多模型的水文气象耦合计算。系统可以满足以下功能需求：

（1）支持根据最新实时雨水情，对未来一段时间内的洪水过程做出预测预报。当要对某站点进行作业预报时，支持选择系统中任意预报方案为当前方案，并可进行人工作业预报；

（2）支持根据不同预报方案从雨水情数据库和水文专题数据库中获取预报基础数据、预报模型参数状态，并按照输入参数的模型进行基础计算，得到预报结果；

（3）支持人工干预和调整预报进程、修改预报方案属性以进行综合分析。

（4）支持以专题图、表格、折线图等多种方式展示预报结果。

系统具体功能模块包括人工交互预报模块、定时自动预报模块和水库纳雨能力分析模块。系统该功能结构如图9.5-13所示。

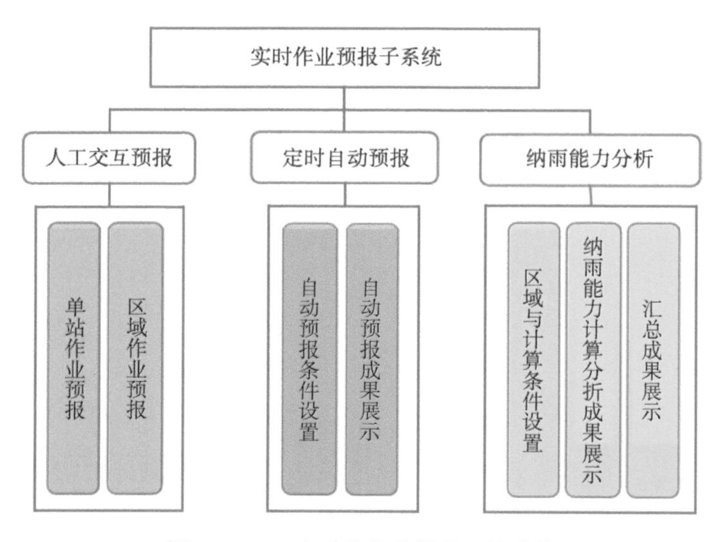

图9.5-13 实时作业预报子系统功能

系统可以满足以下功能需求：

（1）支持根据最新实时雨水情，对未来一段时间内的洪水过程做出预测预报。当要对某站点进行作业预报时，支持选择系统中任意预报方案为当前方案，并可进行人工作业预报，见图9.5-14；

（2）支持根据不同预报方案从雨水情数据库和水文专题数据库中获取预报基础数据、预报模型参数状态（图9.5-15），并按照输入参数的模型进行基础计算，得到预报结果；

（3）支持人工干预和调整预报过程、修改预报方案属性以进行综合分析（图9.5-16）；

（4）支持以专题图、表格、折线图等多种方式展示预报结果（图9.5-17、图9.5-18）。

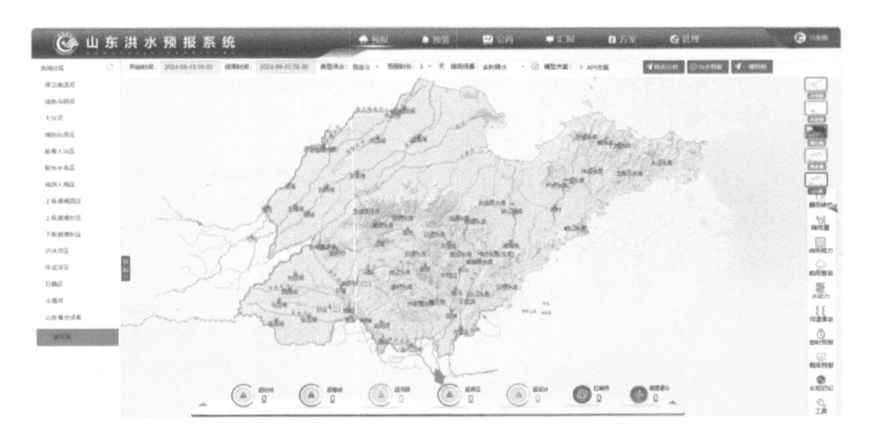

图 9.5-14 实时作业预报子系统

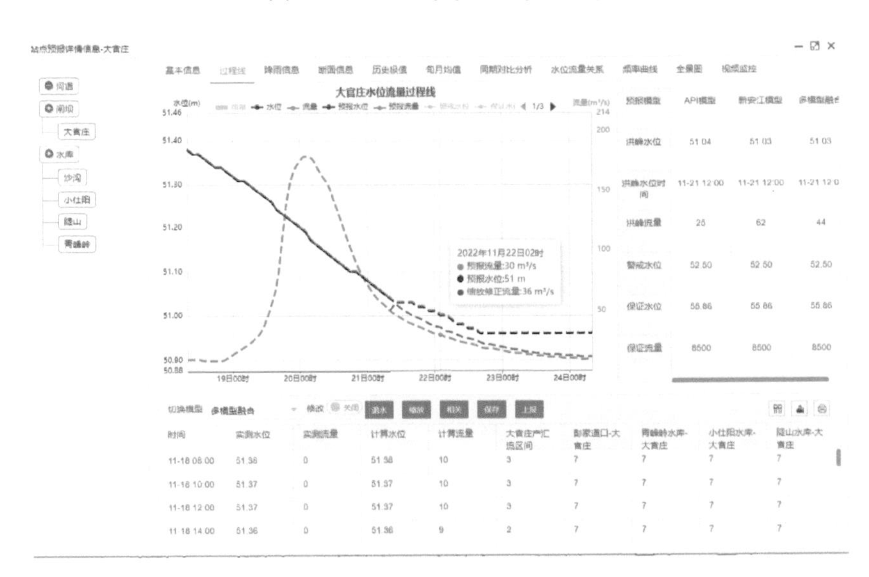

图 9.5-15 人工干预调整预报结果

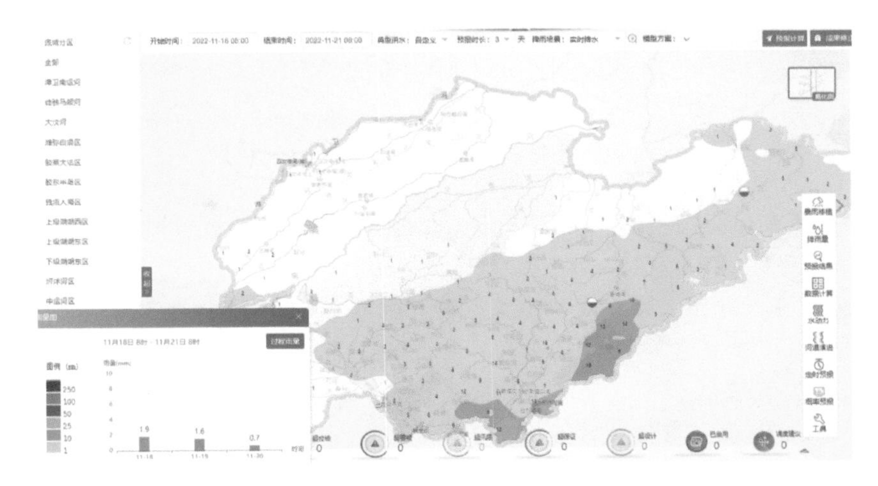

图 9.5-16 降水量空间分布专题图

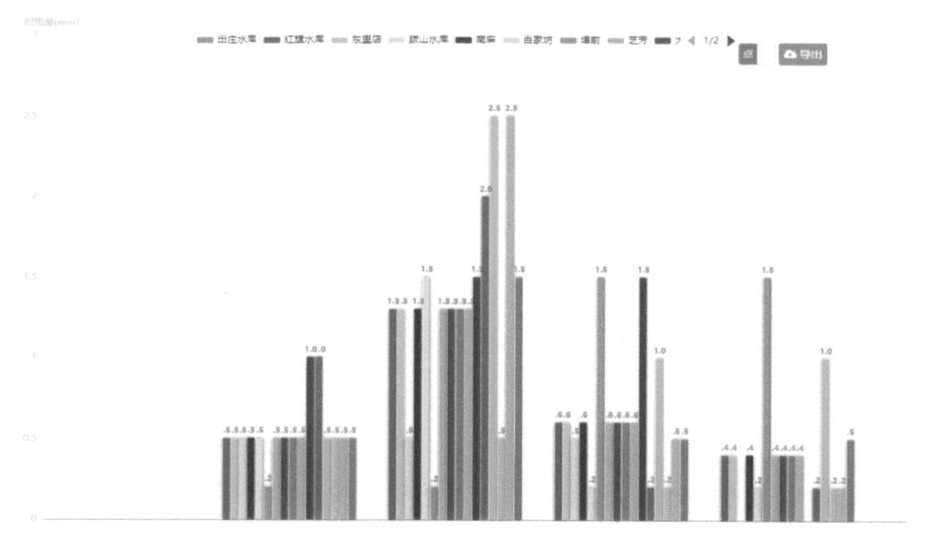

图 9.5-17 区域站点和面降水量专题图

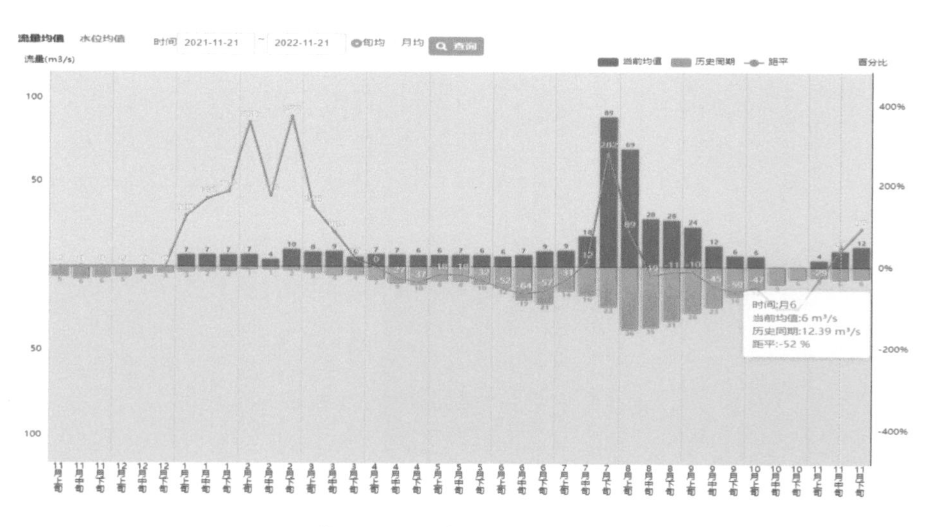

图 9.5-18 旬月均值专题图

9.5.2.1 人工交互预报模块

该模块主要利用降雨径流相关、新安江、水动力学等多模型进行单站或区域作业预报计算，实现气象预估降水、实时降水和暴雨移植等多种模式洪水预报。预报方式包括分步预报（精算）和一键预报（速算），其中速算以精算的参数、边界条件为基础，按照河系定义设置的预报站点和预报方案，程序自动逐一完成各方案和模型的预报计算；精算由预报员自行选择预报站点、预报模型，"降雨—产流—汇流—演进"全链条模拟演算预报计算，并可对模型初始状态、模型参数及计算结果进行修正，实现"流域—干流—支流—断面""总量—洪峰—过程—调度"全覆盖的一体化、智能化、可视化预警调度和辅助决策。

作业预报流程包含设定预报计算区域、实测的开始和结束时间、预报时段长、降雨情景、选择模型方法、预报计算。按照设定的预报计算范围包括单站作业预报和区域作业预报。

单站作业预报是对当前所选定的预报断面和预报方案进行作业预报。支持对单站作业设置预报参数，包括预报时间、起始时间、结束时间，并进行实时预报作业。预报时间中的小时数是以当前预报方案中计算时段长的整数倍数显示。起始时间为系统获取实时数据的开始时间，结束时间为预报方案输出信息的结束时间。预报时间处于起始时间和结束时间之间，预报时间与起始时间默认时段长为当前预报方案的预热期，预报时间与结束时间默认时段长为当前预报方案的预见期。支持通过拖动进度条修改预报时间、起始时间和结束时间。支持阈值报警功能。

区域作业预报是对当前所选的区域进行连续作业预报。支持对当前选择区域进行区域作业预报，并自动对当前所选择的预报区域中预报方案进行属性检查，需检查区域中的预报方案均为水文模型构建的方案，且计算时段长一致，检查无误后，进行作业预报时间设置。区域作业预报在单站作业预报基础上增加区域内各预报断面名称列表选择；支持区域预见期雨量计算预报，指所选区域内所有流域的未来降雨量；支持保存区域内所有预报断面的预报成果；当对区域内某一预报断面进行人工交互修改后，可重新计算预报断面下游的所有断面的预报结果，预报断面上游的断面不进行预报计算；支持阈值报警功能。

（1）设定预报计算区域

预报计算的区域分为全部和 14 个水系分区、小区域分区以及单站计算。其中，流域分区包括全部和 14 个水系分区，其中 14 个水系分区分别为漳卫南运河、徒骇马颊河、大汶河、潍弥白浪区、胶莱大沽区、胶东半岛区、独流入海区、上级湖湖西区、上级湖湖东区、下级湖湖东区、沂沭河区（图 9.5-19）、中运河区、日赣区和小清河。小区域分区如临沂以上（对每一个水系分区，自定义构建不同的分区计算方案），大官庄以上（图 9.5-20）等。单站预报包括沙沟水库（图 9.5-21）、青峰岭水库、跋山水库等。

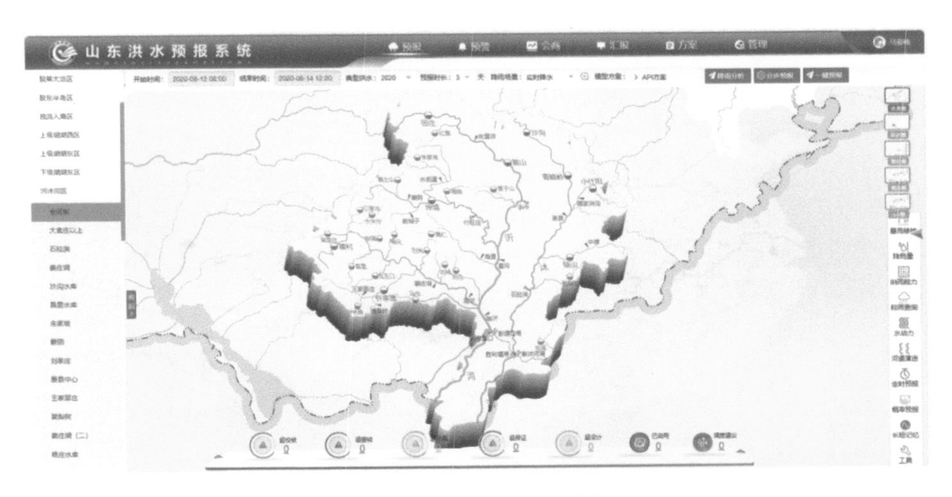

图 9.5-19　水系分区设定界面

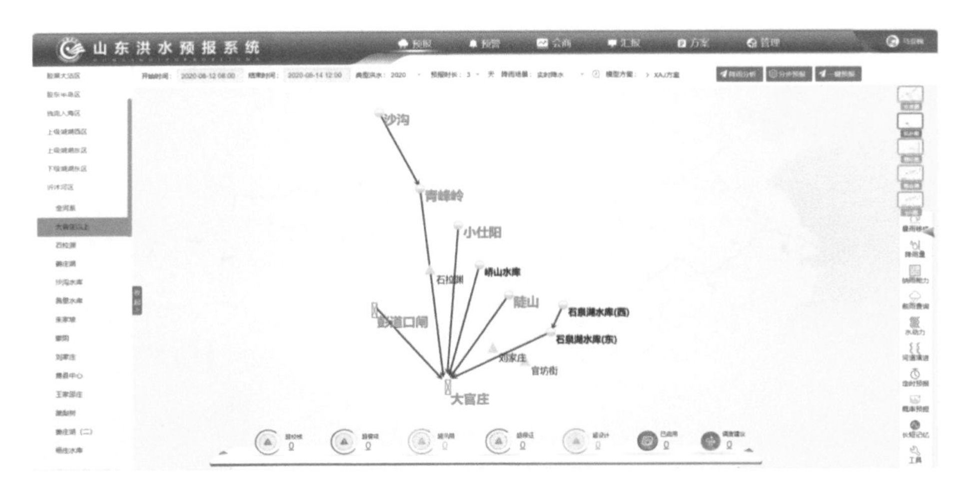

图 9.5-20　区域预报设定界面

图 9.5-21　单站预报设定界面

(2) 实测开始和结束时间

支持两种方式,分别为自定义模式(图 9.5-22)和典型年选取模式(图 9.5-23)。自定义模式为默认根据当前日 8 时往前推三天,也可人工任意设定开始时间和结束时间。典型年选取模式为默认已设置典型年场次洪水开始时间和实测结束时间。典型场次洪水分别为 2022 年台风“梅花”、2020 年沂沭河大洪水、2019 年台风“利奇马”、2018 年台风“温比亚”。

(3) 设置预报时长

预报时长可设置为 1 d、2 d……7 d,如图 9.5-24 所示。

(4) 降雨情景选择

支持三种降雨情景计算模式(图 9.5-25),分别为实时降水、气象预估降水和暴雨移植。

图 9.5-22　开始和结束时间界面

图 9.5-23　典型年场次洪水设置界面

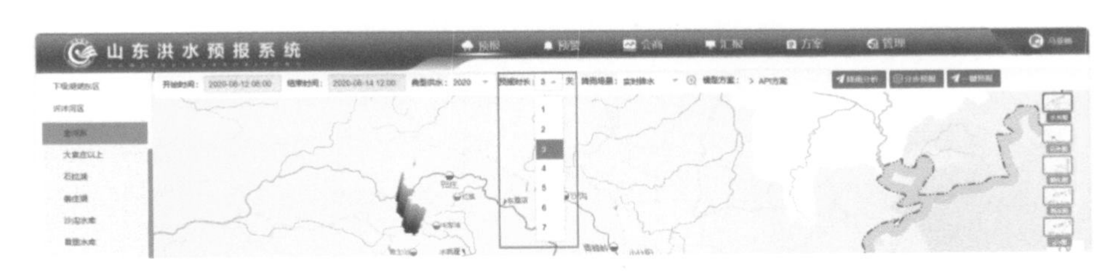

图 9.5-24　预报时段长设置界面

图 9.5-25　降雨情景选定设置页面

实时降水模式：根据实测开始至实测结束时间内的水文气象资料，对某一地区或某一水文站在未来一定时间内水文情况做出定性或定量的预测，主要用于“落地雨预报”情景。

气象预估降水模式：根据实测开始至实测结束时间内的水文气象资料以及未来一定

时间内预测的降水值，对某一地区或某一水文站在未来一定时间内水文情况做出定性或定量的预测，主要用于“落地雨＋考虑气象预估降水预报”情景。

暴雨移植模式：将历史典型年暴雨过程进行空间移植，判断降水对某一地区或某一水文站在未来一定时间内的影响，通过极端暴雨洪水驱动水文模型来做出定性或定量的预测，主要用于“极端暴雨洪水模拟影响分析”情景。

(5) 模型方案选择

支持单一模型和混合模型(图 9.5-26)。选定预报区域后，预报区域内站点的预报模型可以是单一模型(如 API 模型、新安江模型等)，也可以是混合模型(如部分站点的预报模型是 API 模型，部分站点的预报模型是新安江模型，相关模型联合起来组成预报区域完整的预报体系)。无论是单一模型还是混合模型，在“方案”模块中配置好后均会以不同的模型方案名称呈现，在“预报”模块中选择相应的模型方案名称即可。

图 9.5-26　模型方案选择设置页面

(6) 预报计算

设置实测开始时间、结束时间、预报时段长和降雨方案后，可进行预报计算，预报计算包括分步预报计算和一键预报计算(图 9.5-27)。通过字体颜色显示河道水文站(水库站)超警(超汛限)、超保(超设计)值(图 9.5-28)。通过水文站、水库站图标闪烁(图 9.5-29)标明超出一定阈值，需要引起重视。

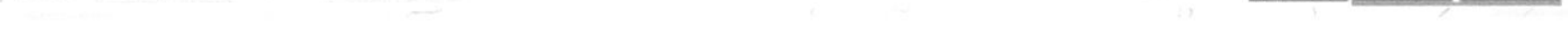

开始时间：2020-08-12 08:00　结束时间：2020-08-14 12:00　典型洪水：2020　预报时长：3 天　降雨场景：实时降水　模型方案：> API方案　降雨分析　分步预报　一键预报

图 9.5-27　预报计算页面

预警信息

水库　河道闸坝

测站	水位	流量	警戒水位	保证水位	历史最高水位	状态
四女寺(南)	23.32		19.81	21.43	22.93	超警戒
四女寺(减)	24.28		22.32	24.70	23.89	超警戒
白鹤观闸上	5.58	10	4.16	5.22	5.58	超警戒

图 9.5-28　蓝色、红色字体显示超警、超保站点值

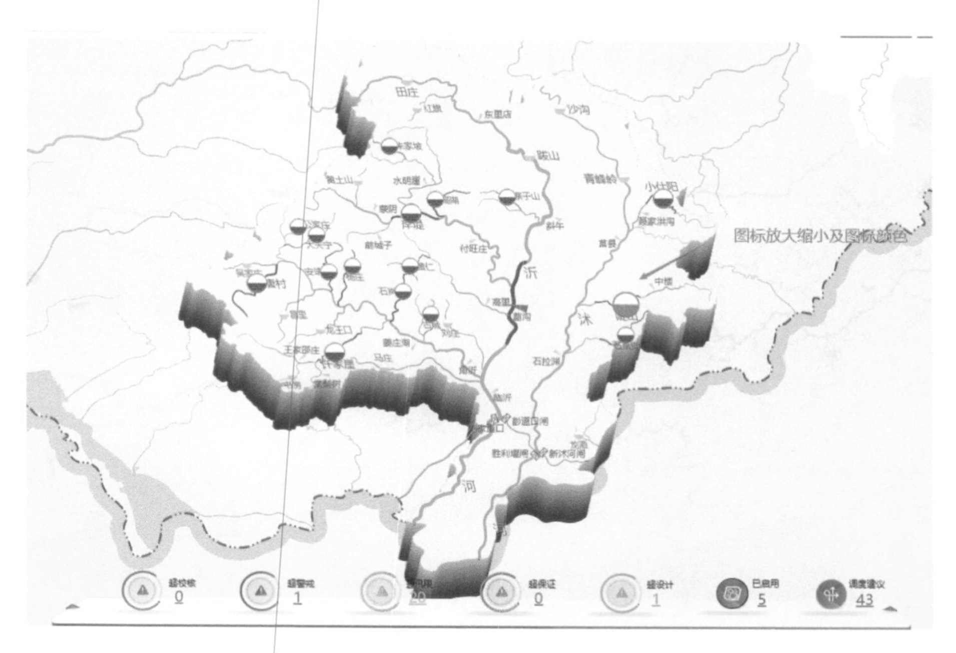

图 9.5-29　图标闪烁报警

(7) 预报结果展示

基于单站及区域洪水预报方案及模型参数，支持从数据仓库自动获取雨水情及工情数据，从而获取降雨、产流、汇流计算中间成果，并计算中可对有误的降雨数据进行人工调整，选取适宜的产汇流参数等，提高预报计算精度，见图 9.5-30 至图 9.5-32。

调度演进功能可设定水库不同泄流方式或调用调度规则，计算水库出库变化以及库内水位、蓄水量变化等，水库调度方式主要包括规则调度、现状调度、自定义、优化调度等，其中自定义调度可根据会商决策意见以交互方式修改，设置有关参数，会商评价，再制定，直至决策者满意的多次反复过程，优化调度选择好调度对象和调度目标，逆向推演上游影响工程的最优调度模式，见图 9.5-33 至图 9.5-37。

山东洪水预报系统

时间	石岚水库	寨子山水库	[illegible]	付旺庄	[illegible]	[illegible]	[illegible]	马庄水库	许家崖水库	斜午	公家庄水库	[illegible]
雨量站权重	0.0400	0.0610	0.0470	0.0630	0.0460	0.0540	0.0540	0.0260	0.0270	0.0830	0.0650	0.0460
合计	[illegible]	189.5	172.5	291.0	341.0	312.0	163.0	125.0	93.0	164.0	130.0	126.5
08-12 08:00	0.0	0.0	0.0	0.0	0.0	0.0	0.0	0.0	0.0	0.0	0.0	0.0
08-12 10:00	0.0	0.0	0.0	0.0	0.0	0.0	0.0	0.0	0.0	0.0	0.0	0.0
08-12 12:00	0.0	0.0	0.0	0.0	0.0	0.0	0.0	0.0	0.0	0.0	0.0	0.0
08-12 14:00	0.0	0.0	0.0	0.0	0.0	0.0	0.0	0.0	0.0	0.0	0.0	0.0
08-12 16:00	0.0	0.0	0.5	0.0	0.0	0.0	0.0	0.0	1.5	0.0	0.0	0.0
08-12 18:00	2.5	0.0	14.0	0.0	0.5	0.0	10.5	47.0	17.0	0.0	0.0	0.5
08-12 20:00	2.0	7.5	3.5	3.0	0.0	11.0	3.0	1.5	0.5	0.0	0.0	0.0
08-12 22:00	0.0	0.5	0.0	0.0	0.0	0.0	0.0	1.0	0.0	0.0	0.0	0.0
08-13 00:00	3.5	0.0	0.0	0.0	0.0	0.5	0.0	0.0	0.5	0.0	3.5	0.5
08-13 02:00	0.5	0.0	0.0	1.0	0.0	1.0	0.0	0.0	0.0	0.0	0.5	0.0
08-13 04:00	0.0	0.0	0.0	0.0	0.0	0.0	0.0	0.0	0.0	0.0	0.0	0.0
08-13 06:00	0.0	0.5	0.0	0.0	0.0	0.0	0.0	0.0	0.0	0.0	0.0	0.0
08-13 08:00	0.0	0.0	0.0	0.0	0.0	0.0	0.0	0.0	0.0	0.0	0.0	0.0

图 9.5-30　降雨计算成果展示界面

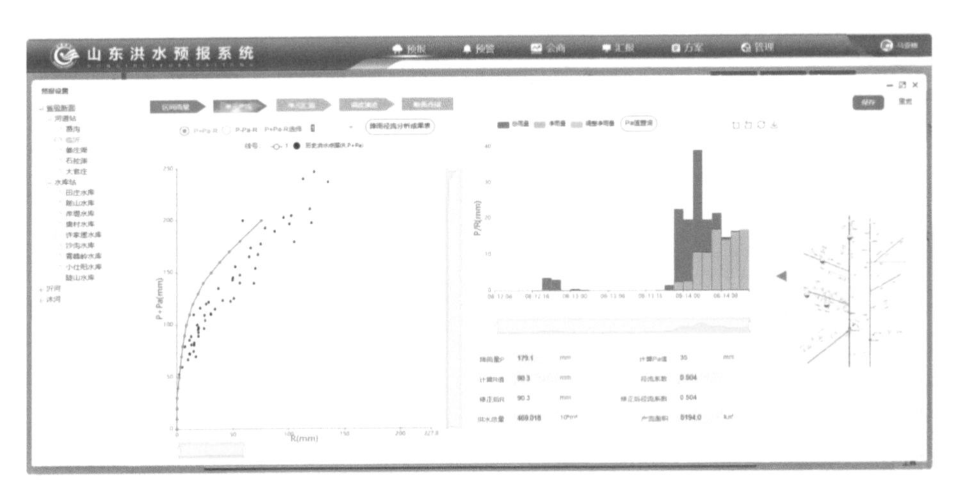

图 9.5-31　产流计算成果展示界面

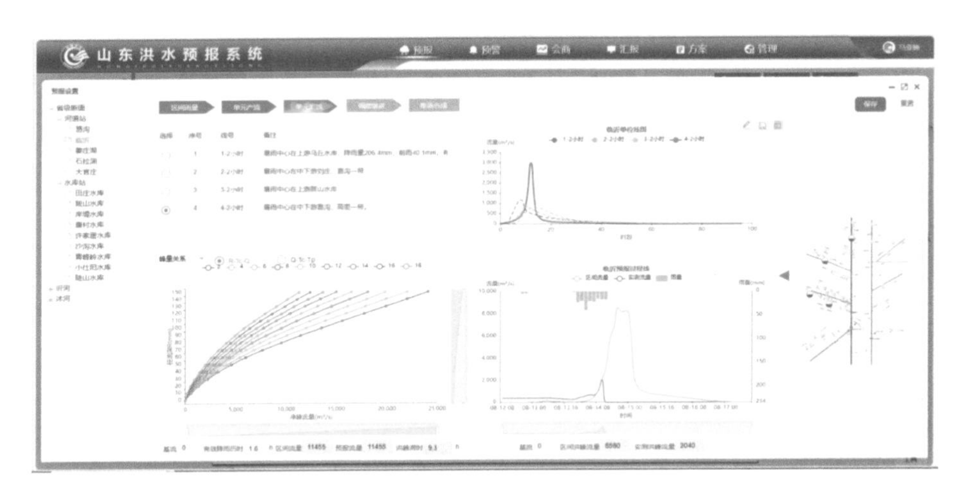

图 9.5-32　汇流计算成果展示界面

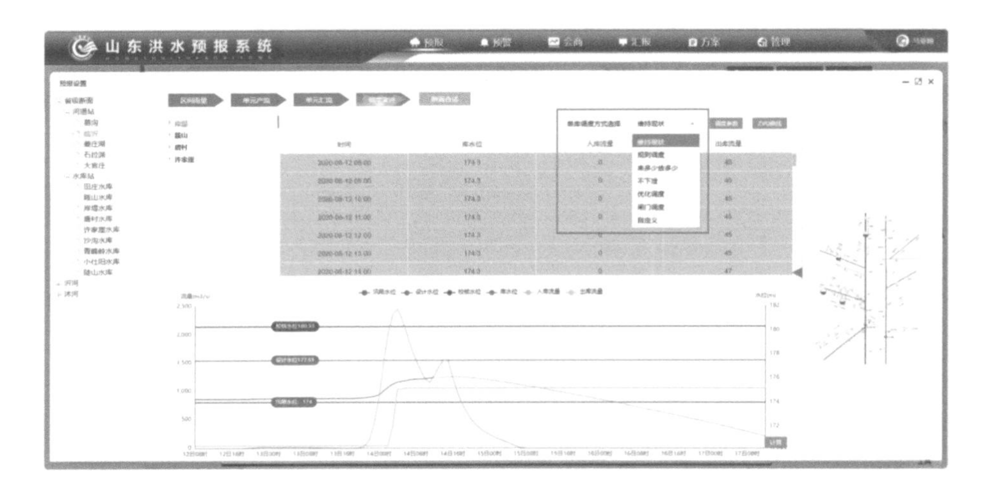

图 9.5-33　单库计算设置界面

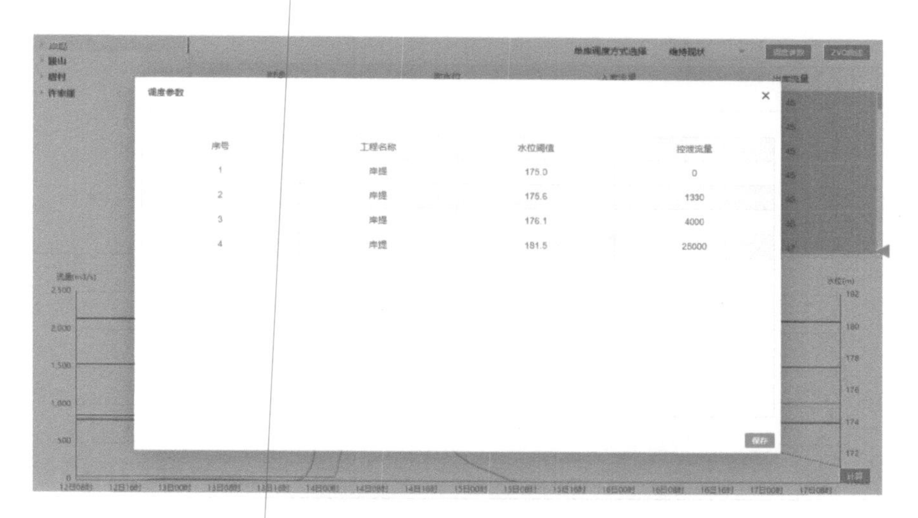

图 9.5-34　调度参数设置界面

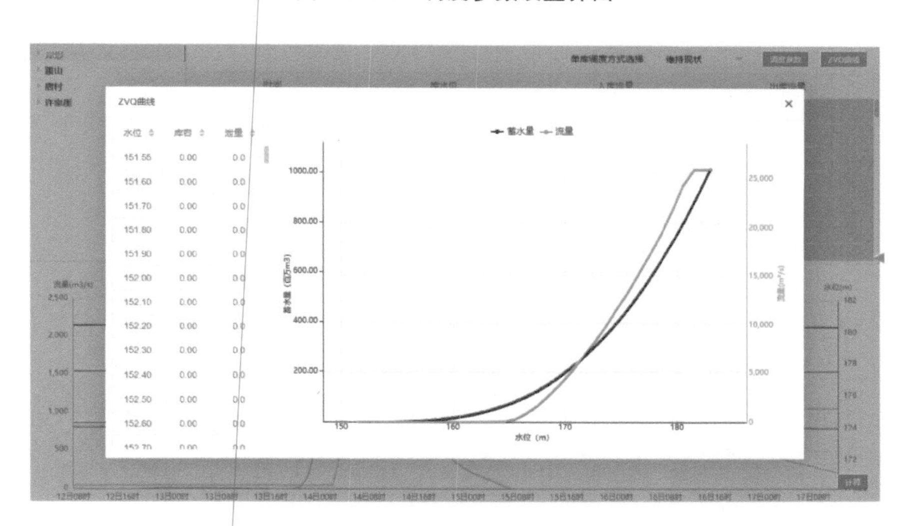

图 9.5-35　水库水位与库容、泄量关系曲线

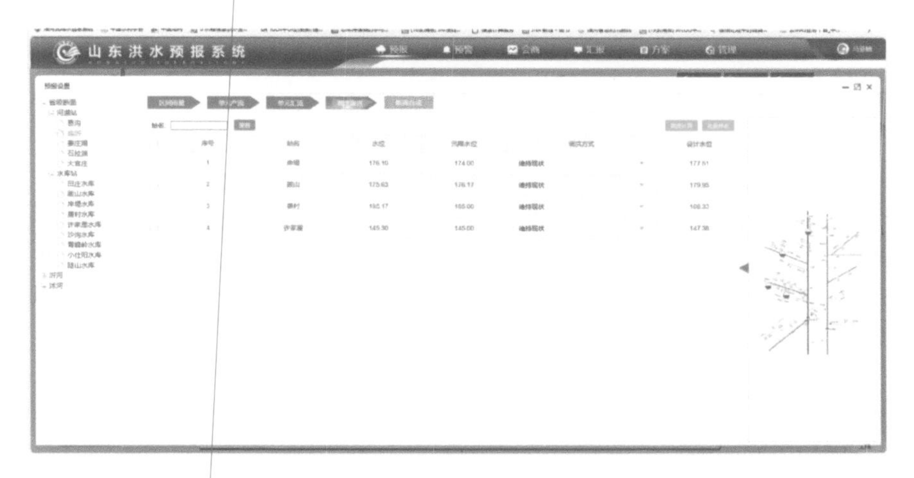

图 9.5-36　群库计算设置界面

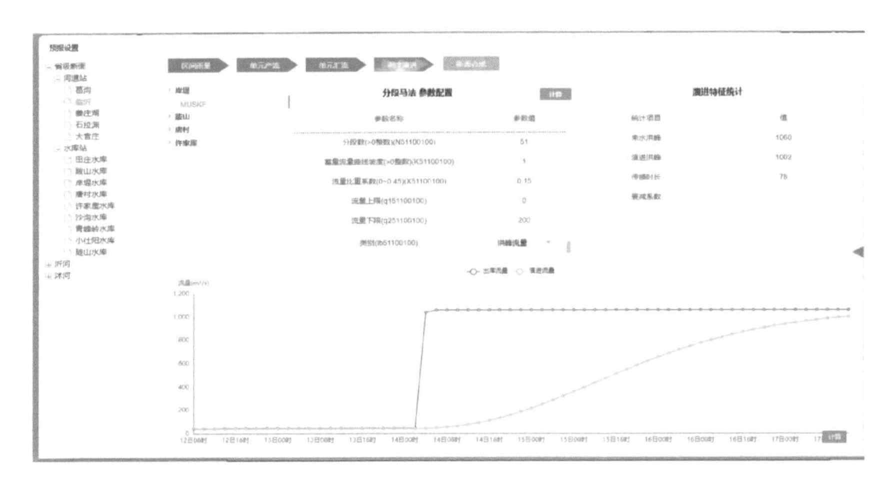

图 9.5-37 水库出库流量调度演算界面

(8) 预报成果展示界面

分步式计算中做完调度演进后，直接出预报成果界面。一键式计算提前设置好工程调度方式，直接出预报成果界面，见图 9.5-38 至图 9.5-41。

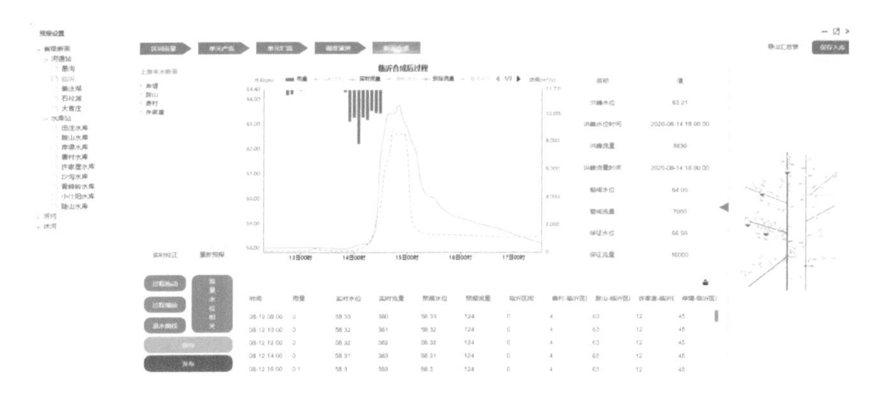

图 9.5-38 水文模型预报成果展示界面

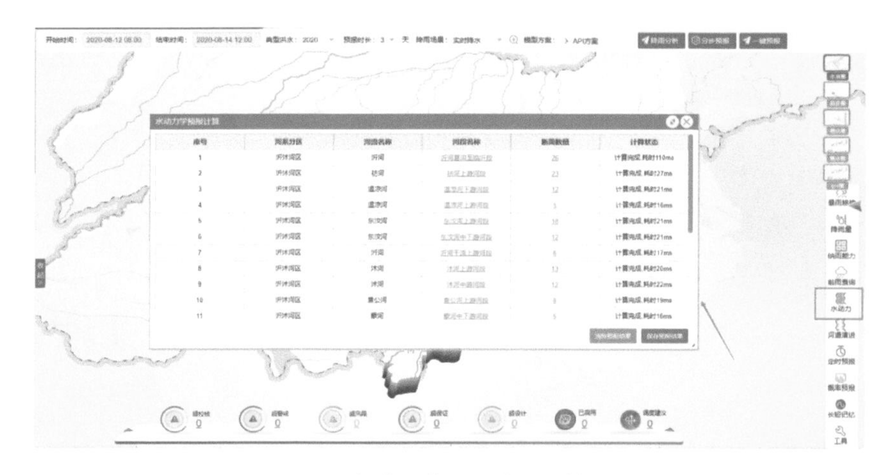

图 9.5-39 水动力学预报成果计算完成界面

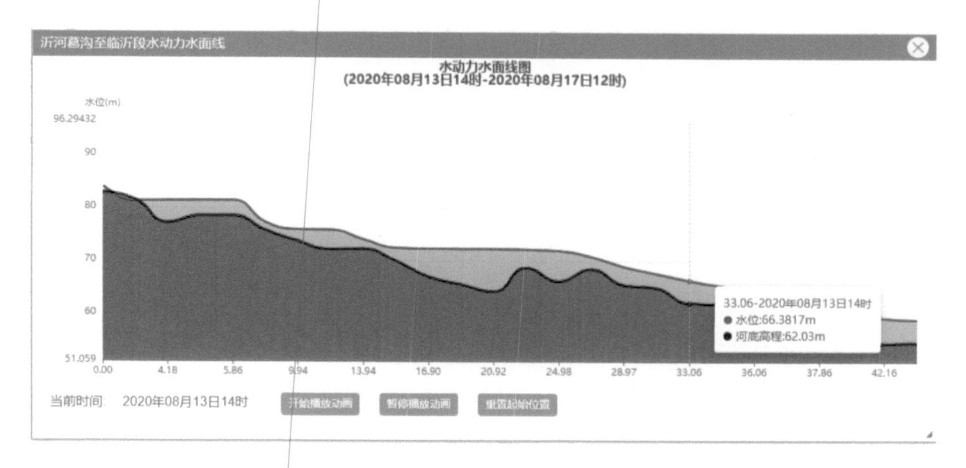

图 9.5-40 水动力学预报纵断面展示成果

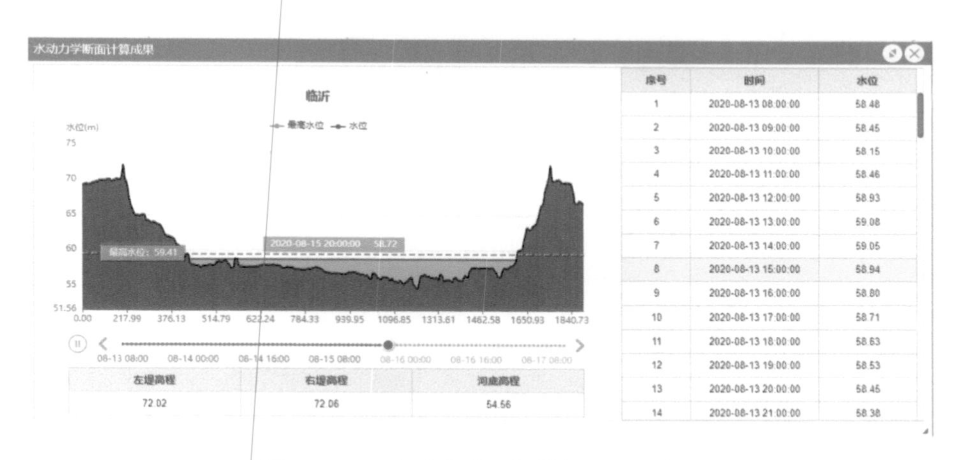

图 9.5-41 水动力学预报横断面展示成果

(9) 预报成果修正

在作业预报开始界面(图 9.5-42)、作业预报结果展示界面中(图 9.5-43),分别布设实时校正功能模块,选择实时校正方法(预留实时校正方法增加或设置接口)进行校正,也可对计算完成后的预报成果进行修正,预报成果修正方法包括过程拖动(图 9.5-44)和过程缩放(图 9.5-45)。

图 9.5-42 作业预报开始界面设置实时校正方法

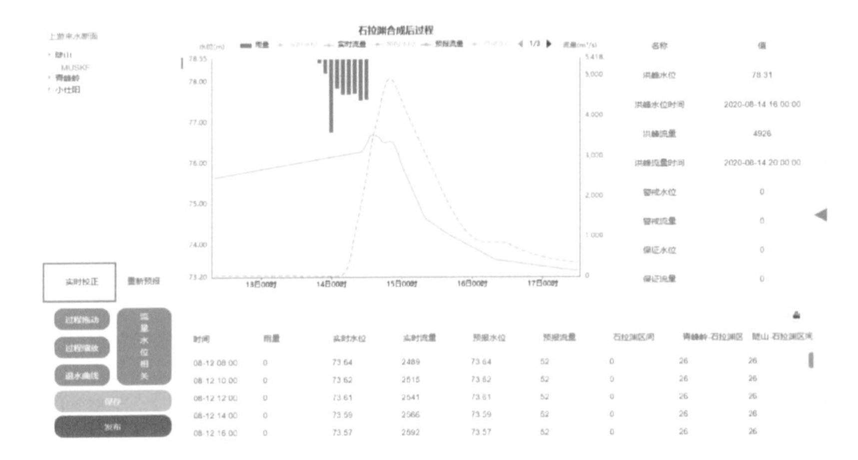

图 9.5-43 作业预报成果展示界面设置实时校正方法

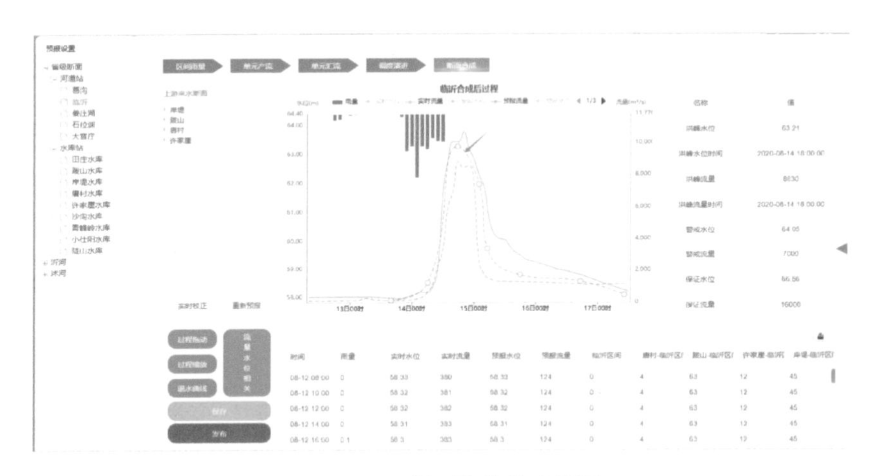

图 9.5-44 界面拖拉线法界面

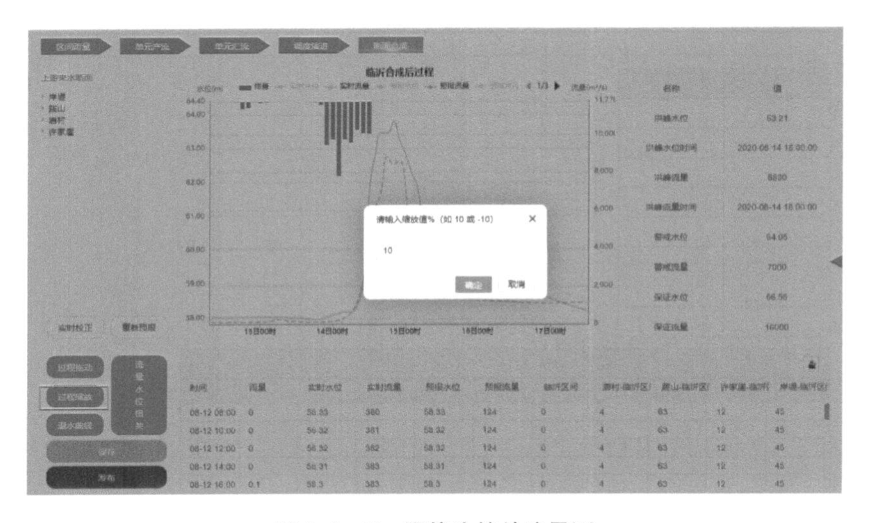

图 9.5-45 同倍比缩放法界面

(10) 成果保存

通过预报计算，人工修正，将最终预报成果导出为 Csv 或 Excel 格式文件或存入数据库(图 9.5-46)，也可导出为预报特征成果表，进行打印(图 9.5-47)。

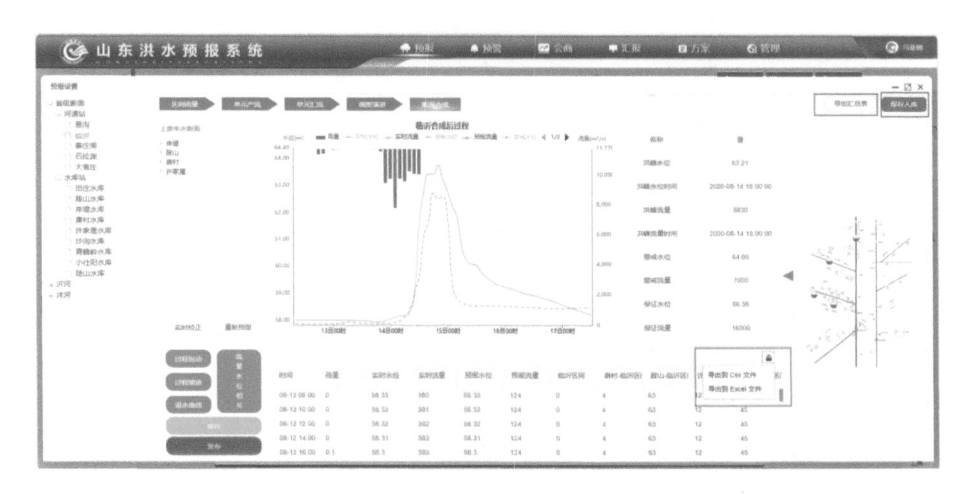

图 9.5-46　成果保存界面

打印特征值表

沂沭河区产汇流总表

河名	预报断面	前期影响雨量Pa	区间平均降水量P	区间径流深R	径流系数	区间产水量	预报洪峰水位	水位峰现时间	预报洪峰流量	流量峰现时间	警戒水位	保证水位	保证流量	超警戒	超保证
沂河	临沂	80.0									71.31	72.31	4940		
祊河	姜庄湖	80.0	82.6	33.5	0.40	6.69	84.43	8月14日12时	866	8月14日14时					
祊河	角沂	80.0	77.5	27.5	0.36	6.20			343	8月14日12时					
大汶河南支	天宝	20.0	95.5	85.5	1.00	6.15									
东汶河	蒙阴	56.4	198.8	143.0	0.72	6.62	176.17	8月14日12时	230	8月14日13时					
东汶河	位庄	80.0	185.8	160.5	0.86	6.38	125.13	8月14日12时	440	8月14日14时					
分沂入沭	彭道口闸	20.0											4000		
鹊河	小岭	65.0	114.0	40.7	0.36	6.18			451	8月14日14时					
涑河	刘家庄	7.6	121.2	47.9	0.39	6.11			274	8月14日16时					
李公河	马石河	20.0													
柳青河	高坊	80.0	115.0	57.9	0.50	6.26			537	8月14日16时					
燕河	郭家岭门	65.0	64.2	23.7	0.38	6.07			23	8月14日12时					
蒙河	高里	36.4	314.8	251.7	0.80	1.27	88.94	8月14日12时	3449	8月14日13时					
石河	雷坊街	20.0													
石井河	葛梨园	60.0													
沭河	石拉渊	80.0	231.1	175.5	0.76	5.24	79.31	8月14日16时	4926	8月14日20时					
沭河	莒县	80.0	97.7	55.6	0.57	6.35			427	8月14日12时	108.50	108.63	3460		
沭河	大官庄	60.0	215.5	163.6	0.76	5.65			4995	8月15日8时	52.50	55.86			
沭河	堰上	80.0	123.4	75.8	0.61	5.37			4420	8月15日14时					
沭河	龙湾庄	65.0	68.8	15.5	0.22	6.08			33	8月14日12时					
鲍疃河	相邱子	80.0	203.0	156.5	0.77	6.09			442	8月14日13时					
浔河	王家邵庄	80.0	64.6	33.2	0.51	0.08	149.44	8月14日12时	97	8月14日12时					
小清河	刘庄	3.6	113.3	23.4	0.21	0.02			51	8月14日14时					

图 9.5-47　预报特征值成果表

9.5.2.2　定时自动预报模块

自动预报模块设置自动预报方案及模型参数，从数据仓库自动获取雨水情及工情数据，根据不同的计算条件、计算频次等，对未来一段时间内的洪水过程进行自动化预报。

自动预报模块具备全部预报方案展示选择(可按流域或行政区域选择预报方案)、当前自动预报的方案展示选择、自动预报的方案设定及取消(可按流域或行政区域设置参与自动预报的方案及相应的轮询频次)、方案说明、方案查看等功能，见图 9.5-48。设置自动预报参数后，进入系统界面，右侧列表默认展示相关水系分区的自动预报计算成果列表，见图 9.5-49。

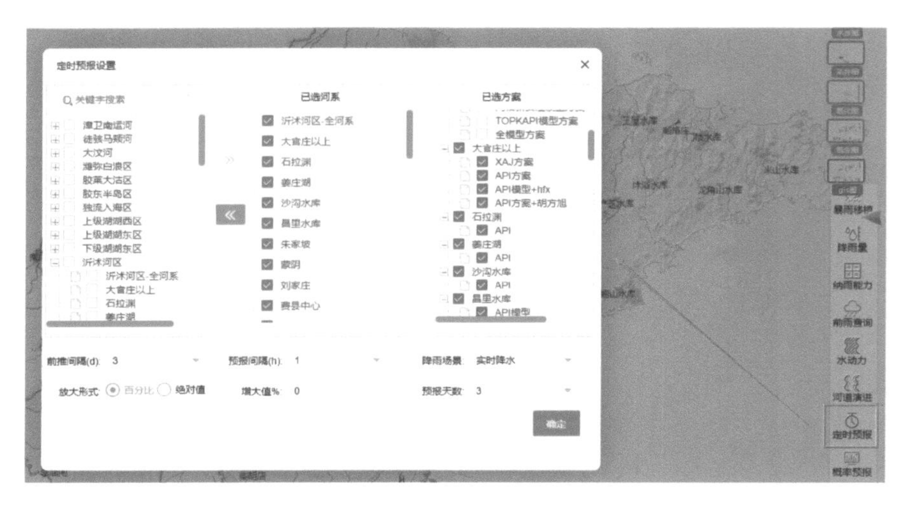

图 9.5-48 系统自动预报设置界面

图 9.5-49 自动预报成果列表展示

9.5.2.3 纳雨能力分析模块

基于当前流域下垫面状态、水库水位等，计算水库达到不同特征水位时的纳雨能力，将不同条件、不同特征水位对应的纳雨能力进行查询展示，结合专家经验进行分析发布，见图 9.5-50 至图 9.5-52。

图 9.5-50 纳雨能力计算条件设置界面

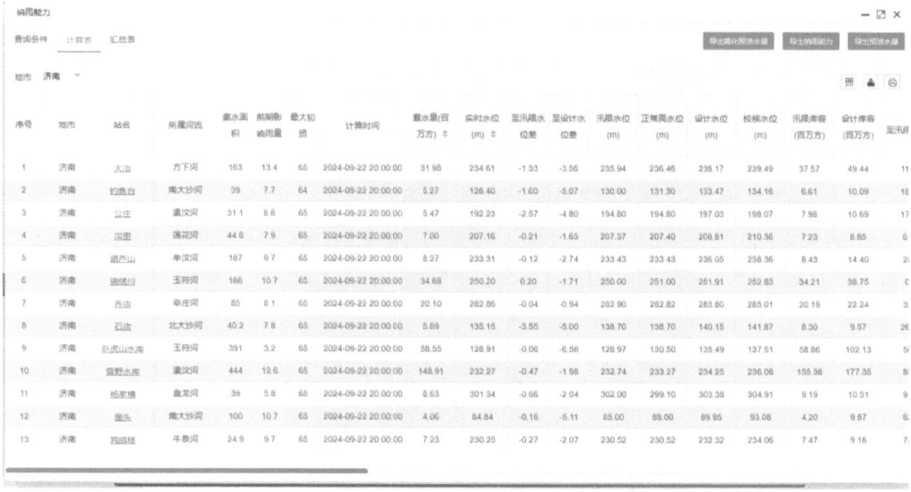

纳雨能力

查询条件　计算表　汇总表

导出简化预泄水量　导出纳雨能力　导出预泄水量

地市　济南

序号	地市	站名	所属河流	集水面积	前期影响雨量	最大初损	计算时间	蓄水量(百万方)	实时水位(m)	至汛限水位差	至设计水位差	汛限水位(m)	正常高水位(m)	设计水位(m)	校核水位(m)	汛限库容(百万方)	设计库容(百万方)	至汛限
1	济南	大冶	方下河	163	13.4	65	2024-09-22 20:00:00	31.98	234.61	-1.33	-3.56	235.94	236.46	238.17	239.49	37.57	49.44	11
2	济南	钓鱼台	南大沙河	39	7.7	64	2024-09-22 20:00:00	5.27	126.40	-1.60	-5.07	130.00	131.30	133.47	134.16	6.61	10.09	18
3	济南	公庄	瀛汶河	31.1	8.6	65	2024-09-22 20:00:00	5.47	192.23	-2.57	-4.80	194.80	194.80	197.03	198.07	7.98	10.69	17
4	济南	沟里	莲花河	44.6	7.9	65	2024-09-22 20:00:00	7.00	207.16	-0.21	-1.65	207.37	207.40	208.81	210.36	7.23	8.85	6
5	济南	葫芦山	牟汶河	187	9.7	65	2024-09-22 20:00:00	8.27	233.31	-0.12	-2.74	233.43	233.43	236.05	238.36	8.43	14.40	2
6	济南	锦绣川	玉符河	166	10.7	65	2024-09-22 20:00:00	34.68	250.20	0.20	-1.71	250.00	251.00	251.91	252.83	34.21	38.75	0
7	济南	乔店	辛庄河	85	8.1	65	2024-09-22 20:00:00	20.10	282.86	-0.04	-0.94	282.90	282.82	283.80	285.01	20.19	22.24	3
8	济南	石店	北大沙河	40.2	7.8	65	2024-09-22 20:00:00	5.69	135.16	-3.55	-5.00	138.70	138.70	140.15	141.87	8.30	9.57	26
9	济南	卧虎山水库	玉符河	391	3.2	65	2024-09-22 20:00:00	58.55	128.91	-0.06	-6.58	128.97	130.50	135.49	137.51	58.86	102.13	5
10	济南	雪野水库	瀛汶河	444	12.6	65	2024-09-22 20:00:00	148.91	232.27	-0.47	-1.98	232.74	233.27	234.25	236.08	155.38	177.35	8
11	济南	杨家横	盘龙河	39	5.8	65	2024-09-22 20:00:00	8.63	301.34	-0.66	-2.04	302.00	299.10	303.38	304.91	9.19	10.51	9
12	济南	崮头	南大沙河	100	10.7	63	2024-09-22 20:00:00	4.06	84.84	-0.16	-5.11	85.00	88.00	89.95	93.08	4.20	9.87	6
13	济南	鹁鸽楼	牛泉河	24.9	9.7	65	2024-09-22 20:00:00	7.23	230.25	-0.27	-2.07	230.52	230.52	232.32	234.06	7.47	9.16	7

图 9.5-51　纳雨能力成果展示

纳雨能力

查询条件　计算表　汇总表

导出简化预泄水量　导出纳雨能力　导出预泄水量

地市	50mm						100mm						150mm					
	入库水量			数量统计			入库水量			数量统计			入库水量			数量统计		
	大型	中型	合计	超汛限	超设计	超校核	大型	中型	合计	超汛限	超设计	超校核	大型	中型	合计	超汛限	超设计	超校核
济南	1.93	2.23	4.16	3	0	0	11.08	13.33	24.41	9	0	0	32.68	39.05	71.73	10	4	0
淄博	2.30	0.46	2.76	0	0	0	7.22	1.21	8.43	1	0	0	15.62	2.23	17.85	2	0	0
合计	4.23	2.69	6.92	3	0	0	18.30	14.54	32.64	10	0	0	48.30	41.28	89.58	12	4	0

汇总信息

若流域降雨量达到50mm，全省大中型水库将有3座超过汛限水位，将有0座超过设计水位，将有0座超过校核水位

若流域降雨量达到100mm，全省大中型水库将有10座超过汛限水位，将有0座超过设计水位，将有0座超过校核水位

若流域降雨量达到150mm，全省大中型水库将有12座超过汛限水位，将有4座超过设计水位，将有0座超过校核水位

图 9.5-52　纳雨能力汇总表

9.6　小结

研究基于 Spring Cloud 的微服务架构，采用 Nacos 动态微服务配置、统一网关 Spring Cloud Gateway、服务集群高效调用 Spring Cloud Feign Client、分布式文件系统等技术，实现了分布式微服务治理平台搭建，在此基础上开发了“构建-配置-预报”一体化在线洪水预报系统。系统实现了河系拓扑结构构建、预报方案配置、实时预报作业等多项洪水预报调度业务流程，在系统安全性、稳定性、敏捷性、通用性、跨平台和国产化等方面具备显著优势。系统主要由预报方案构建子系统、预报方案配置子系统、实时作业预报子系统组成。本章详细介绍了系统在不同场景下的应用和操作方法。

(1) 预报方案构建子系统：主要包括场次洪水选取、洪水划分、产汇流方案编制、概念性模型参数率定等功能模块。场次洪水选取用于站点的洪水选取；洪水划分对洪水过程进行径流分割以去除其他时间降水的产流影响；产汇流方案编制主要实现传统预报方案编制的全流程无纸化操作;概念性模型参数率定用于新安江模型、TANK 模型、河北雨洪模型等概念性水文模型的参数率定。

（2）预报模型方案配置子系统：主要包括河系构建、预报方案配置等功能，基于数字流域成果及选定的模型方法，通过人机交互界面，使用户可以便捷地完成单站预报方案和区域预报体系的构建和维护，完成各模型及其参数的批量化管理。

（3）实时作业预报子系统：以防洪“四预”功能为主线，集成了 20 多种预报模型算法，实现了全省多模型的水文气象耦合计算，构建了包含雨水情数据库、预报专用数据库、空间数据库、历史洪水数据库、模型库等在内的系统专用数据库，开发了人工干预、自动预报、交互预报、抗洪分析等模块，可根据最新实时雨水情对未来一段时间内的洪水过程做出预测预报。

第 10 章

主要研究成果及展望

10.1 主要研究成果

山东省位于我国东部沿海，多年平均降水量 550～850 mm，属于半湿润地区（年降水量 400～800 mm），境内主要河道除黄河横贯东西、大运河纵穿南北外，其他中小河流密布全省，可分为山溪性河流和平原坡水河流两大类。根据山东省区气象地形特点，结合国内外各水文模型特点及应用情况，本着模型成熟、地区适宜、应用广泛的原则，主要研究成果及结论总结如下。

（1）在流域产汇流计算方面，首选经验预报方法（经验模型＋单位线）和新安江模型。从以往应用情况来看，经验预报方法结合专家经验，整体预报精度较高，但在应用中要注意：①经验方法中计算的产流是直接径流，即总径流扣除地下径流，或者是地表径流加壤中流，湿润地区地下水和壤中流不易划分清楚，在制作 $P+P_a-R$ 线时要注意。②由于流域不分块、不分水源，单位线的非线性较大，在制作时要注意。③在计算产流过程中，产流关系线的选取依据同单位线的适用条件，结合前期土壤干湿情况，选择合适的产流关系线。④在计算汇流过程中，单位线的选取要依据单位线的适用条件，结合降雨的空间分布，选择合适的汇流关系线。

（2）在河道洪水演进预报计算方面，可采用一维水动力学、分段马斯京根以及相应水位（流量）法，其中一维水动力学方法中，水流作为河道断面和时间两者的函数，需要河道断面以及历史资料进行建模和率定参数，适用于河道下垫面数据以及实测基流数据较为完善的区域；分段马斯京根演算方法中，水流作为河道中一点的时间函数，参数有明确的物理意义，率定相对简单；相应水位（流量）方法中，根据历史洪水过程总结经验曲线，对上下游站进行点对点预报，在区间来水比例不大、河槽稳定的河段，实用性较好，预报精度较高；若在海河流域，部分河道常年干涸，洪水在河道演进中渗漏损失较大，可考虑在入流处扣除渗漏损失（用霍顿公式求时段下渗量），结合马斯京根法进行汇流演算。

（3）在概念性模型方法方面，山东省区域重点河道断面构建了新安江模型、SAC 模型、河北雨洪模型、水箱模型及增加超渗产流的新安江模型 5 种不同的水文模型，并在典型流域进行了示范应用。在湿润流域，新安江模型、SAC 模型等经典概念性模型模拟精度很高，灵活结构模型难以提高模拟精度，但通过模块层面对比研究，可以帮助了解模型各模块间关系，确定各模块对产汇流模拟的实际影响。湿润流域模型汇流模块影响显著，模型模拟精度高，模型不一定契合流域实际，但是汇流模块发挥调蓄作用，掩盖了产流模块的缺陷。通过判断分水源模块参数合理性，可排除精度高但不合实际的模型。在半干旱流域，经典概念性模型模拟精度不高，可选用超渗产流模型、SAC 模型。半湿润流域的降雨径流可采用河北雨洪模型、增加超渗产流的新安江模型、SAC 模型、TANK 模型。

(4) 在分布式模型计算方面，研究采用的网格新安江模型与 TOPKAPI 模型，模型的最大优势就是可以充分考虑降雨和下垫面空间分布的不均匀性，采用客观估计方法，也可以很好地考虑参数的空间分布特性，因此可以实现对流域内任意网格单元和任意河道断面的实时预报，为无资料地区洪水预报提供了非常好的途径。

(5) 在数学驱动方法方面，在有长系列资料的 121 个预报断面对应的流域中，筛选了 36 个流域，共计 261 场洪水对应的水文资料。运用将流域特征信息与水文数据相结合、构建包含流域特征信息的水文数据作为预报因子的方法，将山东省 36 个流域的水文资料的集合作为 LSTM 模型的输入，构建区域化 LSTM 洪水预报模型，为洪水预报提供一种新的计算方式。以沂河流域为例，构建了以水文不确定性处理器(HUP)为核心的概率预报模型，针对确定性模型的原始预报结果，对姜庄湖、葛沟、临沂、角沂、高里、斜午共 6 个断面进行预报可靠性评估，提供某一置信水平下的区间预报成果(预报上限和下限)，丰富预报信息。

(6) 在水库预报预警方面，除了采用产汇流计算方法计算水库水位，也可通过计算水库的纳雨能力来分析研判水库的风险情况。针对全省范围内的时效性计算需求，研究主要采用径流系数法、降雨-径流关系反算法等快速简化算法进行纳雨能力计算，此外针对水库纳雨能力分析中非线性水文过程的问题，为提升成果精度，构建了考虑产汇流全过程的试算插值方法进行精细化的分析计算。研究将相关模型构建的成果集成至洪水预报系统，并利用上述多种纳雨能力分析计算模型对全省大中型水库预报断面进行纳雨能力计算，为水库的防汛调度、安全运行提供了决策依据。

10.2 展望

展望我国洪水预报技术的研究和应用趋势，在预报模型与方法构建上，将由传统的经验相关方法、回归模型，逐步向采用降雨径流预报、神经网络模型、分布式水文模型以及计算机技术方向发展，由过去只采用历史统计资料和实测资料向采用高精度定点的数值天气预报产品相结合的方向发展。在山东洪水预报系统建设上，结合国情和山丘区实际情况，采用规范的数据通信方式和水情信息交换系统，形成集气象预报、雷达技术、网络和卫星数据传输、地理信息系统、机理模型、数据驱动模型等高新技术，与传统洪水预报系统相结合，建立先进、实用的流域性或区域性洪水预报系统方向发展。针对下一步山东省洪水预报的研究工作，本书有以下几点建议。

(1) 进一步加强现有预报模型的研究与应用，组织编制山东省实用洪水预报方法。

要突破常规性传统型方法，加强分布式水文模型、基于数据驱动的智能预报和概率预报探索研究，并在实际作业预报实践中进行应用检验。

（2）对于无资料流域的预报方案，产流可采用API模型或新安江模型参数移植，汇流可采用单位线缩放或地貌单位线。无资料流域的预报方案和模型不参加精度评定，但需用于作业预报，在应用过程中不断根据新的观测资料修正相应参数，逐步提高预报精度。

（3）很多中小河流流域面积在200 km^2 以下，常规模型时间间隔大多为1 h，不能有效反映中小河流产汇流特征。应结合遥测系统实际现状，考虑建立分钟间隔的产汇流模型。不足以采用常规模型和方法构建预报方案的河流，考虑建立降雨和洪峰等关系线进行预警。

（4）干旱与半干旱区预报目前还是个难点，要加强干旱与半干旱区的产汇流模式研究，建立与之适应的模型或方法。海河流域属于平原河网区，涉及水利工程多、调度影响大等问题，研究适用于特定区域的洪水预报方法。

（5）尽管现有的智能预报方法取得了一定的成果，但其仍然在一定程度上忽视了已有的优秀水文研究成果。未来研究工作将结合水文先验知识与智能模型，来提升智能预报模型的精度与理论可解释性，进一步加强智能预报模型在历次洪水预报中的实战应用。

（6）基于国产化软硬件环境，研发山东省洪水预报系统软件平台，不断提升“降雨—产流—汇流—演进”“流域—干流—支流—断面”“总量—洪峰—过程—调度”“技术—料物—队伍—组织”各链路流域单元坡面数字流场、河道单元洪水演进、水利工程运行形势、抢险技术料物调配各阶段数字孪生水平，努力实现数字孪生流域要求的对物理流域全要素和水利治理管理全过程的数字化映射、智能化模拟、前瞻性预演，达到与物理流域同步仿真运行、虚实交互，实现水文预报预警自动化、预报调度一体化。